善用能量

中国东部地区传统建筑的绿色设计研究

陈 薇 贾亭立 等 著

「十三五」国家重点研发计划课题（2017YFC0702501）资助

能量·建筑 系列著作

科学出版社
北京

内 容 简 介

本书是国家重点研发计划项目“经济发达地区传承中华建筑文脉的绿色建筑体系”（批准号：2017YFC0702500）之课题“经济发达地区传统建筑文化中的绿色设计理念、方法及其传承研究”（批准号：2017YFC0702501）的部分研究成果。本书研究和提炼了古人的绿色设计营建智慧，总结了中国东部长江三角洲、珠江三角洲和环渤海三个地区传统城市、街区和建筑的绿色设计原理和方法，形成了认知中国传统绿色设计的基础理论。全书分为上、下两篇：上篇为理论研究，通过对历史文献的耙梳和相关实例的研究，客观描述和深入挖掘中国传统绿色设计的“四节”系统——节材、节地、节能、节工，以及开展人工与自然的关联、不同材料在建筑构造层面的整合研究，此为对于中国传统建筑研究在善用能量方面的系统理论建树，在国内外首创。下篇为应用研究，选择城市、祠庙群体及街区、住宅建筑三大类，从不同规模尺度层面开展长三角、珠三角和环渤海地区百余项案例调研，发现科学问题，进行科学研究，不仅跨越单体和群体、建筑与城市展开研讨，还包含了对人的行为和管理体制的切入与考量，是见物见人的研究成果，体现了中国传统社会相对当代科技手段而呈现“低技高效”又充满先进理念的绿色设计水平。

本书可供建筑历史与理论、建筑设计、城市规划、遗产保护等相关领域的研究者、设计者和学术爱好者阅读和参考。

审图号：GS（2022）1724 号

图书在版编目（CIP）数据

善用能量：中国东部地区传统建筑的绿色设计研究 / 陈薇等著 . —北京：科学出版社，2022.9

ISBN 978-7-03-071114-4

Ⅰ . ①善…　Ⅱ . ①陈…　Ⅲ . ①古建筑－生态建筑－建筑设计－研究－中国　Ⅳ . ① TU2

中国版本图书馆 CIP 数据核字（2021）第 270566 号

责任编辑：李涪汁　曾佳佳 / 责任校对：杨聪敏
责任印制：师艳茹 / 封面设计：许　瑞

科 学 出 版 社 出版
北京东黄城根北街 16 号
邮政编码：100717
http://www.sciencep.com

北京汇瑞嘉合文化发展有限公司 印刷
科学出版社发行　各地新华书店经销
*
2022 年 9 月第　一　版　开本：880×1230　1/16
2022 年 9 月第一次印刷　印张：22 1/2
字数：570 000

定价：259.00 元

（如有印装质量问题，我社负责调换）

总　序

能量：关于绿色低碳的建筑历史研究

2021 年 2 月，国务院印发《关于加快建立健全绿色低碳循环发展经济体系的指导意见》，明确指出到 2035 年“广泛形成绿色生产生活方式，碳排放达峰后稳中有降，生态环境根本好转，美丽中国建设目标基本实现。”这是中国经历高速发展后意义重大的内在调整，涉及生产体系、流通体系、消费体系、基础设施绿色升级体系、绿色技术创新体系以及法律法规政策体系。也可以理解为是对人类消耗各种能量后的一次反思和回归，是对绿色生产生活方式形成的一次重要引向和指导。

实际上在人类的生存与发展中，“能量”应该是核心概念和赋有内涵的运作动力。在远古时期，人的衣食住行，实际上就是为了保护能量、获得能量、维护能量、流通能量；经过漫长的历史演变，人类社会已经发生了天翻地覆的变化，但是对于人离不开的衣食住行，依然围绕“能量”在广做文章，如保暖衣的发明、各种各样和不同食用方式的速食产品涌现、地暖和空调设备、飞机和高铁等，无不围绕人在尽多、尽快、最舒适、最便捷保存和获得能量方面展开；实际上，这样的延续和发展，既推动了科学技术的进步，也产生了丰富的文化和文明，当然也会带来部分不低碳。

本系列书籍乃围绕“能量”这个词展开，实质上是围绕人具体的生产生活而产生的物质形态和文化属性的研究，也是关于绿色低碳的建筑历史研究，主要落实在广义的“住”这个层面。在中华人民共和国科学技术部“十一五”“十二五”“十三五”支撑计划中，我和我的团队有幸主持完成的内容大多和中国传统建筑中的“住”以及挖掘和传承绿色低碳的营造智慧有关，积累已久，当下亟需，包括“徽派传统民居型小康住宅技术集成与示范”（十一五）、“古代建筑营造传统工艺科学化研究——砖瓦”（十二五）、“经济发达地区传统建筑文化中的绿色设计理念、方法及其传承研究”（十三五）等。

在研究范围上，地域主要集中在历史上经济和文化比较发达的地区，即当今中国东部，也是能耗最大的区域；而在关于“住”的层级上，包含建筑、街区、村落和城市。因此，关于“能量”的研究，可以聚焦到如关于建筑材料的改良，也可以扩大到聚落层面；可以落实到建筑构造的做法，也可以拓展到建筑室内外空间的组织甚至城市建设中人工与自然的结合等。因为人生活的场所以及创造场所的诸种人工手段，离不开和自然能量的交流、对风水火的防卫、对土地和时间及人力资源的节约，甚至是各种能量的集约和精准组织与获得，这与国务院指导意见的倡导也不谋而合。这就诞生了如下系列著作，包括：

《变通能量——传统徽州住宅与村落的特色保护与改良》

《保护能量——江浙传统建筑砖瓦界面设计》

《善用能量——中国东部地区传统建筑的绿色设计研究》

《重塑能量——历史街区与城市的生长》

这套系列著作是关于中国传统建筑“住”及其相关环境的科学性和学术性探讨，也为弥补当下传统建筑研究中尚显薄弱的环节，如探讨绿色低碳的相关问题，而这些内容也是充实现代建筑和城市发展相关设计的范式和路径之一——以回答习以为常的建筑与街区建设等方面的发展质疑，如住宅中的能耗问题、街区发展的模式等。

应该看到，建筑的物质建构都与一个开放系统中能量流动的系统相关联。现代主义的早期设计大师敏感观察到建筑物质性躯壳之外的“空气”是一个重要的联系媒介——与外部环境、气候、气流以及文化之间密不可分，从而建筑具有“在地性”；而扩展的社会与生态图景，则是我们应对历史和现实以及未来发展而形成策略的重要基础。从这个角度而言，这套系列著作不仅是关于中国传统建筑与聚落和城市的，其中包含的理念与方法、建造模式与建设策略，甚至小到材料与构造，大至建筑集群与环境的组织智慧，对于当代和未来依然有效。同时，这也展现了建筑历史学科发展的一种取向——跨学科的融合和多学科的参与。

特别感谢在我们团队完成这些工作的近二十年中，不同学科的专家和同行的贡献——不仅是知识，更是思想、方法、平台、精神和各自的专业“能量”。依照合作的顺序，他们分别是：黄山市水墨宏村旅游建设开发有限公司孙健先生，东南大学建筑技术学科张宏教授、石邢教授（目前在同济大学工作）和傅秀章副教授，东南大学材料学科张云升教授（目前在兰州理工大学工作），东南大学建筑历史学科诸葛净副教授，浙江省古建筑设计研究院原院长黄滋研究员，东南大学建筑学院王建国院士等。有幸和他们同行同道，是我们研究工作得以进行和完成的基础和前提，也是建筑历史学科在科学和人文层面进行多学科合作研究得以开展的支撑和力量。

期待本系列著作的出版，有益于在不断探索的学术发展道路上，吸收不同“能量”推动建筑历史及其相关学科的跨学科进步，并切实将成果贡献给社会发展。

陈　薇

2022 年 2 月 18 日于金陵

目　录

下篇 应用研究

绪　言

绿色设计（green design）是20世纪60年代提出理念、70～80年代出现的国际设计潮流，反映了人们对现代科技和文化、工业和生产等领域造成的生态环境破坏所进行的反思。在此背景下，绿色建筑应运而生，并形成相应的评价指标体系。中国在20世纪90年代颁布了相关纲要、导则和法规，在21世纪进入大力发展阶段。近年来，在科技部"十一五""十二五""十三五"支撑计划中，我们有幸主持和参加的4项课题的研究均与此有关。于此过程中，我们深刻体会到，在指标体系指导下建成的绿色建筑，存有一定程度的不合理性，例如借助另一层面的工业化（如机械和设备）来达标却形成了另一种浪费和污染，而传统建筑体现的绿色设计则非常智慧。绿色设计是一个系统，这个系统在中国传统社会通过低技高效的方式已发展成熟。为此，东南大学领衔开展了科技部"十三五"项目"经济发达地区传承中华建筑文脉的绿色建筑体系"①，本课题组承担的是"经济发达地区传统建筑文化中的绿色设计理念、方法及其传承研究"②。如今，课题将以《善用能量——中国东部地区传统建筑的绿色设计研究》一书出版的方式总结部分研究成果。

0.1　中国发达地区的稳定性与能量

早在1935年，地理学家胡焕庸（1901～1998年）先生在《地理学报》发表的论文《中国人口之分布》中，就中国古籍及近代文献记载进行整理，画出后人称为"胡焕庸线"的著名人口密度对比线（Heihe-Tengchong line），其文曰：自黑龙江瑷珲（今黑河）至云南腾冲的直线划分的中国东、西两部，人口密度"其多寡之悬殊，有如此者"。东部面积占全国面积的36%，人口则占全国人口的96%；西部面积占全国面积的64%，人口仅占全国人口的4%[1]。这是第一张中国等值线人口密度图，意义深远，改革开放后若干年，

① "经济发达地区传承中华建筑文脉的绿色建筑体系"（2017YFC0702500），承担单位：东南大学，项目负责人：王建国，年限：2017.07～2020.12。

② "经济发达地区传统建筑文化中的绿色设计理念、方法及其传承研究"（2017YFC0702501），课题负责人：陈薇，年限：2017.07～2020.12。

东部被称为中国的发达地区，西部被称为中国的欠发达地区。有意思的是，“胡焕庸线”两侧人口占比的变化，并没有随着时代发展而有显著调整，从 20 世纪 70 年代末改革开放到 21 世纪依旧如故，因此，在 2009 年地理学界评选出的“中国地理百年大发现”中，“胡焕庸线”排名仅次于“珠峰测量”，可见其价值之大；2020 年中国人口普查所形成的人口密度图，再次证明了这个大发现的恒久性（图 0-1）。自 1935 年以来长时间的人口占比之稳定程度，以及 2013 年霾数浓度分布、2019 年春运期间迁徙大数据、2020 年在产煤矿数量分布①呈现的东、西部显著差异，揭示了中国东部人口密集、城镇集聚、生产强度大的情形由来已久，既是历史，也是现实。

那么，东部的魅力在哪里？显然不是人口密度、建筑密度、城镇密度的“三高”，而是其作为发达地区所具有的“能量”。以长江三角洲、珠江三角洲、环渤海地区为主构成的东部发达地区，在历史上就是经济发达、政治稳定、文化繁荣、技术先进的代表地区，如今仍然是中国 GDP 的半壁江山。以此地区展开研究，我们会发现，

① 2013 年霾数浓度分布，参见：星球研究所，《中国雾霾说明书》，2020.03.25：2013 年 74 个城市年均 $PM_{2.5}$ 浓度（数据来源：国家统计局，Greenpeace）；2019 年春运期间迁徙大数据，参见：百度百科（2019 年 2 月 10 ～ 16 日）；2020 年在产煤矿数量分布，参见：星球研究所，《中国 60% 的能源，从哪里来？》，2020.08.31：各省区在产煤矿数量分布（数据来源：国家煤矿安全监察局，《各省份煤矿生产能力公告》，2020）。

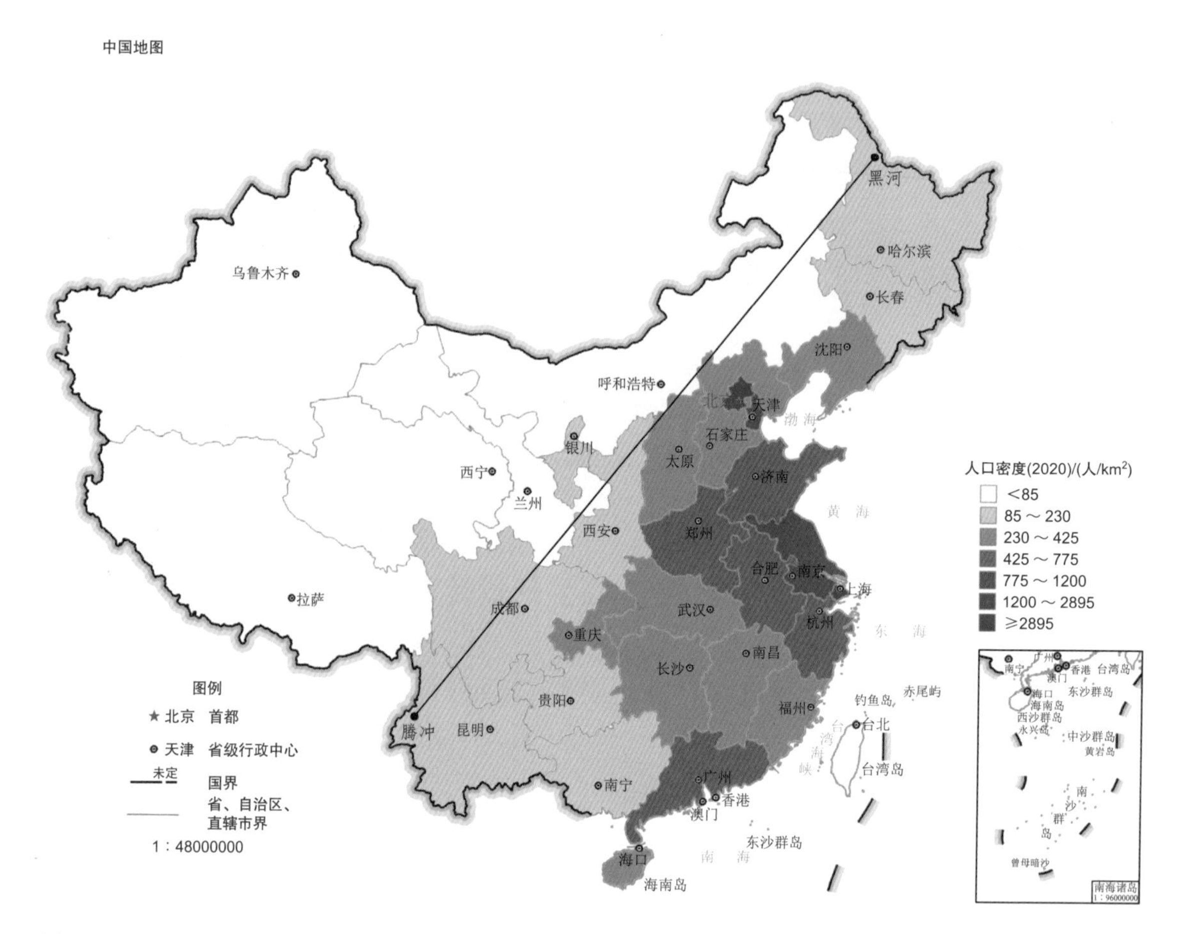

图 0-1 中国人口密度图（2020 年）

人口数量数据来源：国家统计局 2021 年 5 月 11 日发布的《第七次全国人口普查公报（第三号）》（http://www.stats.gov.cn/tjsj/tjgb/rkpcgb/qgrkpcgb/202106/t20210628_1818822.html，此数据不包括港澳台地区），陈薇团队周琪绘制

“能量”是十分重要的事情。能量应该包括：地理气候与环境条件；生产力与生产关系；资源与可持续发展能力；进行创造的内驱力和潜力等。

以江苏为例，江苏古代聚落体系的形成与演变，是一个漫长的发展过程。大城市的布局和人的生活需求、地理条件和交通组织、社会制度和经济结构互为关联，从而人、地和天相互作用，形成了有节奏、有广度、有深度、有密度的城镇体系。这个节奏反映在六朝虎踞龙盘的都城建康（南京）、隋唐烟花三月的都会扬州、宋元“天堂”的水城平江（苏州）等大城市辐射下的城镇聚落消长与渐成的过程中，也是由点到面、由广度到深度的商品经济成熟的过程。更值得指出的是，富裕的经济形态和畅通的物品交流，也开启了封建社会晚期明清时期的江苏社会平稳祥和、人文发达昌盛、生活品质优越、技术成熟进步的局面，这一时段的独步超前，也奠定了它在近代和现代社会改革中走在全国较前列的基础。

因此，发达地区的形成是一个长期发展的结果，这种能量的集聚和积淀是稳定性的基础；其次，发达地区充满各种挑战，人口流动大，社会变革显著，刺激了创造力的勃发；再则，发达地区往往是文化和技术交流频繁的地区。而东部水系发达，也构成了天然的条件。例如六朝时期是北方士族跨越长江，和江左文化进行交融的蜜月期；隋唐时期由于大运河的开凿及与海路的连通，扬州成为大都会，海外的文化、技术与东南西北交织的运河文化，在枢纽地带形成深层的革新和变异；之后的宋室南迁则再度使得中原文明和江南文明得以交流发展，人口的集聚也推动太湖流域圩田产粮的快速发展;近代上海的快速发展也和黄浦江形成的天然贸易港关联密切。

对于生活在发达地区的人群来说，建筑、街区、聚落，便是在这种充满稳定性和能量张力的前提下形成和发展的。其中，绿色设计——包含有现代概念的节地、节能、节材、节工的传统，既经典又潮流，既必须也必然。认知这样的传统，可以在建设中，包括规划设计中传承智慧，并将其发扬光大；理解这样的传统，则可以科学应用，修正绿色建筑的设计盲区，做到文化和科学的双重传承。

0.2 善用能量是一种整合性的能力

发达地区的建筑、街区和聚落显然非同一般，必须解决好诸多矛盾和问题，并保有持续发展的可能性。如果我们截取诸如北京四合院建筑、广州茶楼或庙宇等公共建筑、江南水乡城镇等范本，论及其长期存在与设计的合理性，可以找到许多归因：地理、气候、人文、技术等，而具体到某个建筑、街区、城镇，还可以继续细分影响因素。在这方面，许多专家学者和不同地区的研究者开展了大量的工作，形成重要的工作基础。对此，我们从长三角、珠三角和环渤海三个地区的历史文献资料和已有的相关研究成果中，遴选出重点研究对象，确定 135 个调研点，在 2018 年开展了全部案例的调研（表 0-1、图 0-2）。

表 0-1　三个地区三个层级重点调研案例数量统计　（单位：个）

地区	聚落	街区	建筑	统计
长三角	14	8	27	49
珠三角	9	8	36	53
环渤海	9	10	14	33
共计	32	26	77	135

通过调研以及课题组长期从多层面、多角度进行的研究，用“善用能量”的概念来概括发达地区绿色设计的传统似乎比较贴切，归因和影响因子可以细分，而关联和组织更为切要。“善用能量”既包含在应对气候等客观环境上绿色设计的技术措施，也包括在文化习得以及制度管理这些人为构成领域中的策略应用。

善用能量从根本上表达出的是一种整合性的能力。聚落与节地

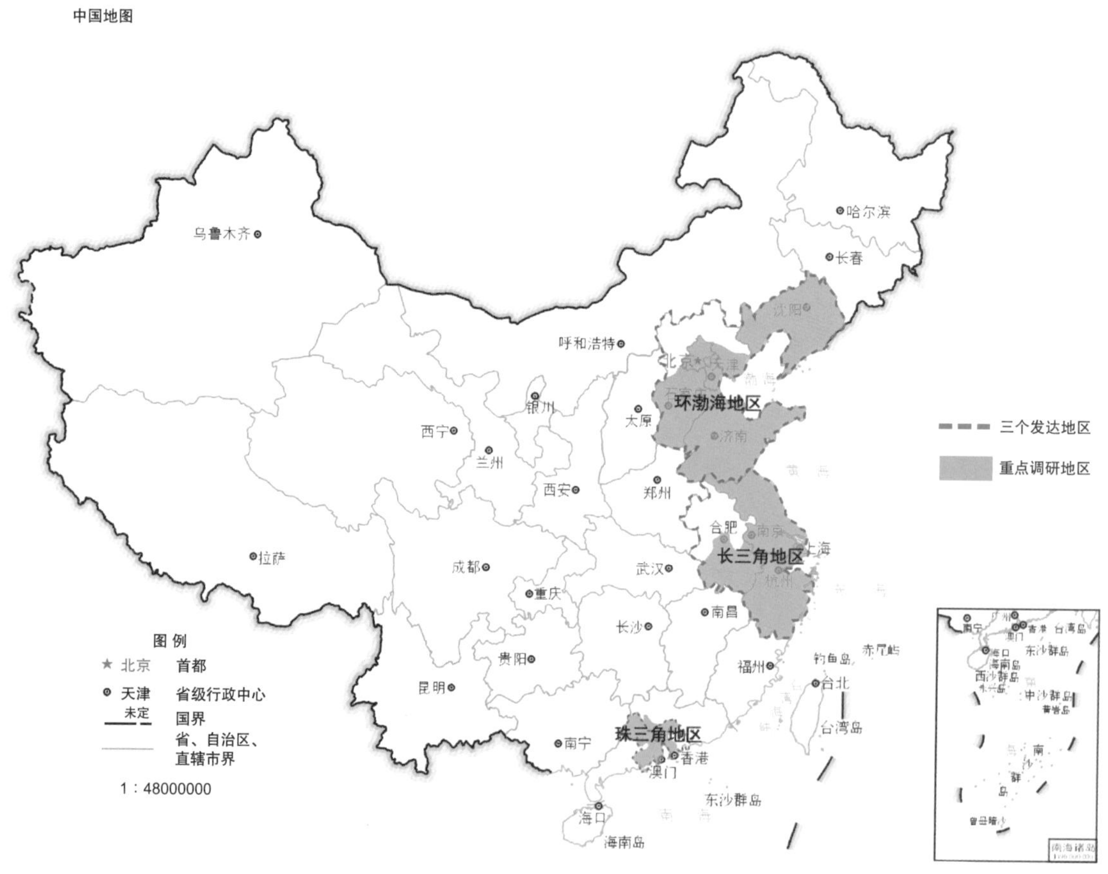

图 0-2　本团队调研的中国发达地区的范围（贾亭立绘制）

的关系，在古代发达地区便是适度发展，通过人均用地面积加以限定；合理布局，以保护基本农田为要则；生产生活，形成复合经济和生态链条；顺势而为，通过制度管理来完善更新。传统建筑与节能的关系，在发达地区特别突出体现在精准性设计上，譬如窗牖的设置强调的是关联性：如何将建筑功能、小气候中的朝向和风速、人为活动等因素，细化到每面墙、每个位置的设计。如南京甘熙故居中的一路建筑（南捕厅 15 号）有 22 种窗型（图 0-3），或者

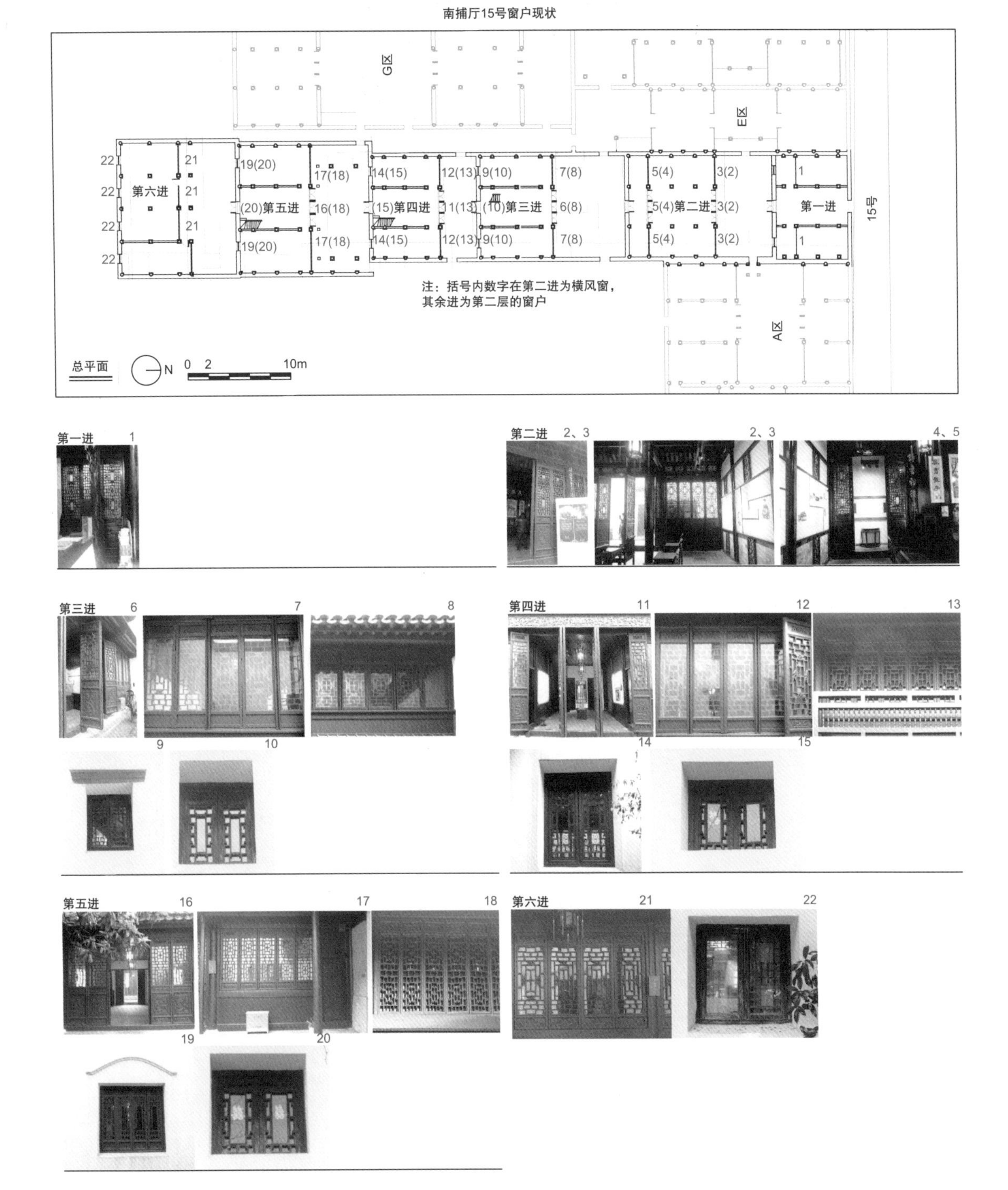

图 0-3　南京南捕厅 15 号建筑窗户

如苏州网师园东侧住宅（旧瞿宅包括住宅和网师园）的门厅和轿厅窗花相同成呼应，而以窗扇不同来适应功能的需求（图 0-4）。如此，不同的窗牖设计可以应对使用、通风、拔风、面阳采暖、背阴透气、采光、晾晒、互景、交流等多重需求（图 0-5）。在发达地区传统建筑、街区与节材的关系，既包含建筑从下料、用料到施工的每个步骤的讲究与科学，也包括如何通过布局以及建筑围护结构的设计，

图 0-4　苏州瞿宅门厅和轿厅之间的窗户处理（陈薇团队朱颖文绘制）
若无特殊说明，本书中图片尺寸标注的数字单位为毫米，标高的数字单位为米

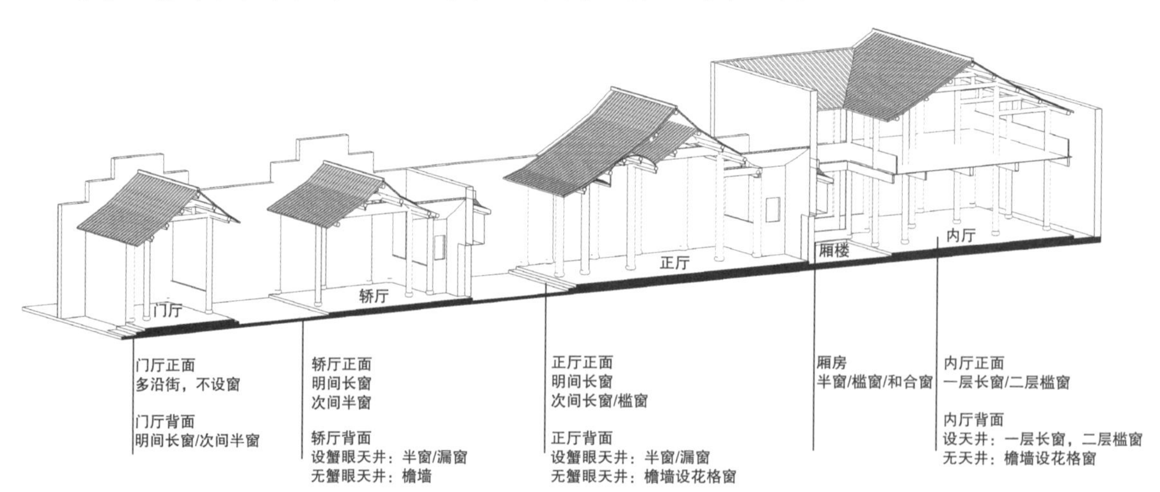

图 0-5　典型的苏州多进院落式住宅窗牖位置示意（陈薇团队朱颖文绘制）

甚至是建筑与建筑之间的尺度掌控，巧妙地解决街区中诸如通风与防火、防盗与采光的问题等。营造与节工，则关注工程各阶段面临的问题及其解决方法，从立项、筹备到施工、验收，全过程进行高效的组织管理。这种绿色设计的思想、方法及其路径是全方位的，构成了发达地区稳定发展的基础，也是善用能量在人居环境上的具体体现。

当然，具体到绿色建筑设计上，大量性和普遍性的应对焦点主要是气候环境，自古至今，从来如此。对于发达地区而言，珠三角地区之夏热冬不冷带来的防晒和隔热问题、长三角地区之冬冷夏热带来的保温和通风问题、环渤海地区之寒冷风大沙多带来的保暖和防风沙问题更为突出，这也引发了我们在具体案例研究上的关注。不同于以往的研究多聚焦在住宅上，本课题研究还关注到公共建筑，例如岭南的庙宇建筑，如何通过流线的设置和建筑布局的关系，来解决集会时瞬间人流增大而需求敞廊空间进行防晒的问题，同时，我们特别注重建筑的院落空间和街区的邻里空间的组织，探讨综合有效解决节能问题以及减灾防灾问题的规律和方法。

这就构成了本书上篇的理论研究和下篇的应用研究两部分。它们相互印证和关联，体现出中国发达地区的绿色设计传统的优越性和科学性、思想性和操作性。

0.3　探索绿色设计未来发展的路径

绿色设计传统的优越性，便从它的成就不因当下的所谓学科泾渭分明而形成。虽然我们研究的主体是建筑、街区和聚落这些人工环境，但是“善用能量”乃是一种和人的生产、生活、生命、生态、生生不息相关的历史和创造。当下学科越分越细，指标越来越微观，数据越来越多，然而，对于医院中的病人来说，拿着一大叠报告是否就能被治好？对于学校中的学生来说，课程越多是否将来就具有越大的持续发展的潜力？对于我们关注的人居环境，显然也不可能因为建筑学、城乡规划、风景园林的学科自我完善而得到真正的改良。所谓跨学科的需求，不是一种时髦，而是对我们失去的传统的一种回归。这不仅是业内的 3 个一级学科之间的跨越，而且将是未来发展的路径之一。

绿色设计传统的科学性，体现在解决主要矛盾的同时能够惠泽其他方面。例如杭州西湖，唐代白居易规划的长堤和宋代苏轼设计的苏堤，在作为水工工程完成堤坝承担的隔水、蓄水功能之外，还承担了连接城市与市郊群山之间的道路功能，并留下了千年美景和文人意境。白居易描绘的“孤山寺北贾亭西，水面初平云脚低。几处早莺争暖树，谁家新燕啄春泥。乱花渐欲迷人眼，浅草才能没马蹄。最爱湖东行不足，绿杨阴里白沙堤”，以及苏轼的诗句“六桥横绝天汉上，北山始与南屏通。忽惊二十五万丈，老葑席卷苍云空”[①]，更是将工程、审美、科学与艺术、建筑、诗情进行完美融合的体现，成为千古传诵的名篇。大至一座城市，小到一扇漏窗，不仅是在条分缕析中各自作用，更是如何在系统关联中善用能量，以达到生活中物质环境和精神追求的双重满足。发达地区的绿色设计传统，无疑提供了教科书般的样本，为开启未来的诸多城市新区、新发达地区的绿色设计提供了借鉴。

绿色设计传统的思想性，乃倡导开放的文化交流、优良的品质追求、不懈的长期技术迭代以及明智的继承发展，这种生长性和流动性样态，是核心，是平台，是保障，是自信，是创造能力的源泉。绿色设计传统不是固化的内容，它会随着技术和文明的发展而不断进步。它可能不是一种地域性的固化表达，而是一种集合的能力状态，从而能够保证在落实层面形成一加一大于二的整体化效果。

绿色设计传统的操作性，应该是不断修正的过程和对资源使用有节制的自律。或许通过我们的研究成果，可以有助于建立一种绿色建筑指标的阈值，补充当今绿色建筑指标体系的刚性带来的不完全适宜。这也许能够帮助我们清醒地认知到：未来资源的有限性和生态问题，已在我们当下的高速发展和不遗余力开发中潜伏下危机。相反，浙江柯岩自汉代开采山石一直延续到清代，从来不是斩尽杀绝，而是在采石的同时有前瞻性地谋划——在那山石轰然倒下成为负体形的同时，云骨孑然的正体形则茕茕出世，留下一尊尊峭立石峰、造像石窟和一处处叠峰与碑刻遗景，至今成为神祇福地和秀美环境，这种关乎生产与生活的绿色设计传统，何其智慧！

因此，善用能量，没错。

参考文献

[1] 胡焕庸 . 中国人口之分布 [J]. 地理学报，1935，2（2）：33-74.

①（宋）施谔，《淳祐临安志》，临安志卷第十，山川 .《南宋临安两志》[M]. 杭州：浙江人民出版社，1983.

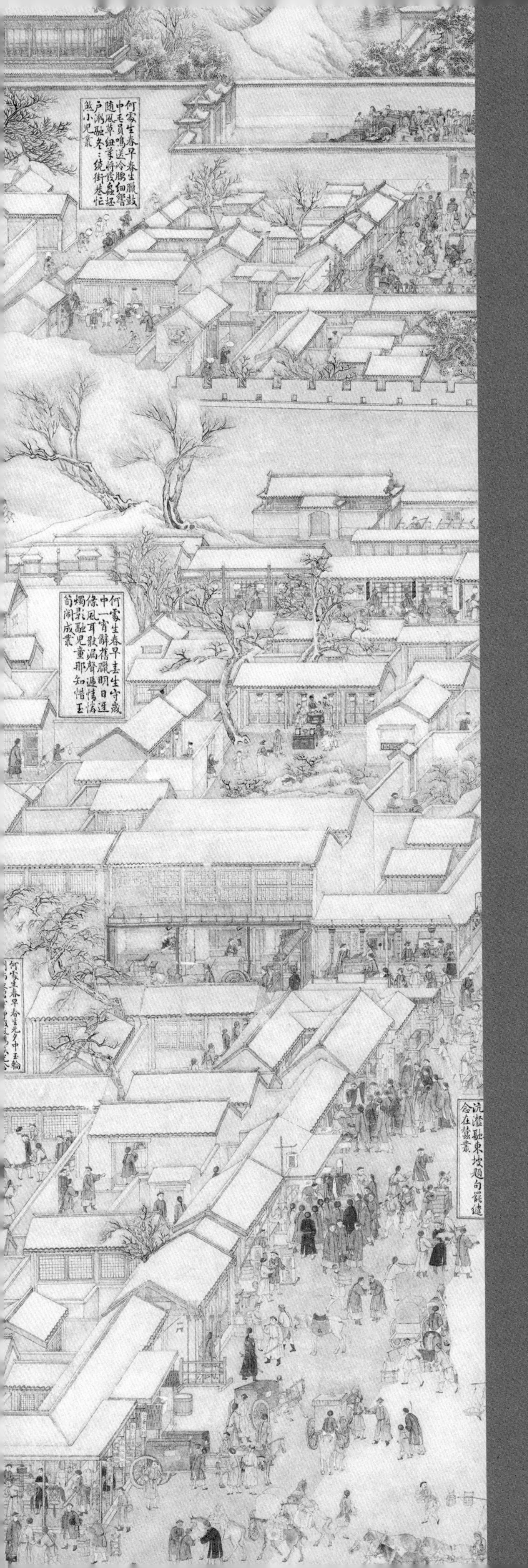

上篇　理论研究

第1章　节材：中国古代木构建筑营造如何用木

木构建筑是中国传统建筑的主流。在古代的文献记录和长期的建筑实践中，古人表达出知材善用的材料观和因材施造的建筑观。这些观念既贯彻在自择木、伐木到解木和搭木的营造过程中，又体现在对材种、木性、下料、构件的具体认知和落实上，其中包含的节材意识、生态意识、理论及实践经验都非常具有价值。

1.1　择木有方——充分认知材种特性

对树种的选择是营建活动的第一步。得益于茂盛的林木环境，自然界已经为人类提供了上佳的树木来构建居所。然而，在纷繁的树木种类之中，哪些木材可为屋宇所用，哪些木材只能做薪柴，需要进行甄别与选择。

从石器时代到先秦时期，经过跨越千年的不断尝试，择木范围已相对固定。韩非子《种树喻》提到松、楠、栝、柏堪为栋梁之材①[1]，其中，楠木“干甚端伟”②[2]；栝应是桧木，其“柏叶松身”③；柏木则“树耸直皮薄肌腻”[2]。《战国策》记“荆有长松、文梓、楩、柟、豫樟（皆大木也）……”④，提到梓木、豫樟和楩木也常作屋材。梓木乃百木之王，“造屋有此木，则群材皆不震”[2]；豫樟应为后世之樟木，“可雕刻，气甚芬烈，大者数抱”⑤[2]；楩木与豫樟类似，是根植于南方的名木⑥。再对比古建筑用材的树种调查，北京明代遗构以楠木居多，清代遗构多用松木，四川地区多用楠木、柏木，湖南地区以楠、柏、松、樟等为主[3]，可以看出先秦时期常用的几种木材，一直到清代都是建筑用木最主要的选择。

西汉时，多了对香材异木的使用。实际上，《楚辞》当中就不乏“桂栋”“兰橑”⑦等说法。文学作品中可能有夸张修辞，但《三辅黄图》

①“树之材者，松、楠、栝、柏可以为栋梁……其下者为柽、柳、朴、槲，种之则生，不过为薪”，参见参考文献[1]。
②“干甚端伟……今江南造船皆用之，堪为梁栋，制器甚佳，盖良材也。”参见参考文献[2]卷七十二木谱。
③“桧，柏叶松身（见尔雅），叶尖硬，亦谓之栝。今人名圆柏以别侧柏。”参见参考文献[2]卷七十一木谱；（北宋）陈彭年，邱雍《重修广韵》卷五“桧，木名，柏叶松身。又工外切。栝，上同见书”。
④（汉）高诱注，（宋）姚宏续注《战国策注》卷三十二•宋卫。
⑤“豫章二木，生七年乃可辨。豫一名乌樟，一名枕樟，又名钓樟”，参见参考文献[2]卷七十二木谱。
⑥（北宋）邢昺《尔雅疏》卷第九“棆无疵。（郭璞注曰，棆，楩属，似豫章。案楩及豫章皆南方大木之名也）”。但楩究竟是何种树木，难以定论，郭璞说是杞，（南梁）萧统编《文选》卷二“郭璞上林赋注曰，楩，杞也”，李时珍说是山枌榆，（明）李时珍《本草纲目》卷三十五下“木名楩（音偏，时珍曰，按《说文》云‘楩，山枌榆也’）”。
⑦《九歌•湘夫人》“桂栋兮兰橑，辛夷楣兮药房”。

中确有汉武帝灵波殿用桂作柱的记载①，不过，此处的桂木是樟科之桂树，并非今天所指的木樨科桂花树[4]。建筑的香气并非为汉武帝所独钟，这种奢侈的享受之风一直流行于历代皇室而未曾消弭——陈后主建沉香阁②，杨国忠建四香阁③，元大内宫殿中以紫檀筑殿④……然而，这种对香木的赏玩，仅是建筑用木发展的一条旁支，并非选材的主要标准。

南北朝关于建筑用木的文献记载中明确出现了枞和白杨的用法。枞，松叶柏身，郭璞注曰“今大庙梁材用此木”⑤。白杨“性甚劲直，堪为屋材，折则折矣，终不曲挠”，但终不如松柏之类，“松柏为上，白杨次之，榆为下也”[5]。至于白杨次于松柏的理由，《广群芳谱》解释得更加清楚，“用为寺观材，久则疏裂，不如松柏材劲实也”[2]。

到了宋、明之时，文献中的用木记录又丰富了一些。成书于北宋的《营造法式》根据木材加工便利度计量解割工，提到了椆檀、榆槐木、白松木、楠柏木、棕黄松、水松以及杉桐木[6]。椆木“其木质重而坚，耐久不蛀”⑥[7]，杉木具有“干端直，大者数围，高十余丈，文理条直”[2]的材性，桐木“木轻虚，不生虫蛀，作器物屋柱甚良”[2]。明《郁离子》中的相关记载，进一步扩大了取材范围，“枫、楠、松、栝、杉、槠、柞、檀无所不收”[1]，枫“高大似白杨，枝叶修耸，木最坚”[2]，槠“作屋柱难腐”[2]，柞应是栎木，“高者二三丈，坚实而重，有斑文，大者可作柱栋”[2]。

总的来说，文献中建筑用木的材种范围随着时代的发展而渐渐扩大，主要用材有松类、柏类、樟类以及梓、楠、杉、白杨、榆、枫、槠、栎等。通过对不同材种特性的了解，总结其材性的共同之处，应该就是古人建造选材的标准所在，其原则可归纳为五点：干端伟、高耸直、径丈余、质坚实、性耐腐。记录在案的择木理论和原则切实地指导着实际工程建设，对现存遗构进行材种鉴定后发现，建筑实例中的用木与文献所记的材种范围高度重合[8-10]（图 1-1），而文献之胜，在于展现了古人对材料性质的认识与应用的思考。因此，二者结合，使人能够更深刻地理解营建初步材种选择的渊源。

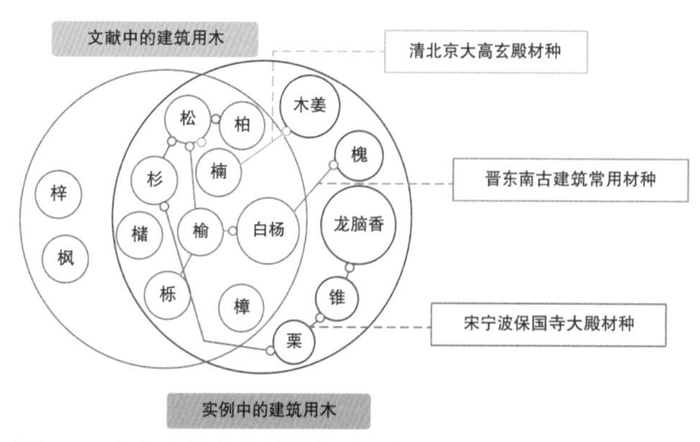

图 1-1　古代文献与建筑实例的用木对比图

①《三辅黄图》卷四“甘泉宫南有昆明池，池中有灵波殿，皆以桂为殿柱，风来自香”。

②（唐）许嵩撰《建康实录》卷二十 • 后主长城公叔宝“于光昭殿前起临春、结绮、望仙等三阁，阁高数丈，并数十间。窗牖、户壁、栏槛皆以沉檀香木为之”。

③（宋）陈敬撰《陈氏香谱》卷四 • 事类“沉香为阁，檀香为栏槛，以麝香、乳香筛土和为泥饰阁壁”。

④（元）陶宗仪《南村辍耕录》卷五二十一 • 宫阙制度。

⑤（东晋）郭璞注《尔雅三卷》卷下，四部丛刊景宋本。

⑥“椆木则湖南而外无闻焉。字或作梼，新化县志据山经作椆，较为确晰”参见参考文献 [7] 卷三十七。

1.2　伐木有时——熟悉掌握树木生长规律

采伐林木，使树木成为木材，是营建的第二步。树木的生长与天时密切相关，古人相时而动，充分遵循自然生长规律来制定伐木的律令（图 1-2）。

最初的伐木令记录在《礼记•月令》中，“仲冬之月……日短至，则伐木，取竹箭”①。郑玄对此注解为，仲冬之月为木材最坚成之时。先秦以及汉代延续了时令治国的理念，但伐木之“时”变成了草木零落之时，如《孟子》“斧斤以时入山林，材木不可胜用”，赵岐注曰“时谓草木零落之时，使材木茂畅，故有馀”②，《淮南子》更是记有“草木未落，斤斧不入山林”[11] 的政令。

无独有偶，就在《淮南子》成书前后，在万里之遥的罗马帝国，维特鲁威撰写的《建筑十书》也提到，伐木的良机乃是秋初到刮西风之前的时间段，因为果实成熟、树叶开始枯萎之后，冬季寒冷的气候使得树木被压缩，因而更加坚韧。不同民族几乎同时对材料产生的共识，反映了人类遇到木材建造问题时，进行了深刻而科学的思考。

除了考虑木材自身的坚韧以外，伐木时令还要兼顾虫蛀的影响。东汉崔寔提出“自正月以终季夏，不可伐木，必生蠹虫”③，南北朝《齐民要术》同样提出了蠹虫的问题，“凡伐木，四月、七月则不虫而坚肕……凡木有子实者，候其子实将熟，皆其时也”[5]，其实与草木落而伐同理，只是依据不同树种的结实时间，增加了伐木的时机，如榆荚春日下，桑葚秋季落。对于虫蠹不生的松柏之类，则四时皆得。

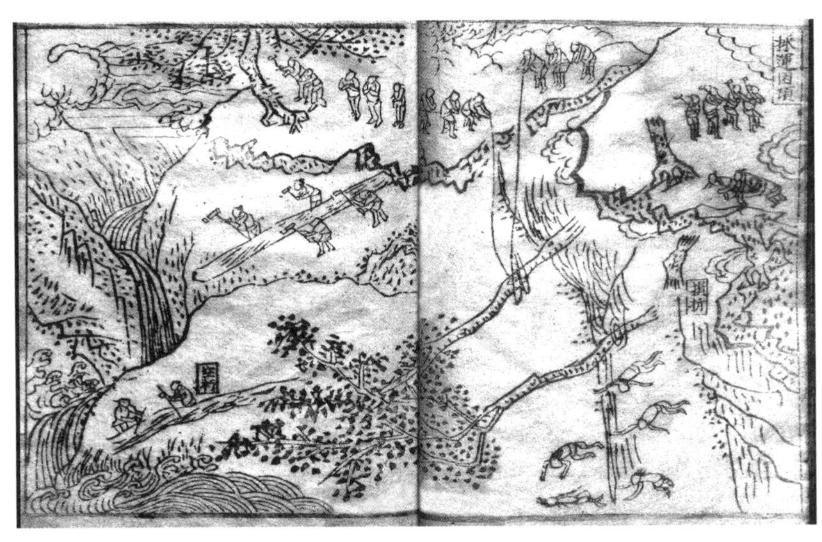

图 1-2　《西槎汇草》伐木采运图
引自龚辉《西槎汇草》卷一，明嘉靖刻本

①（汉）郑玄注《礼记注疏》卷十七•月令。
②（汉）赵岐注，（宋）孙奭疏《孟子注疏》解经卷第一上。
③（汉）崔寔，石声汉校注《四民月令校注》，北京：中华书局，1965，一七。
④《天一阁藏明钞本天圣令校证》第二册。

朝代持续更迭，伐木时令并未废止。唐宋两代的《营缮令》规定“春夏不伐木”④，昭示了与前人的一脉相承。直至今日，豫南山地搭建民居所用的木材都要求在冬季采伐，因为此时木材质地细密，而春季树木发芽容易生虫导致蠹朽[12]；福建地区筹备传统建筑的材料也多选在秋冬时节砍伐树木，因此时木料较干，方便开春后放筏水运[13]。伐木时令从起初的经验认识演变为法令制度，到今日回归为约定俗成的习惯，源自对树木生长规律的把握始终指引着人们的建设活动。

1.3 解木有术——最大化利用形成木料

采伐下的原木是不能直接用于建筑营造的“生材”，需经进一步解割和加工，形成具有广厚的规则料例，才能成为建筑用材。其造作既要充分利用生材，又要照应构件尺寸，是关键的一步。

解木方面的记载有案可稽的，以北宋《营造法式》为早，其核心原则是“就材充用”，其背后节约材料的意识不言而喻。在节用思想的影响下，全书关于木材到木料加工过程的记录共出现了三处。第一处在卷二“总例”中，为避免用料疏略，重订了估料法则，可谓“锱铢必较”，将原有旧例“围三径一、方五斜七”修立为“圆径七其围二十有二；方一百其斜一百四十有一”①[6]，另外，对八棱径、六棱径、圆径取方、方内求圆等例各作规定。第二处是卷十二“锯作制度”，有“用材植”、“抨墨”和“就余材”三项条目，前两者都强调“大材大用，不可充大材者量度合用”的原则，在“抨墨”中还提到了飞椽、生头木等或斜或讹或尖者，可采用结角交解的解锯方式②[6]，最能体现节材之意的当属“就余材”之制，解割下的边角料尽可能另作他用或制作薄板，若是边材有璺裂，须视璺裂程度而定，或带璺裂“就其厚别用，或作版，勿令失料”[6]。以上两处关注的是生材的高效利用，当生材加工成了木料，就要考虑下一步营建所需的料例尺寸，因此卷二十六的大木作料例是为第三处。锯解下的木料，根据尺寸分为不同规格，分别适配于不同等级的建筑。《营造法式》虽没有记载详细的操作过程，但却完整地展现了估料、解料、用料三个过程之中贯穿始终的高效用材的思路。

解木方面的记载，以清代《工程做法》为详。《工程做法》全书体例，首先对各种等级的建筑类型所用到的主要构件定下尺寸和计算方法，再在卷四十八木作用料中，对各构件的下料方式进行集中的详细说明。以备解锯的木材有圆木和橔木两种。根据清代《三省边防备览》对于木材粗加工的记载，圆木和橔木各有尺寸上的偏重：圆木对长

①“如点量大小须于周内求径，或于径内求周。若用旧例以围三径一、方五斜七为据，则疏略颇多。今谨按九章算经及约斜长等密率修立下条：诸径围斜长依下项：圆径七其围二十有二；方一百其斜一百四十有一；八棱径六十每面二十有五，其斜六十有五；六棱径八十有七，每面五十其斜一百；圆径内取方，一百中得七十一；方内取圆径一得一（八棱六棱取圆准此）。”参见参考文献[6]卷二，十一至十二。

②“若所造之物或斜或讹或尖者，并结角交解。（谓如飞子或颠倒交斜解割可以两就长用之类）”参见参考文献[6]卷十二，七。

度有要求，“圆木长自二丈数尺至三丈外不等，无四五丈者，围圆自三四尺至六七尺不等”，所用树种为松木、杉木等长直树；而橔木对围圆有要求，“如树有五六尺至七八尺围圆者，度其丈尺，用锯解作橔枋，长自八尺至丈三尺为止，宽自一尺二寸至二尺三四寸为止”①，橔枋之树多用径粗的杂木，如椴木、桦木、艾叶杉、茨楸、银杏等。因圆木和橔木各有所长，在《工程做法》中除去圆形主要构件如柱、戗木、檩用圆木以外，凡长一丈以内的方形构件，如梁、枋、垫板等基本都用橔木锯解，长一丈之外，才用到圆木。与《营造法式》灵活却模糊的条文相比，《工程做法》直接规定了各构件尺度、用料多少，精确到分，虽失了变通，但操作的指导性大大增强，文中的解割术可以概括为一则估料计算公式：

$$\frac{\text{高厚之和}}{2}\div\text{方径系数}a=\text{圆径尺寸}$$

注：据《工程做法》记载，方径系数 a 随构件各有不同，分 0.7、0.72、0.75、0.8 四种。

这一计算公式直接提供了清代工程取材的方法。公式内的方径系数 a 在前人研究中被称为“出材率系数”②[14]，其实不然，《工程做法》虽未明确这一系数的具体名称，但它的作用却相当明显，提供的是方材求圆径的长度折算比例（图 1-3）。真正的出材率，还需要用面积公式进一步推算，即

$$\frac{L^2}{\pi r^2}=\frac{(a\cdot D)^2}{\pi(D/2)^2}=\frac{4a^2}{\pi}$$

注：此公式针对的是正方形解材，有些材方是长方形，出材率只能大致估算。

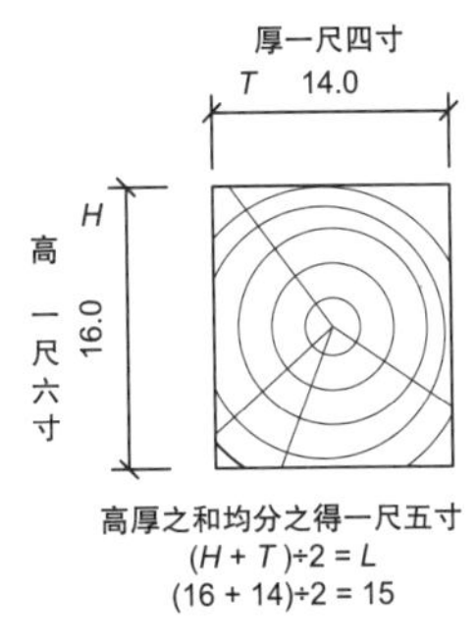

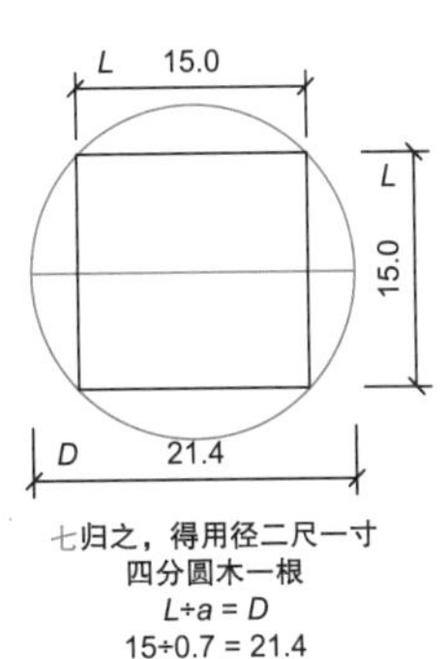

图 1-3　估料计算公式在清《工程做法》中的运算过程示意

假定宋代解材是用《营造法式》中所记录的圆径内取方方法（圆径内取方，一百中得七十一）[6] 计算，估算出材率在 64.2%，与清代介于方径系数 0.7 和 0.72 的出材率（表 1-1）相比，低于采用其他方径系数的解材方式。但是，宋代的做法已达到圆径内取整方的极值（在宋清皆不考虑余材利用的情况下），那么清代的解材方法，又是怎么突破这一极值的？寻求这一问题的答案还需回到《工程做法》原文，分辨各构件的解材方式和构件本身的关联性（表 1-2）。

表 1-1　方径系数和出材率对应表

方径系数 a	0.7	0.72	0.75	0.8
清代出材率 /%	62.4	66.0	71.6	81.5

①（清）严如熤《三省边防备览》卷九 • 山货。

②参见参考文献 [14] 第 20 页；李浈．中国传统建筑木作工具 [M]. 上海：同济大学出版社，2015：108；乔迅翔．宋代官式建筑营造及其技术 [M]. 上海：同济大学出版社，2012：191。

表 1-2　清《工程做法》各构件解材方式汇总

构件名称	方径系数	解材方式	解材图示
大小额枋、金、脊、檐枋、天花随梁、博脊、压科等枋	0.7	整取	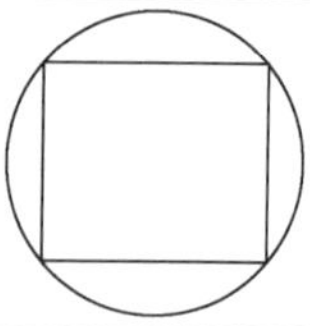
正心枋、机枋、挑檐枋、采梁枋、采斗板、由额垫板	0.7	二根并一根见方	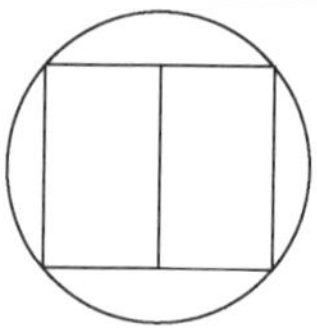
金、脊、檐垫板	0.7	四根并一根见方	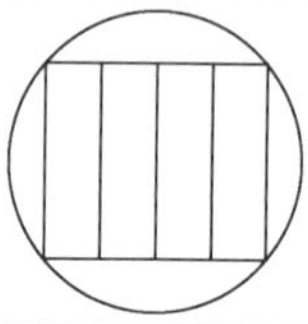
草架柱子、穿	0.7	整取	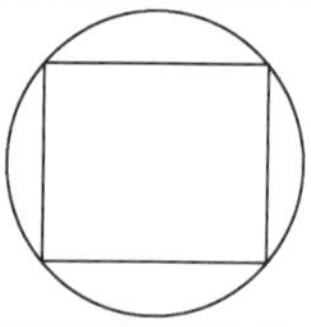
圆椽	0.7	四根并一根见方	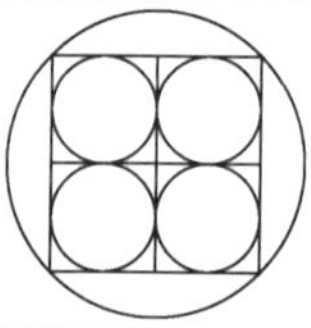
下槛	0.7	二根并一根见方	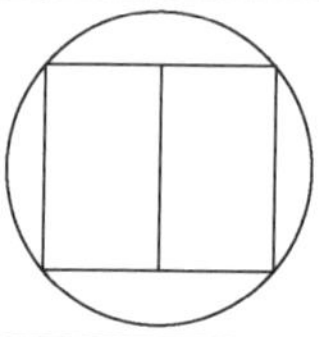
替桩、抱框、间柱	0.72	整取	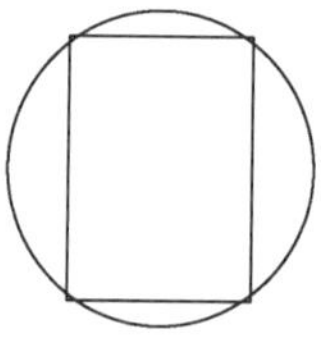
边梃、抹头、穿带、转轴、栓杖、巡杖	0.72	四根并一根	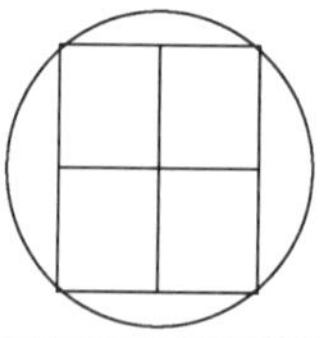
各项柁梁、采步金、角梁、由戗并平板枋、承重、间枋、承椽枋、瓜柱、柁墩、斗盘、代梁头	0.75	整取	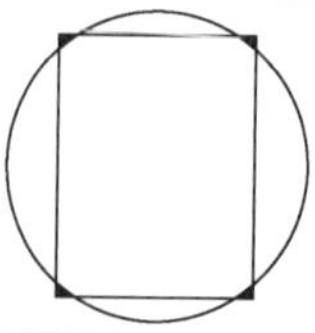
上槛、托泥、连楹	0.75	整取	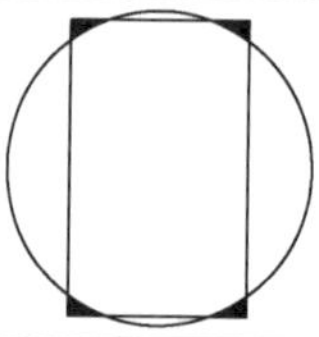

续表

构件名称	方径系数	解材方式	解材图示
顺望板	0.8	九块并一块见方	
山花板、博风板、滴珠板	0.8	七块并一块见方	

表 1-2 即是梳理卷四十八出现的所有构件类型的圆木解锯方法所得，纵览表格有两点发现：

第一，宋代《营造法式》强调的“就材充用”原则，清代解木时并非严格遵守，而是有所放宽。除去顺望板、山花板等因材料断面高厚比相当大而必须使用大料锯解以外，像圆椽、边梃、转轴等小而方的构件也用圆木整取而后拆分。这类构件用圆木锯解的可能原因有二：一是整取有利于量化生产，省去了木料加工的部分步骤；二是这类构件尺寸较小，即使四根并一根地整取，用到的圆木尺寸也有限。例如边梃每根宽四寸五分，厚三寸八分，圆木尺寸一尺一寸五分，直径约为 36.8cm；转轴每根宽二寸四分，厚二寸，圆木尺寸六寸一分，直径约为 19.52cm，在圆木之中也算不得大料。不过这种大木小用的锯解方式确实也存在改进空间，譬如圆椽，直接求取 1/4 圆弧的最大相切圆，比书中先求圆椽之方的方法更经济合理。

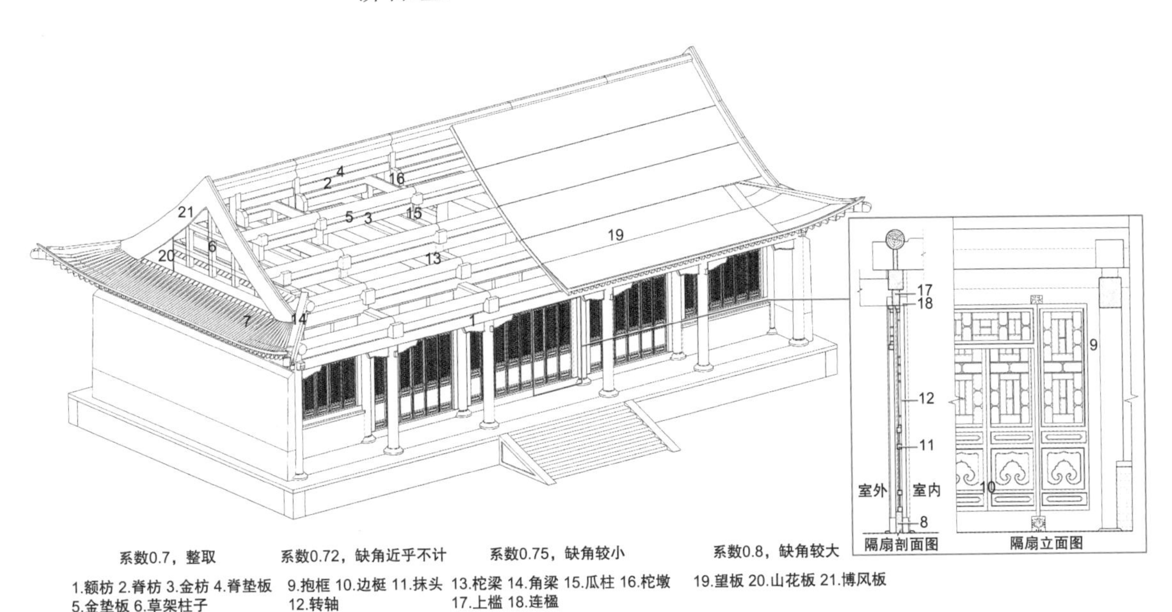

图 1-4　清《工程做法》部分构件所在位置示意图

第二，方径系数与构件之间存在匹配关系。从表上看，只有方径系数是 0.7 的解锯方式，才能得到完整的方木，方径系数大于 0.7 时，解锯的方木皆有或大或小的缺口。但不同的方径系数适用于不同的构件类型（图 1-4），0.7 的最多，是完整取方，用于各种枋、垫板、下槛、草架柱子以及圆椽的取材，这些构件都要求是方整材；0.72 的主要用在小木作上，缺口非常小，近乎不计；0.75 的用于梁、瓜柱、上槛、托泥、连楹，缺口呈现四面抹角状，恰好与这类构件四面抹角的圆润外形相适应；0.8 的最少，用在望板、山花板等大量生产的板材上，偶有某件缺角并不妨碍整体拼接。由此可见，清代的出材率虽因缺口的存在，与数学公式得出的数据上有出入，但也正因缺口的巧妙利用，同样达成了高出材率的效果。锯材时不应僵化地求整尺寸，而应当充分考虑到后续构件的用途和尺寸最大化地圆木求方，如此既能节省材料，又可以减去后续抹角加工的些许工序，可谓一举两得。

1.4　搭木有法——与构架需求密切相关的用材原则

解割加工后，木料就转化为一根根构件。将四散的构件搭建成一个完整的建筑构架，是大木营建的最后一个步骤。在这一环节中，这些构件不再只是单独的个体，而要纳入整体结构中各司其职。因每个构件担任的角色不同，工匠对各构件的考量也各异。这种考量体现为两条原则。

第一条原则，与择木环节呼应，出于对构架受力的考虑，工匠需对来自不同树种的材方在构架中的位置，做出更进一步的配置。

首先，区分大的类别。上文中概括的建筑用木，诸如松柏楩楠、杉楮杨榆之类，从现代木材学角度上来说，皆属于“软材”或“中等材”的范畴①[15]。用于小木装修、家具器用等领域的木材，则以坚硬致密、色泽幽雅、花纹华美的紫檀、黄杨、花梨、红椆居多[16]，这些木材属于“硬材”。存在于大木作和小木作之间的明晰分界与木材硬度有关，是考虑到不同构件的自身需求后，依据木材性质进行的初次择选。大木作用材尺寸大，需要自重不太大、干缩程度小、强度适中的木料，一般是以能够承受一定荷载又方便加工的软材或中等材为宜。小木作尺度小，须在小断面中完成多根构件交接，要求榫卯具备一定的强度和硬度，使用硬材就可避免榫头劈裂的问题。另外，硬材雕刻成形不易损，还能满足就近观赏的需求。

其次，在大木构架中有进一步细化树种的分类配置。主要是根据构件各自发挥的作用而有不同要求，其中，承重和耐腐是比较突出的两个要求，直接关系到建筑的使用寿命。按文献所记，承重构件不能用速生材②[11]，而要选用像松柏豫樟这种被反复褒赏的栋梁之材③[2]。在实际工程中亦反映了这种用木规律。从保留的古建筑树种配置的现代

①木材学规定，含水率 15% 的木材，端面硬度小于 400（单位是 kgf/cm^2，$1kgf/cm^2=9.80665\times10^4Pa$，下同）为软材，401 ～ 650 之间是中等材，651 ～ 1000 之间是硬材，大于 1000 是甚硬材，参见参考文献 [15]。

②“藜藋之生蠕蠕然，日加数寸，不可以为栌栋。楩、楠、豫章之生也，七年而后知，故可以为棺、舟。”参见参考文献 [11]。

③“木之产于地者，曰松曰柏曰栝曰桧曰豫章曰桐梓，皆良材也。其用于世，大者为栋为梁，小者为桷为棁，各随其材，以为用夫。”参见参考文献 [2] 卷七十五。

鉴定研究中，能够更深入地体悟古人用木的心得。例如北京故宫武英殿建筑群（图 1-5）中，武英门几乎所有承重构件都用了力学强度较大的落叶松和硬木松，武英殿的主要承重构件——柱、三架梁、五架梁，以及承重强度比较大的顺梁、踩步金等，都以落叶松最多，比较次要的承重构件如檩、瓜柱等，主要用软木松。落叶松的力学强度和密度都要优于软木松。后殿敬思殿的主要承重构件，除了落叶松外还出现了 4 根软木松柱子，次要承重构件以软木松为主，落叶松很少。这种配置规律说明了，当品质佳的木材不敷使用时，会根据同一栋建筑中构件承重和位置不同进行择选，将它们优先用于最主要的承重构件，同时也考虑不同建筑的重要性，首先保证重点建筑的用材质量[17]。

容易受到雨水浸淋的部位，是最易腐蠹的薄弱环节，因而产生了防腐防虫的需要。防腐处理措施有很多，选择耐腐的材种是最直接的办法（图 1-6）。《植物名实图考》记载，门扇等外围护界面用椴木，因“椴木质白而少文，微似杨木，风雨燥湿，不易其性，北方以作门扇板壁”[7]。晋东南晋城市的游仙寺，其老角梁和门框都用到了与椴木性质相似的杨木和枫杨[9]。古代工匠在实践中认识到杉木在空气中难腐，柳木、柏木、红松埋于土中难腐，故南方民间有“水浸千年松，搁起万年杉”的俗语。故宫的椽檩和望板多用杉木，脊椿用柏木，角梁和门窗用樟木，都是从防腐防虫的需要出发的因材致用[18]。

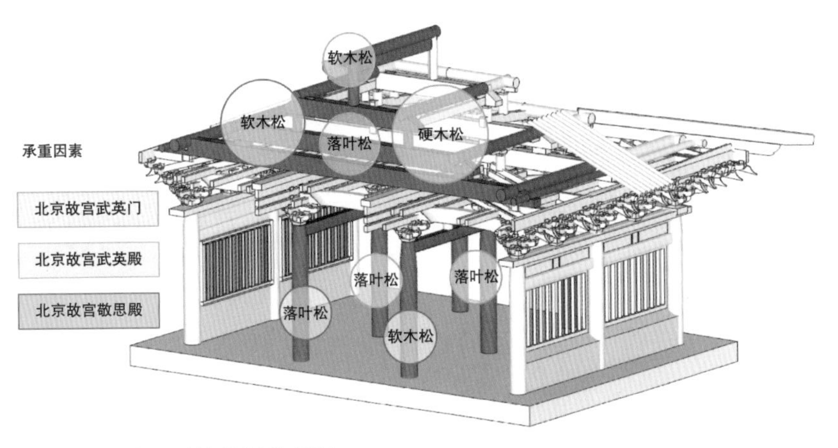

图 1-5　考虑承重性的树种配置

除此之外，从文献上看，地域因素也影响着软木在大木作中的使用。现在仍延续着的“南杉北松”用木习惯，早在明代就有记载——“闽人作室必用杉木，器用必用榆木，棺椁必用楠木，北人不尽尔也，桑、柳、槐、松之类，南人无用之者，北人皆不择而取之。”①若将范围进一步缩小，可以发现，各地区喜好更加多样。譬如，山西地区多用的华北落叶松（红杆）和油松，文献中亦有记载：“杆木，山西山中极多，树亭亭直上，叶如栝松而肥软，又似杉木而叶短柔。山西架木皆用之，与南方杉木同”[7]。

①（明）谢肇淛《五杂俎》卷十・物部二。

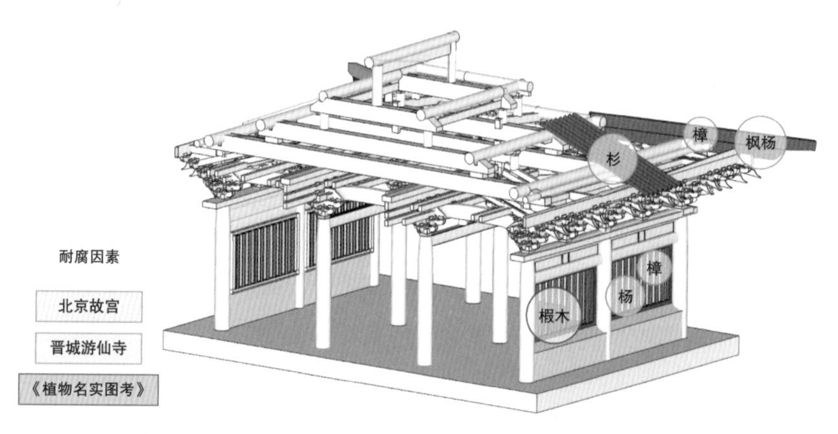

图 1-6　考虑耐腐性的树种配置

第二条原则反之，充分考虑木材的受力性质对构架的影响（图 1-7）。即使同为主要结构受力的构件，因使用方式不同，也有不同的处理手法。清末《古今秘苑续录》记载了若干起造详细规则，是获取当时工匠营建经验不可多得的文本资料。从厅房、轩屋等字句可推知，其作者所记地区大致位于江南。其中提到，由于木材“横担千，竖担万”的材料性能，“桁宜肥，柱不妨稍瘦”与“肥梁瘦柱”的匠谚意义相通。桁、柱的肥瘦有时不能一概而论，而要根据具体位置再行增减。最具代表性的是柱子尺寸，书中记载“四欒柱担力重，宜肥且壮观。欒柱若瘦，则通身减色，唯后欒柱可略瘦耳”[19]。在苏州卫道观山门、三清殿以及无锡小娄巷中，皆存在内步柱柱径大于檐柱的现象。

综上所述，解锯后的木材不能抽象成均质化的构件看待。出于构架的受力需求，会对不同物理性质的木材进行再次择选。同时，木材本身的受力性质反过来也对整体构架产生影响。由此可见，材料和建筑之间并非单向决定关系，材料的自身性质会反作用于建筑。这种反作用的存在，也是建立在人们对材料充分了解的基础上。

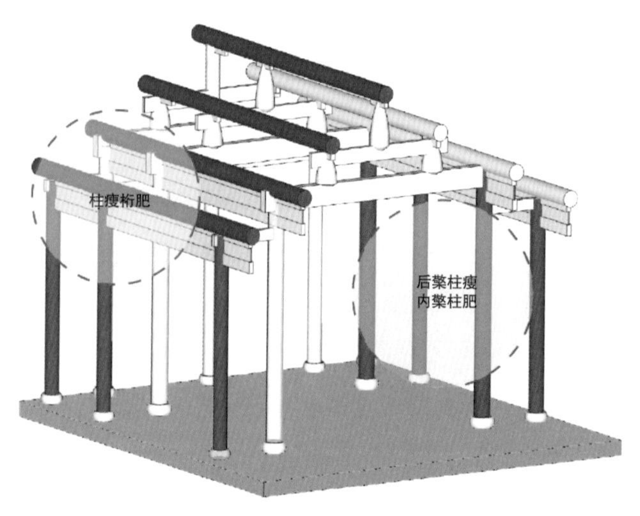

图 1-7　木材受力性质对构架的影响

1.5 小结

对于中国古代木构建筑营造的研究，常见的是将建成的建筑作为对象，做相关结构、形制、风格、构造等方面的研究。本章补充了营造前期的过程研究以及精准用材的细致研究，发现以木作为主材进行建筑营造时，有四种身份的转化——“树木—木材—木料—构件”，其过程中包含了对自然植物认知的尊重、对时节规律遵循的看重、对节材意识和手段的探索、对精准用材以解决建筑承重的成熟驾驭。其中涵盖的节材意识和生态意识，是应对资源有限而逐步形成的态度和能力的体现；而对材种的分类认识以及因材施用的精准实践，则反映了中国古代进行木构营造时，将材料观和建筑观进行整体思考和巧妙应对的智慧。这项结合文献考证和实物印证的研究，为中国古代建筑绿色设计的传承与发展，提供了一个认知的平台和坚实的步骤。

参考文献

[1]（明）刘基 . 魏建猷，萧善芗点校 . 郁离子 [M]. 上海：上海古籍出版社，1981.

[2]（清）汪灏 . 广群芳谱 . 第三册 [M]. 上海：上海书店出版社，1985.

[3]《古建筑木结构维护与加固技术规范》编制组 . 古建筑木结构用材的树种调查及其主要材性的实测分析 [J]. 四川建筑科学研究，1994（1）：11-14.

[4] 董丽娜 . 中国文学中的桂花意象研究 [D]. 南京：南京师范大学，2006.

[5]（北魏）贾思勰 . 齐民要术 [M]. 扬州：江苏广陵古籍刻印社，1998.

[6]（北宋）李诫 . 李明仲营造法式 [M]. 上海：商务印书馆，1929.

[7]（清）吴其濬 . 植物名实图考 [M]. 北京：商务印书馆，1957.

[8] 王天龙，刘秀英，姜恩来，等 . 宁波保国寺大殿木构件属种鉴定 [J]. 北京林业大学学报，2010，32（4）：237-241.

[9] 殷亚方，罗彬，张之平，等 . 晋东南古建筑木结构用材树种鉴定研究 [J]. 文物世界，2010（4）：33-36.

[10] 李华，陈勇平，李德山，等 . 故宫大高玄殿建筑群木结构的树种配置与分析 [C]// 中国紫禁城学会 . 中国紫禁城学会论文集第八辑（下）. 北京：紫禁城出版社，2012：839-841.

[11]（西汉）刘安，杨有礼注 . 淮南子 [M]. 郑州：河南大学出版社，2010.

[12] 樊莹，吕红医，史岩 .“南源北辙”——豫南山地传统民居木作技术及其影响因素研究 [J]. 建筑学报，2009（S2）：63-67.

[13] 张玉瑜 . 福建传统大木匠师技艺研究 [M]. 南京：东南大学出版社，2010.

[14] 王璞子 . 工程做法注释 [M]. 北京：中国建筑工业出版社，1995.

[15] 成俊卿 . 木材学 [M]. 北京：中国林业出版社，1985.

[16] 王世襄 . 明式家具珍赏 [M]. 2 版 . 北京：文物出版社，2003.

[17]“故宫古建筑木构件树种配置模式研究”课题组，晋宏逵，黄荣凤 . 故宫武英殿建筑群木构件树种及其配置研究 [J]. 故宫博物院院刊，2007（4）：6-27+156.

[18] 中国科学院自然科学史研究所 . 中国古代建筑技术史 [M]. 北京：科学出版社，1985.

[19] 墨磨主人 . 古今秘苑续录 [M]// 彭泽益 . 中国近代手工业史资料 1840 ～ 1949. 第 1 卷 . 北京：中华书局，1962.

第2章　节地：基于文献考证的聚落节地研究

节地，即节约土地，是相对于“浪费土地”而言的，指用地在数量上的省减、限制，尽可能用最少的土地来满足人们生产、生活的需要。现代意义上的节地，内涵包括在各项建设和生产领域中，通过采取法律、行政、经济、技术等综合性措施，提高土地利用效率，以最少的土地资源获得最大的经济和社会效益，保障经济社会的可持续发展[1]。

古代中国作为以农耕为经济发展基础的国度，对土地使用十分重视。无论是井田制、王田制、均田制还是屯田制，均是为了实现“耕者有其田，居者有其屋”的小农理想生活。中国古代存在较为严格的等级规制，从王公贵族到庶民百姓，可居住和耕种的土地面积差异颇大。早期发展中，由于人口数量并不很多，因而节地主要出现在一些关于适度发展的思想层面，较少解决实际问题。后期随着人口数量的剧增，人地矛盾日益尖锐。其中，以闽、粤为代表的地区，因为山多地少且东南环海，有限的自然资源和稠密的人口增长间的矛盾显现出来，面临急需解决的节地问题。

本章基于古籍文献的考证，试从思想发展层面和明清时期实践发展两个层面研究节地问题，以闽粤地区为例，探讨古人的节地思想与应对方式，并为今日发展中的节地思想提供借鉴。

2.1　节地思想概述

中国古代营城或置宅，都存有节地的理念。营城思想上，春秋战国《管子·八观》中曰：“夫国城大而田野浅狭者，其野不足以养其民；城域大而人民寡者，其民不足以守其城；宫营大而室屋寡者，其室不足以实其宫；室屋众而人徒寡者，其人不足以处其室；囷仓寡而台榭繁者，其藏不足以共其费。”①元代《礼记纂言》中亦有：“地邑有广狭，民居有稀稠，必参合量度使之相称，各得其宜。若地广民稀，则有旷土矣。地狭民稠，则有游民矣。食节谓制民之产使之足以仰

①（春秋战国）管仲撰，（唐）房玄龄注《管子》（四部丛刊景宋刻本）卷五。

事俯畜也。事时谓上之兴事必于农隙不夺农时也。如此，则民咸安其居矣。”[①]如上两者可见，城池营建时并非追求越大越好，需按照实际人口与需求来确定城市规模，地与民之量度宜相称，讲求的是适度原则。

《汉书·爰盎晁错传》中曰：“臣闻古之徙远方以实广虚也，相其阴阳之和，尝其水泉之味，审其土地之宜，观其草木之饶，然后营邑立城、制里割宅，通田作之道，正阡陌之界，先为筑室，家有一堂二内，门户之闭，置器物焉，民至有所居，作有所用，此民所以轻去故乡而劝之新邑也。”“臣又闻古之制边县以备敌也，使五家为伍，伍有长；十长一里，里有假士；四里一连，连有假五百；十连一邑，邑有假候：皆择其邑之贤材有护，习地形知民心者，居则习民于射法，出则教民于应敌。”[②]中国古代封建等级制度森严，建造城池也有其需要遵守的规制。从建城规制上可见，需先相地、选址，再营邑、立城，最后才制里、割宅。建造庶民百姓之居，作为营城规制中的最后一步，无形中限定了百姓民居可用宅基地之狭小，家有一堂二内即足矣。甚至因人口众多，有时面积相同的宅基地上需建设更多的民宅。至于将百姓五户为伍、十伍为里等，又反映出这种制里割宅的方式既是一种社会组织方式，也是一种军事管理方式。古代君王营城为了方便管制百姓，自然不会让其分散居住。庶民虽是被迫聚集于城内，却又一定程度上起到了节地的作用，并且其中蕴含了城市空间组织的初级概念。

置宅思想上，南北朝《宅经》云：“宅有五虚，令人贫耗；五实，令人富贵。宅大人少一虚，宅门大内小二虚，墙院不完三虚，井灶不处四虚，宅地多屋少庭院广五虚。宅小人多一实，宅大门小二实，墙院完全三实，宅小六畜多四实，宅水沟东南流五实。”[③]清代《闲情偶寄》曰：“吾愿显者之居，勿太高广。夫房舍与人，欲其相称。”[④]由此可见，住宅过大而居住者少，人气不足而为一虚；反之，宅小而人多方可令人富贵。李渔则主张房屋的大小最好与居住者相称，此两者均从使用者与房屋相适宜的角度上寓意了节地思想，与城池营建中的适度原则相类似。

至于屋舍的建造过程，明代《鲁班经》中“推造宅舍吉凶论”曾记载：“造屋基浅在市井中人魁之处，或外阔内狭为，或内阔外狭穿，只得随地基所作。”[⑤]可见，人口发展到一定程度之后，市井之中建房屋的地基只能顺应地势而为，间接造成节地的效果。

从营城规制到置宅虚实，古人的建造思想都反映出讲求适度的可持续发展之节地理念。随着历朝历代人口的增长，人地矛盾发展为实际建设问题时，古人又是如何应对的呢？下面以明清时期人地问题突出的闽粤地区为例，进行探讨研究。

①（元）吴澄撰《礼记纂言》（清文渊阁四库全书本）卷七。
②（汉）班固撰《汉书》（清乾隆武英殿刻本）卷四十九。
③（明）周履靖校正《宅经》（明正统道藏本）卷上。
④（清）李渔撰《闲情偶寄》（清康熙刻本）卷八居室部。
⑤（明）午荣编《鲁班经》（清乾隆刻本）卷一。

2.2 闽粤地区聚落节地问题

闽粤地区处于我国东南沿海，地理特点是“依山傍海”，区域内山地、丘陵地形居多，素有“八山一水一分田”之称。其中，福建境内峰岭耸峙、丘陵连绵，地势总体上西北高、东南低，呈现东南环海、西北多山、山多地少的态势。明代郑晓（1499 ~ 1566 年）在《地理述》中云：“福建，海抱东南，山联西北，重关内阻，群溪交流，虽封壤约束，而山川秀美，福州，其都会也。”①嘉庆四年（1799 年），汪志伊在《议海口情形疏》中曾言：“闽省，负山环海，地狭人稠。延建邵汀四府，地据上游，山多田少。福兴宁泉漳五府，地当海滨，土瘠民贫，漳泉尤甚。”②可见福州境内山多田少，可供耕种的平原较少，并不满足封建时期农耕社会的需要。该地区在发展中面临较为严重的地少人多问题，这一点在《（乾隆）福州府志》中的福州府全图③（图 2-1）中亦有较为明显的反映。

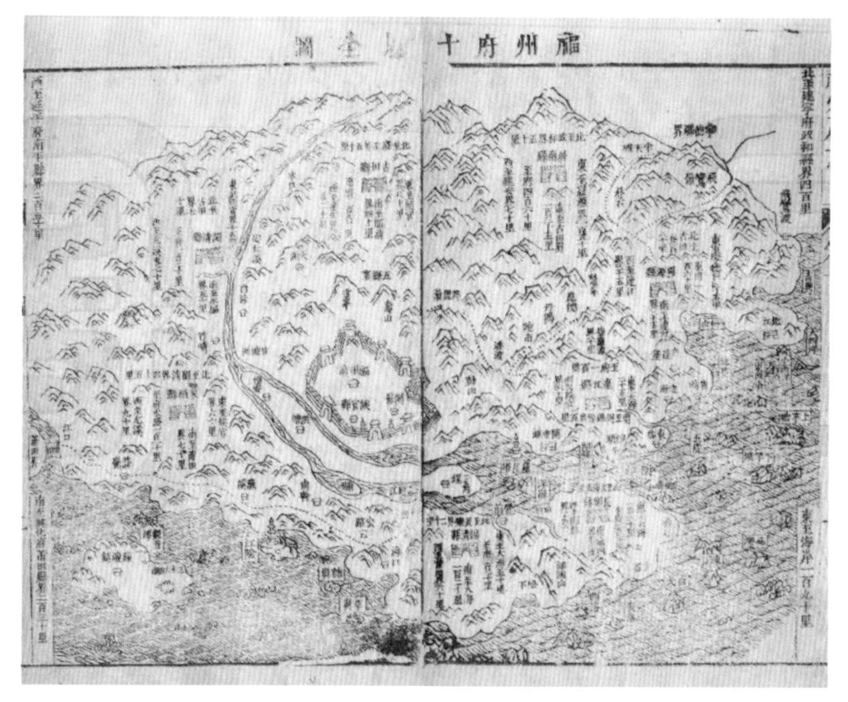

图 2-1 福州府全图
引自《（乾隆）福州府志》（清乾隆十九年刊本）卷首

明清时期，福建人口数量日益增加。从洪武十四年至乾隆十八年（1381 ~ 1753 年），福建人口数量增长了近 100 万人（表 2-1）。耕地不足的问题越来越突出，以至于在明朝中后期出现了“江浙闽三处，人稠地狭。总之不足以当中原之一省。故身不有技，则口不糊，足不出外，则技不售”④的现象。

①（明）郑晓撰《吾学编》（明隆庆元年郑履淳刻本）皇明地理述卷上。
②（清）贺长龄编《清经世文编》（清光绪十二年思补楼重校本）卷八十五兵政十六。
③（清）徐景熹修，鲁曾煜纂《（乾隆）福州府志》（清乾隆十九年刊本）卷首。
④（明）王士性撰《广志绎》（清康熙十五年刻本）卷四。

表 2-1　福建宋至清人口增长情况一览表 [2]

朝代	北宋	南宋	元	明	清
统计时间	元丰三年（1080 年）	嘉定十六年（1223 年）	—	洪武十四年（1381 年）	乾隆十八年（1753 年）
人口数 / 人	2043032	3230578	3875127	3840250	4710399

与此同时，广东省的人地情况也不容乐观。蓝鼎元（1680～1733 年）在《论南洋事宜书》中论及“闽广人稠地狭，田园不足于耕，望海谋生，十居五六”①的情况。光绪年间《广州府志》中亦有“朕思粤东山多田少，小民生计艰辛，故以捕鱼为养赡之计”②的描述。从这些叙述中可以看出，闽粤地区确实在发展后期出现民众因耕地不足，只能出海捕鱼或寻求其他生存方式的情况。这一点在清代广州府总图③（图 2-2）中亦可见。

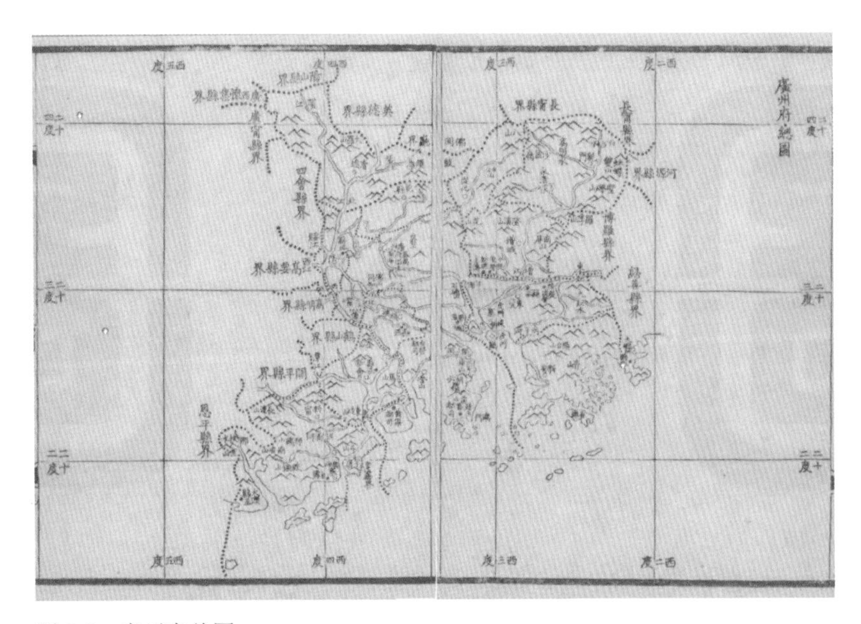

图 2-2　广州府总图
引自（清）史澄撰《（光绪）广州府志》（清光绪五年刊本）卷八舆图

由此，闽粤两省均于明清时期的发展中出现地狭人稠问题，亟须采取有效的节地方法解决人地矛盾。

2.3　闽粤地区聚落节地应对

通过对明清时期文献中闽粤地区涉及“地狭人稠”“地少人多”等关键词的情况梳理，我们发现该地区聚落的节地应对方式在空间布局、产业发展、管理制度和房屋建造 4 个方面均有体现。

1）空间布局

闽浙总督高其倬（1676～1738 年）曾上疏言：“福兴漳泉汀

①（清）贺长龄编《清经世文编》（清光绪十二年思补楼重校本）卷八十三兵政十四。
②（清）史澄撰《（光绪）广州府志》（清光绪五年刊本）卷三训典三。
③（清）史澄撰《（光绪）广州府志》（清光绪五年刊本）卷八舆图。

五府地狭人稠，自平定台湾以来，生齿日繁。山林斥卤之地，悉成村落，多无田可耕，流为盗贼，势所不免。”[①]说明闽省五府在清代时，村庄已经大多修建在了盐卤之地上，即便如此，可以留为耕种的肥沃土地还是少之又少。

除了居住于盐卤之地等地质条件差的地区，粤省一带居民还使用滩涂来围垦造田。“顺德、香山多争沙田。盖沙田皆海中浮涨之土，原无税业。语曰：一兔在野，众共逐焉。积兔在市，过而不问，有主之于无主也。沙田，野兔之类也。争沙田，逐兔之类也。凡断沙田者，稽其籍果。曾报税案籍给之，无籍没官，买如曰：吾所承业从某户某田，崩陷代补者也，则奸民之尤也。勿听仍没之官，则奸难售而讼，亦可省矣。”[②]沙田，除了可以开拓耕地，更在于无须纳税，故而成为民众积极开垦拓展的一种土地形式。

闽省的邵武府“郡地狭山多，民随山高下而田之。高不惧涝，下不惧旱，故少大饥岁”[③]。田地耕种需顺应山势高低，反倒在一定程度上帮助百姓避过旱涝而不至饥荒。

2）产业发展

两广总督谭钟麟（1822～1905年）曾奏曰：“查广东三面滨海，地狭人稠，并无旷土。天气温和，一岁之收，茶桑果木，四处成林。人多无田可耕，野无不耕之地。惟责令多种茶桑稍获微利，此农务之大概也。”[④]可见由于当地气候温和，树木易生长成林，因而可通过在山地种植茶桑等树木获得微利。发展粤省农业经济除了种植稻谷以外，还重视茶桑果木的栽种。同时，《（光绪）广州府志》中引用《番禺志》有“其地田狭山多，居民种果为业，而梅荔为独盛”。[⑤]由于田地狭窄，故在山间种植果树，其中盛产杨梅和荔枝。《（道光）广东通志》中引用《连平州志》曰：“山多田少，勤于耕种，两熟获毕，接种油菜、大麦。平原无剩土，即深山无人处，亦烧粪种蓝，伐木种香蕈。妇人勤纺绩，绅士家机杼不断。贫人多上山，樵苏负竿累累如列行阵。”[⑥]因为田地少，一年两熟之后仍旧继续种植油菜和大麦，且开垦荒山，种植青靛和香料，妇人纺织、穷人砍柴，纷纷于田少人多之处各谋生路，减少对土地作物的经济依赖亦不失为节地的另一种途径。《（道光）广东通志》中引《大埔县志》云：“俗尚醇厚，素号易治，士矜节气，一衿已青，惟以授徒为业。土田少，人竞经商。山高地瘠，农最勤苦，番芋瓜蔬以佐食，亦有种烟草油茶，以供日用者。”[⑦]种植作物除番芋瓜蔬外，亦有烟草油茶，尽可能增加作物的种植以节约并利用山地。这里也提到了由于土田较少，居民竞相经商，以转变产业发展的路径。

雍正五年（1727年），闽浙总督高其倬奏请解除禁海令：“臣

①（清）官修《八旗通志》（清文渊阁四库全书本）卷一百九十二人物志七十二。

②（清）史澄撰《（光绪）广州府志》（清光绪五年刊本）卷十五舆地略七 渭崖文集。

③（明）陈道撰《（弘治）八闽通志》（明弘治刻本）卷三地理。

④（清）刘锦藻撰《皇朝续文献通考》（民国二十四年至二十六年上海商务印书馆十通本）卷三百七十八实业考一。

⑤（清）史澄撰《（光绪）广州府志》（清光绪五年刊本）卷十舆地略二。

⑥（清）阮元修《（道光）广东通志》（清道光二年刻本）卷九十三舆地略十一。

⑦同⑥。

再四思维，惟广开其谋生之路，如开洋一途前经严禁，但查富者为船主、商人，贫者为头舵、水手，一船几及百人。其本身既不食本地米粮，又得沾余利归养家属。”[①]由于本地无田可耕，开放海上贸易让居民开船经商，既能够节约本地米粮，又可以获利以养家糊口，实为农耕时代发展后期节约耕地的一种有效办法。光绪二十四年（1898 年），两广总督谭钟麟的奏章中关于粤省还有“至工商两业较他省为盛，近年风气大开。有以机器仿制洋货者，有制土货专销外洋者。造作日精，行销日广，而出洋之工商惟粤人为最众”[②]的论述。不宜耕种的地势造成粤省的工商业发展较他省更为兴盛，清代时出洋的工商业者中粤省人数最多。

明人杨守勤修撰《宁澹斋全集》中引“福建福州府侯官县知县孙国祯敕命”云：“闽邦地狭民稠，生计特鲜，倚海为利，亦其势然也。”[③]《大清会典》中有“又覆准：广东地狭民稠，照福建之例，准往南洋贸易。”[④]由此可见，闽省靠海获利实为形势所逼，且开辟南洋海上贸易应在粤省之前，以为先例。

3）管理制度

闽粤之地的人地矛盾，不仅影响到居住村落的布局和产业发展方式，还导致此处居民的死后殡葬也受到严格的制度管控。两广总督兼署广东巡抚叶赫那拉・瑞麟（1809 ～ 1874 年）曾奏曰：“查粤东省章官山葬坟以横直二丈为限，循行已久。此次骆秉章执奏专就无力升科者而言，意在为贫民少留余地。无如粤东地狭人稠，坟茔栉比，若以定例相绳，恐小民无地开穴，转生事端。见经体察舆情，参核例案。所有官山坟地无力升科者，应仍遵同治五年部议以横直二丈为限。有力升科者，即按定例，庶民茔地九步，穿心十八步为率，虽有余地，不得逾制。其不及九步者，听以昭画一而杜纷更。下部知之。”[⑤]粤省的地狭人稠已经导致坟茔密集，若再不采取节地措施，恐怕庶民连丧葬之地都难寻到，易因此生出事端。因此，该地区为节地而出台了坟茔规模的限制制度，也实属节地影响下的无奈之举。

4）房屋建造

有关闽粤地区房屋的建造形式，清人叶昌炽（1849 ～ 1917 年）曾记载：“十五日辰刻抵香港，寓泰来栈四层楼。香港为各国轮舶往来之地，地狭民稠，依山架屋，拾级而上，高至山半，远望若蜂房。入其中，螺旋猱升如登窣堵坡。十六日辰刻附保安渡船至羊城，申刻抵埠。寓油栏门外迎祥街泰来栈，亦系层楼。”[⑥]通过这一段描述可知，香港和广州均多山地，依山建造层楼，高至半山腰，远看像蜂房一样。

①（清）官修《八旗通志》（清文渊阁四库全书本）卷一百九十二人物志七十二。

②（清）刘锦藻撰《皇朝续文献通考》（民国二十四年至二十六年上海商务印书馆十通本）卷三百七十八实业考一。

③（明）杨守勤撰《宁澹斋全集》（明末刻本）文集卷十一。

④（清）官修《钦定大清会典则例》（清文渊阁四库全书本）卷一百十四兵部。

⑤（清）王先谦撰《东华续录（同治朝）》（清刻本）同治九十一。

⑥（清）叶昌炽撰《缘督庐日记钞》（民国上海蟫隐庐石印本）卷六。

2.4 聚落节地方式借鉴

1）适度发展

虽然在聚落的实际建设中，节地问题出现较晚，但适度发展的思想理念在我国古代却产生得较早。早在春秋时期的《管子》和《礼记》中，就已经出现了城池大小与人口数量宜相称的论述。由此可见，节地一事并非等到实际情况迫不得已时才被重视。由于土地资源的有限性和不可再生性，在城市和乡村的每一次发展中都应考虑节地问题。适度发展，不要浪费土地，注意发展用地的集中布局，由此也显现出城乡规划中人均用地面积限定的重要性。若城乡发展不以此为限制，一味地以扩张土地来换取经济的增长，在加重城市病的同时，也会使城乡最终陷入无地可用而被迫节地的窘迫境地。

2）合理布局

在明清时期闽粤两省的实际发展过程中，由于山多田少人稠的实际状况，其土地的合理布局和使用应是有借鉴价值的。在这些地区，平原地区肥沃的土地首先是留作耕地使用的；其次，如果山间土地可以耕种，也可以依据山势高低而耕作；而海边滩涂也可以围垦开发为田地。至于居住的村落，则主要布局在不宜耕作的盐卤之地或者山地上。这与今日我国发展中保护基本农田的政策不谋而合。我国人口数量众多而土地资源有限，在这种情况下，基本农田是很重要的粮食生产资源，需要优先保护。城市和村庄的建设可以依靠技术手段或其他方式进行选址的，应做到非特别情况不得占用基本农田，且尽量不占用一般农田，尽可能选址在不宜耕种的土地上以平衡空间布局。

3）产业转型

在明清时期闽粤地区的经济生产中，农业生产除种植稻谷外，还可以更多利用气候和地形种植果树林木等，并且大力发展工商业和海上贸易。这方面的启示在于城乡产业转型，可选择发展占地面积小而产值效能高的其他产业。闽粤地区从种植传统稻谷农作物，改为在山间种植经济作物，并且发展对于土地依赖性并不很强的工商业和南洋贸易。如今，随着科学技术和网络手段的发展，很多第三产业，例如信息行业等，均是占地面积小而附加产值高的产业。依托网络技术和虚拟经济的发展，城乡产业转型升级更有利于城市中的节地应对。

4）顺势发展

闽粤地区实行的坟茔规模管理制度和依山建造层楼的方式，是分别从制度层面和技术手段上对于节地需求的顺势应对，反映出随着人们节地发展观念的提升，部分节地方式可以通过制度制定来进行强制性保障，同时也可以通过建造高楼或开发地下空间等技术手段来顺势进行发展。

2.5　小结

虽然古籍文献中并未明确出现节地二字，但有关节地思想的发展和实践却有迹可循。本章通过思想层面和明清时期实践层面来研究节地问题，并以闽粤地区为例，探讨古人在实践发展中关于节地问题的智慧，了解到适度发展、合理布局、产业转型和顺势发展四个方面的做法，既是中国古代早已有之的思想传承，也是亘古不变的实践应对。

参考文献

[1] 戴必蓉，杨子生．土地节约与集约利用的概念和内涵探析 [J]. 全国商情・理论研究，2010（7）：119-120.
[2] 陈黎雯．浅谈历史时期福建粮食短缺与调运 [J]. 宁德师专学报（哲学社会科学版），2011（4）：35-38.

第3章　节能：中国传统居室建筑中的冬夏气候调节策略文献初探

中国国土面积辽阔，气候条件复杂多样。2019年住房和城乡建设部颁布实施的《民用建筑设计统一标准》（GB 50352—2019）中所附“中国建筑气候区划图”，将全国划分为七个建筑气候区，分别归入严寒、寒冷、夏热冬冷、夏热冬暖、温和五种热工区划，其中，寒冷和夏热冬冷地区的建筑热工性能说明虽各有侧重，但均包含了冬季防寒、夏季防热的双重要求。从面积上看，这两个区域也基本包含了传统上经济发达、人口稠密、文化繁荣的中原、江南、环渤海、成都平原等地区，其住宅建筑在长期适应自然的过程中，逐渐发展出了一套行之有效的气候调节策略，本章将基于文献的梳理主要对此进行初步讨论。需要说明的两点是：在文献案例的选择上，以是否回应传统建筑“防寒防暑”的问题为标准，尽可能地兼顾“代表性”和“多样性”，并不局限于某一特定的时期或地点；以现代人的标准来看，传统民居的热工性能事实上并不高效，但其以“低技术”的方式回应和解决居住舒适度的过程中所体现出的种种巧思，依然对今人的设计和研究具有启示价值。

3.1　大小合宜，承风纳日

对于屋舍房间的大小高矮所带来的温度感受差异很早即被观察到，并见诸相关文献。如《吕氏春秋·重己》中认为“室大则多阴，台高则多阳”[①]，尽管其原文在于规劝君王厉行节俭，不造大室高台，以避免阴阳不适的状况，但也显示了古人对于居室大小与温度感受直接相关的认识在先秦时就已经较为普遍了。明代李贤《赐游西苑记》中描述了一座位于假山之上的大殿，“栋宇宏伟，檐楹翚飞，高插于层霄之上。殿内清虚，寒气逼人，虽盛夏亭午，暑气不到，殊觉神观萧爽，与人境隔异，曰广寒”[②]。可见，在明代宫苑中，居室的大小已被有意识地运用于进行气候调节了，高敞的殿宇适于避暑，同时也

①（战国）吕不韦编著《吕氏春秋》（钦定四库全书本）卷一·重己。

②（明）李贤撰《古穰集》（钦定四库全书本）卷五。

营造了皇家的威势。清代李渔便直截了当地指出，“登贵人之堂，令人不寒而栗，虽势使之然，亦寥廓有以致之”①。不过，大厦高屋固然有效，但多限于财力雄厚的皇家贵族，对于日常的文人居室而言，则更关注承风纳日的布置调节。

对于夏季防热，敞窗通风最为常见。如李格非在《洛阳名园记》之董氏西园中记载“开轩窗四面，甚敞，盛夏燠暑，不见畏日，清风忽来，留而不去”②。从文献中的记录来看，消暑之窗最关注的应是北窗，如白居易在庐山所建草堂，“洞北户，来阴风，防徂暑也”③。但更多的情况其实是要南北皆列窗，以促进空气流动，司马光的独乐园中，池北的屋舍“南北列轩牖，以延凉飔”④。此外，加厚屋面或窗扇以提高保温隔热性能也是一种常见做法。同样是司马光的独乐园中，有“厚其墉茨，以御烈日”⑤的论述，当然，这种方式其实也常被运用于冬季的防寒⑥。夏季纳凉另一个值得一提的做法是运用园林绿化，进行微气候改造。前述司马光独乐园的消暑之屋即位于园林沼池之北，董氏西园也正因位于园林之中，才能四面开轩窗来纳风。明代计成在《园冶》中有言，“一湾仅于消夏，百亩岂为藏春……凉亭浮白，冰调竹树风生”[1]，虽是在强调园林实用之外的艺术价值，却也直观地点出了树池之间凉风去暑的重要作用。以至于自宋代以来，“园林纳凉”甚至成了一个经典母题⑦，在传统山水画中反复出现（图 3-1）。

相较而言，冬季的防寒之法则丰富很多，除了前述的加厚墙墉以减少散热，文献中也有很多争取日照以采暖的做法。白居易的庐山草堂，“敞南甍，纳阳日，虞祁寒也”⑧。明代文震亨则更为详细地介绍了所谓丈室之制，“丈室宜隆冬寒夜……前庭须广，以承日色，留西窗以受斜阳，不必开北牖也”⑨。可见，丈室尺寸很小，采暖保温较易，同时也强调了要尽可能争取日照，甚至包含了庭院反照和夕照。除此之外，在有着极寒冬季的东北地区，很早便有了火炕之制。宋代《三朝北盟会编》中载，东北女真人“环屋为土床，炽火其下，而寝食起居其上，谓之炕，以取其暖”⑩，这和今日北方

宋·燕文贵《纳凉观瀑图》
北京故宫博物院藏

宋·佚名《水阁纳凉图》
上海博物馆藏

明·仇英《竹梧消夏图》（局部）
武汉博物馆藏

图 3-1　传统绘画中反复出现的“园林纳凉”图（包括“水阁纳凉”“竹梧消夏”等经典主题）

①（清）李渔《闲情偶寄》（康熙本），房舍第一。
②（宋）李格非，《洛阳名园记》（明万历古今逸史本），董氏西园。
③（唐）白居易《白氏长庆集》（钦定四库全书本），庐山草堂记。
④（宋）司马光《传家集》（钦定四库全书本），卷七十一，独乐园记。
⑤同④。
⑥就现有的调研资料而言，北方民居的墙垣厚度明显大于南方民居，在极寒地区，通常借助厚墙或采用内外双层窗的做法来保温。
⑦其一般而言，画面中必有凉亭轩敞，位于水池竹柳之旁，士人多位于凉亭之中，闲适而坐，望向由大片留白而成的水汽中。
⑧同③。
⑨（明）文震亨《长物志》（钦定四库全书本），丈室。
⑩（宋）徐梦莘《三朝北盟会编》（钦定四库全书本），卷三，政宣上帙。

民居中常见的火炕已经十分相似。江南地区也不乏此类主动式取暖防寒的例子。清代吴敬梓的小说《儒林外史》第五十三回“国公府雪夜留宾，来宾楼灯花惊梦”描写了南京魏国公府中一处可在冬天进行加热取暖的铜亭。亭子“全是白铜铸成，内中烧了煤火”[2]，以至于虽处雪天，亭中却依然温暖如春。文震亨基于江南地区的气候条件，在《长物志》中设想了一种浴室做法，“前后二室，以墙隔之，前砌铁锅，后燃薪以俟；更须密室，不为风寒所侵。近墙凿井，具辘轳，为窍引水以入。后为沟，引水以出。澡具巾帨，咸具其中”①，颇类似于一种“土法热水器”。清代李斗《扬州画舫录》里有载当时扬州最大的公共浴室，“以白石为池，方丈余，间为大小数格，其大者近镬水热，为大池，次者为中池，小而水不甚热者为娃娃池。贮衣之柜，环而列于厅事者为座箱，在两旁者为站箱，内通小室，谓之暖房”②。浴室之制虽并不常见于居室，但其以火烧水取暖，以密室、小室保暖，则和北方火炕在原理上相通，不失为一种有效的防寒方式。

3.2 应时而变，人室相合

李渔在《闲情偶寄》中指出，“人之不能无屋，犹体之不能无衣。衣贵夏凉冬燠，房舍亦然”③，揭示了在中国传统观念中，房屋居室并不是一个固定的物理空间，与现代思维中的采暖防暑做法有所不同。中国古人崇尚一种将房屋、家具、衣物甚至饮食看作一个整体，随时节变化进行灵活调节的策略。

汉代未央宫中有温室殿和清凉殿，根据《三辅黄图》的记载，“温室殿，武帝建，冬处之温暖也。《西京杂记》曰：‘温室以椒涂壁，被之文绣，香桂为柱，设火齐屏风，鸿羽帐，规地以罽宾氍毹’”[3]。而清凉殿，则“夏居之则清凉也，亦曰延清室。《汉书》曰：‘清室则中夏含霜’，即此也。董偃常卧延清之室，以画石为床，文如锦，紫琉璃帐，以紫玉为盘，如屈龙，皆用杂宝饰之。侍者于外扇偃，偃曰：玉石岂须扇而后凉耶？又以玉晶为盘，贮冰于膝前，玉晶与冰同洁。侍者谓冰无盘，必融湿席。乃拂玉盘坠，冰玉俱碎。玉晶，千涂国所贡也，武帝以此赐偃”[3]。可见，所谓温室殿的防寒之效，既体现在以椒和泥涂墙，以香桂之木为柱子，也体现在火齐屏风、鸿羽帐以及从西域罽宾贡奉的氍毹毛毯上。而清凉殿中，则以石床、紫琉璃帐、玉石玉晶等材料为主。这不仅体现了古人对特定材质冷热性能的认识和区分，同时，这些不同的材料或作为建筑结构构件，或只是作为家具和日常用品，构成了一个整体性的身体感知场所。这也暗示着，这种综合性的手段可以十分灵活。

《春明梦余录》中谓元世祖的寝宫，“俗呼为拿头殿。东西相向。

①(明)文震亨《长物志》(钦定四库全书本)，浴室。
②(清)李斗《扬州画舫录》(乾隆乙卯年镌，自然庵藏板)，卷一。
③(清)李渔《闲情偶寄》(康熙本)，房舍第一。

至冬，则自殿外一周，皆笼护皮帐。夏则黄油绢幕，内寝屏帐重覆"①。可见随冬夏之更替，建筑的围护材料也会如衣物一般进行变化。类似的如江南地区的很多建筑厅堂，会在夏季将外檐窗扇拆去，改为敞厅，以利通风，冬季再将其装上②（图 3-2）。在此方面最为巧妙的运用或许是陆游的一段记录，它写于南宋庆元六年（1200 年）九月，当时陆游已经 76 岁，闲居于山阴（今绍兴）的庄园中。"东、西、北皆为窗，窗皆设帘障，视晦明寒燠为舒卷启闭之节。南为大门，西北为小门，冬则析堂与室为二，而通其小门以为奥室，夏则合为一室，而辟大门以受凉风。岁暮必易腐瓦、补罅漏，以避霜露之气。"③其中既可以看到对厅室的大小敞闭与采暖防暑效果之间关系的认识，也可以看到综合利用门窗帘障随气候变化进行调节的巧思。值得注意的是，此文出自陆游《渭南文集》中的《居室记》，而文章在一开始论述上文所引用的有关居室使用和布局之法的部分后，大部分的篇幅则在讲述饮食、作息、心境等自我养生之道。文章最后，陆游写道，"自曾大父以降，三世皆不越一甲子，今独幸及七十有六，耳目手足未废，可谓过其分矣。然自计平昔于方外养生之说，初无所闻，意者日用亦或默与养生者合。故悉自书之"④，据此而知，所谓"居室记"，不只是对所居之室的记载，更重要的是对如何"居于室"的思考和践行。这再次提醒我们，古人将季节变化与居室的生活统一为一种顺应时节的养生日用之道，而非一味追求冬暖夏凉这一感官上的舒适程度。也正是在这一意义上，我们或可以去理解，在传统文献中大量存在的另一类特殊的防寒防暑方式——精神上的舒适度。

图 3-2　夏季艺圃水榭外檐和合窗可摘除以纳凉风
左图邵星宇拍摄，右图朱颖文拍摄

明张岱在《陶庵梦忆》中对不二斋的描述即是一个典型——"后窗墙高于槛，方竹数竿，潇潇洒洒，郑子昭'满耳秋声'横披一幅。天光下射，望空视之，晶沁如玻璃、云母，坐者恒在清凉世界"[5]。事实上，后窗高墙内所植几竿方竹，恐难遮阴，但眼前之景借助"满耳

①（清）孙承泽编著《春明梦余录》（钦定四库全书本），卷六。
②如《浙江民居》中记载，"夏天为了通风换气，取得风凉，……面向天井的一面，往往把整个开间做成通长的格扇门或通长的活动格栅窗，在夏季可以全部卸掉，变成敞口厅"，见参考文献 [4] 114 ~ 115 页。
③（宋）陆游《渭南文集》（钦定四库全书本），卷二十，居室记。
④同③。

秋声”的横披所产生的联想，天光晶沁，自身便也感觉处于清凉世界一般，而这“清凉”之意，事实上因此多了一层佛法禅机。佛经中将烦恼视为热毒，而清凉之意既是快乐，也是智慧。正如《正法念处经》中所言，“不诳不谄不热恼他，一切见者清凉爱念，如是轮王富长者宝”①。在这里，甚至“凉”和“热”本身皆有了更深层次的精神含义。

除了宗教意指，中国传统文人精神上的舒适度也常常来自艺术感受。如痴迷画竹的郑燮，“秋冬之际，取围屏骨子，断去两头，横安以为窗棂，用匀薄洁白之纸糊之。风和日暖，冻蝇触窗纸上，冬冬作小鼓声。于时一片竹影零乱，岂非天然图画乎！凡吾画竹，无所师承，多得于纸窗粉壁日光月影中耳”[6]。“白纸糊窗”如何就能在秋冬之际“风和日暖”？飞蝇冻触其上，而竹影婆娑，由此而来的“天然图画”不仅教授了郑燮画竹的技法，同样也让其忘记了寒冷，而深感愉快和满足。无论是张岱的佛家清凉，还是郑燮的竹影暖风；无论是佛教，还是道教、儒教，抑或是美感上的满足，这些皆非物理上的感受，但在精神的舒适度上，或许又能远超前者。

3.3 小结

本章的一个主要目标在于揭示中国传统居室建筑中如何以“低技术”的方式回应和解决居住“舒适度”的问题。通过以上讨论，可以大致将其分成三个方面：一是关于处理物质层面上的建筑环境，包括房间的大小、高低、敞闭、材料以及建筑外的自然环境等；二是关于调节整体条件下的生活环境，将人的衣食住行视为一体，在顺应季节变化的前提下寻求合宜的舒适程度；三是将冷热之感连接于丰富的精神世界，以智识和情趣来化解身体上的感知。也正是在这三层意义之上，我们可以发现，对于传统的中国文人而言，所谓居室的“舒适度”并非仅仅是一个“技术”问题，而更是一个“文化”问题。对于现今日益流行的“绿色建筑”而言，除了传统建筑在防寒防热中所体现出“综合性”技术思想外，这层“文化性”的含义无疑是一个更为重要的提醒和启示。

参考文献

[1]（明）计成著，陈植注释．园冶注释 [M]. 北京：中国建筑工业出版社，1981.
[2]（清）吴敬梓．儒林外史 [M]. 上海：上海古籍出版社，1991.
[3] 陈直．三辅黄图校证 [M]. 西安：陕西人民出版社，1980.
[4] 中国建筑设计研究院建筑历史研究所．浙江民居 [M]. 北京：中国建筑工业出版社，2007.
[5]（明）张岱．陶庵梦忆 [M]. 北京：中华书局，2020.
[6]（清）郑燮．郑板桥集 [M]. 北京：中华书局，1962.

①（北魏）瞿昙般若流支译，《正法念处经》，福建莆田广化寺印制，2016。

第4章　节工：明代西苑万寿宫重建工程组织管理

本章聚焦于明嘉靖四十年（1561年）西苑万寿宫的重建工程。以史料记载为依据，关注其从工程立项、筹备到施工三个阶段应对各种现实问题的解决办法；总结在当时的技术条件下，其“百日而就”的工程效率背后所体现出的高效组织能力，以期为当代工程管理带来启示。

西苑万寿宫，原称永寿宫①，成祖时期（1403～1424年）旧宫也[1]。其具体位置，据《明宫史》记载：“出西苑门，迤南向东，曰灰池，曰水碓。水磨河之西，土坡之上，曰昭和殿，曰拥翠宫，曰趯台陂，曰澄渊亭。又北曰紫光阁，再西曰万寿宫，曰寿源宫。”即今中南海紫光阁以西，府右街一带②（图4-1）[2]。壬寅宫变③后，嘉靖帝长期居住于此，其地位日益提升。嘉靖四十年（1561年）万寿宫发生大火，其重建工程在“嘉靖党争”④的政治背景下排除万难，百日而就，成为徐阶等人打击严党的有力武器。史载：“是以兹役也，经营于去冬，告成于兹夏，甫历时而成功，夫岂人力能至于斯哉？实神灵之所默相也。”[3]工程之迅捷自非神灵之力，当为组织管理之高效。

4.1　大工营建背景下的工程立项

1）科学料估、据料规划

万寿宫一役虽出于皇帝本人的意志，但其立项工作却十分艰难。其时正值三大殿重建工程的尾声，大工未完，新工又举，遭到严嵩等人的反对⑤。在此背景下，料估的经济性成为工程能否顺利立项的关键。不同于以往皇家工程由内府官员估算钱粮的工作流程[4]，万寿宫重建的料估是在立项前由户、工二部官员秘密进行，充分考虑了当时的大工营建背景，最大限度地降低成本。“肃皇帝万寿宫之役，

①永寿宫与万寿宫之名，史料记载中经常混用。其真实情况是，嘉靖四十年大火烧毁的宫殿称为永寿宫，而其重建者更名为万寿宫。据《明史》卷三百二列传一百五十三记载：“帝所居永寿宫灾，……凡十旬而宫成，帝即日徙居之，命曰万寿宫。”为方便表述，本书不分重建前后，均以“万寿宫”代之。

②关于万寿宫位置，李文君在其编著的《西苑三海楹联匾额通解》一书中也有描述：“摄政王府，位于中海西北部，东起金鳌玉蝀桥，西至府右街北口，东临紫光阁与时应宫，本是明代万寿宫旧址”，其推断与文献记载大致相符。

③据《日下旧闻考》第四十二卷记载：“嘉靖壬寅宫变，宫婢杨金英欲毙上于熟寝，以绳束喉不绝。有张金莲者知事不就，走告皇后往救获苏。乃命太监张佐、高忠捕讯得同谋者杨玉香、邢翠莲、姚淑翠、杨翠英……数人，诏悉磔之于市，上即移御西苑万寿宫，不复居大内。”

④本书提到的嘉靖党争，指嘉靖末期徐阶等人与严嵩一党的政治斗争。据《明史》（中华书局点校本）卷二百十三列传第一百一记载：“十旬而功成……以阶忠，进少师，兼支尚书俸，予一子中书舍人。子璠亦超擢太常少卿。嵩乃日屈。……阶遂代嵩为首辅。”

⑤据《钦定古今图书集成经济汇编考工典》第五十一卷宫殿部纪事二记载：“至辛亥万寿宫灾，上乃暂御玉熙宫……严嵩欲讽上还大内，具言三殿初成，工料缺乏，万寿未宜兴复。”

始属之分宜，而分宜不应，乃转而属公。而太常当其灾时业已揣知上意，先从户工二部与之规画土木金钱，胸有成画。故太常趋庭卒然有以复文贞，而文贞封进卒然有以报上命也。”[5] 另据《本朝分省人物考》记载：“三殿之工，估者至数十百万，而费止什一。万寿宫灾，估者复以三百万报，当事者难之，时徐文贞为夹辅，问礼几何？礼曰二十万足矣，即以闻，上喜而分宜不怿。”①[6] 同一工程，前后两者的估算何以相差如此悬殊？一方面，自然因严嵩以下各级官员之贪墨，另一方面，严嵩等人的估算没有借力于紫禁城三大殿重建工程料、物资源。据史料对两项工程起止时间的记载，整个万寿宫工程的时间跨度，恰好包含在三大殿重建工程之内（图 4-2）。

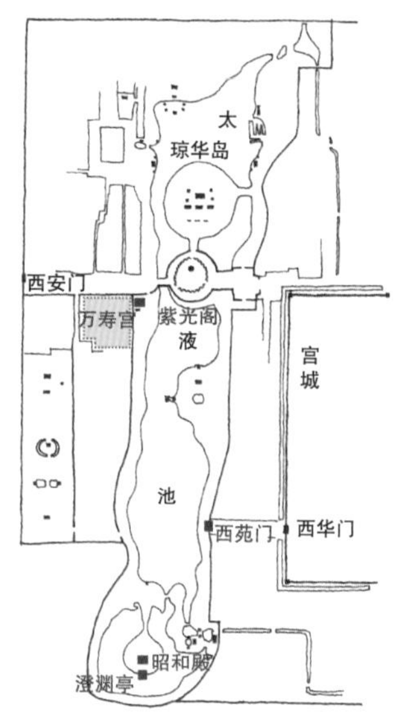

图 4-1　西苑平面图
底图引自参考文献 [2] 明代西苑示意图

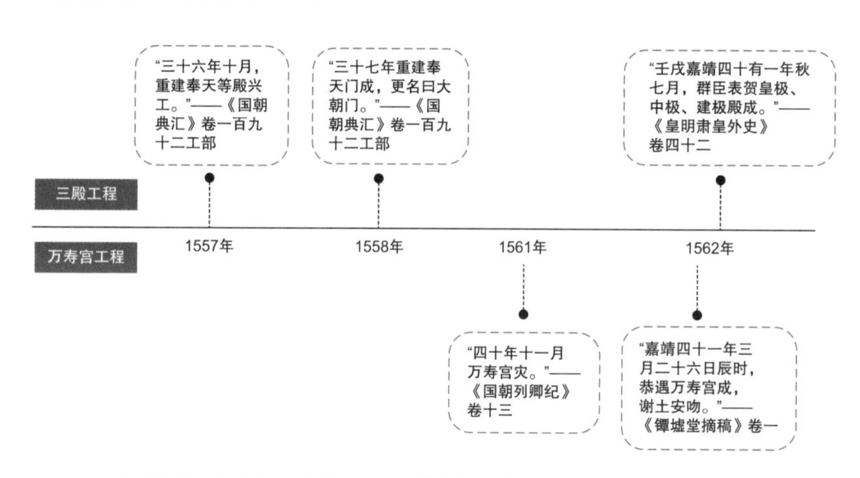

图 4-2　北京明代万寿宫与宫殿三殿工程并行时间轴

而徐阶等人的估算，为加快施工进度，其用料宗旨即在于就三殿之余料，省去原料开采这一耗时费力的过程。“帝所居永寿宫灾，徙居玉熙殿，隘甚，欲有所营建，以问嵩。嵩请还大内，帝不怿。问阶，阶请以三殿所余材，责尚书雷礼营之，可计月而就。帝悦，如阶议。命阶子尚宝丞璠兼工部主事董其役，十旬而功成。”[7]

与此同时，料估经济、准确的前提是在立项前对规划设计的周密考虑[8]（即料估与设计的紧密结合）。可以合理推断，料估阶段雷礼等人已结合三殿余料状况，对万寿宫的布局进行了详细的规划。据《明经世文编》万寿宫庆成颂中对新建万寿宫建筑布局的记载：“万寿宸宇百堵皆作。其南则有万寿、曦福、朗禄之门，其北则有寿源之宫、永绥之门，又其北则有太玄之亭、凝一之殿、衍庆之门；其东为宫者三，则有万华、万和、万宁，其门则有金宁、金瑞、攸顺、攸利；其西为宫者四，则有仙禧、仙乐、仙安、仙明，其门则有常宁、常和、常善、常辉；又有含祥、成瑞、永康、永顺、迎祉、纳康诸门。金铺玉题，交辉相映，然总而名之曰万寿宫者，则上帝申命之所锡也”，新建成的万寿宫很可能与原永寿宫之布

①分宜即指严嵩，其祖籍江西分宜，明代官员常以祖籍相称。

局不同，重建工程的规划充分考虑了三殿工程余料规格小、数量多的现实条件，设计了数量众多的殿、门单体建筑。这些建筑体量适中，三殿余料物尽其用，而通过东、中、西三路建筑群纵向延伸组合的方法，同样可以取得宏大的视觉效果。不仅如此，这样的设计在一定程度上也体现了管理者对“速成”工程要求的考虑。大量的东西配殿、院门等建筑，结构相同者甚多，构件尺寸具有较高的一致性，便于批量加工，现场安装也可以同时进行。事实证明，在物料、人力、钱粮供应充足的情况下，中国古代看似复杂、宏大的建筑群体，其施工进度之迅捷着实令人瞠目。

2）一匠总领，多官督造

万寿宫重建工程立项伊始，在管理人员组成及其职责分派方面同样科学合理。即以专业匠师作为整个工程调度的总负责人，而工部官员的职责重在督工，以此兼顾工程组织的专业性以及对施工进度的严格把控。明代嘉靖年间，连续不断的工程建设造就了一批能工巧匠。而从工匠中选拔出的工官，不仅在建筑技术上精益求精，在整个组织管理过程中也勇于大胆创新①。嘉靖间的匠师徐杲即是其中的典型代表。万寿宫一役，匠师徐杲不仅参与前期设计与现场施工，在整个工程的物料谋划、人力召集等方面均发挥了重要作用。据《智囊补》记载：“嘉靖间，上勤于醮事移幸西苑，建万寿宫为斋居所。未几，万寿宫灾，阁臣请上还乾清宫，上以修玄不宜近宫闱，谕工部尚书雷礼兴工重建，礼以匠师徐杲有智，专委经营。皆取用于工部营缮司原收赎工等银，及台基、山西二厂原存木料与夫西苑旧砖、旧石稍新改用，并不于各省派办。其夫力，则以歇操军夫充之，时加犒赏，及雇募在京贫寒乞丐之民，因济其饥。是以中外不扰，军民踊跃而功易成。杲历升通政侍郎及工部尚书职衔。”[9] 另见《国朝典汇》记载：“上以精意玄事尝建清虚等殿，又兹重建万寿斋宫……皆匠师徐杲量度、调度。上以其智能足以集事节缩，足以省财，历通政侍郎及工部尚书职衔。”②（表 4-1）

表 4-1　管理人员职责分派表

姓名	官职	职掌	文献依据
雷礼	工部尚书	总督工程	“上所居永寿宫灾欲治之，嵩言上三殿方新，物力尚诎，未可治也。讽上还乾清，上大不怿嵩。阶乃密言之，工部尚书雷礼上疏取办，自请以子尚宝丞璠监工，上悦。” ——《名山藏》卷八十臣林记　明崇祯刻本
朱衡	工部侍郎	督工	“三月万寿宫成，先是上命营建万寿宫欲速成，大学士徐阶知上意，以侍郎朱衡董之，大鸠工役，日夜兼营，三月成工……侍郎衡加俸一级，余升赏有差。” ——《明政统宗》卷二十八　明万历刻本

①参考陈绍棣《试论明代从工匠中选拔工部官吏》一文，见《建筑史专辑》编辑委员会. 科技史文集第 11 辑建筑史专辑 4[M]. 上海：上海科学技术出版社，1984：126-134。

②（明）徐学聚撰《国朝典汇》（明天启四年徐与参刻本）卷一百九十二工部。

续表

姓名	官职	职掌	文献依据
徐璠	工部营缮司主事（兼）	督工	“至于营建万寿宫一事，谓文贞创谋以夺分宜之宠，又荐其长子璠兼工部主事督工，躐升太常寺少卿，此传盛行人间。” ——《万历野获编》卷八　清道光七年姚氏刻同治八年补修本
徐杲	工部匠官	经营调度	“礼以匠师徐杲有智，专委经营。皆取用于工部营缮司原收赎工等银，及台基、山西二厂原存木料与夫西苑旧砖、旧石稍新改用，并不于各省派办。其夫力，则以歇操军夫充之，时加犒赏，及雇募在京贫寒乞丐之民，因济其饥。是以中外不扰，军民踊跃而功易成。杲历升通政侍郎及工部尚书职衔。” ——《智囊补》明智部经务卷八　明积秀堂刻本
李键	工部营缮员外郎	厂库监管	“丙辰成进士，授都水司主事，督三殿工，满考升营缮员外郎。未几，升屯田郎中，当分司易州。司空欧阳公约庵、雷公古和议，大工方兴，精勤如李郎可使远出邪？特咨留营缮，管山西、神木二厂……会万寿宫升栋，御札分宜讯视工官劳之，分宜以所善十一人报肃皇，见无缮郎名，特批李键等十二员各赏银五两。自是，世蕃始咋舌，莫敢言而意未怿也。” ——《焦氏澹园续集》卷十三墓志铭　明万历三十九年朱汝鳌刻本
黄锦	司礼监秉笔太监	督工	“十一月万寿宫灾，上以成祖受命之地，谕内阁徐阶此地不可一日延，必作新仰承天命。且谓此居朕安处二十年，非乾清日惊恐比。令示工部折旧，命黄锦择近殿房与尚书礼宿直督工。” ——《国朝列卿纪》卷十三　明万历徐鉴刻本

注：表中所列人员仅局限于文献中有明确记载的主要管理者。

而工部诸官的督造工作亦不敢稍有懈怠，确保了匠役的工作效率。《本朝分省人物考》记载：“礼念上谕且谆切，朝夕匪懈，祁寒雨雪至、蹑油履行泥中，执盖自障，即元夜不休。”另据《西山日记》记载：“徐文贞命其子璠督万寿宫之役，甚勤，令人私觇之，曰公子作何装束？曰衣冠如常仪。公怒，命易以曳檝袖。金钱劳诸役，惰者辄与杖，百日而工成。上大喜，晋太常少卿，遂夺分宜之宠。”①可见，万寿宫工程的管理人员体系，以匠师徐杲一人总领其事、经营调度，并委官多人，严格督工，做到了管理专业、分工明确，是后续工程高效进行的基础和前提。

4.2　科学管理制度下的快速工程筹备

历代大工兴建，欲确保工程进展顺利，其筹备之关键无非在于经费、物料、人力三者而已[10]。供应不断则工程顺利进行，缺一则停工。而一旦停工，不仅费钱费力，工程进度也受到影响。万寿宫重建时正值寒冬腊月，其工程能够供应及时，既因为管理

①（明）丁元荐撰，孙毓修辑《西山日记》卷上。

者的灵活应对，又离不开嘉靖年间匠役以及厂库管理方面的制度建设[11]。

1）班匠银——工程经费的主要来源

有明一代，参与皇家工程营建的工匠分为住坐匠与轮班匠两类①。住坐匠长年驻扎在京城周围，而轮班匠则来自全国各省，并按其工种不同分几年一班，轮流来京赴役。而轮班匠征银制度开始于成化二十一年（1485 年）②。此后，伴随京城的工程量较明初时期大大缩小，加之轮班匠在途时间较长，轮班匠以银代役的情况日渐普遍。即至嘉靖年重修万寿宫时，各省班匠的赎工银数量已经十分可观，并在工程紧急筹备过程中发挥了关键作用。据《智囊补》明智部记载："礼以匠师徐杲有智，专委经营。皆取用于工部营缮司原收赎工等银。"可见，轮班匠以银代役制度的施行保证了工部存银充足，对于应对万寿宫重建这一类突发工程的经费筹集具有显著优势，非以往向户部申报的流程可比③。至嘉靖四十一年（1562 年），即万寿宫落成当年，嘉靖帝下旨，在全国范围内禁止轮班匠到京赴役，施行班匠完全征银制，即证明了这一制度在当时工程营建背景下的适应性。"四十一年题准，行各司府自本年春季为始，将该年班匠通行征价类解，不许私自赴部投当。仍备将各司府人匠总数查出某州县额设若干名，以旧规四年一班，每班征银一两八钱，分为四年，每名每年征银四钱五分算计……计各省府班匠共一十四万二千四百八十六名，每年征银六万四千一百一十七两八钱。"[12]

2）高效厂库管理，确保物料供应

如前述，重建工程之物料主要取用于三殿余料。然三殿工程历时六载，即至万寿宫灾，其余料尚可修建起一座规模庞大的万寿宫建筑群，足见其厂库日常管理的科学有效。以木料为例，《皇明法传录嘉隆纪》中记载："至是万寿宫灾，内阁诸臣请上还乾清宫，上以修玄不宜近宫闱，乃御札阶传谕工部尚书雷礼兴工重建，取用于工部营缮司原收赎工等银及台基、山西二厂原存木料。"④文中提到的台基、山西两厂与神木厂一道，同为明代皇家工程所用木料的存放厂库。另据《焦氏澹园续集》记载（表 4-1 中李键条），万寿宫一役中，屯田郎中李键负责工程的木料供应，因管库有方，得到嘉靖帝的极大赏识。然其具体做法，史料中未见记载。单从万历年成书的《工部厂库须知》中对明代中期厂库管理制度及经验的总结来看，其在厂库选址⑤、物料运输、木料防腐防盗等方面⑥，均制度严明。每遇工程营建，对厂库中各类物料的会有、召买，乃至使用工具与耗材等情况均有详细记录。需强调的是，此书虽成于万历年间，然实为对万历朝以前厂库管理经验之总结[13]，重修于嘉靖四十一年

① 据《大明会典》[12]卷一百八十七工部七记载："若供役工匠，则有轮班、住坐之分，轮班者隶工部，住坐者隶内府内官监。"

②据《大明会典》[12]卷一百八十九工部九记载："凡班匠征银。成化二十一年奏准，轮班工匠有愿出银价者，每名每月南匠出银九钱，免赴京所司类赍勘合赴部批工，北匠出银六钱，到部随即批放。不愿者仍旧当班。"

③据《明世宗实录》卷二百三十八记载："节年营建，兵部拨军、户部支粮、工部止于办料。"

④（明）高汝栻辑《皇明法传录嘉隆纪》卷五。

⑤《工部厂库须知》[13]第五卷："台基厂，营缮分差，与神木厂同储材木。与山西厂同储材为造作之场。查国初无，系后增设，以近宫殿。造作所就，易于输运。"

⑥《工部厂库须知》[13]第五卷："一应楚蜀良材，经年出水，经年在途，已多朽腐，又复暴露，伤损实多。故今苫盖之功，所全者大。但芦席之用，必借岁修，列棚之广，时防风火，一劳永逸。"另有，"严关防，以备盗窃。厂中所贮材木，短小者皆堪夹带，长大者又堪截取，不由门禁不严，致可潜移于外。"

（1562 年）的万寿宫与此时间极为相近，其在物料管理与供应上的具体做法大致相同。

3）巧择人力，中外不扰

从史料记载来看，此次工程筹备，经费与物料两项，依靠工部存银及三殿余料均很快落实，难度最大者在于人力的招募。在三殿工程使用大量劳动力的背景下，京师周边夫力难寻。若从外省调集，既耽误开工时间，又难免激起民怨。在此情况下，匠师徐杲独出心裁，充分调动京城周边一切可用人员，不仅征调歇操官兵，更是召集了乞丐等闲杂人员参与工程。在万寿宫营建的同时，接济乞丐、犒赏官兵，既不增加百姓负担，又维护了社会稳定。《智囊补》明智部记载："其夫力，则以歇操军夫充之，时加犒赏，及雇募在京贫寒乞丐之民，因济其饥。是以中外不扰，军民踊跃而功易成。杲历升通政侍郎及工部尚书职衔。"

至于工匠来源，史料中未见明确记载。不过可以合理推断，此时参与重建万寿宫的工匠主体，应在跟随徐杲营建三大殿的同一批住坐匠中选出。此时京城内的诸作工匠，经三大殿重建已积累了丰富的工作经验。工者娴熟，夫者卖力，成就了万寿宫百日而成的惊人效率。

4.3 绿色高效的施工调度与工程监管

1）施工降噪与旧料更新

万寿宫工程的现场施工阶段，由于场地靠近皇帝暂住的玉熙宫，在施工过程中极力降低对周边环境的干扰，体现了当代建筑施工中降噪的绿色施工理念。"即永寿宫再建，雷总其成。而木匠徐杲以一人拮据经营，操斤指示。闻其相度时第，四顾筹算，俄顷即出，而斫材长短大小，不爽锱铢。上暂居玉熙，并不闻有斧凿声，不三月而新宫告成。"①关于其降噪的具体做法，通过综合各方史料分析，可得到两项关键举措：其一，大木构件的制作与摆验等工作在远离宫苑区的台基厂进行，具有当代预制装配式建筑施工特点，大大简化了施工现场的操作流程，是明代皇家工程营建组织科学性的体现。关于台基厂的工作环境，《工部厂库须知》[13]记载："一切营建，定式于此，故曰台基。内有砖砌方地一片，为规画之区。厂屋三层，内监居住，监督亦从遥制。"其二，整个工程组织与营建过程中，匠师徐杲不仅在总体料估阶段进行了充分的估算，更是亲赴现场精确指导具体构件制作，减少了工程现场对木料的二次加工。

①（明）沈德符撰《万历野获编》（清道光七年姚氏刻同治八年补修本）卷二。

与此同时，徐杲还格外重视对场地原有旧料的更新利用。早在三殿工程的施工阶段，徐杲对物料的节省调度即得到了充分体现[①]。即至万寿宫重建，其在物料的谋划调度上更加娴熟，既加快了施工进度，又节省了财力。“及台基、山西二厂原存木料与夫西苑旧砖、旧石稍新改用，并不于各省派办。”

2）恶劣环境下的工程监管与后勤供应

万寿宫工程施工时正值寒冬腊月。在严寒的气候条件下，工部主事徐璠通过一系列巧妙方法来确保物料供应、完善后勤保障。据《云间志略》记载：“肃皇帝万寿宫之役……文贞内举不避而太常之入督大工，不惮劬劳，戴星出入，敕诸役数千人，搬运木石诸料，察其勤且勚者，出已赀捐酒肉慰劳之，诸役以此感恩益奋于役，而时当冬月，大雪灰窖中冰不解，太常令工役扫雪堆积其上，取热汤数十桶从四角注下，灰遂融液窖中而工用是集，不三月而宫殿落成矣。上闻喜甚，欲出视之。而丹雘犹未之施也，太常乃以红绮缠其柱而饰之，上见益喜，而忽有三四内臣扶掖之自东而奔之西，自西而奔之东，太常亦错愕不解。所谓既而知上之欲观其状貌何如也。”另有《白苏斋类集》记载：“奉常公应简命修万寿宫，卯入酉出……偶天寒冰结绝水，工匠不得食，夫人言于奉常公曰：何不即以雪置灰烬中化水乎？如言果办，其多智皆此类也。”[②]万寿宫重建工程在徐璠的指导监督下，以热水融灰，不误工用，化雪取水，以解决水源问题，确保了工程的连续进行。

此外，为确保工程经费的高效利用，工部尚书、侍郎等官员不避严寒，亲赴现场督工，以防中官侵冒[③]。以往的内府工程，中官侵冒是造成经费不足、进度迟缓的主要原因。其侵冒手段从前期料估到施工中的匠役调用，可谓花样繁多。万寿宫一役，“徐阶请命工部尚书雷礼董其役，毋容中宫侵冒。故永寿宫复建，为役甚巨，而未尝加派天下一钱。”[④]此外，在施工过程中的监管，其子徐璠发挥了重要作用。据《西山日记》记载：“中贵人借此干没诸工食，不欲速就，千夫不得三百人之用，太常非挟华亭之势亦不能行法于将作也。”

4.4　小结

万寿宫一役于嘉靖四十年（1561 年）十一月末动工，于四十一年（1562 年）三月安吻（正吻，屋脊最后一道工序）告成。在当时复杂的工程、政治背景下，重建工程克服重重困难，协调多方面因素，化不利为有利。及至工成，不仅“宏丽甲于诸宫”[⑤]，且“百日

①（明）焦竑辑《国朝献征录》卷五十记载：“比三殿工兴，分宜父子欲以属他亲昵者，不得已，方以公晋部事。司营造已，遂条上八事。而将作大匠徐杲得为卿，有心计与之，易砖石为须弥座、积木为柱，省不可计。即巨珰黄锦见，以为天生若人为国家用。”

②（明）袁宗道《白苏斋类集》（清嘉庆刻本）卷十。

③《万历野获编》卷十九记载：“天家营建比民间加数百倍。曾闻乾清宫窗槅一扇稍损欲修，估价至五千金，而内珰犹未满志也。盖内府之侵削，部吏之扣除，与夫匠头之破冒，及至实充经费，所余亦无多矣。”

④（明）吴伯与撰《国朝内阁名臣事略》（明崇祯五年魏光绪刻本）卷八。

⑤据《续文献通考》卷二百四十仙释考记载：“有寿源、万寿、大玄、仙禧诸殿，宏丽甲于诸宫。”

而就，中外不扰”，是有明一代乃至中国古代皇家工程史上“高效组织、科学管理”之典型。刨去学界以往对嘉靖朝大兴土木、耗费国帑之批判，单从工程管理角度去客观审视，其经营有道，调度有方，能工巧匠，灿若群星。留给后人的，除宏伟的建筑遗存之外，更有其在工程组织、管理上的丰富经验，足以为当代工程组织带来启示与思考。

参考文献

[1]（清）陈梦雷，蒋廷锡，等．钦定古今图书集成：经济汇编考工典 [M]. 武汉：华中科技大学出版社，2008.

[2] 潘谷西．中国古代建筑史：第四卷 元明建筑 [M]. 北京：中国建筑工业出版社，2009.

[3]（明）陈子龙，徐孚远，宋徵璧，等．明经世文编 [M]. 北京：中华书局，1962.

[4] 单士元．单士元集 [M]. 北京：紫禁城出版社，2009.

[5]（明）何三畏．云间志略 [M]. 台北：台湾学生书局，1987.

[6]（明）过庭训．本朝分省人物考（据天启二年刻本影印）[M]. 台北：成文出版社，1971.

[7]（清）张廷玉，等．明史 [M]. 北京：中华书局，1974.

[8] 高寿仙．明代北京营建事宜述略 [J]. 历史档案，2006（4）：23-32.

[9]（明）冯梦龙辑，齐林，王云点译．智囊补 [M]. 哈尔滨：黑龙江人民出版社，1987.

[10] 翟志强．明代皇家营建的运作与管理研究 [M]. 杭州：中国美术学院出版社，2013.

[11] 傅熹年．中国古代建筑工程管理和建筑等级制度研究 [M]. 北京：中国建筑工业出版社，2012.

[12]（明）李东阳，等敕撰．大明会典 [M]. 扬州：江苏广陵古籍刻印社，1989.

[13]（明）何士晋撰．工部厂库须知（明代万历刻本）[M]. 北京：人民出版社，2013.

第 5 章　关联：城市水体与城市园林的关系认知

本章针对江南地区两个西湖——曾经均负郭而西的杭州西湖和扬州瘦西湖，来探讨城市水体与城市园林关系的认知问题，主要通过对两个西湖所蕴含的绿色设计传统的揭示，来认知一种关联性思想，发掘善用能量这一古人的强大能力。

此外，两个西湖，古时已有人进行对比或联系，如《扬州画舫录》载汪坤《题画舫录》："绿杨城郭比西湖，自古繁华入画图。六柱船分三尺水，纵然风雨不曾无。"[①]这种比较，多从审美角度考察，影响了后人对两个西湖的认知，淡化或者漠视了西湖和瘦西湖能够存留下来的真谛和规律。本书希望做些补充和修正、发见和揭示的工作，将它们形成的过程和呈现的形态及景色，概括为："留得"和"拾得"，并从"城 - 景""地 - 景""人 - 景"三个方面进行探索和分析。

5.1　城 - 景：城市发展与 2 个西湖的存在

5.1.1　"牙城旧址扩篱藩，留得西湖翠浪翻"

现在，西湖无疑是杭州最重要的城市组成之一，而自隋代到清代，西湖始终偏居城市西侧，是名副其实的西湖（图 5-1）。民国初年因建设之需，政府有计划地拆除城墙，纳西湖与城市于一体：先拆西墙开路，后拆北墙和南墙开辟新市场；1959 年建环城东路，东侧最后一段城墙被拆除，如此改变了原有的城市山水格局，城与湖的界线、城与钱塘江的界面被破除。最重要的是，原来于东钱塘江与西湖之间长时间呈南北向发展的城市及其内在动力都在改变，西湖成为杭州最大的消费平台之源泉。

①（清）李斗《扬州画舫录》，自然盦藏板，乾隆乙卯年（1795 年）镌：扬州画舫录题词，第九页。

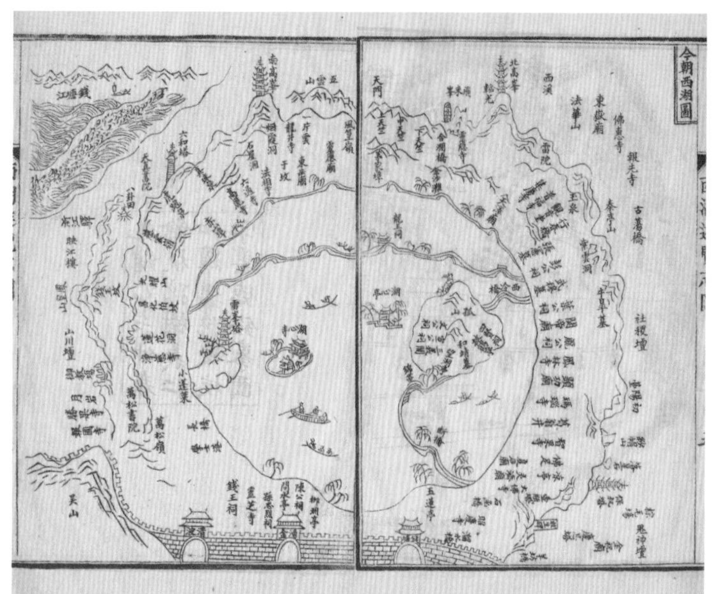

图 5-1　西湖与杭州历史城市
左图引自《西湖游览志》：五～六；右图引自《全国重点文物保护单位临安城遗址（南宋）总体保护规划》说明文本

而在历史上，西湖始终是城市的内存和主动创造。

西湖筑得：西湖位于钱塘江之西北、隋杭州西侧。秦时，现在的杭州尚为江海潮出没的地区，只在灵隐山麓设县治，称钱唐，属会稽郡；东汉隶吴郡，兴修水利，发展农田，修筑一条海塘与海隔断而成内湖，形成“明圣湖”，又曰“金牛湖”①；隋开皇九年（589 年）废郡，倚江带湖筑城，南设州治于凤凰山，北以平陆为城市，呈南北长、东西狭的带状，遂“明圣湖”或“金牛湖”成为西湖。

西湖留得：唐代城址仍因其旧，对于西湖，白居易修堤蓄水，以利灌溉，舒缓旱灾危害。后梁开平元年（907 年），钱镠封为吴越王，以杭州为都，先后 3 次进行扩建，但均延续隋杭州城“南宫北市”的基本格局，以北部作为城市发展方向而未填湖建房。钱镠还设置了 7000 名“撩浅军”，专事西湖的疏浚工作，以保持湖水清澈。后来有书生歌颂钱镠的大格局思想：“牙城旧址扩篱藩，留得西湖翠浪翻。有国百年心愿足，祚无千载是名言”②。

西湖两得：宋太宗太平兴国三年（978 年）“钱俶始事贡献”[1]③，吴越献两浙诸州地，国除。北宋仍为杭州州治。建炎三年（1129 年），宋高宗诏升杭州为临安府曰行在所，以州衙为行宫。绍兴八年（1138 年）正式以杭州为都城，称临安，绍兴二十八年（1158 年）增筑皇城东南外城，但没有动用西湖用地。整个宋代，西湖的最大发展为继前朝修堤坝，并将水利工程和景观相结合，是非常独特的创造。“谁立西湖造化功？峰分南北境相通。四时风物弦歌里，两岸人家图画中。堤柳送迎忘尔汝，棹声来往自西东。风波便作恩波看，此乐君王与

①（明）田汝成，“西湖总叙”，见：（清）李卫等修，傅王露等纂，《西湖志》，雍正十三年：卷三十二，艺文二。

②明末清初文学家、史学家张岱的《西湖梦寻·钱王祠》写道：“时将筑宫殿，望气者言：‘因故府大之，不过百年；填西湖之半，可得千年。’武肃笑曰：‘焉有千年而其中不出真主者乎？奈何困吾民为！’遂弗改造。”后人为纪念钱王，在西湖边上建起了钱王祠，并撰文书碑，颂扬功德。与传说布衣书生此诗可以比对，即钱镠有逾千年的思考，乃为史实。

③（宋）周淙，乾道临安志，临安志卷第二，“历代沿革”条载，“宋兴，钱俶始事贡献，太平兴国三年，朝于京师，遂纳土焉。”见参考文献 [1]，第 17 页。

众同。”[①]元明清时期，或平城，或筑城，但西湖始终保持相对独立的负城角色，直到民国以后改变。

5.1.2　“二十四桥空寂寂，绿杨摧折旧官河”

扬州最辉煌的时候是唐代，其时除了长安和洛阳两京，扬州是第一大都会，有“扬一益二”[②]之称。之所以有如此都会，源于其所在的位置特殊，是古代水路的交通要道，东通黄海，北连运河，南接长江，西北为蜀冈高地，可防守。扬州城自春秋末年，在蜀冈建城到向南发展成大都会，从缩减规模于宋代形成三城格局以防守，至明清继续放弃北部而仅将宋大城的东南部作为城圈生活，很重要的原因是水道的改变（图 5-2）。

新水道胜出，旧水道便废用，而扬州瘦西湖乃在善用旧水道的“拾得”过程中发展起来。

架桥官河：扬州城始建于春秋末年，吴王夫差开凿邗沟以通长江和淮河的同时，在蜀冈修筑邗城，即扬州城的前身。邗沟为扬州运河的起源，南方物资经此运往北方，东南货物由此运往两京。汉

① （宋）朱南杰《同刘朋山游湖边作》，（清）李卫，程元章等，《西湖志》，雍正十三年：卷三十六，艺文六：二十。

② 指唐代扬州和益州（成都），时为两大商业中心。（唐）李吉甫《元和郡县志》：“扬州与成都号为天下繁侈，故称扬、益。”

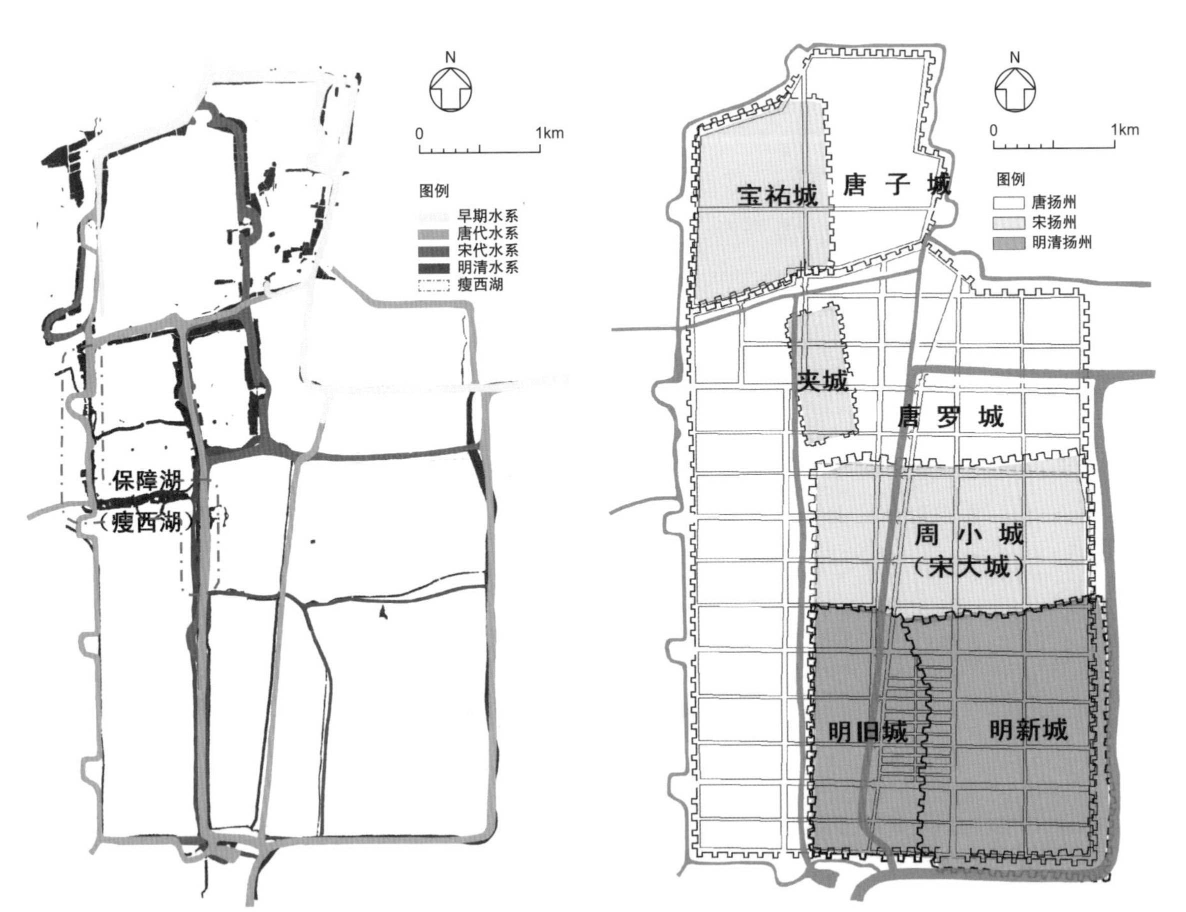

图 5-2　瘦西湖与扬州历史城市

左图：瘦西湖为连通唐罗城西北段护城河与宋大城西北段护城河形成；右图：唐代大扬州与后来扬州历史城市变化

代以降，长江南退，连接长江的河道多有疏通和修筑，楚怀王、汉吴王刘濞先后筑广陵城，隋时建江都宫城、东城，并进一步开凿、贯通了运河。由于交通繁忙、人口增多，蜀冈至长江之间的河滩地形成聚落，此便是蜀冈上继续形成的子城与蜀冈下发展的罗城，在隋唐完成。这样，原来运输的邗沟和官河保障河便成为唐罗城的内河，为方便官河东西两侧的交流，建桥二十四沟通①，但毕竟穿城运输不便，且“城内漕河又苦水浅，不得不思变”②。实际上，唐罗城东侧的城河发挥了运河的主要作用而替代了官河，以至于唐末韦庄《过扬州》有“二十四桥空寂寂，绿杨摧折旧官河”③的诗句。

利用城河：在唐大扬州的基础上，后来的扬州城变化就是不断缩小规模、利用前朝城的压缩过程。后周时期，利用罗城东南角筑周小城；北宋沿用周小城；南宋为适应抗金需要，建置坚固的军事防御城市，由宝祐城、夹城、大城三城组成。如此范围变化，便是不断利用旧城的过程。尤其可以发现，宋大城和夹城的西城壕就是原来唐代罗城内的官河保障河，宋大城的东南更是原封不动地沿用唐罗城的东南部，只在北缘进行了加筑。

连接城河：元代沿用宋大城，北部逐渐荒废。明、清扬州城继续紧缩，集中在宋大城的东南部发展，而宋大城的城壕北部包括夹城一带成为废墟，水系弃用，好在嘉靖十八年（1539 年）进行疏浚④，变成水面略宽的保障湖，即明代扬州的西湖；万历年间“砲山河小志，一名保障河，一名保障湖，在平山堂下岁久淤浅”⑤；清代“国朝雍正十年（1732 年），郡守尹会一募捐重浚，扬州西山诸水萃于四塘”⑥，其实就是将平山堂下唐罗城西的护城河北段和唐代官河保障河（湖）被宋代护城河使用的北段进行了东西向的联系，此乃扬州西湖之所以“瘦”的缘由。“瘦西湖”之名最早见于文献记载，为清初吴绮《扬州鼓吹词序》：“城北一水通平山堂，名瘦西湖，本名保障湖。”⑦扬州瘦西湖的基本形态便是顺应城河并对废弃的城河进行整治连通的一种方式，没有事先的谋划和规划，却对现实有慧眼识珠的敏锐和审时度势的操作。这种思维和能力在扬州瘦西湖的后续建设上也有相应的表达。

两湖的“城 - 景”，为古人依据城市发展的进程或策划大局或顺势而为，是对于城市依存或遗存水体加以保护和利用的过程。

5.2 地 - 景：水利开发与 2 个西湖的功能

5.2.1 “汇水”与长堤

杭州有两湖：上湖和下湖。上湖即西湖，“周绕三十里，三面环山，

① “所可纪者有二十四桥”，（清）刘文淇,《扬州水道记》，淮南书局补刊，道光戊戌四月：卷二，江都运河：六。

②（清）刘文淇《扬州水道记》，淮南书局补刊，道光戊戌四月：卷一，江都运河：四三（吴养源校字）。

③韦庄《过扬州》：“当年人未识兵戈，处处青楼夜夜歌。花发洞中春日永，月明衣上好风多。淮王去后无鸡犬，炀帝归来葬绮罗。二十四桥空寂寂，绿杨摧折旧官河。”

④《天一阁藏明代方志选刊．嘉靖惟扬志》卷之十，军政志，第十一页，一九六三年九月上海古籍书店据宁波天一阁藏明嘉靖残本影印，上海古籍书店 1981 年 11 月重印。

⑤（清）赵之壁撰《平山堂图志》，三吾后裔欧阳利见重刊，光绪九年（1883 年）九月：卷一第十七页。

⑥同⑤。

⑦详见早稻田大学图书馆藏民国本《扬州丛刻》第五本《扬州鼓吹词序》第七页“小金山”条。

溪谷缕注，下有渊泉百道，潴而为湖”①；下湖“在钱塘门外，其源出于上湖”[1]，是一片泛水地。此为杭州南高北低的地势所致。

上湖西湖的水体特点是：水源丰润，同时连江带湖，为活水，水质好。

第一位认识到西湖重要作用的是唐代刺史李泌，考虑“市民苦江水之卤恶也，开六井、凿阴窦，引湖水以灌之，民赖其利”，后来“重修六井，甃函笕，以蓄泄湖水，溉沿河之田”。②西湖水可以直接内通城市沟渠和井水，为民所用；向北则流入下湖以灌溉农田。

第二位和西湖有关的重要人物为唐代杭州刺史白居易，“白居易《开湖记》云，蓄泄及时可溉田千顷，今纵不及此数而下湖数十里茭菱禾麦仰赖不赀，此西湖不可废者三也”③，为了保证西湖水不竭，遂通过水利工程筑堤防蓄泄，白居易在穆宗时“乃取葑泥积湖中，南北径十余里，为长堤”④。白居易不仅是一位懂工程的官员，“始筑堤捍钱塘湖，钟泄其水，溉田千顷，复浚李泌六井，民赖其汲”[1]，也是一位极具审美能力的诗人，“孤山寺北贾亭西，水面初平云脚低。几处早莺争暖树，谁家新燕啄春泥。乱花渐欲迷人眼，浅草才能没马蹄。最爱湖东行不足，绿杨阴里白沙堤。”[1]将孤山与湖水、嫩树与泥土、飞花与浅草、绿杨与沙堤，进行了高低、冷暖、动静、色彩、横竖等对比，呈现出一幅多姿的美景。到后来的南宋淳祐丁未时，上湖枯竭，便通过筑坝截水，将包括下湖在内的诸多水源“每坝用车运水而上，从尉司畔，流入上湖”。[1]可见西湖的重要作用是汇水，相应的主要水利工程一为捍江，一为维持湖水丰沛。

第三位是吴越王，当时“湖葑蔓合，乃置撩兵千人以芟草浚泉”⑤。

第四位是宋人苏轼，不仅“开西湖，疏茆山盐桥河，修治堰闸，浚城中六井”[1]，而且将“苏公堤”横截湖中，这就是南北向的长堤。“元祐中，苏公轼既开湖内，积葑草为堤，相去数里，横跨南北两山，夹植花柳，诗云：‘六桥横绝天汉上，北山始与南屏通。忽惊二十五万丈，老葑席卷苍云空’”[1]，中为六桥，桥上有亭，将用作水利的南北堤坝和造景结合于一体。

唐、宋两道长堤也构成西湖的最大特色，并形成西湖的主要分区要素，它们和孤山等山体构成的西湖地景特色由此而生（图 5-3）。重要的是，西湖作为杭州所在最大的水体，汇山泉、接运河、通江水、连井水，作为城市生态活水，既保障了市民日常的饮用、养殖、灌溉，也因水利所需筑堤坝、修桥洞、治堰闸等原因，将湖水高程控制工程“留得”为地景分区，聪慧无比，正是所谓“开浚西湖，以壮风水，以便民利”[1]。

①（明）田汝成撰《西湖游览志 二十四卷志 余二十六卷》，西湖游览志卷一“西湖游览志叙”，光绪二十二年丙申四月钱塘丁氏嘉惠堂重刊，第一页。

②（明）田汝成撰《西湖游览志 二十四卷志 余二十六卷》，西湖游览志卷一“西湖游览志叙”，光绪二十二年丙申四月钱塘丁氏嘉惠堂重刊，第二页。

③（明）田汝成撰《西湖游览志 二十四卷志 余二十六卷》，西湖游览志卷一“西湖游览志叙”，光绪二十二年丙申四月钱塘丁氏嘉惠堂重刊，第四页。

④（明）田汝成撰《西湖游览志 二十四卷志 余二十六卷》，西湖游览志卷一“西湖游览志叙”，光绪二十二年丙申四月钱塘丁氏嘉惠堂重刊，第五页。

⑤（明）田汝成撰《西湖游览志 二十四卷志余二十六卷》，西湖游览志卷一“西湖游览志叙”，光绪二十二年丙申四月钱塘丁氏嘉惠堂重刊，第三页。

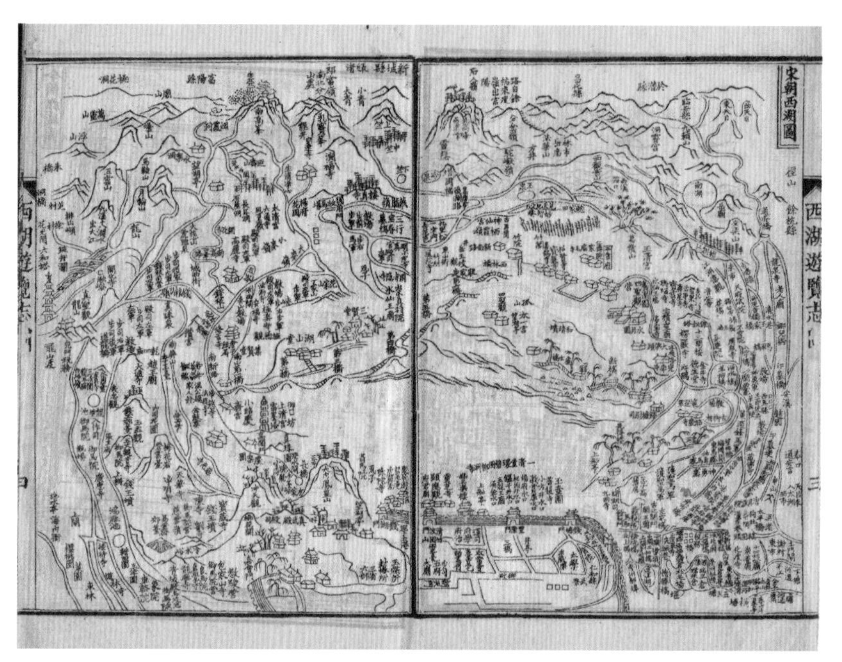

图 5-3　西湖地景与杭州格局
上图引自《西湖游览志》：三、四；下图陈薇拍摄

5.2.2　“泄水”与长沟

扬州位于蜀冈高地，“运河高江淮数丈”[①]，往北在唐代便注重置堰、治陂塘；往南水系较多，位于西侧的水系主要为补水和泄水。发展至明清，瘦西湖一带便是位于蜀冈、运河及长江之间的一条折弯的泄水长沟，“蜀冈诸山之水，细流萦折，潜出曲港，宣泄归河”[②]。

“柂以漕渠，轴以昆冈”[③]，是说蜀冈和水系联系密切。汉晋时，蜀冈隔长江与金陵相对，隋唐以后长江南退，蜀冈东与邗沟古运河一脉相连，绕隋唐扬州罗城东南入江，蜀冈西其南一线河路，通保障湖。其时，长江运输物资到邗沟，主要走城内官河和东城河，这西一路主要为补水和泄水。

①（清）刘文淇《扬州水道记》，淮南书局补刊，道光戊戌四月：卷二，江都运河：四。

②（清）李斗《扬州画舫录》，自然盦藏板，乾隆乙卯年（1795 年）镌：卷一，第二十六页。

③《嘉庆重修一统志》三二，卷九十六，《大清一统志》扬州府一，形势：五（前提调官臣张日章恭纂辑，提调官臣贾克慎恭覆辑，校对官臣贺式韩恭校恭覆校）。

后来，瘦西湖形成初期，主要作为城市的水利工程湖。由于它位于蜀冈与运河及长江之间，旱时通过它从蜀冈西侧的雷塘①得到补给并传输给运河，涝时通过它将山洪进行排泄，清《扬州营志》便有这样的图示和说明②。在防汛和守卫层面，这一带倍加重视，“西南汛，迢递崇山，远通陕豫；便北汛，域限芜城，虽属弹丸之汛，脉绵蜀阜，洵增营，镇之雄”③。这些均说明瘦西湖是重要的城市功能湖。

瘦西湖南部，“又分为二：即扬州城西北濠，其一东流径芍园……绕镇淮门迤逦，以达于运河；其一南流绕倚虹园，东历通泗门，至古渡桥稍折而西，又南与砚池合，池之北为九峰园，园之景曰砚池染翰河，由砚池再折而东至响水桥，以达于运河”④。有了瘦西湖，扬州明清城的水系便与外部的江河塘水连通起来。陈章《重浚保障湖》说明瘦西湖贯通之要害：“举臿如云集水工，五塘分溜百泉通。莫言开浚无多地，也有星辰应鳌东”⑤。

到康乾南巡，瘦西湖才逐步造景，尤其在乾隆年间，将工程建设和造园融为一体，“叠经挑浚加深广，曲折点缀园亭，栽植桃柳”⑥，形成长沟婉转、水流直下、秀美旖旎的胜境和美景（图5-4）。

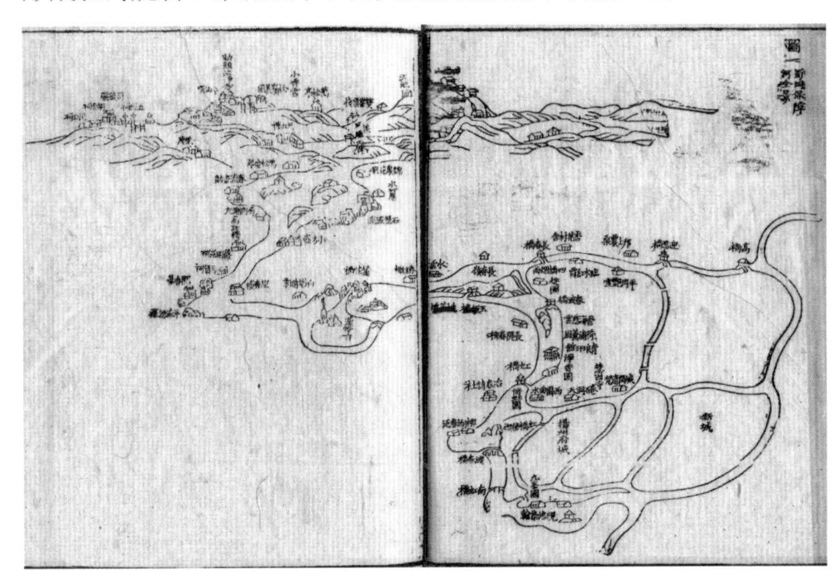

图5-4　瘦西湖与扬州水系

上图引自《平山堂图志》名胜全图图一：蜀冈保障河全景；下图陈薇拍摄

①雷塘汉时称雷陂。《（嘉庆）重修扬州府志》曰：“雷塘，在城西北十五里。上塘长广共六里余；下塘长广共七里。今皆佃为田。《汉书》作雷陂……小新塘，《嘉靖志》云：接连上雷塘，东西阔一百丈，南北长一百七十丈，其水注上雷塘，转入下雷塘，由槐子河东流入官河，长广共二里余。”

②详见（清）陈述祖《扬州营志》，江苏扬州古旧书店刊印，道光十一年（1831年）七月：第一册卷二“舆图”中“西南汛图”“便北汛图”和第二册卷三“建置”。

③详见（清）陈述祖《扬州营志》，江苏扬州古旧书店刊印，道光十一年（1831年）七月：第三册卷五“形势附”。

④（清）赵之壁撰《平山堂图志》，三吾后裔欧阳利见重刊，光绪九年（1883年）九月：卷一第十八页。

⑤（清）赵之壁撰《平山堂图志》，三吾后裔欧阳利见重刊，光绪九年（1883年）九月：卷六第二十三页。

⑥“河自尹会一重浚后，乾隆十五年、二十年、二十六年，巡盐御史吉庆、普福、高恒‘叠经挑浚加深广，曲折点缀园亭，栽植桃柳，游者如在山阴道中，步步引人入胜’。”详见（清）赵之壁撰《平山堂图志》，三吾后裔欧阳利见重刊，光绪九年（1883年）九月：卷一，第十八页。

两湖的“地 - 景”，乃古人根据湖的规模、水体形态及地理位置、高程情况进行的充分经营，使得各自重要的水利功能和作用得以发挥，并形成特殊的地景形态。

5.3 人 - 景：人文因素与 2 个西湖的特色

5.3.1 集景品题而佳境弥彰

“西湖巨丽唐初未闻也”[①]，盛唐及宋以后西湖发展起来，很重要的原因之一是人们对江山风月喜欢品题。尤其在宋室南渡以后，英俊丛集，府库充盈，禅林日多，道院繁盛，都城内外皇室、官员、僧人、文人等，出入或者居住于西湖附近，人工建设逐步增多，题名诗咏，更喜和植物相配，逐渐形成西湖景观。著名的有“西湖十景”：苏堤春晓、断桥残雪、曲院风荷、花港观鱼、柳浪闻莺、雷峰夕照、三潭印月、平湖秋月、双峰插云、南屏晚钟。从形成过程看，“西湖十景”大致分为三类。

皇家工程之用得：如苏堤春晓（图 5-5）、断桥残雪、三潭印月、平湖秋月。它们的最大特色就是将筑堤葑田的堤坝和疏浚堆土而成的岛屿留下来，加上造桥（苏堤上建有六桥，自南向北依次为：映波、锁澜、望山、压堤、东浦、跨虹[②]；白堤和断桥完美结合）或传承蓬莱岛求神仙做法（三潭印月），形成较大尺度的景观、意境和格局。从唐宋筑长堤，到南宋庆元初“以西湖为放生池作亭”“有鸟兽鱼龟”[③]，再到明代万历年间小瀛洲岛浚湖堆土呈湖中有岛、岛中有湖的“田”字形，是西湖水平面不断完善、分区的过程。

图 5-5　苏堤春晓

引自《西湖志》卷三：七～八

①（明）田汝成撰《西湖游览志 二十四卷志 余二十六卷》，西湖游览志余卷二十四，光绪二十二年丙申四月钱塘丁氏嘉惠堂重刊：第三页。

②（明）田汝成撰《西湖游览志 二十四卷志 余二十六卷》，西湖游览志卷二，光绪二十二年丙申四月钱塘丁氏嘉惠堂重刊：第十六、十七页。

③（明）田汝成撰《西湖游览志 二十四卷志 余二十六卷》，西湖游览志余卷二十四，光绪二十二年丙申四月钱塘丁氏嘉惠堂重刊：第五页。

坊墅花园之转得：如曲院风荷、花港观鱼、柳浪闻莺。或是地酒坊飘香、荷香四溢，或别墅地处花港、凿池养鱼，或御花园内柳丝弄姿、莺歌燕舞，均是南宋时围绕西湖和日常生活活动相关的场所。由于西湖水体还有实用功能，如“滨湖多植莲藕菱芰芡芡之属，或蓄鱼鲜日供城市”，或“画阁东头纳晚凉，红莲不及白莲香”①，因而西湖周边形成了一些市坊、园墅、花园。后来，有些建筑功能已转变或者泯灭，但由于品题优美，场所得以流传下来。

宗教建筑之借得：如雷峰夕照、双峰插云（图 5-6）、南屏晚钟。最大特点为借得——借远景、借远声，陆游有诗：“举手邀素月，移舟采青蘋。钟从南山来，殷殷浮烟津”②[2]，便是借得的意境。远处吴越国时期（977 年）建造的雷峰塔（1924 年残毁后为遗迹，2002 年建成覆盖于遗址的新塔）、更远处西湖西侧南北山峰的唐宋塔③[1]、西湖南侧南屏山的寺庙钟声，加上西湖水烟氤氲，形成旷远的禅意，恍若云天。

“西湖十景”是古人集景品题的文化创意，也反映出古人对于西湖资源“中景”——皇家工程、“近景”——坊墅花园、“远景”——宗教建筑，在不同尺度空间方面的认知和领悟。到编写《南巡盛典》时，景点增加，范围扩大，但是诸如西湖西侧南北山峰的唐宋塔已无存，视域感受缩小许多。

5.3.2　布景模式游画舫十里

扬州瘦西湖的位置与功能、水体和形状，在明代基本形成，但形成画舫十里的美景画面，在历史长河则是瞬间。这和两个重

图 5-6　双峰插云
引自《西湖志》卷三：十、十一

①（明）田汝成撰《西湖游览志 二十四卷志 余二十六卷》，西湖游览志余卷二十四，光绪二十二年丙申四月钱塘丁氏嘉惠堂重刊：第五、六页。

②（南宋）陆游诗《夜泛西湖示桑甥世昌》，见参考文献 [2]。

③“北高峰，灵隐寺后山是也。塔记云：唐天宝中，邑人于北高峰建砖塔七层，会昌中塔废毁，大中复兴。”“南高峰，在南山石坞烟霞山后……上有砖塔，高可十丈，相传云天福中建，崇宁二年，仁王寺僧修懿重修。”（宋）施谔《淳祐临安志》，临安志卷第十，“山川”条载，见参考文献 [1]。

要的事件相关联，即康熙、乾隆六下江南，而瘦西湖全盛只在乾隆四五十年间。

“雾起来了”：扬州是隋代运河和元明清大运河的中点，枢纽之重要有着悠久的历史，又有唐代都会的基础，所以清代康熙、乾隆六下江南，每次都从运河乘龙舟到扬州驻跸。皇帝御驾光临，扬州便“忙得雾起来了”①。一是兴修水利，以便行舟，康乾盛世经常对扬州段水系开浚或者深浚，如“乾隆八年，详筹河工案内议准”，挑浚河身深通、建闸，“于通江河道有益。得旨：允行。下部知之。”[3]二是造景，康熙年间“修禊红桥，有红桥倡和集”“诸名士修禊红桥，有冶春诗”②；到乾嘉年间，城外名胜 26 处，共 39 个风景点，《扬州画舫录》二跋中指出：“扬州全盛，在乾隆四五十年间……翠华南幸，楼台画舫，十里不断。”③主要是为南巡时游线沿途需求所设：呈现布景式沿途景致，如“北郊诸园皆临水，各有水门，而园后另开大门，以通往来”。④《平山堂图志》的画法亦印证了这一特殊性（图 5-7），就是沿河平视诸景致；或者为驻跸改造寺庙庭院，如“因天宁寺增建行宫，乃改是为坐落”⑤，加建御道，增设华表（牌坊），屹然形成行宫。

快速模仿：继康熙南巡之后，乾隆皇帝法祖省方，亦六度巡幸江南，其间，徽州盐商为了供邀宸赏，竭尽献媚邀宠之能事。皇室为酬答输诚，“时邀眷顾，或召对，或赐宴，赏赉渥厚，拟于大僚。”[4]经过几番往来，投桃报李，徽商遂牢牢控制了清代两淮盐务的运作。对于皇帝到来，当时盐务衙门附属有“匠作、结彩、凉篷、联额、作坊、坐船、浴堂、桥旗、扑戳、掉轿、厨夫、药匠、钟表、装潢匠等项”⑥。衣食住行各类伺候人等，一应俱全。为快速解决应时之作，模仿便

图 5-7　瘦西湖沿湖列景

引自《平山堂图志》名胜全图部分

①出自《红楼梦》“忙得雾起来了”，《红楼梦》中有不少现在的扬州方言，或许是当时的扬州和南京方言。“雾”字似乎很能烘托繁忙的氛围。

②（清）赵之壁撰《平山堂图志》，三吾后裔欧阳利见重刊，光绪九年（1883 年）九月：卷十第十三页。

③见（清）李斗《扬州画舫录》，自然盦藏板，乾隆乙卯年（1795 年）镌：二跋，第一页。

④见（清）李斗《扬州画舫录》，自然盦藏板，乾隆乙卯年（1795 年）镌：卷六，第五页。

⑤见（清）李斗《扬州画舫录》，自然盦藏板，乾隆乙卯年（1795 年）镌：卷一，第十六页。

⑥（清）陶澍，《陶文毅公全集》卷十二，“恭缴盐政养廉并裁盐政衙门浮费折子”。

是一条捷径，如瘦西湖的莲花桥和“白塔晴云”景点仿自北京北海五龙亭和白塔（图5-8）、“小金山”浓缩镇江金山之形胜等，为满足功能需求，沿途茶社、酒肆等商业建筑也多，出资者多为徽商，“虹桥”（即康熙年“红桥”）一带犹如宋代开封“虹桥”，热闹非凡，有画境也有香风[①]。

消融育得：瘦西湖的应时建设非常明显，其前后的变化在《扬州画舫录》袁枚序中表达得十分清楚：“记四十年前，余游平山，从天宁门外，拕舟而行，长河如绳，阔不过二丈许，旁少亭台，不过匽潴细流，草树卉歙而已。自辛未岁天子南巡，官吏因商民子来之意，赋工属役，增荣饰观，奢而张之。水则洋洋然回渊九折矣，山则峨峨然隥约横斜矣”[②]；而皇帝走后又四十年，楼台倾毁，花木凋零，天宁寺“驾过后，各门皆档木栅，游人不敢入”[③]。虽然皇帝走后建筑等物质的东西会被弃用，但经过大批建设历练的盐商，尤其他们自明代成化、弘治以后，伴随着两淮盐政制度的重大改革，已获得较高的地位和较强的实力，最终孕育出独具特色的封建社会晚期扬州城市文化：譬如歙县人程梦星翰林事迹载于筱园中、歙县人汪玉枢事迹载于九峰园中[④]，园林掺以徽州人文色彩；又如为迎驾建设的“上买卖街前后寺观，皆为大厨房，以备六司百官食次”[⑤]，皇帝走之后则促成了扬州饮食文化的昌盛。

两湖的“人-景”差异很大：西湖造景士大夫多、僧人多，且经历长期过程和积淀，同时对大尺度的山水空间运筹帷幄。瘦西湖造景则主要是盐商，快速而有效，有沿湖布景之特点，诚如当地十五岁才子云：“画船摇过绿杨湾，水净花明两岸间。多少楼台看不尽，更烦添写隔江山”[⑥]，一个“隔”字，便表达出瘦

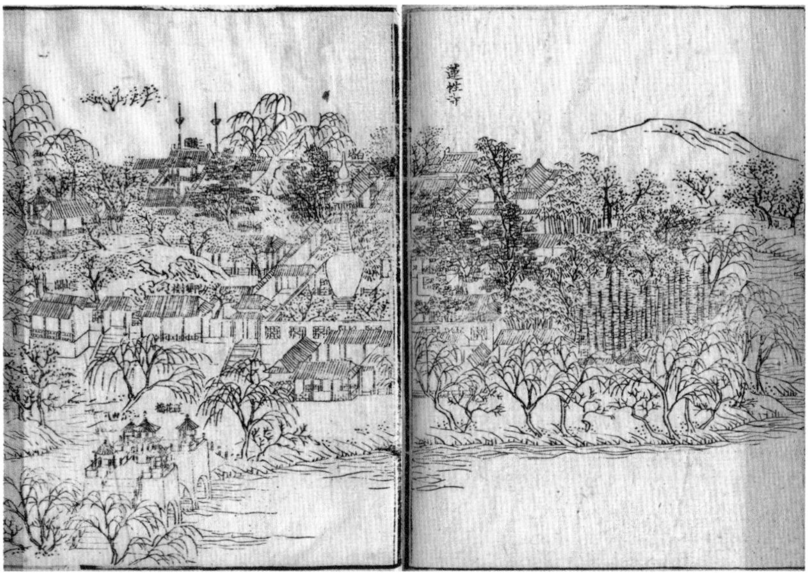

图5-8　莲性寺白塔与莲花桥
引自《平山堂图志》名胜全图部分

①“虹桥：绿波春水饮长虹，锦缆徐牵碧镜中。真在横披图里过，平山迎面送香风。”《南巡盛典》卷七，天章，第六页。光绪壬午年秋七月上海点石斋缩印，申报馆申昌书画室发兑。

②见（清）李斗《扬州画舫录》，自然盦藏板，乾隆乙卯年（1795年）镌：扬州画舫录序，第一页。

③见（清）李斗《扬州画舫录》，自然盦藏板，乾隆乙卯年（1795年）镌：卷四，第二十一页。

④见（清）李斗《扬州画舫录》，自然盦藏板，乾隆乙卯年（1795年）镌：卷四，第九页。

⑤见（清）李斗《扬州画舫录》，自然盦藏板，乾隆乙卯年（1795年）镌：卷四，第二十五页。

⑥见（清）李斗《扬州画舫录》，自然盦藏板，乾隆乙卯年（1795年）镌：扬州画舫录题词，第十三页。

西湖和西湖的迥异；而对寺庙或书院则加以改造以供驻跸急用，“拾得”而为。但两湖的“人 - 景”，也有共同之处，如西湖的湖船和瘦西湖的画舫，能够主动组织人的视线，引导入画，故沿用至今。

5.4　小结

上述从城市发展、水利开发、人文影响的角度，对杭州西湖和扬州瘦西湖在“城 - 景”“地 - 景”“人 - 景”的形成方面进行了剖析，更进行了对比，可以发现其思路、动因、操作手段也迥然而异，可以概括为：西湖是“留得”的杰作，瘦西湖是“拾得”的妙作。

“留得”就是大局优先和高瞻远瞩、留有余地和注重控制，其中也包含想象和预见、节制和精明①之审美与心思，在杭州甚至浙江其他景观中也存有这样的传统。如杭州郭庄私园，地处杭州西湖西山路卧龙桥北，濒临西湖之西岸，最有特色的是东边沿湖的布局和沿湖的建筑设置，有的设墙开洞，有的平台临水，有的山石为界，有的水洞通湖，远可接苏堤，近可瞰湖波，以最简约的方式获得丰富景色。又如绍兴柯岩，古人在采石时不是尽快开采完工，而是独到精准地留下如云骨秀峰、摩崖石壁等景致，以便后人发挥，后来成就了著名的柯岩石景。

“拾得”就是审时度势和顺应变化、化腐朽为神奇，草率上阵或者衰败的遗址甚至是感悟，之后也能内化为一种资源、特色甚至文化，十分有趣和突出。如“二十四桥”原来是唐代官河上的桥，但到了瘦西湖建设期，原来的“分布阡陌，别立桥梁，所谓二十四桥者，或存或废，不可得而考”②，但却成就了瘦西湖颇具遥想意味的一处著名景致；又如皇帝南巡沿途的酒肆、茶庄，后来转化为扬州人的典型生活方式和消费场所传承下来。

如果用今天的思维理解，宋代形成的“西湖十景”能保留到后世甚至发展，是保护和节制的结果；而清代一举成名的瘦西湖则是不断利用各种条件的速成。但有一点是肯定的，就是水体与城市生活、水利功能、人为作用等的关系，古人是进行了整体思考和发展的，而不同于今天水利工程无视审美、景观水体和城市活水，将之相互分离的状态。从这个意义上讲，古人的创造智慧和成就来自整体大于局部之和的系统思想、节约自然的生态意识、高超的审美水平以及对于大尺度的城市空间进行运作的能力。至于如何将植物和疏浚的堤坝结合、将可食用的水生动植物和观赏环境结合、利用湖船或画舫在流动中推进人的感受等，两个西湖均有非凡而独特的做法，

① “《国史地理志》总叙两浙路，以为人性敏柔而慧，尚浮屠氏之教，厚于滋味，急于进取，善于图利。”（宋）周淙，乾道临安志，临安志卷第二，“风俗”条载，见参考文献 [1]，第 18 页。

② （清）赵之壁撰《平山堂图志》，三吾后裔欧阳利见重刊，光绪九年（1883 年）九月：卷十，第十四、十五页。

从而持续散发着如“钱塘帝都会，西湖地灵杰”① “最是扬州胜，红桥带绿杨。著名同廿四，佳话自渔洋。去住笙歌接，空濛烟水长。几回凭吊处，诗思寄斜阳”②的自豪和意境。

“留得”和“拾得”——两个西湖所蕴含的中国古典智慧，其实也存在于中国许多历史城市 - 建筑 - 园林的创造中，也是我们认知城市水体和城市园林的重要侧面。

参考文献

[1]（宋）周淙，施谔撰 . 南宋临安两志 [M]. 杭州：浙江人民出版社，1983.
[2]（清）朱彭等 . 南宋古迹考（外四种）[M]. 杭州：浙江人民出版社，1983.
[3] 朱祖延，郭康松 . 清实录类纂：科学技术卷 [M]. 武汉：武汉出版社，2005.
[4]（清）赵尔巽，等 . 清史稿：第 13 册 [M]. 北京：中华书局，1976.

①（明）王世贞，“初至杭左史郭公右史莫公邀宴西湖大风雨归作”，见：（清）李卫，程元章等《西湖志》，雍正十二年，卷三十三，艺文三：十八。
②（清）宋荦，“红桥”，见：（清）赵之壁撰《平山堂图志》，三吾后裔欧阳利见重刊，光绪九年（1883 年）九月：卷五，第六页。

第 6 章　整合：发达地区传统建筑构造做法

发达地区的传统建筑在解决不同气候、环境和生活舒适度欠佳的问题时，通过建筑材料和构造有针对性地进行设计和处理，以低技术、高效能的手段达到改善生活环境的目的，充满了创造性的智慧。其突出特征就是整合：通过不同构造，实现由建筑形成的良好环境，以满足人们的生活需求。总结其代表性做法，是传承传统建筑绿色设计的重要方式和内容。根据调研和案例研究，以如下图表的方式进行清晰表达。包括：长江三角洲地区——防潮、通风、排水防雨、保温隔热、防火；珠江三角洲地区——通风、隔热遮阳、防台风、排水防雨、防潮；环渤海地区——保温、防风沙、采暖。从而可以获得，发达地区在应对不同常规和极端气候时，传统建筑中的绿色思想和技术举措，表格中呈现的构造设计目的，也是不同地区解决问题的基本思路。

6.1　长江三角洲地区

长江三角洲地区传统建筑为达到防潮、通风、排水防雨、保温隔热、防火等目的，在构造做法层面的绿色措施如表 6-1 所示。

表 6-1　长江三角洲地区传统建筑构造做法

<table>
<tr><th>主要目的</th><th>建筑部位</th><th>图名</th><th>具体节能措施</th><th>图号</th></tr>
<tr><td rowspan="8">防潮</td><td rowspan="5">地面楼面</td><td>城砖地坪构造</td><td rowspan="4">防潮：地面架空，下用砖块或陶钵倒扣或铺蚌壳以吸潮</td><td>图 6-1</td></tr>
<tr><td>架空地面构造（方砖）</td><td>图 6-2</td></tr>
<tr><td>架空地面构造（覆钵）</td><td>图 6-3</td></tr>
<tr><td>架空地面构造（蚌壳）</td><td>图 6-4</td></tr>
<tr><td>架空木地板及通风口构造</td><td>防潮：木地板架空，且设通风口，保持空气流通，带走潮气</td><td>图 6-5</td></tr>
<tr><td rowspan="3">柱</td><td>柱及地栿通风孔构造</td><td>防潮：木柱下设置石柱础，且柱底还设有通风口，木地栿与地面相接处也设有通风口，保持空气流通，带走潮气</td><td>图 6-6</td></tr>
<tr><td>墙身夹柱子剖面图</td><td rowspan="2">防潮：木柱（包括枋）部分砌入砖墙中，部分露明以保证通风防潮（砌入墙内不超过 3/4）</td><td>图 6-7</td></tr>
<tr><td>柱子部分嵌入墙身轴测图</td><td>图 6-8</td></tr>
</table>

续表

主要目的	建筑部位	图名	具体节能措施	图号
防潮	柱	墙身与柱子脱开轴测图	**防潮**：木柱与砖墙脱开一段距离，用铁牵等加强连接，木柱露明，利于通风防潮	图 6-9
	墙	窗下墙外贴水磨砖轴测图	**防潮**：室内窗下部分做水磨砖细贴面，防止返潮	图 6-10
		墙身下部砖实砌	**防潮隔潮**：墙身下部用石材砌筑或用砖实砌以防潮隔潮	图 6-11
通风	门窗	矮闼门剖轴测图	**通风**：上部通透通风，下部封闭防盗	图 6-12
		山墙八角窗构造	**通风**：山墙上设小窗，利于上层屋架通风	图 6-13
		檐墙破子棂高窗构造	**通风**：檐墙顶部开窗，有利于上部空间的通风	图 6-14
排水防雨	屋面	甘蔗脊与屋面交接构造	**排水**：防止雨水渗漏 **防风**：亮花筒镂空部分能有效通风，防止屋脊因风力大而受损	图 6-15
		亮花筒脊与屋面交接构造		图 6-16
		屋面交接天沟构造	**排水**：有组织排水，防止雨水渗漏	图 6-17
		檐口细部构造	**排水**：防止雨水渗漏	图 6-18
		屋面与山墙交接构造		图 6-19
		望砖屋面细部构造		图 6-20
		望板屋面细部构造		图 6-21
		冷摊瓦屋面细部构造	**排水**：防止雨水渗漏 **节材**：冷摊屋面轻薄，有效节材并减轻荷载	图 6-22
	门窗	平开窗窗台构造	**排水**：青砖窗台设向外排水坡度，有利于排水防雨	图 6-23
保温隔热	墙	空斗墙	常见砌法有一斗一眠、一斗三眠、全斗无眠 **保温隔热**：空斗墙形成的空腔起到保温隔热的作用 **节材**：也有节材的效果	图 6-11
防火	门窗	外贴水磨砖门剖面轴测图	**防火**：木门板外包铁皮并贴水磨砖，可起到较好的防火效果	图 6-24

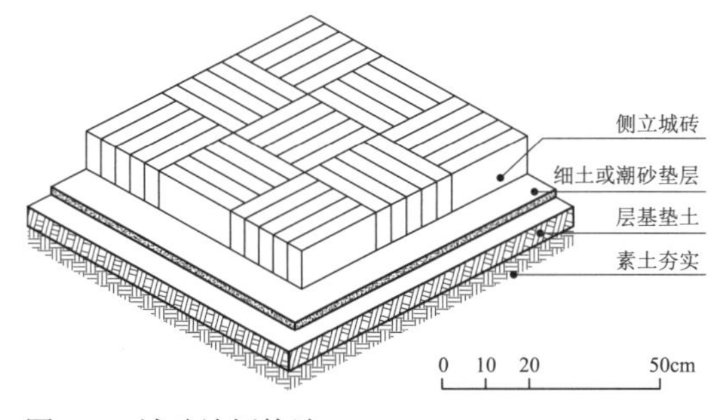

图 6-1　城砖地坪构造
根据参考文献 [1] 图 3-9 绘制

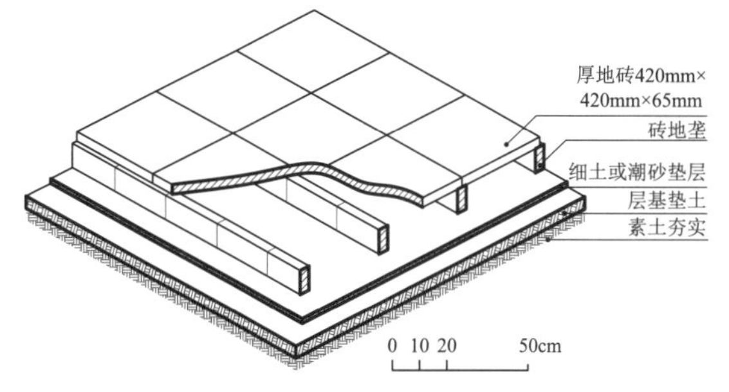

图 6-2　架空地面构造（方砖）
根据参考文献 [1] 图 3-10 绘制

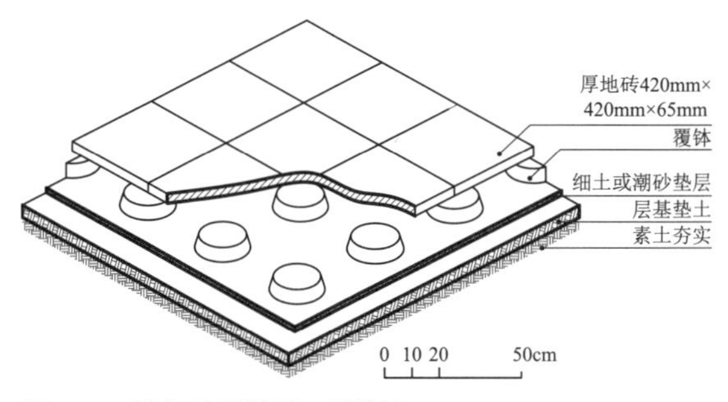

图 6-3　架空地面构造（覆钵）

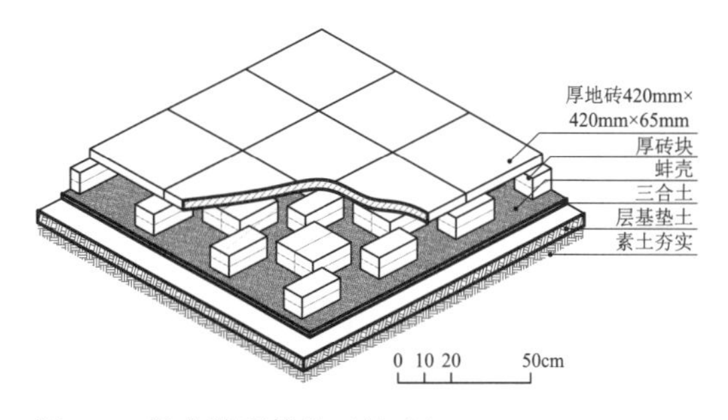

图 6-4　架空地面构造（蚌壳）

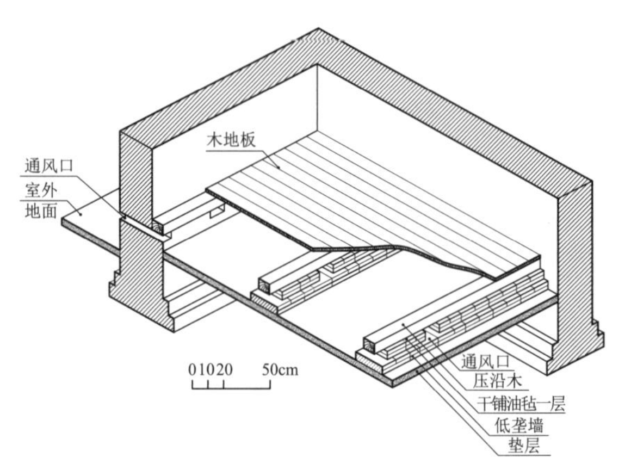

图 6-5　架空木地板及通风口构造
根据参考文献 [1] 图 3-11 ～图 3-13 绘制

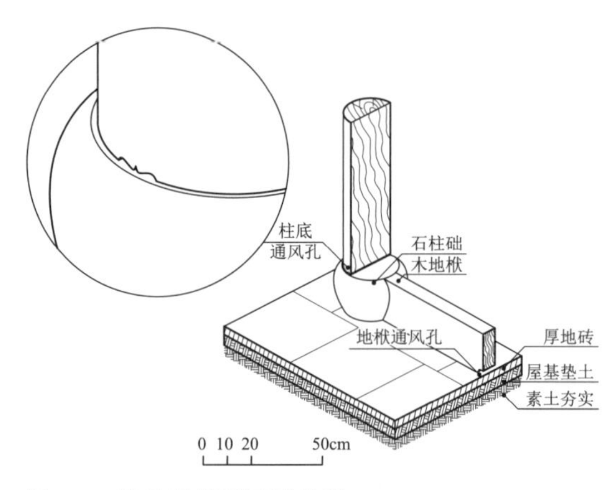

图 6-6　柱及地栿通风孔构造

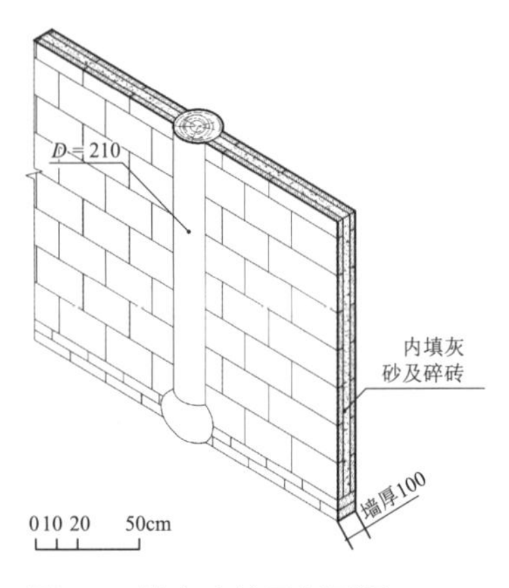

图 6-7　墙身夹柱子剖面图

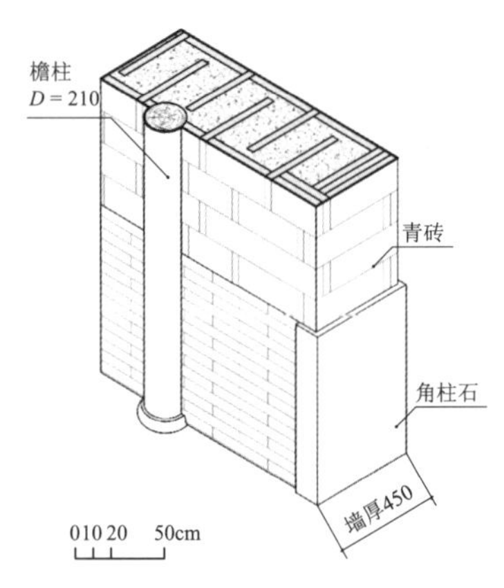

图 6-8　柱子部分嵌入墙身轴测图

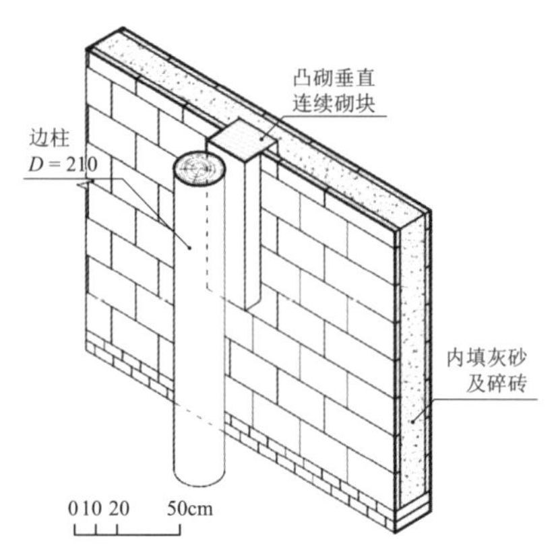

图 6-9　墙身与柱子脱开轴测图

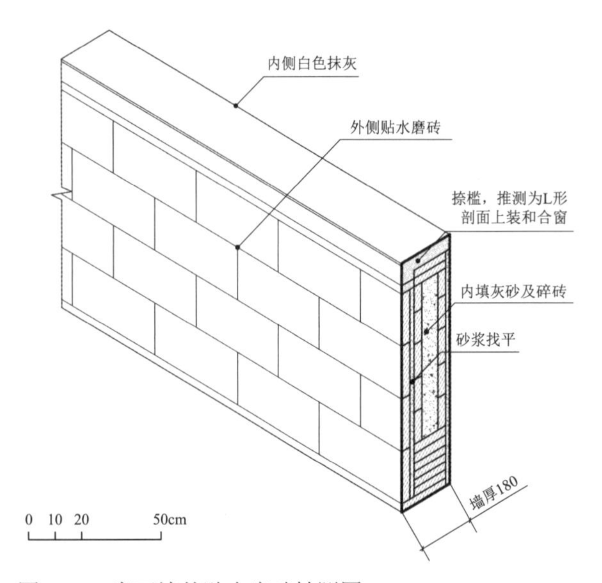

图 6-10　窗下墙外贴水磨砖轴测图

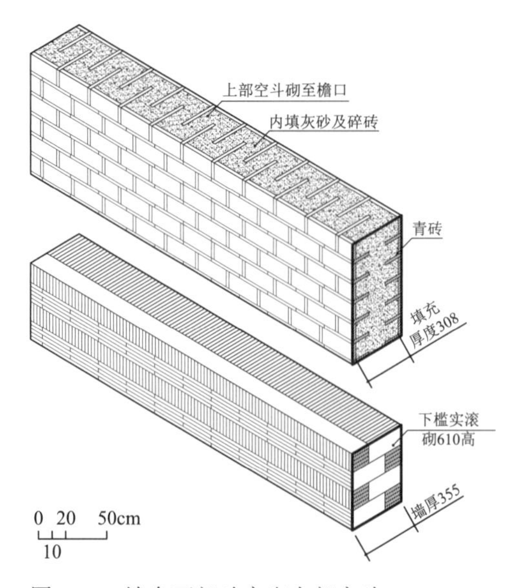

图 6-11　墙身下部砖实砌上部空斗

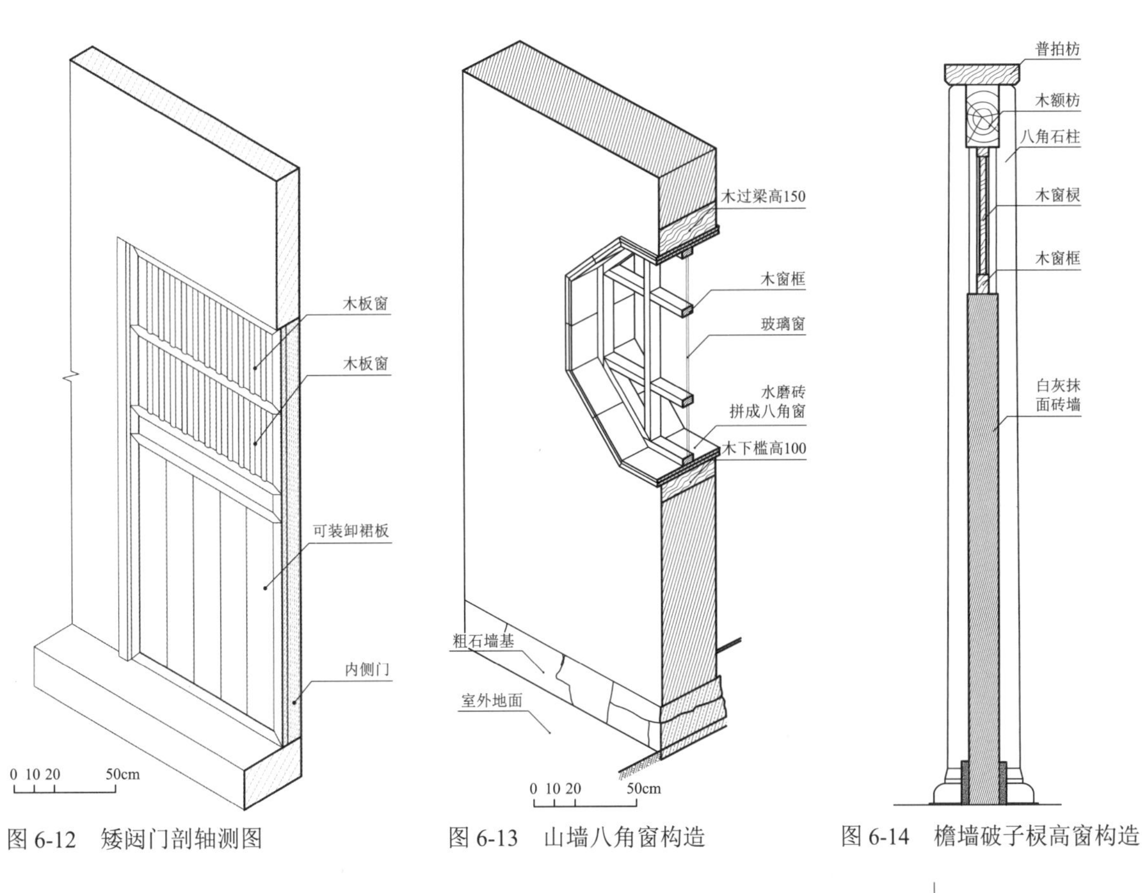

图 6-12　矮闼门剖轴测图

图 6-13　山墙八角窗构造

图 6-14　檐墙破子棂高窗构造

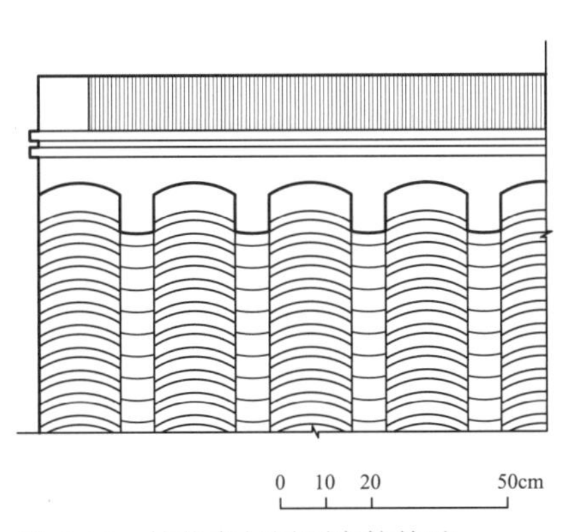

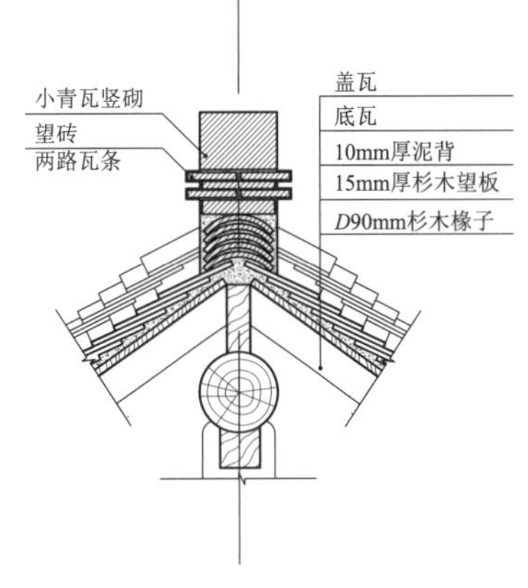

图 6-15　甘蔗脊与屋面交接构造

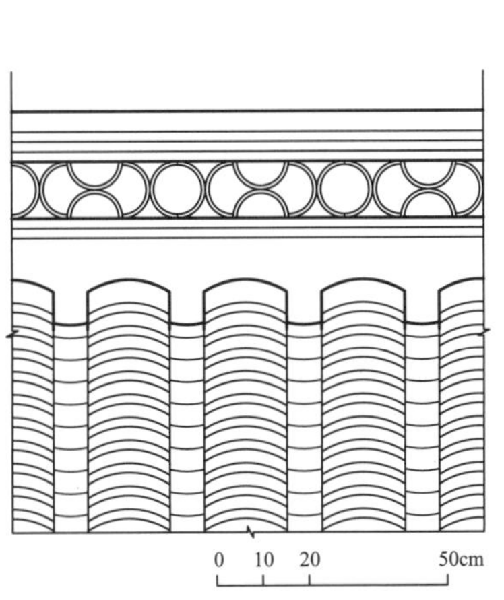

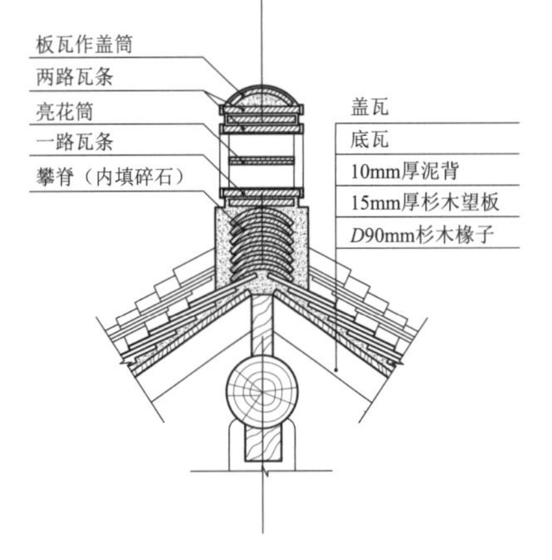

图 6-16　亮花筒脊与屋面交接构造

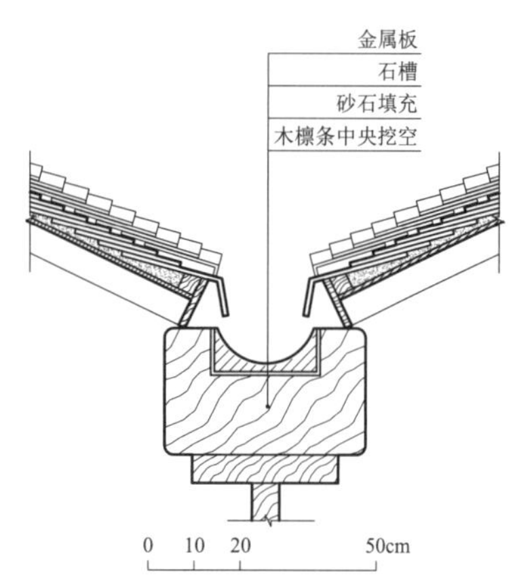

图 6-17　屋面交接天沟构造

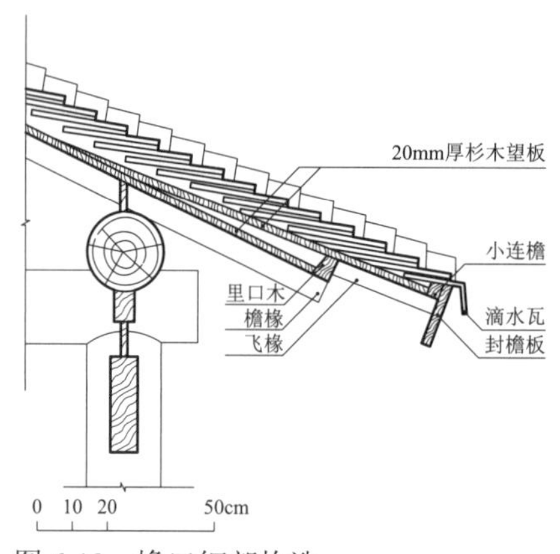

图 6-18　檐口细部构造
根据参考文献 [2] 图版十四绘制

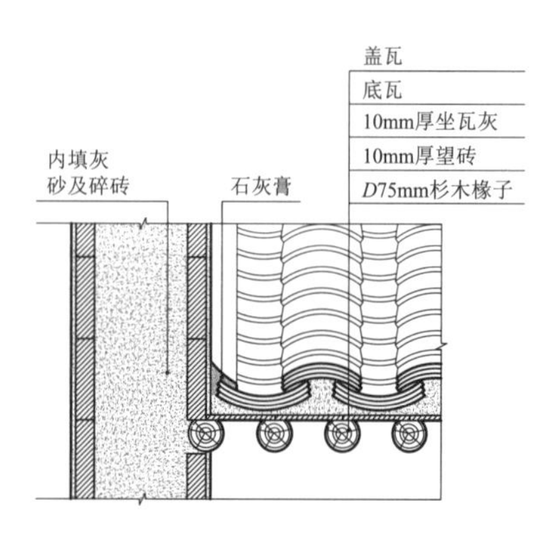

图 6-19　屋面与山墙交接构造

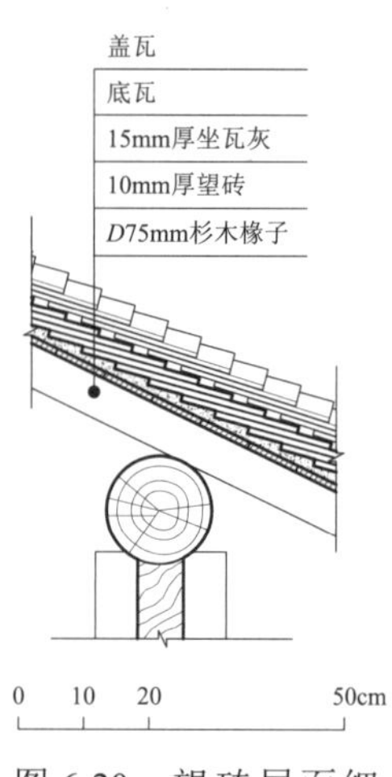

图 6-20　望砖屋面细部构造
根据参考文献 [3] 表 5.5 中构造一构造图绘制

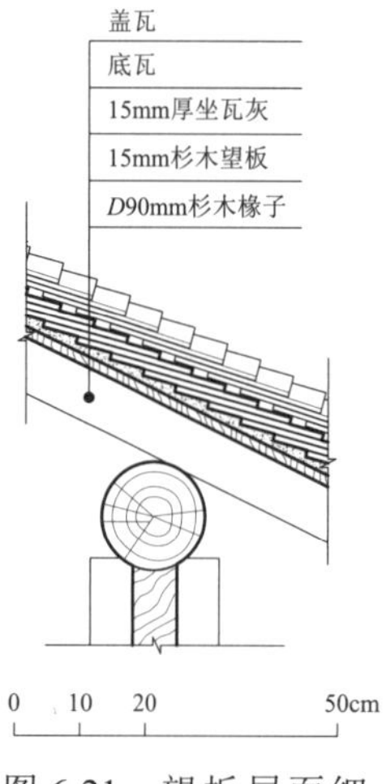

图 6-21　望板屋面细部构造
根据参考文献 [3] 表 5.5 中构造二构造图绘制

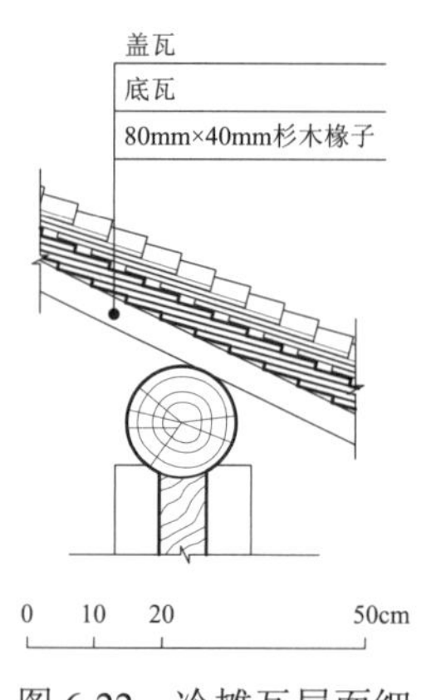

图 6-22　冷摊瓦屋面细部构造
根据参考文献 [3] 表 5.5 中构造三构造图绘制

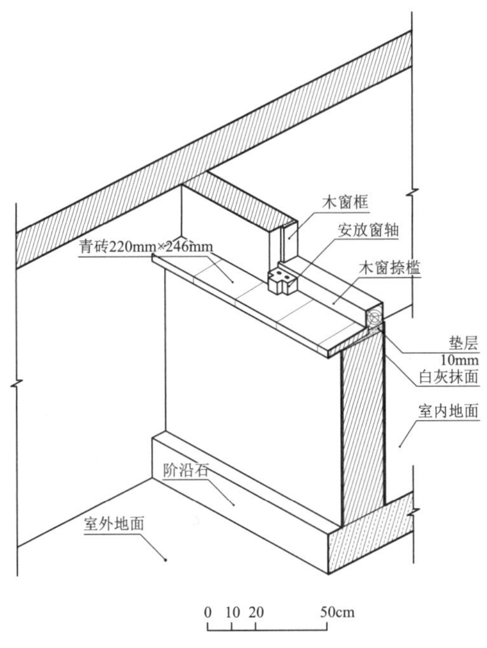

图 6-23　平开窗窗台构造

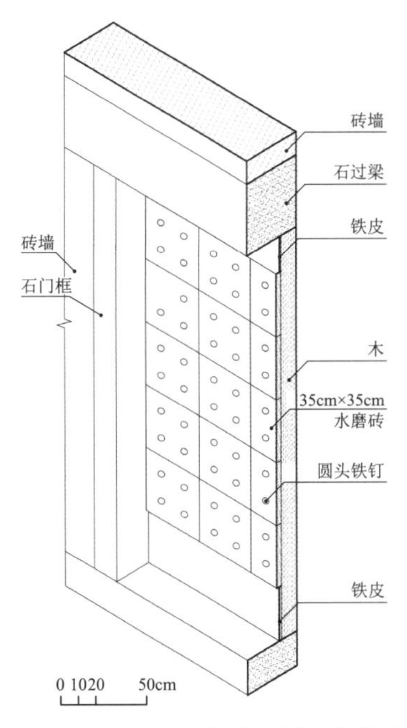

图 6-24　外贴水磨砖门剖面轴测图

6.2　珠江三角洲地区

珠江三角洲地区传统建筑为达到通风、隔热遮阳、防台风、排水防雨、防潮等目的，在构造做法层面的绿色措施如表 6-2 所示。

表 6-2　珠江三角洲地区传统建筑构造做法

主要目的	建筑部位	图名	具体节能措施	图号
通风	门窗	趟栊门轴测图	**通风**：通常只留趟栊关闭，而打开大门和矮脚吊扇门，保证最大限度的通风又兼顾户内安全 **防潮**：趟栊门最外侧矮脚吊扇门关闭时可起到一定的防潮作用	图 6-25
		镂空陶砖窗大样图	**通风**：镂空窗利于空气流通	图 6-26
		老虎窗构造图	**通风**：屋顶部位设置老虎窗，利于室内空气流通 **采光**：提高室内采光效果	图 6-27
隔热遮阳	屋面	人字山墙大样图	**遮阳**：高出屋面的山墙可以遮挡部分太阳辐射 **通风**：高墙可有效引导风流，利于通风 **防火**：有效阻止火势蔓延，避免祸及邻居	图 6-28
		镬耳山墙大样图		图 6-29
		双层瓦屋面构造图	**隔热**：两层瓦屋面之间形成空腔，以隔绝部分热量 **防台风**：筒瓦上抹水泥砂浆以固定陶瓦，达到防台风目的	图 6-30
	墙体	空斗砖墙示意图	**隔热**：砖墙厚，多为 400mm 余厚的空斗墙，内部空腔可有效隔热 **防台风**：墙体较厚，结构稳固，有效抗风 **防潮防水**：砖墙下作一定高度石基，最高可达 1600mm	图 6-31
		蚝壳墙轴测图	**隔热**：蚝壳对墙体的温度和热流波峰的延迟作用非常明显，有效隔热。同时表面细小的微孔可以蓄存天然降雨，形成被动蒸发冷却 **遮阳**：蚝壳错列堆砌，可作为天然的百叶，利于遮阳 **防潮防水**：蚝壳表面细小的微孔可以蓄存天然降雨，达到防火、防潮、防虫等多种作用	图 6-32

续表

主要目的	建筑部位	图名	具体节能措施	图号
隔热遮阳	门窗	百叶窗轴测图	**遮阳**：竖向的木杆可控制百叶的角度从而遮挡太阳辐射 **通风**：百叶打开时可进行有效通风 **防雨**：百叶闭合时可以达到防雨的目的	图 6-33
防台风	屋面	灰塑博古垂脊大样图（剖面、侧立面）	**防台风**：加大屋脊重量，利用自重压实，防台风	图 6-34
排水防雨	屋面	檐口构造图	**防雨**：滴水瓦集中引导沿瓦垄流到檐口的雨水，封檐板足够宽度，防止檐口的滴水被风吹飘到檐口檩条上	图 6-34
		天沟构造图	**排水**：有组织排水	图 6-35
防潮	柱	金柱柱础大样图	**防潮**：石柱础离地较高（约 0.4 ～ 0.7m），防止木柱接触潮湿地面，且柱础与木柱交接部位有防水构造	图 6-36
		檐柱柱础大样图	**防雨防潮**：檐柱多用石作，达到防雨防潮的目的	图 6-37
	地面	门廊铺地做法	**防雨防潮**：地面铺麻石或大阶砖，渗水性好，避免地面湿滑，同时防止地下水汽进入室内，防雨防潮	图 6-38

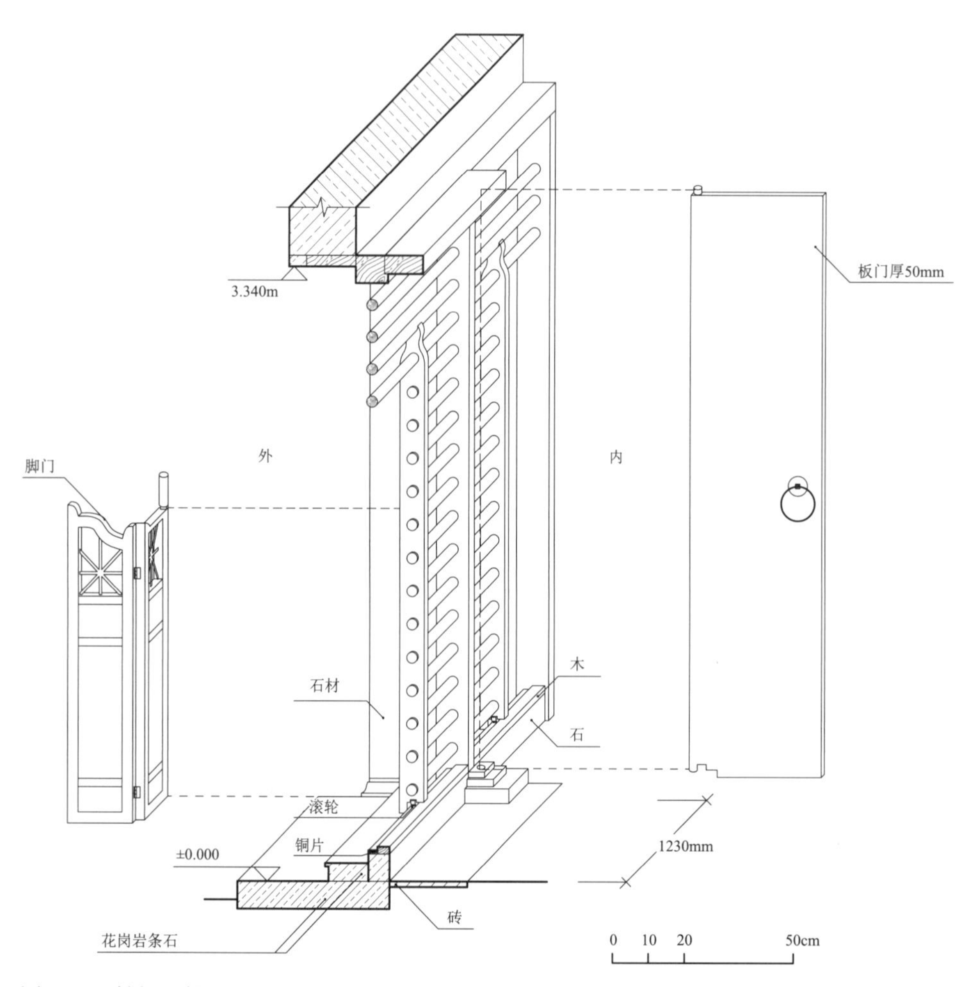

图 6-25　趟栊门轴测图

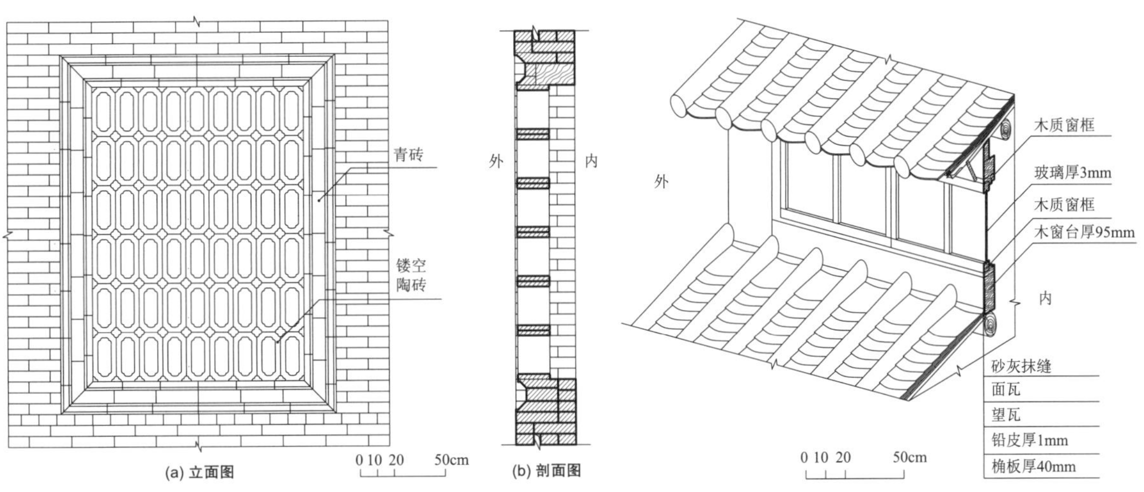

图 6-26　镂空陶砖窗大样图（立面图、剖面图）

图 6-27　老虎窗构造图
根据参考文献 [4] 图 5-37 绘制

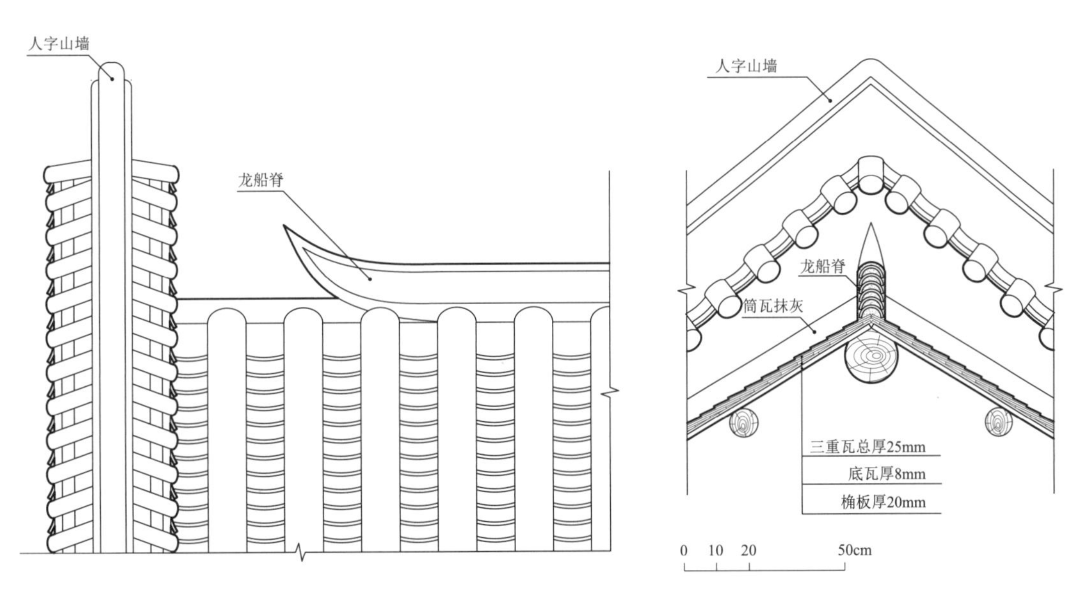

图 6-28　人字山墙大样图
根据参考文献 [5] 图 3-23 绘制

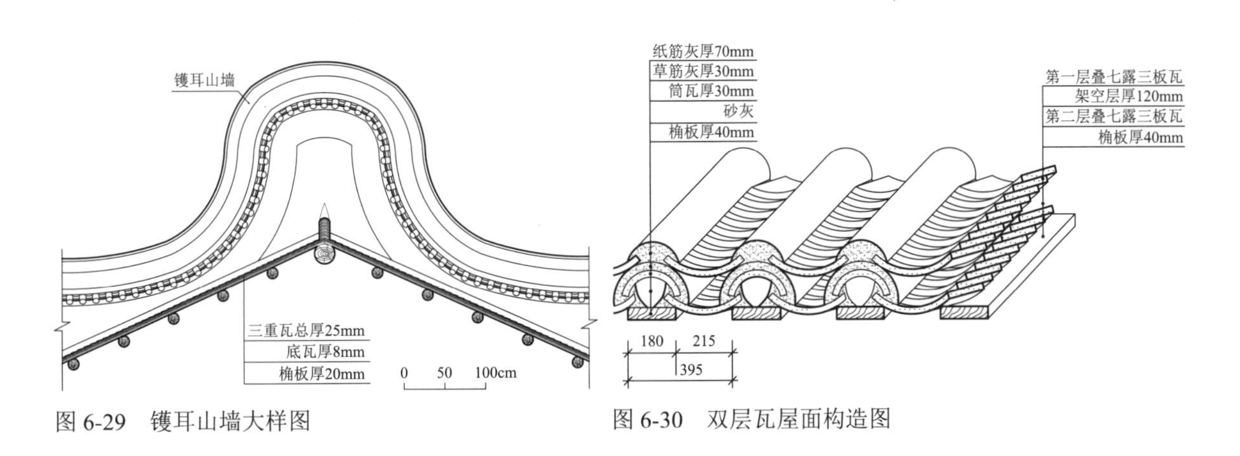

图 6-29　镬耳山墙大样图

图 6-30　双层瓦屋面构造图

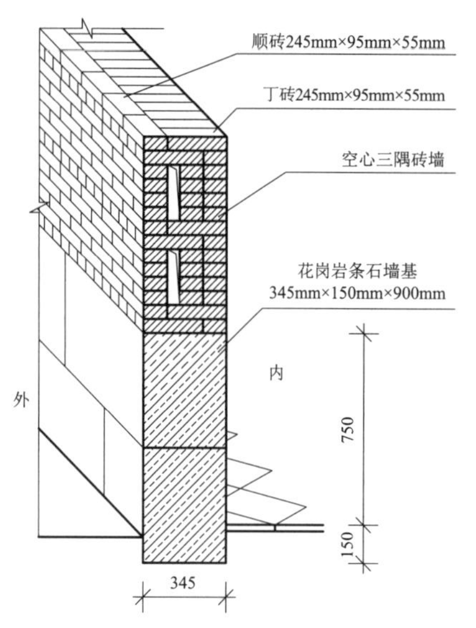

图 6-31　空斗砖墙示意图
根据参考文献 [6] 图 4-2 绘制

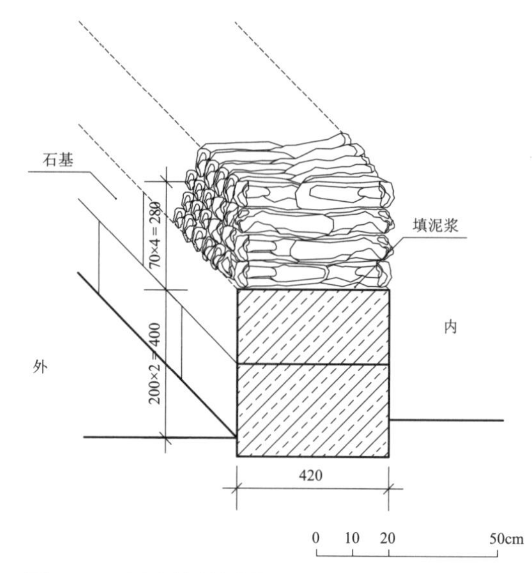

图 6-32　蚝壳墙轴测图

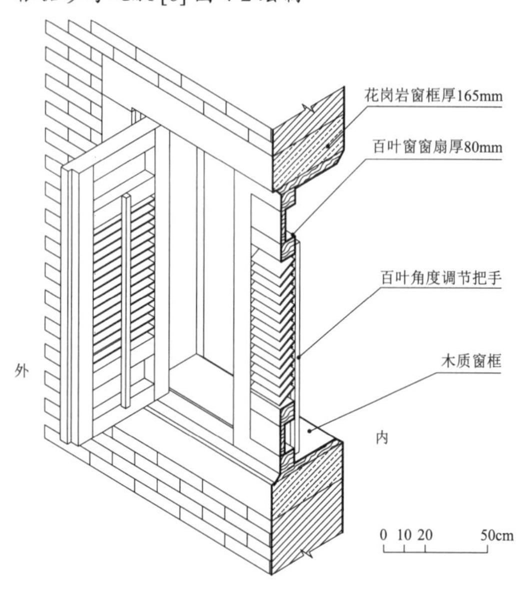

图 6-33　百叶窗轴测图

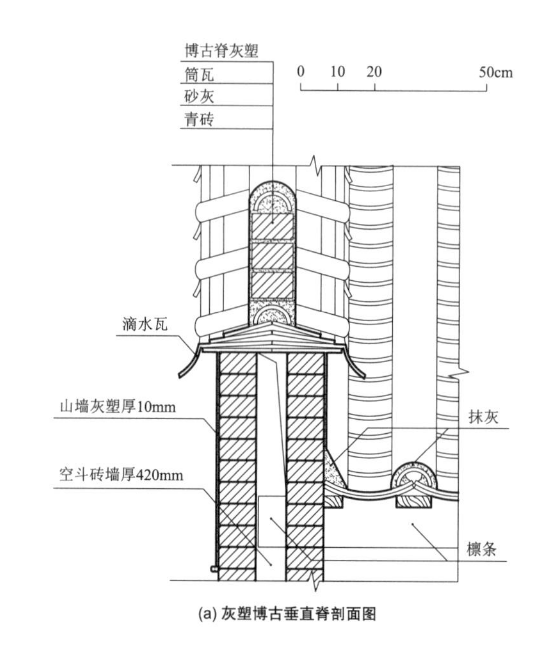

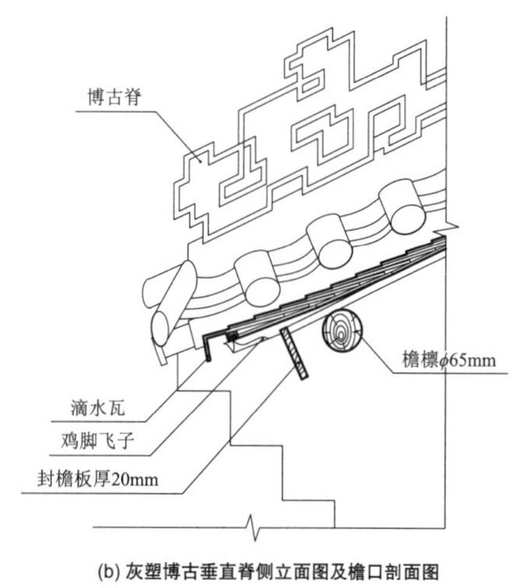

图 6-34　灰塑博古垂脊及檐口大样图
根据参考文献 [5] 图 3-19，参考文献 [6] 图 6.8 绘制

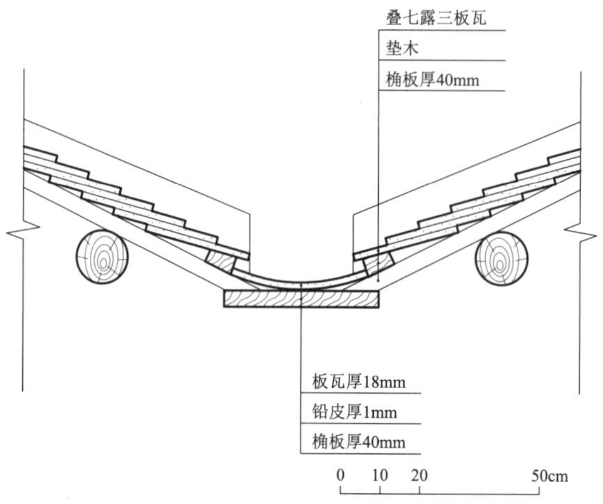

图 6-35　天沟构造图
根据参考文献 [4] 图 4-69 绘制

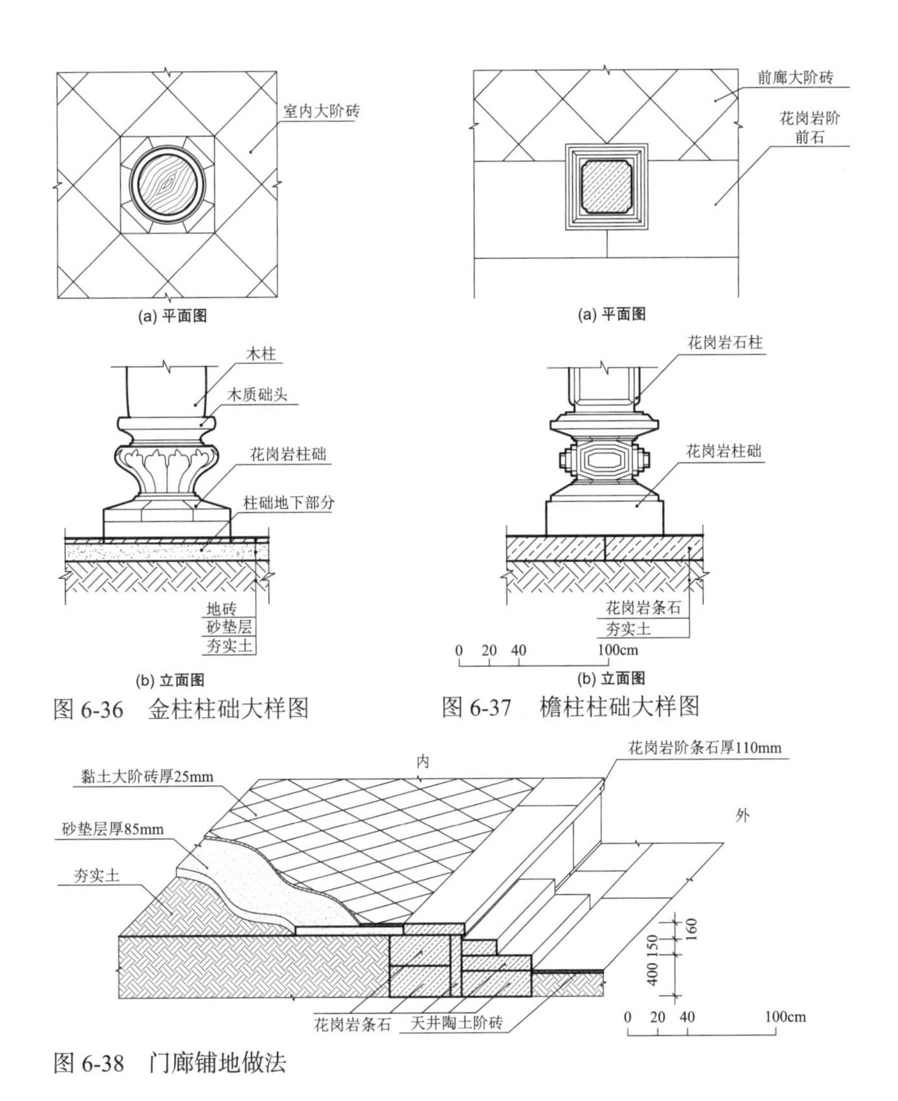

图 6-36　金柱柱础大样图

图 6-37　檐柱柱础大样图

图 6-38　门廊铺地做法

6.3　环渤海地区

环渤海地区传统建筑为达到保温、防风沙、采暖等目的，在构造做法层面的绿色措施如表6-3所示。

表 6-3　环渤海地区传统建筑构造做法

主要目的	建筑部位	图名	具体节能措施	图号
保温	屋面	北京青灰顶房屋面构造	保温：屋顶望板上有近 200mm 厚掺灰泥和麻刀灰，起到保温作用	图 6-39
		合瓦屋面清水脊细部构造图		图 6-40
		合瓦屋面鞍子脊细部构造图		图 6-41
	墙体	干摆墙砌筑示意图	北京四合院建筑墙体多厚重，以土、砖、石材料为主，平均厚度可达 400 ～ 500mm 保温：实砌的墙体保温隔热性能好、蓄热能力强，适应冬季寒冷气候和早晚温差变化对室内热环境的影响 防风：厚重的砖墙具有良好的抗风能力 节材：砖墙一般用条砖砌出四角，或外表面用条砖砌筑，中间用碎砖和泥填充，节约用材	图 6-42
		山墙墀头细部构造图		图 6-43
	门窗	支摘窗大样图	支摘窗有内外两层，外层上部可支起，下部可摘下。内层下部固定，糊窗户纸或贴玻璃，上层有卷帘可开合 保温：相对于双层窗，支摘窗增强了冬季保温的效果，又可以灵活进行各种方式的开合，适应不同场合的需要 防风：支摘窗一般窗扇面积较大，有效地减少窗缝的数量，且在冬季常用纸糊窗缝，都可起到防风作用 采光采暖：支摘窗多设于南向，冬季阳光可充分照进室内，利用太阳辐射增加室内温度	图 6-44

续表

主要目的	建筑部位	图名	具体节能措施	图号
保温	顶棚	四合院建筑木质方格顶棚构造图	四合院建筑顶棚是由架子和面层组成。架子常用秫秸秆扎结，讲究的用木质方格作架子，上部挂在檩条上，外面再糊纸封顶 保温：传统四合院建筑多采用坡屋顶，室内空间较高，安装顶棚后顶棚与坡屋顶之间形成空气间层，具有隔热功能；另一方面降低了室内高度，减少空间体积，使得冬季屋内热气不易散失	图 6-45
防风沙	墙体	无窗封后檐墙剖面图	环渤海地区民居北墙通常出檐很小，以砖叠涩出挑2～3皮，包住檐口，木结构都被包裹在内 防风：在墙体和檐口木构件交接的位置采用包檐做法，可以防止冷风渗漏以及对建筑结构的进一步破坏	图 6-46
	台基	基础与台基做法轴测图	北京四合院正房的地基高多在 2 ～ 7 阶，30 ～ 100cm 左右。东西厢房地基高度一般在 1 ～ 3 阶，10 ～ 30cm 左右 防风：冬天冷风走地，台基做得高可以减少冷风进入室内	图 6-47
	门窗	隔扇门与帘架大样图	四合院正房明间多为一樘四扇隔扇门，仅中间二扇开启。开启的门扇外加设帘架，即悬挂门帘的架子。帘架仅在帘架大框内居中留出门洞，装外开单扇门，称为风门 防风：冬天帘架上挂棉门帘，且风门减小了门洞的尺寸，既适于家居开启方便，又利于冬季防风保暖	图 6-44
采暖	火炕火地	北京故宫养心殿东围房北四间地炕构造	环渤海地区传统建筑采暖方式主要有火炕、火地（地炕）与火墙。这三种采暖方式的原理相似，都由烧火区域、取暖区域和排烟设施三部分组成 采暖：火炕、火地、火墙散热面积大，热量均匀。火炕，一般住宅的火炕与炉灶相连，在满足人们日常烧火做饭需求的同时，火炕充分利用剩余的热量达到室内取暖的作用 火地，又称地炕，其取暖区域就是建筑的地面。在室内地面下事先砌好砖石烟道烘暖地面，是中国传统的地暖系统 火墙的工作原理与火地基本一致，只是其取暖区域为建筑墙体。皇宫内的墙壁是砌成空心的“夹墙”，墙内有火道，热量可顺着夹墙温暖整个大殿。火墙一般与火地共同使用	图 6-48
		冀南民居落地式火炕		图 6-49
		冀南民居架空式火炕		图 6-50
		沈阳故宫清宁宫火地与火炕剖面		图 6-51
		沈阳故宫清宁宫火炕剖面		图 6-52
		山西祁县乔家大院烟囱立面	火炕的排烟设施主要为烟囱。烟囱砌在墙内或附墙砌筑，砌筑材料多为土坯或砖。烟囱的位置和灶台及炕体的位置有关，根据位置分有附墙烟囱、屋脊烟囱、独立烟囱等。有时在一些烟囱顶上做一个罩子，以防雨雪侵入 防火：烟囱一般高出屋脊，这样不论风向如何，烟气都能顺利排出。烟囱升高还有防火的作用	图 6-53

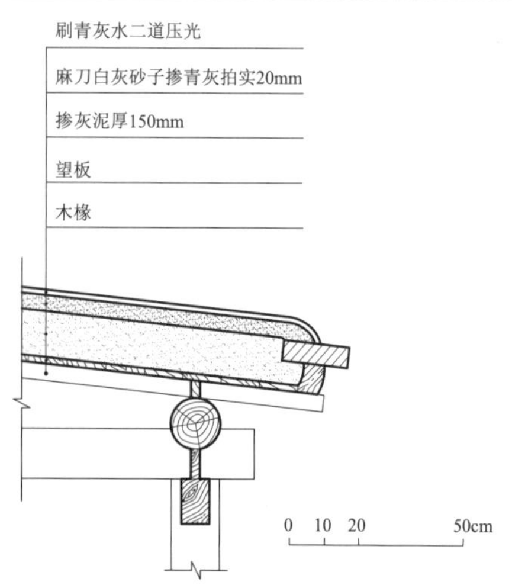

图 6-39　北京青灰顶房屋面构造

根据参考文献 [7] 图 5-60（5）绘制

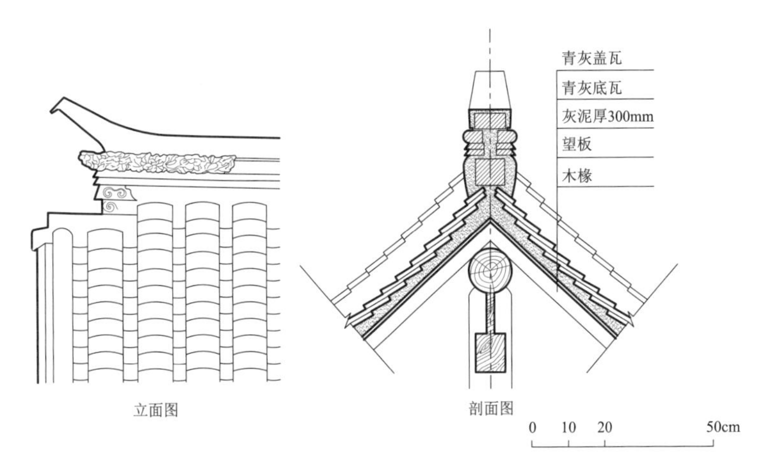

图 6-40　合瓦屋面清水脊细部构造图
根据参考文献 [8] 图 5-3-14 绘制

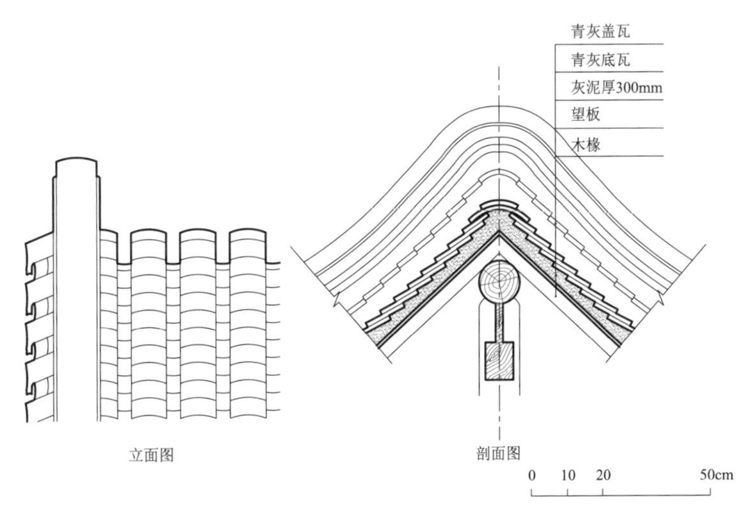

图 6-41　合瓦屋面鞍子脊细部构造图
根据参考文献 [8] 图 5-3-15 绘制

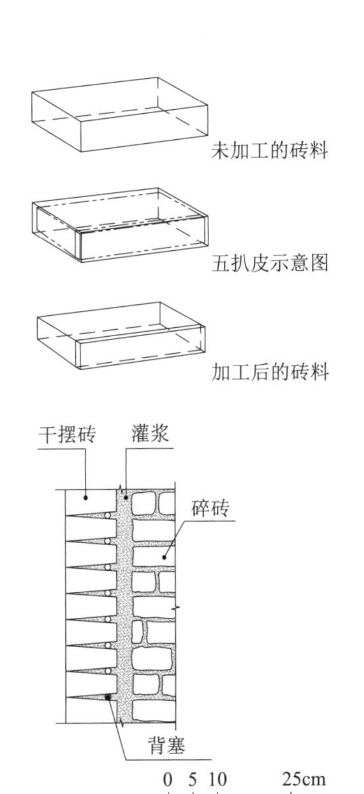

图 6-42　干摆墙砌筑示意图
根据参考文献 [8] 图 8-2-6 绘制

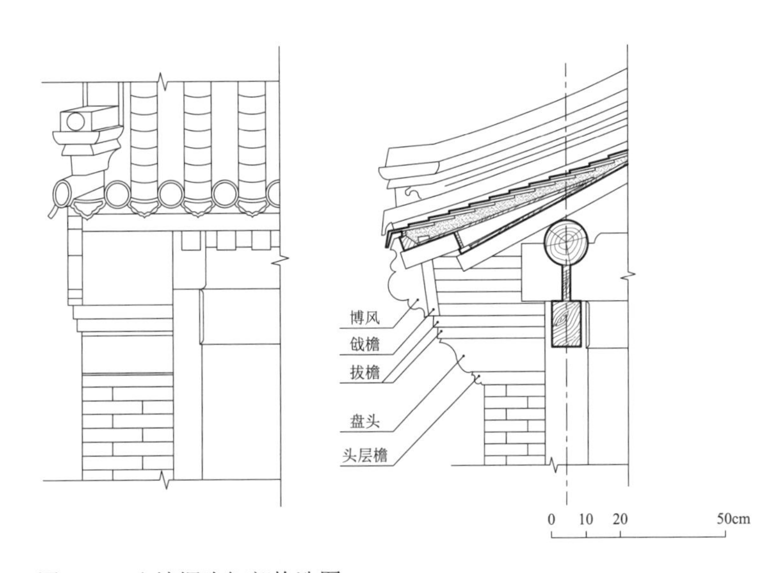

图 6-43　山墙墀头细部构造图
根据参考文献 [8] 图 5-3-6.1 绘制

图 6-44　支摘窗及隔扇门与帘架大样图
根据参考文献 [9] 图版二十一，参考文献 [7] 图 4-161 绘制

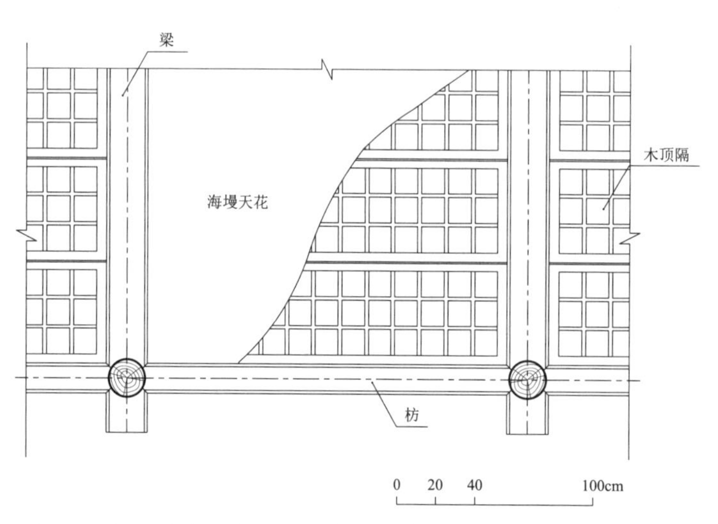

图 6-45　四合院建筑木质方格顶棚构造图
根据参考文献 [8] 图 5-5-10 绘制

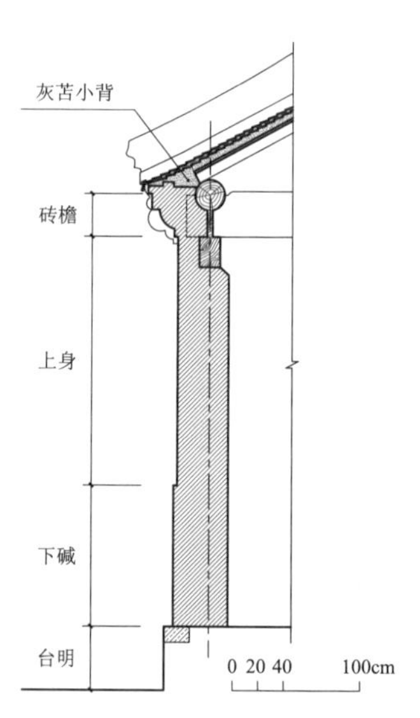

图 6-46　无窗封后檐墙剖面图
根据参考文献 [11] 图 5-13b 绘制

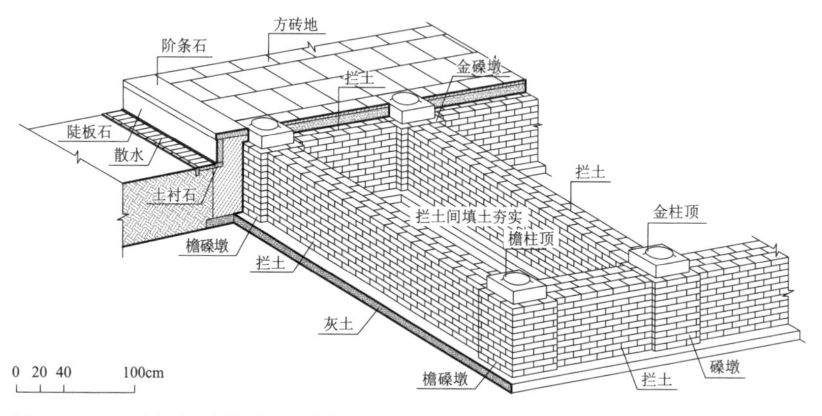

图 6-47　基础与台基做法轴测图
根据参考文献 [8] 图 8-2-1，参考文献 [10] 图 1-10（b）绘制

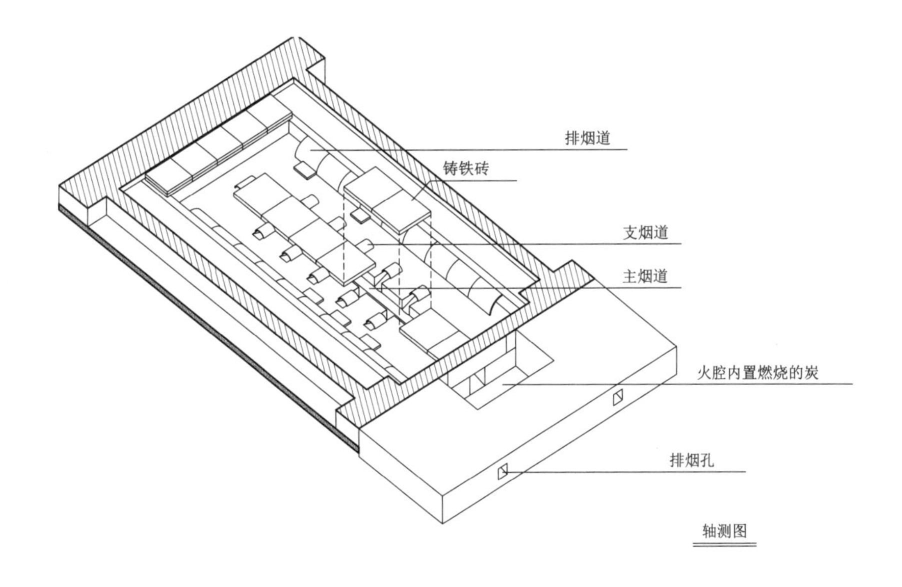

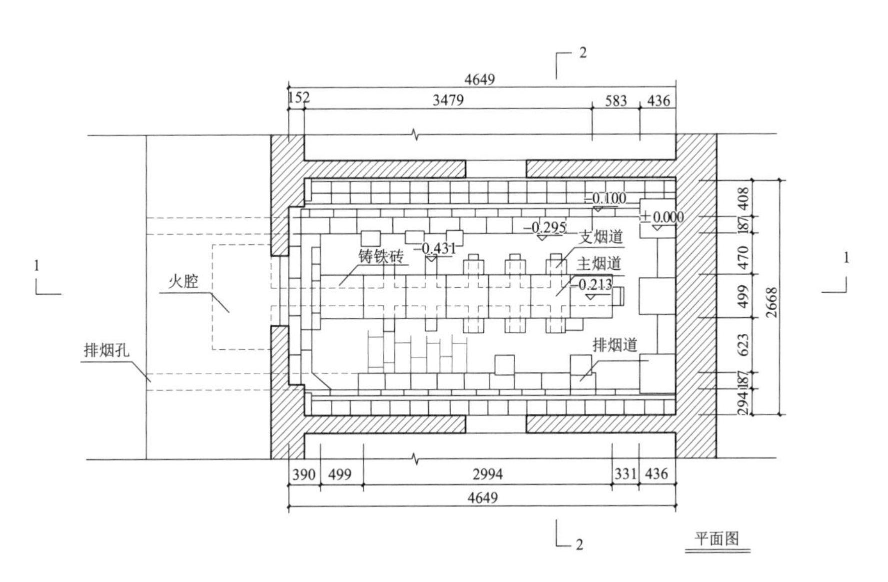

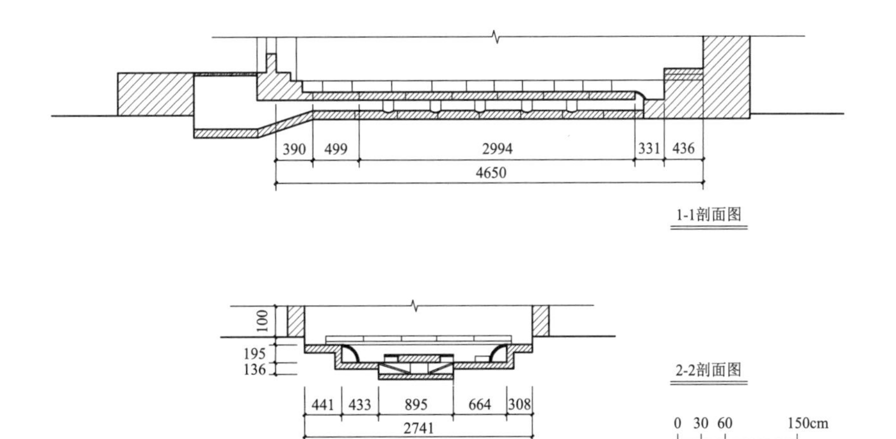

图 6-48　北京故宫养心殿东围房北四间地炕构造（轴测图、平面图、剖面图）
根据参考文献 [12] 图 5.2-5、图 5.2-7 绘

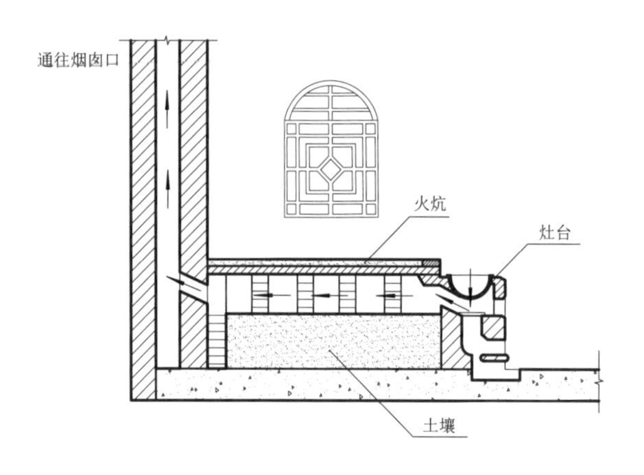

图 6-49　冀南民居落地式火炕
根据参考文献 [13] 图 2-1 绘制

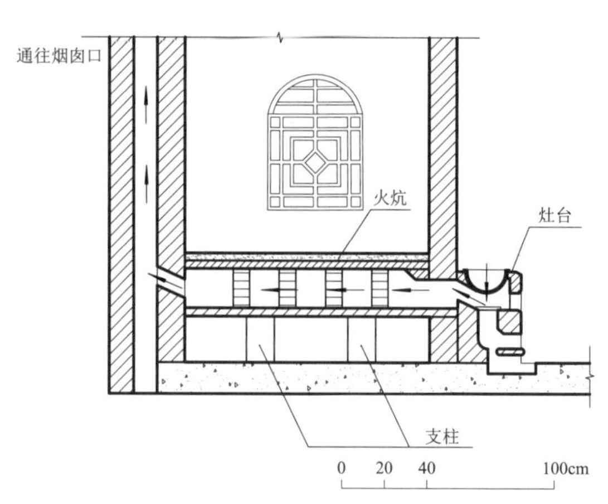

图 6-50　冀南民居架空式火炕
根据参考文献 [13] 图 2-2 绘制

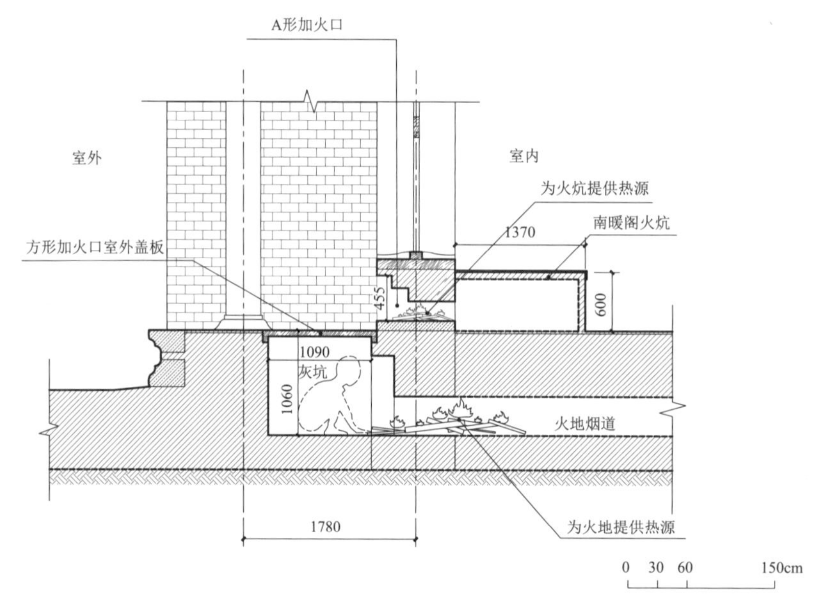

图 6-51　沈阳故宫清宁宫火地与火炕剖面
参考沈阳建筑大学测绘图绘制

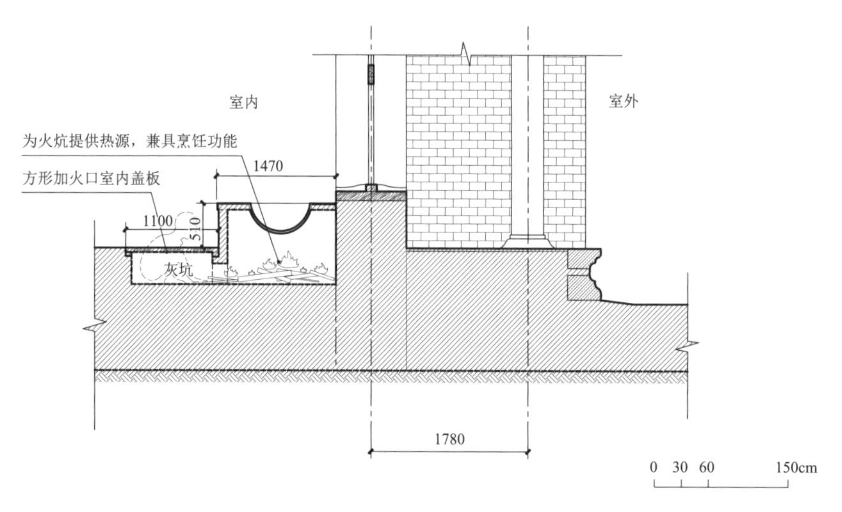

图 6-52　沈阳故宫清宁宫火炕剖面
参考沈阳建筑大学测绘图绘制

图 6-53　山西祁县乔家大院烟囱立面

参考文献

[1] 姜爽 . 传统民居适应性再利用中建筑技艺研究——以苏南地区为例 [D]. 南京：东南大学，2017.

[2] 姚承祖原著，张至刚增编，刘敦桢校阅 . 营造法原 [M]. 2 版 . 北京：中国建筑工业出版社，1986.

[3] 张文竹 . 长江中下游不同气候区民居类型及绿色营建经验研究 [D]. 西安：西安建筑科技大学，2014.

[4] 廖文宇 . 广州近代中西结合式建筑遗产保护与修缮技术研究 [D]. 广州：广州大学，2018.

[5] 黄如琅 . 明清广府地区屋面瓦作初探 [D]. 广州：华南理工大学，2011.

[6] 李敏锋 . 明清广府地区砖作研究 [D]. 广州：华南理工大学，2013.

[7] 孙大章 . 中国民居研究 [M]. 北京：中国建筑工业出版社，2004.

[8] 马炳坚 . 北京四合院建筑 [M]. 天津：天津大学出版社，1999.

[9] 梁思成 . 清式营造则例 [M]. 北京：中国建筑工业出版社，1981.

[10] 刘大可 . 中国古建筑瓦石营法 [M]. 北京：中国建筑工业出版社，1993.

[11] 陆翔，王其明 . 北京四合院 [M]. 2 版 . 北京：中国建筑工业出版社，2017.

[12] 李芃芃 . 中国古建筑取暖设施发展史研究 [D]. 北京：北京大学，2018.

[13] 魏建秀 . 冀南地区火炕调查更新研究 [D]. 邯郸：河北工程大学，2018.

下篇　应用研究

第7章　结合人的活动与气候环境的江南传统住宅中的窗牖设计

7.1　江南传统住宅窗牖设置概述

江南地区气候宜人、物产丰富、水网密布，农业、手工业、纺织业等均较为发达；人文条件也同样优越，人杰地灵，文化昌盛，民风淳朴，尊崇礼乐教义。在此背景下，传统住宅表现出江南文化中所特有的温和与秀美的建筑特色，目前遗存分布广泛，并且具有不同的类型与特征。本节根据不同类型的江南传统住宅，分析其窗牖设置的总体情况。

7.1.1　院落式住宅的窗牖设置

明清时期，江南地区社会生产力高速发展，稳定的社会秩序、丰富的物产为该地区的居民提供了优渥的物质生活基础。在此社会环境的驱使下，大批官僚地主、名人富家争相建造各类住宅建筑和私家庭院，并对居室精雕细刻。

1）城市院落式住宅

城市中的传统住宅可分为大、中、小三种类型[1]。根据现在的遗留状况，小型住宅的整体保存情况欠佳，况且窗牖是建筑中最易损坏与更迭性最强的建筑构件，因此很难再对此类建筑中的窗牖进行研究。因此，本章不将小型住宅作为主要研究对象，而将重点放在生活条件更为优渥的大、中型传统住宅中的窗牖设置上。

（1）大型住宅

传统住宅的基本单元为“间”，通常将三间或少数五间横向连成的单体称为“落”，“落”与前部的天井组成“进”，多“进”再以高围墙封闭组成住宅群落，即为“一落多进”的住宅；还可以横向组成多落多进的大型住宅群落，位于群落中部的称为“主落”，亦称“正落”或“中落”，位于两侧的则为“边落”。

该类型传统住宅的主人多为封建社会的中上层人物，包括当朝的在位官员、退位官员、商业大户或地主，他们受封建社会的宗法观念及家族制度的影响深刻，讲究儒家思想的纲常伦理，推崇“君君臣臣、父父子子”。这些意识形态反映在传统住宅的建筑上便形成了大型住宅规模宏大、等级森严的特点，不同传统住宅中各类不同功能的使用空间所处位置、形制、内部装修等都具有大致统一的等级规定。

大型住宅中主落的轴线从前端贯穿至后，入口位于正落的中央。正落多是供封建家庭中长辈起居以及举行大型仪式之用，沿纵深布置不同功能的建筑单体空间，按序列一般情况下为：第一进门厅、第二进轿厅、第三进正厅、第四进内厅，也有内厅作两进以上的情况。两侧边落与正落的建筑相比，处理上有较大的差异，受到封建家族中不能另立门户的观念制约，边落不设直接对外的出入口，而需经过备弄或天井进入，并且边落不设正厅，这种布局形式保证了家庭中的主要礼仪等活动都必须在主轴线中进行。边落中的建筑与正落不尽相同，开间均明显小于位于主轴线上的建筑单体，两者之间通过备弄联系。总之，大宅的布局突出主落的地位，是封建社会意识形态和生活方式的反映。

大型住宅内部装修细致讲究，是封建家族庞大及财富的集中反映，是江南传统住宅建筑中的精华，技艺高超。该类型住宅，例如苏州小新桥巷耦园住宅部分（图 7-1）、苏州南石子街潘宅、无锡薛福成故居、南京甘熙故居等。

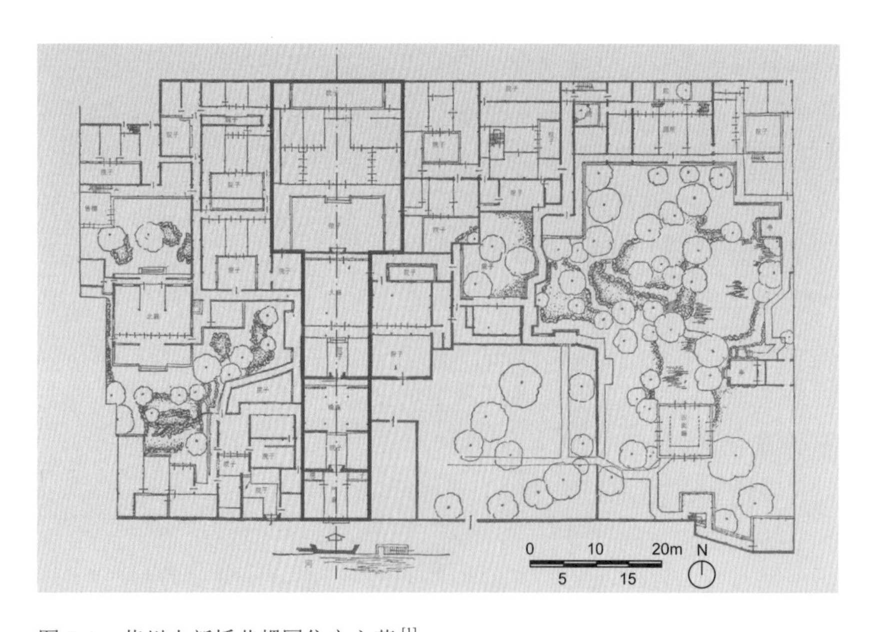

图 7-1　苏州小新桥巷耦园住宅主落 [1]

（2）中型住宅

中型住宅与上述大型住宅大体类似，同样按照轴线从前贯穿至后，进行不同功能建筑单体的布置，与之不同的是，此类型住宅中除正落外不设边落或附属用房。当然，由于用地边界、主人身份地位以及财力的限制，与大型住宅主落中各进的布置相比稍显逊色。有时还会出现不完全按照轴线对称布置的情况，例如住宅的入口不居中、轿厅位于门厅一侧、正厅与内厅共用等。苏州阔家头巷网师园住宅部分、同里崇本堂（图 7-2）、南京秦大士故居等均是此类型中较典型的实例。

2）乡村院落式住宅

乡村中的大型住宅也同样受到当时封建等级制度的影响，与城市中院落式住宅沿中轴线布置的平面格局基本相似，但是由于用地和财力的限制，规模相对较小，某些建筑空间兼具两者或两者以上的综合功能。

在山区分布的这些院落式住宅平面形式较为特别。由于受到地形的限制，轴线通常根据地形而变化。因此，住宅的平面布局相对自由，与多进院落式住宅中轴贯穿到底，进与进、落与落之间划分清楚的布局状况，有明显的差异。这些住宅主要分布在苏州的丘陵地带，通常入口不设在中央而是从边侧进入，空间组织顺应地形，落与落之间组合得自由又自然。例如位于苏州西山明月湾村的裕耕堂、礼和堂（图 7-3）等。

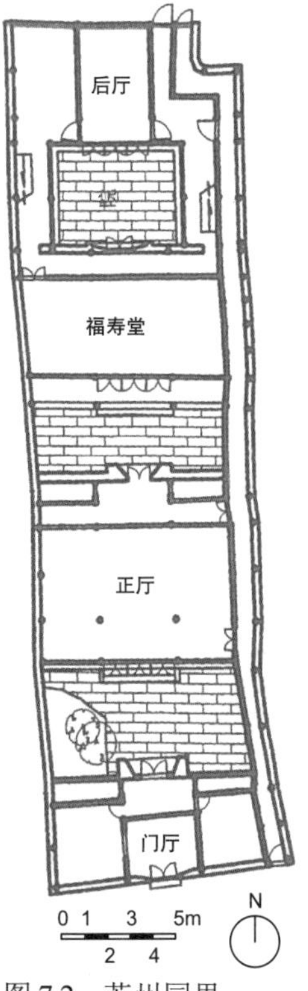

图 7-2　苏州同里崇本堂平面[2]

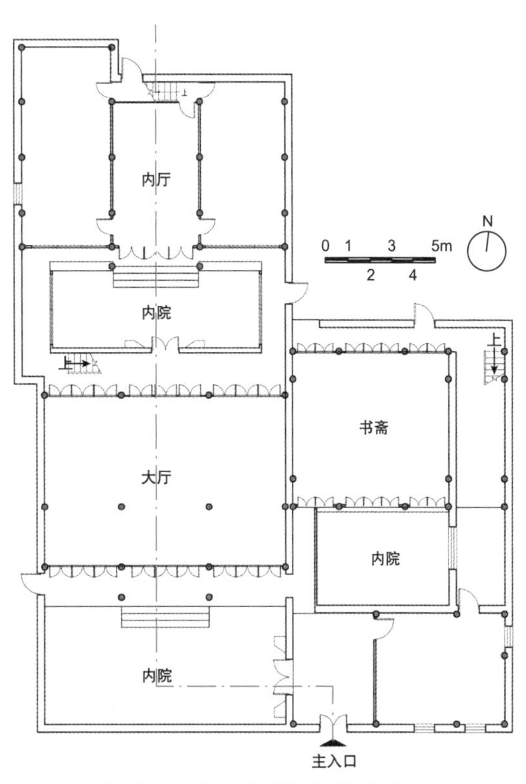

图 7-3　苏州西山明月湾村礼和堂平面

3）窗牖设置概况

此类型的传统住宅，虽有的由于地形的限制而产生轴线布置的差异，但总体来说，院落式传统住宅的相似性在于功能划分明确，不同功能的建筑单体分区严谨，均设有门厅、轿厅、大厅、内厅或附属用房等作不同功能之用的空间，大型住宅中在边落还设有书斋、花厅以及主落和边落之间的备弄。不同功能的空间具有不同的使用需求，窗牖在此环节中起到至关重要的作用。

住宅中对外的界面上基本不设或很少设窗，而是多以高耸的实墙来作为住宅与外部的边界（图 7-4），即便在此界面上设窗，也是洞口面积很小的窗洞。这种外墙少开窗的情况反映了在家庭建构中一种内部聚合的特征。

而在传统住宅的内部（图 7-5），面向天井院落的界面则可安装可拆卸的隔扇，在空间上可将室内和室外连成一体，在家庭的观念中体现了家族中各成员在使用空间上的信任，实现了家庭内部浑然一体的特征。住宅群落内部隔扇的大面积广泛使用是重要特征，而隔扇作为一种具有镂空格心的构件，有诸多不同的表现形式，例如长窗、槛窗、半窗等。

长窗为“通长落地，装于上槛与下槛之间。若有横风窗时，则装于中槛之下”[3]，是江南传统住宅中最为常见的窗牖形式之一，也是使用最为频繁的一种窗牖类型，多见于大中型院落式住宅中，一般性住宅中较少使用，家庭举办大型典礼时或夏季可将其拆卸。槛窗即地坪窗，即《营造法式》中所述钩栏槛窗，窗下为栏杆，栏杆的一侧用雨挞板封护。雨挞板，顾名思义以遮蔽风雨，可以完全拆卸，这样窗下部分的栏杆可以完全敞开，有利于夏季的通风和消暑。半窗则为“较长窗为短，分上夹堂、内心仔、裙板三部。窗下砌半墙。墙高约一尺半，上设坐槛，以装半窗，复可凭坐，用于亭阁者，其外可装吴王靠”[3]。广义上，将窗下砌墙体的窗牖形式统称为半窗。

(a) 杭州胡雪岩故居外街巷

(b) 苏州网师园门厅正面

(c) 无锡陆定一故居山墙面

图 7-4　江南传统住宅中的内向性表现

(a) 苏州网师园正厅长窗

(b) 南浔张石铭旧宅花厅

(c) 震泽师俭堂厢房

(d) 苏州耦园厅堂背面天井

图 7-5　江南传统住宅中面向内院的窗户

除去上述这三种使用较为广泛的窗牖类型之外，仍有例如和合窗、横风窗的使用，但运用不及以上广泛。横风窗为“房屋过高时用横风窗，装于上槛与中槛之间，窗以边挺及横头料各二构成，成扁长方形，通常以开间均分三扇，隔以短柲，内心仔之花纹须与长窗相调和”[3]，其是配合上述三种窗牖形式而使用的，当建筑单体体量较大、高度较高时，常常在长窗之上再加设横风窗，一般而言不单独设置。和合窗则为“一间三排，以中柲分隔之。每排三扇，上下二窗固定，中间开放，以摘钩支撑之”[3]，通常用于厢房、外廊建筑。

院落式住宅的主人通常对生活有一定的品质及情趣追求，在居住空间的营造上，不仅满足基本的生活需求，还追求审美和精神层面上的意味。因此，包括窗牖的设置在内的建筑各个方面均非常考究，体现了营造技艺的较高水平。

7.1.2　临水住宅的窗牖设置

江南多水，河道是城市中不可或缺的环境要素。沿河住宅大多是平常百姓家，它们一边依巷，一边临河，木桩叠石为基，布局因地制宜。住宅既实用又灵活自由，有时还会在屋内外建造形式不同的水踏步、水码头等。为了争取更多的居住空间，多挑出水面建屋，顺河排列成行，形成错落有致的临水住宅。

1）枕河而居的住宅

这类住宅主要分布于苏州和绍兴老城内。

苏州老城内的交通系统具有独特的形式。其以水为中心，以河道为脉络，大小河道如经纬般纵横交织。城内有桥梁三百余座，河道一般均与街道平行，鱼骨形路网体系重叠形成“河街平行，水陆相邻”的双棋盘式水城格局（图 7-6）[4]。纵横交织的河道和街巷将城市用地规划成前街后坊式的城市肌理，表现出“绿浪东西南北水，红栏三百九十桥”①“君到姑苏见，人家尽枕河”②的特有景观（图 7-7）。

绍兴建城始于公元前 490 年，越国大夫范蠡受命“筑城立郭，分设里闾”[5]。2500 余年的建城史，绍兴城区从水开始，流淌至今。城中有水，水中有城，有街有巷便会有河道，水陆并行（图 7-8），街随河走，河连桥路，低矮古朴的民房临水而建，河边处处有枕河而居的住宅建筑，极具水乡特色，形成“山自纵横水自流，谁家门首欲离舟”[6]的水乡风貌[7]。

2）河房

内秦淮河是明清南京城南的重要河流，自东而西穿城而过，附近商业集中、人口稠密，明清时代在秦淮沿岸曾建教坊司、府学、贡院等，而南京又有“留都”以及“南闱”的地位，文人士大夫咸集此处。明末江南逸乐风气极盛，秦淮的妓院更是成为南京逸乐生活的源头，秦淮两岸人家竞筑河房亭台，河房伴随着金陵佳丽，成为当时文人士大夫社交娱乐的重要场所[8]。清初文学家余怀《板桥杂记》云“雕栏画槛，绮窗丝障，十里珠帘”[9]，可见河房之繁盛（图 7-9）。

南京河房作为秦淮两岸一种特殊的临水建筑类型，曾广泛分布于东水关到西水关之间（图 7-9 上标出东水关和西水关）。河房以居住为主，兼有宴饮、雅集等社会功用，或直接作为会馆酒家一类的公共建筑。目前，秦淮河沿岸河房仅存糖坊廊 61 号、钞库街 38 号、钓鱼台河房、信府河 55 号等。河房建筑的平面布局与一般的传统住宅有一定的区别，大多两进或三进，枕河而筑，主厅临河而后宅临街。为最大限度地利用空间，这类住宅大多以秦淮河驳岸为基础，或将屋挑悬于河上，形成“水上两岸人家，悬桩拓架为河房水阁。雕梁画槛，南北掩映”[10]的景致。河房后门临水，通常设有下河的踏步、码头，供停船、浆洗（图 7-10）。

①出自（唐）白居易《正月三日闲行》：“黄鹂巷口莺欲语，乌鹊河头冰欲销。绿浪东西南北水，红栏三百九十桥。鸳鸯荡漾双双翅，杨柳交加万万条。借问春风来早晚，只从前日到今朝。”

②出自（唐）杜荀鹤《送人游吴》：“君到姑苏见，人家尽枕河。古宫闲地少，水港小桥多。夜市卖菱藕，春船载绮罗。遥知未眠月，乡思在渔歌。”

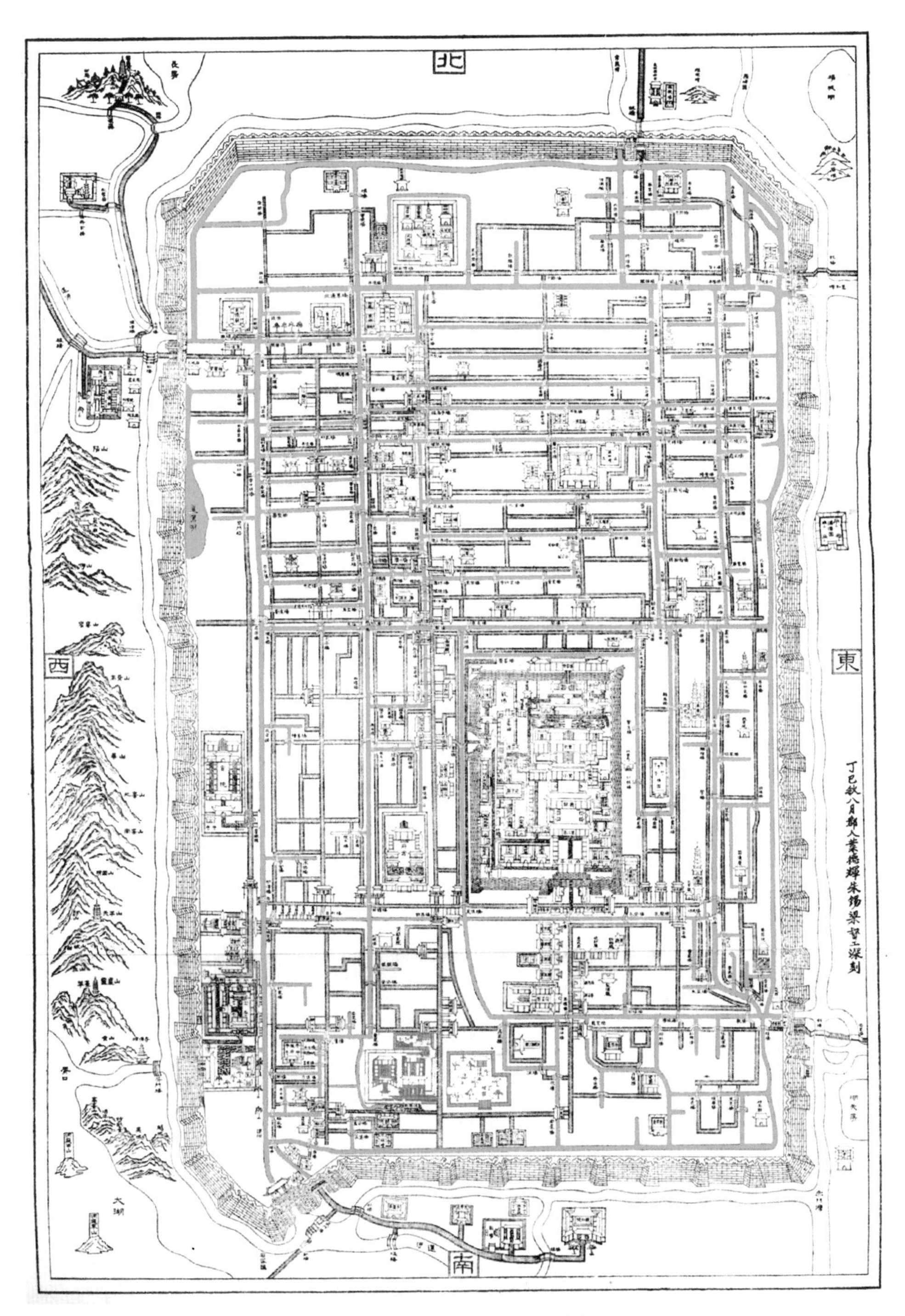

图 7-6　宋代平江图（1229 年刻绘）：双棋盘的城市格局 [4]

图 7-7　苏州临水住宅照片 [1]

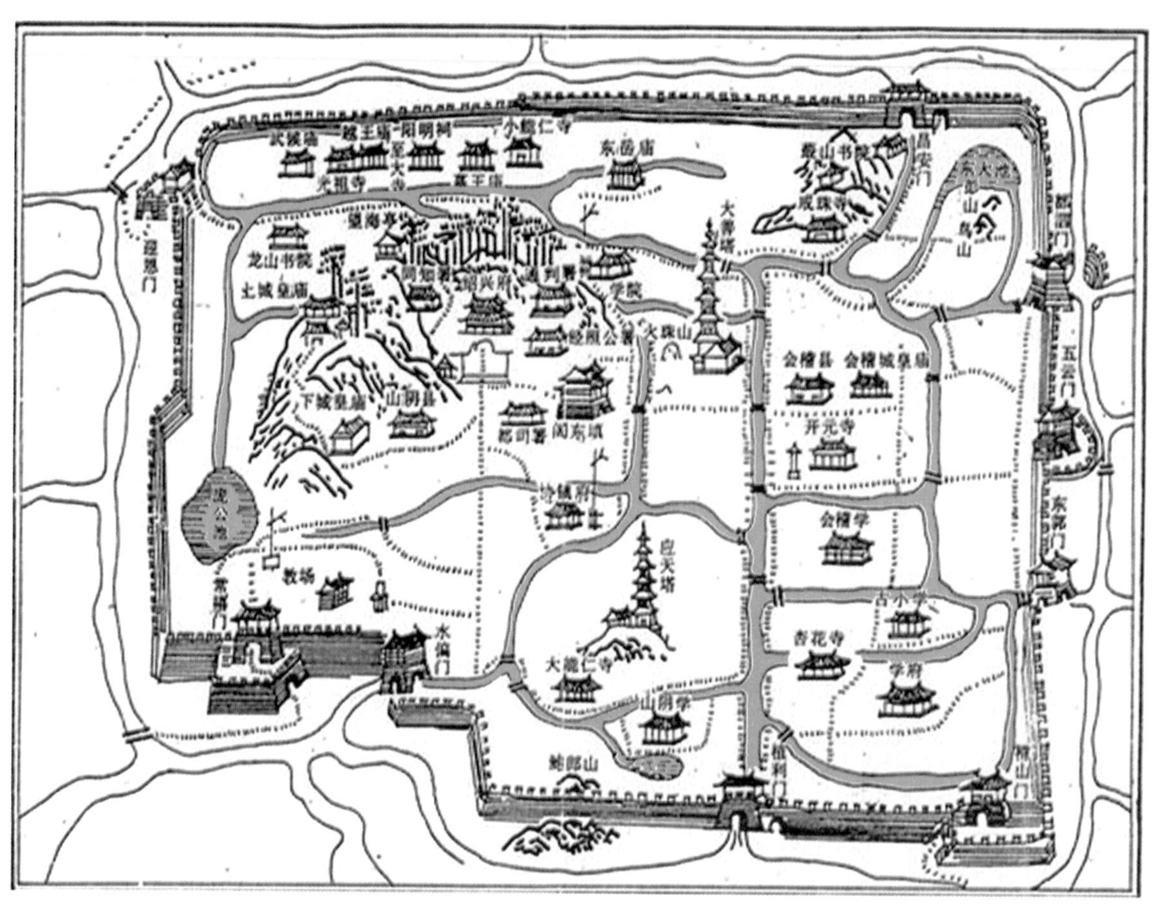

图 7-8　清代绍兴府图：水陆并行的城市形态 [7]

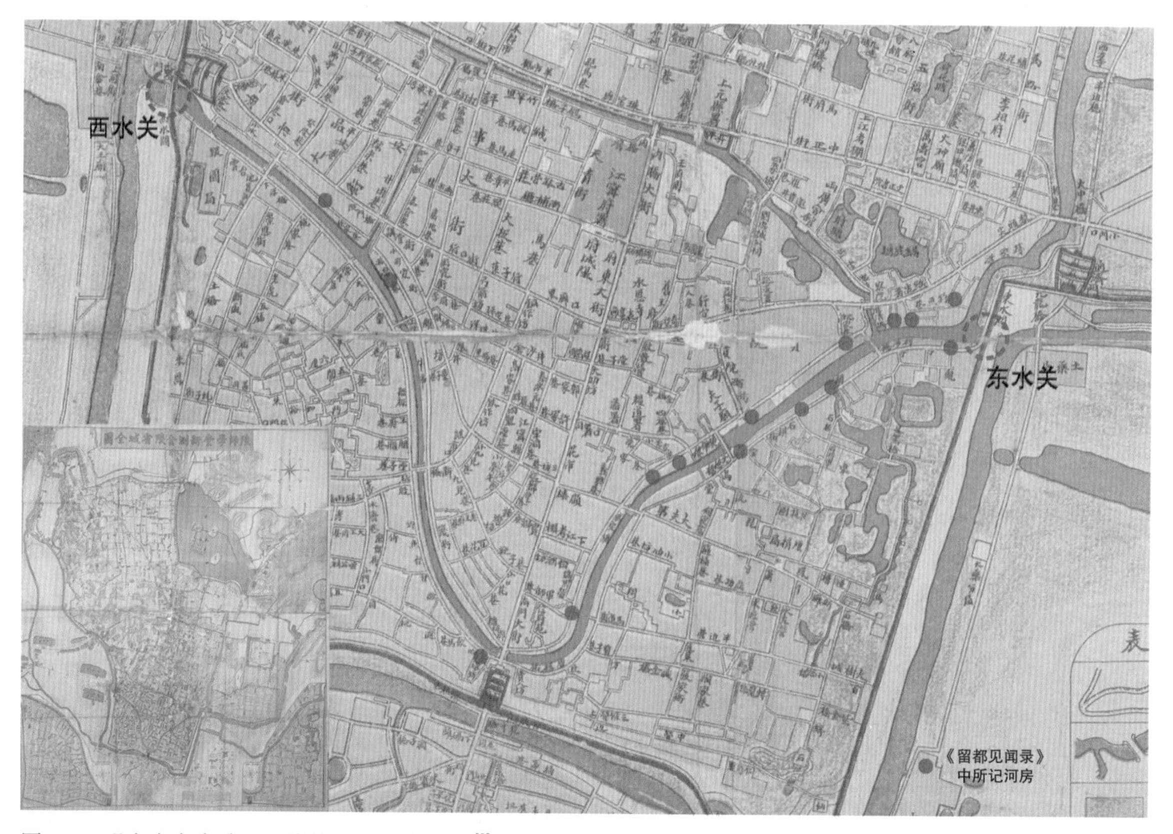

图 7-9　明末南京秦淮河沿线的河房分布示意 [8]

图 7-10　南京秦淮河房照片[11]

(a) 北向界面

(b) 南向界面

图 7-11　绍兴古城沿河住宅

3）窗牖设置概况

院落式住宅中也有少部分住宅实例存在临水而设的部分，例如耦园的北侧建筑等，但大体上，这一类型的建筑除去临河的界面，其余部分通常按照院落式住宅中的布局方式进行建筑单体功能的组织，因此，对于该分类下的传统住宅的窗牖设置，本书主要讨论其临河的界面。

对于枕河而居的住宅，其临水界面的建筑布局方式与其朝向具有一定的关联性（图 7-11）。由于地处北半球，南向界面需要纳阳，而北向界面则要避免冬季西北风的灌入。因此，总体来说，朝东或南向界面从建筑布局到窗牖设置均较为通透，而北向则更厚实，洞口与南向相比开设得较少、较小或不开。若建筑朝西布置，则会通过建筑布局的手法避免其建筑界面直接受到西晒影响。这类传统住宅中，窗牖类型比较多见的是窗下仅设木板壁的隔扇窗。作为一般性住宅，一方面受到主人财力的限制，对生活的需求较前者更低，住宅营造中的审美与装饰意味不再浓厚，另一方面受到临水界面小气候环境的影响，一般窗下仅做简单木质板壁为裙板，或是整个界面用木板壁作围护结构，开洞口设窗，此种类型的窗牖在本章中统称为隔扇窗，以区别于上文提到的窗下设墙的半窗和窗下安栏杆的槛窗。

南京的秦淮河房，因其建筑的特殊性质，面向河道的一侧均设置得较为通透，并且更注重窗牖自身的装饰性，槛窗与和合窗的使用更为广泛。

7.1.3 商业性住宅的窗牖设置

江南水乡经济较为发达，商业活动频繁，众多家庭参与其中。因此，江南传统住宅中具有一种特殊的居住模式，即住宅与店铺合二为一，形成“前店后宅（坊）”“下店上宅”或兼而有之的形制 [12]。

1）前店后宅式

“前店后宅（坊）”的住宅形式中沿街为店面，后部是居住用房或作坊，店面的正中或一侧开门或通道联系前后。这类住宅一般为二三进以上，规模不等；往往沿主要市街一侧建造，与住宅相对独立，干扰较小；多在市镇中分布，例如苏州震泽师俭堂（图 7-12）[13]、周庄张厅、南京高淳杨厅等。

2）下店上宅式

“下店上宅”即底层为店铺、上层做住宅的商业性住宅（图 7-13）。临街做店面，临河为灶房等附属用房。由于被地界面积所限，通常每户仅一至二开间，多依靠布置在内部的小天井来采光通风。住宅多在纵深方向发展，与邻户尽量紧邻，通过封火山墙进行分界。

3）窗牖设置

商业性住宅的主人多是自给自足的手工业商人，与大中型院落式住宅主人的身份、地位以及财力有较大的差距。因此，该类型中建筑营造的各个方面，包括窗牖的设置表现出的等级相对而言都较低。此外，由于完全不同的使用性质，商业性住宅多沿街而设，窗牖的设置不仅要考虑到住宅内部的使用者，还要考虑商业街中的使用者。

这些住宅一层作为店铺使用，沿街的界面安设的是排阏门① [14]；而二层的界面会设置不同组合形式的隔扇窗（图 7-14，图 7-15）。

总体来说，由于江南地区的气候具有潮湿、温热、易发霉的特点，不管何种类型的住宅建筑，良好的通风条件均是建筑营造过程中需考虑的首要问题，因此，隔扇在江南传统住宅中被大量使用。其通透、多变、灵动的棂格，首先从功能上有效地解决了室内的通风问题，其次具备较强的私密性，并且还具有一定的视觉审美效果，一举多得。隔扇也有多种不同的表现形式，例如长窗、槛窗、半窗、横风窗等，均有棂格这一组成隔扇的构件，体现了江南传统住宅中窗牖的设置

①排阏门，又称排板门，在商业用途的房屋中最常用，是一种由一定数量的木条板组成、可拆卸的活动门。木条板的高度由层高决定，通常为从地面到屋檐下通高；每根木条板的宽度在 20 ～ 30cm 左右；所使用的木条板的数量由房屋的开间决定。板的上下两头出榫，可以插入上槛和下槛的凹槽内，相邻的木条板的侧面也有这样的穿插关系。木条板摆好后，可以从屋内用门闩上锁。[14]

具有一定的相似性与统一性，但不同建筑单体界面的窗牖设置中均具有不同的窗洞大小、类型选择与开启方式等，表现出了一定的多样性，表现有以下三点。

其一，不同的生活模式、不同的地形条件以及不同的主人背景，塑造了江南地区不同类型的传统住宅，它们的建筑布局、功能划分、流线组织等各方面均存在一定统一性，但又有各自的差别，在同一建筑或建筑群中，窗牖的设置方式多样。

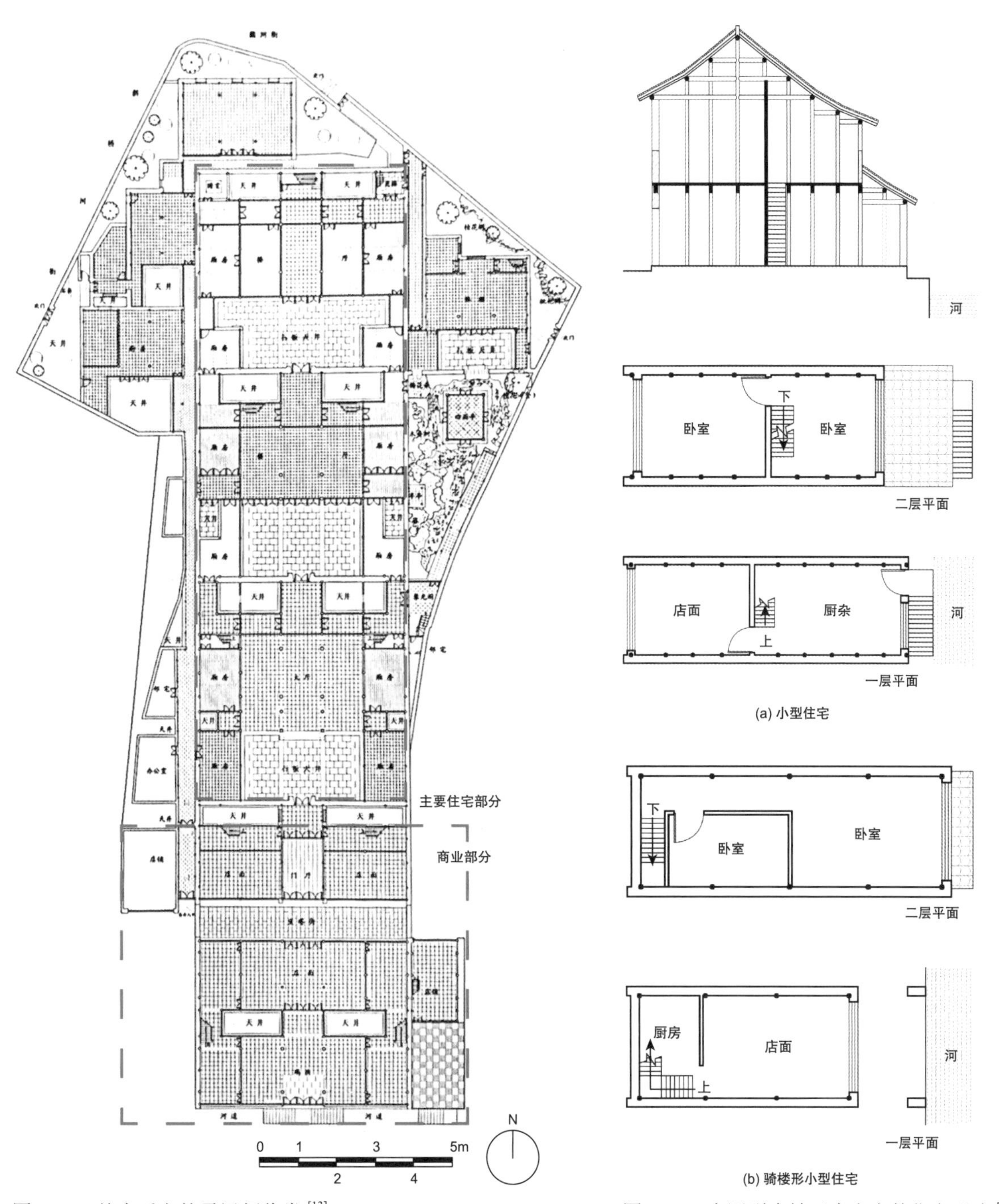

图 7-12　前店后宅的震泽师俭堂 [13]

图 7-13　水网型乡镇下店上宅的住宅形式 [12]

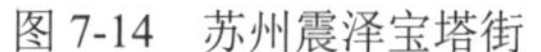

图 7-14　苏州震泽宝塔街

图 7-15　黎里古镇沿市河商业街

其二，在不同环境要素的影响下，例如河道、内天井、庭院等要素对气候环境产生了一定的调节作用，所以它们对窗牖的设置也产生了一定的影响，这方面主要与窗牖的基本功能作用具有一定的关联。

其三，传统住宅的居住个体单元是“家”，窗牖的设置也受到此观念的影响。因此，保证室内使用者的私密性与安全性是最基本的需求；此外，优越的物质文化条件使得江南地区的民众在满足基本生活需要的基础之上，对于精神境界仍有一定追求，这一需要也同样可以通过窗牖的设置来实现。

这些多样性的体现，均是江南传统住宅中窗牖设置的关联性要素，通过不同的方面决定或影响窗牖设置的目的、位置、形式以及功能作用等。

7.2　窗牖设置与建筑功能的关联性

窗牖的设置包括如下几个要素：窗洞的位置、大小，窗牖的类型以及窗扇的开启方式。通过不同方式的窗牖设置解决不同功能空间的使用需求，同时，不同住宅中相同功能的建筑单体必然存在一定布局或结构上的差异性，对窗牖的设置也产生了一定的影响。

7.2.1　门厅与轿厅：入口与混杂

1）门厅

（1）使用需求

门厅通常位于住宅中路轴线第一进（图 7-16），等级较低，多

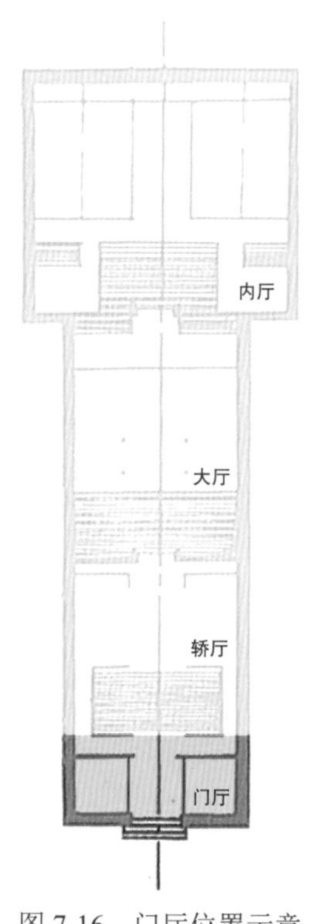

图 7-16　门厅位置示意

为圆堂，结构形式为内四界，或加前后双步。一般为三开间，明间作交通功能，两次间做门房、账房或诸如供奉祖先牌位、家庭裁缝、供幼儿读书或其他服务人员使用的房间，有时门厅也兼作轿厅的功能。门厅的使用人群最为繁杂，包括上述提供各类服务的人员、到访的客人及其轿夫均由此经过。

门厅除了实用功能之外，一方面，主人为了显示自己的身份地位与经济实力，通常想要在门屋中进行表现，另一方面又要符合国家关于门堂之制的规定，因此，入口空间常带有“表礼而通情”[15]的双重性格。

（2）窗牖设置

以苏州阔家头巷网师园住宅部分为例，第一进门厅仅在明间中柱设将军门，正面沿街界面不设窗。门厅与轿厅的明间通过廊子相连，形成“工”字形平面形式，在门厅背面与轿厅正面的次间之间，围合成两处尺寸为 2.9m×3.8m 的天井。门厅背面次间以及廊子两侧面向天井，门厅后檐柱间与连廊柱间均设半窗，窗台高 1m。

江南传统住宅中各门厅的窗牖设置情况如表 7-1 所示。

表 7-1　江南传统住宅门厅窗牖设置情况汇总

门厅	正面	背面明间	背面次间
苏州网师园门厅	无窗，明间中柱设将军门	与轿厅通过廊子相连	半窗
苏州同里退思园门厅（与轿厅共用）	无窗，明间檐柱设墙门	设墙门	后檐墙做隔扇窗洞
苏州常熟綵衣堂门厅	无窗，明间檐柱设墙门	设墙门	后檐墙无窗
苏州耦园门厅	无窗，明间檐柱设墙门	设墙门	设蟹眼天井
南京甘熙故居门厅	无窗，明间檐柱设墙门	设墙门	后檐墙无窗

江南大型传统住宅的门厅前常通过影壁、街巷、河道等要素的设置，形成一个让使用者心理上感到封闭性、私密性的建筑空间，是传统住宅的典型入口形式，门厅的正面界面则是构成此空间的最重要的要素之一。因此，门厅的正面仅有明间做门洞开口，在前檐柱间设墙门或在中柱间设将军门，界面上均不设窗。门厅的背面，则有如下几种情况（图 7-17）：

多数情况下背面直接做后檐墙，或在后檐墙上开洞口做隔扇窗；

少数有背面设蟹眼天井的情况。

(a) 南京甘熙故居门厅背面做墙门

(b) 苏州耦园门厅背面设天井

(c) 苏州同里退思园门厅背面开隔扇窗

图 7-17　门厅的背面设置

可见，由于江南传统住宅内在性的表达，门厅正面即作为整个宅院的边界，均不设窗。而对于门厅背面窗牖的设置，则具有一定的差异性。

2）轿厅

（1）使用需求

轿厅，也称茶厅或荣厅，通常位于正落门厅之后的第二进（图 7-18），也有不单独设轿厅的情况或如下几种特殊形式：①与门厅合用，例如苏州东山陆巷古村惠和堂、同里退思园等；②大厅前设较为简单的临时搭建的亭式装置，例如南浔张石铭旧宅懿德堂；③轿厅与门厅之间用廊子连接，例如苏州阔家头巷网师园住宅部分。

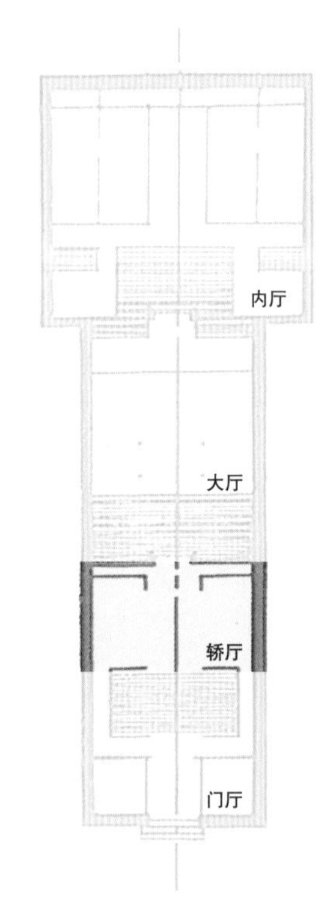

图 7-18　轿厅位置示意

轿厅为轿夫休息饮茶之处，除停轿及供轿夫休息之用外，旧时地主索租拷打农民亦于此进行，因此，轿厅的使用人群包括轿夫、客人以及少数农民佃户。一方面，轿厅的功能决定它是一个需要长久使用的场所；另一方面，其使用人群也决定了它与下一进大厅之间隐私界限设置的必要性。轿厅的正贴多为内四界、前后均做川的对称式结构，厅前不设轩廊。

（2）窗牖设置

苏州网师园第二进轿厅的明间与门厅用廊子联系，次间朝向天井，廊柱间设五扇向外开启的长窗，每扇大小 640mm×3100mm。轿厅的背面设蟹眼天井，面向蟹眼天井的次间后檐柱间设半窗，窗下墙砌一砖半厚 180mm，窗台高度 1075mm。

江南传统住宅其余轿厅实例的窗牖设置具体如表 7-2 所示。

可见，轿厅均在正面轩柱间设窗，明间作为主轴线上的交通流线，设置长窗毋庸置疑，而次间在多数情况下也设长窗，少有设半窗的情况。对于窗扇而言，一般每间均做六扇，开启方式均为向外开启。对于轿厅的背面，苏州城区住宅通常会设蟹眼天井，天井背面则设封火山墙，作为轿厅与大厅之间的分隔。封火山墙的厚度均在350mm以上，最厚可达600mm，山墙上多做装饰纷繁的砖雕门楼，以显示主人的财力（图7-19）。

表7-2 江南传统住宅轿厅窗牖设置情况汇总（根据参考文献[1]，[16]）

轿厅	梁架结构示意	正面明间	正面次间	背面
苏州网师园轿厅	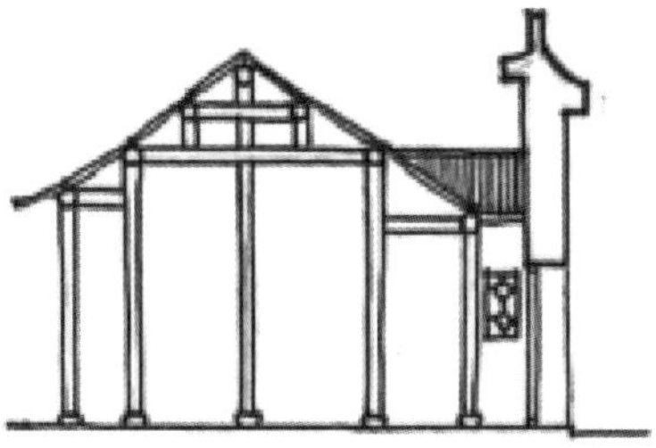	与门厅通过廊子相连	轩柱间设长窗（外开）	设蟹眼天井
苏州东北街李宅轿厅	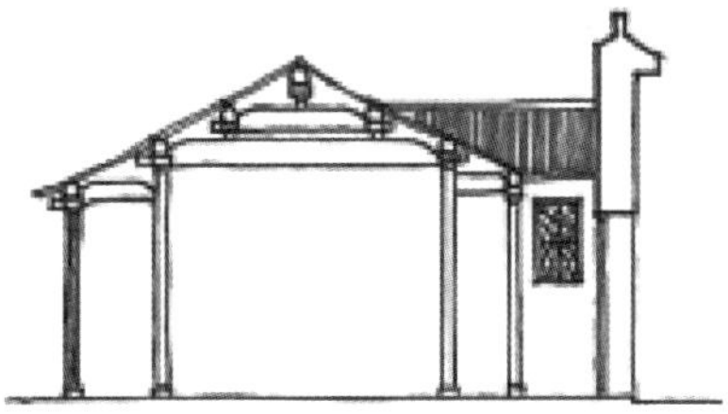	轩柱间设长窗（外开）	轩柱间设半窗（外开）（稍间同）	设蟹眼天井
苏州西山东村敬修堂轿厅	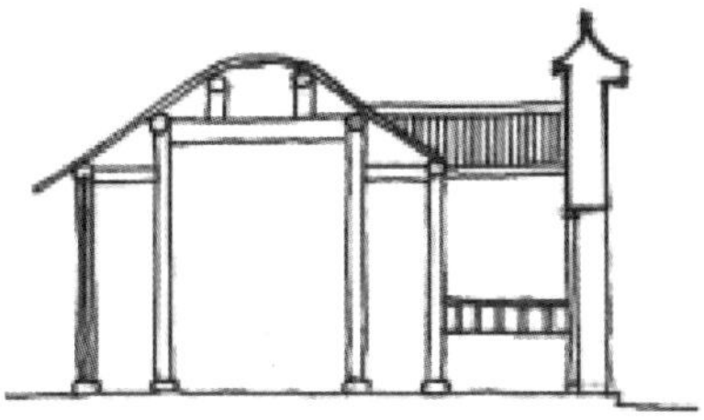	轩柱间设长窗（外开）	轩柱间设长窗（外开）	设蟹眼天井
苏州耦园轿厅	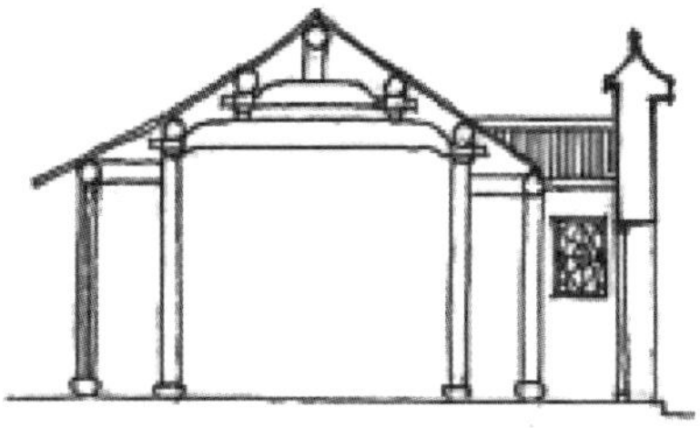	轩柱间设长窗（外开）	轩柱间设半窗（外开）	设蟹眼天井
常熟綵衣堂轿厅	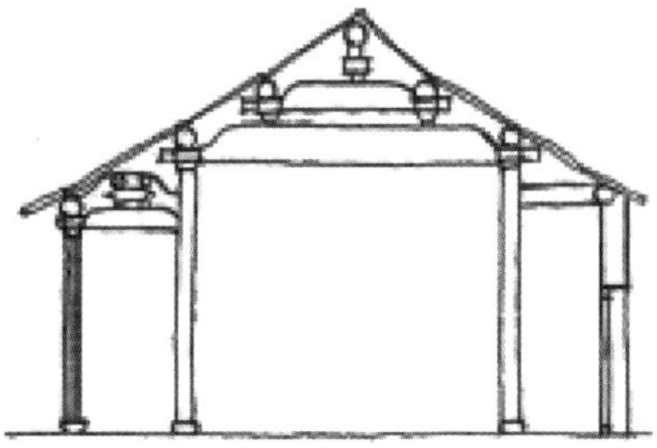	轩柱间设长窗（外开）	轩柱间设长窗（外开）	后檐墙无窗

(a) 常熟綵衣堂

(b) 苏州耦园

(c) 苏州网师园

图 7-19　轿厅背面的砖雕门楼

总体来看，门厅和轿厅作为住宅轴线上公共性最强的两处场所，使用人群最为复杂，建筑等级也相对较低。受到封建等级思想的影响，通常入口表现出的外向型空间具备一定的仪式性，同时，门厅或轿厅的背面又作为主落中大厅与前端连接的界面，必然需要进行私密性与公共性的界限划分。通过对门厅与轿厅的窗牖设置可以看出，江南传统住宅中若不设轿厅，则公共与私密的界限位于门厅与大厅之间，因此，门厅的背面没有窗牖的设置；若该住宅中单独设置有轿厅，则该界限位于轿厅与大厅之间，门厅的背面会稍许开窗，轿厅的背面则不会开窗。

7.2.2　大厅：堂堂高显

1）使用需求

《长物志》卷一室庐："堂之制，宜宏敞精丽。前后须层轩广庭，廊庑俱可容一席。四壁用细砖砌者佳，不则竟用粉壁。梁用球门，高广相称。层阶俱以文石为之，小堂可不设窗槛。"[17] 可见，"堂"是针对"室"而言的住宅建筑中对外开敞的部分，是传统住宅中最为重要并且最精美华丽的建筑单体（图 7-20），"堂堂高显"[18] 方能体现其空间特色。

作为传统住宅的主体建筑，大厅供喜庆丧事及其他大典之用，是会客、议事、举办婚丧仪式宴请活动的主要场所。通常面阔三间，一方面功能需要上力求宏大，另一方面又受制度限制，因此，大型住宅中有将架数增多，在纵深方向发展形成纵长方形平面的情况，是一种权宜之策。按照《营造法原》[3] 第五章厅堂总论："扁作厅与圆堂之贴式及构造，其进深可分三部：即轩、内四界、后双步。扁作厅有于轩之外复筑廊轩。"

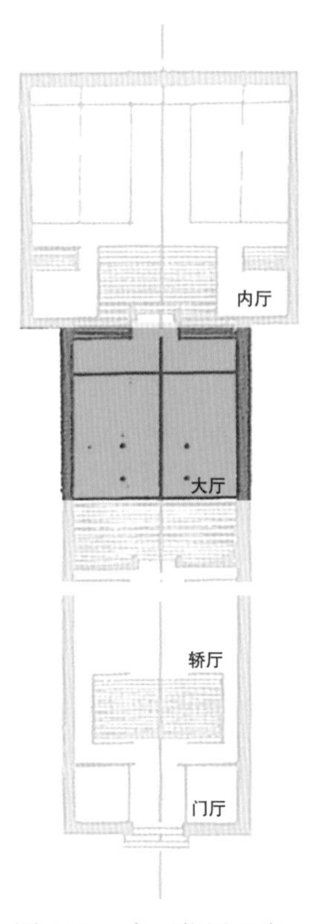

图 7-20　大厅位置示意

2）窗牖的设置

大厅前是否设廊轩，决定了窗牖的安设位置以及开启方式的差异。

（1）大厅前设廊轩

以常熟绿衣堂大厅为例。其为扁作厅，面阔三间，进深九界。由前至后分别为前廊、前轩、内四界和后双步，廊宽 1.45m，前轩为船篷轩，为《营造法原》中所称抬头轩贴式。大厅的正面在轩柱间设八扇长窗，向内开启，每扇高 3090mm，长窗上设有横风窗。绿衣堂大厅的背面与后堂楼之间通过 390mm 厚墙体的设置形成一处进深约为 2.5m 的天井，面向此处天井的界面明间设置长窗，次间做半窗。窗下墙厚度为 250mm，窗台高 1020mm，墙体之上用 70mm 厚砖细做窗台，构造颇为精致（图 7-21）。

类似常熟绿衣堂大厅前设廊轩的传统住宅大厅中的窗牖设置情况如表 7-3 所示。

（2）大厅前无廊轩

以苏州网师园大厅万卷堂为例。其面阔五间，三明两暗，正贴同为抬头轩结构，由前至后为前廊、前轩、内四界和后双步。廊柱间装长窗，每间设六扇向外开启，窗扇大小为 685mm×3200mm，裙板高度 870mm，内心仔全部镂空，不附加采光材料（图 7-22，图 7-23）。长窗之上设一斗三升牌科，斗栱之间的空档用“垫栱板”

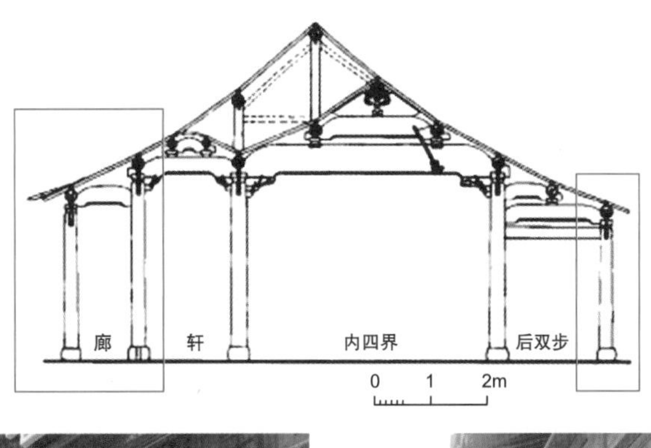

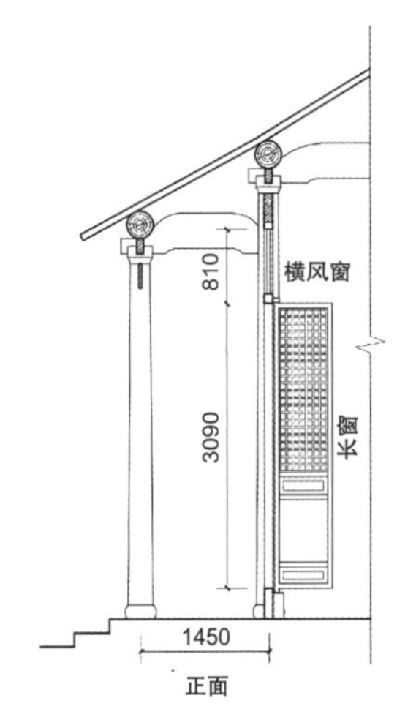

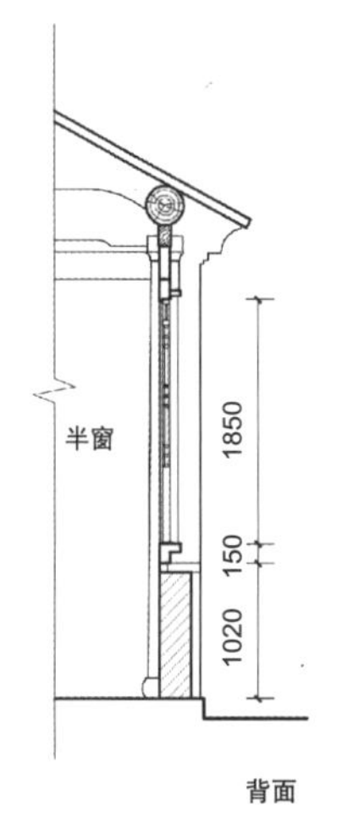

图 7-21　常熟绿衣堂大厅窗牖设置（剖面引自参考文献 [19]）

表 7-3 江南传统住宅大厅（设廊轩）窗牖设置情况汇总（根据参考文献 [1]，[16]，[13]）

大厅	梁架结构示意	正面明间	正面次间	背面
苏州太平天国忠王府大厅		轩柱间设长窗（内开）、横风窗	轩柱间设长窗（内开）、横风窗	后有天井，次间檐墙做圆形花窗
苏州东北街李宅大厅		轩柱间设长窗（内开）	轩柱间设长窗（内开）（稍间做半窗）	设蟹眼天井
苏州西山东村敬修堂大厅		轩柱间设长窗（内开）	轩柱间设长窗（内开）	设蟹眼天井
东山惠和堂大厅		轩柱间设长窗（内开）	轩柱间设长窗（内开）	设蟹眼天井
震泽师俭堂大厅		敞厅	敞厅	设天井

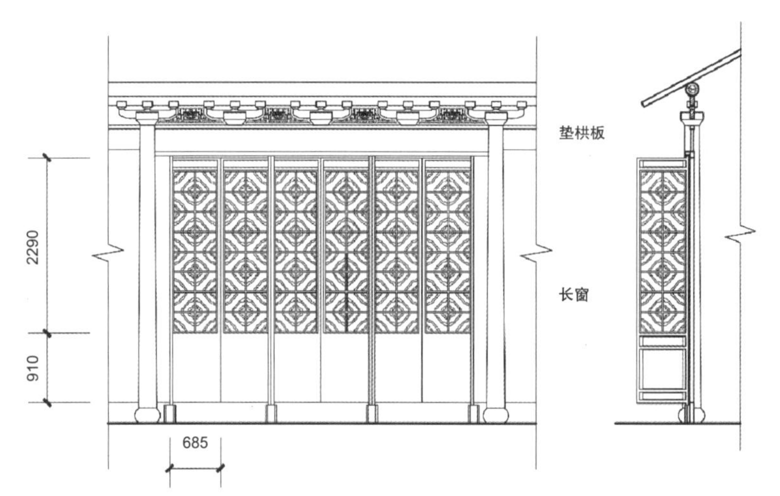

图 7-22 苏州网师园万卷堂大厅窗牖设置

图 7-23 苏州网师园万卷堂老照片 [1]

填充封住，以防外物入侵，用雕花镂空，装饰的同时兼具通风功能，亦可视为一种特殊形式的“窗”[3]。大厅背面设蟹眼天井。

与上述类型相似的大厅前不设廊轩的江南传统住宅大厅其他案例的窗牖设置情况如表 7-4 所示。

大厅的窗牖设置与其规模及结构形式具有一定的关联性。大厅前若设廊轩，则三间均在轩柱间设长窗，栊格设置在窗扇的外侧，以便开启时装饰图案外现。大厅前若无廊轩，窗牖则设在廊柱间，明间均设长窗，次间设长窗或槛窗，窗扇的棂格以及槛窗下的栏杆均朝内设置，即裙板设置在外侧，槛窗的窗台高度约 1 ～ 1.1m。对于窗牖的开启方式，同样取决于梁架结构中有无廊轩的设置，设廊轩的情况下均为内开，若无廊轩，则窗扇均为外开。原因有二：其一，内开的窗扇保证了大厅前轩廊空间的完整性；其二，廊子可以遮挡一部分的雨水以防其进入室内，因此，无廊轩的情况下，则需要通过外开的长窗下突出的裙板遮挡部分雨水（图 7-24）。长窗之上，根据建筑的等级与规模，一般等级越高，梁架的高度越高，考虑到窗扇的稳固性以及高宽比例，长窗之上会设横风窗或是做镂空雕刻的垫栱板。

表 7-4　江南传统住宅大厅（无廊轩）窗牖设置情况汇总（根据参考文献 [1]，[20]）

大厅	梁架结构示意	正面明间	正面次间	背面
苏州网师园万卷堂	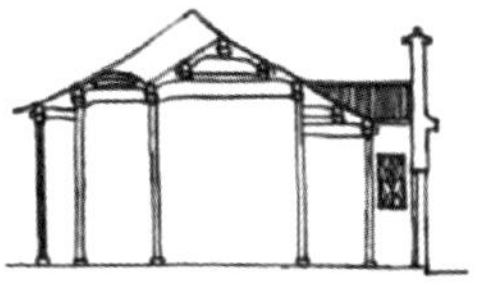	廊柱间设长窗（外开）	廊柱间设长窗（外开）	设蟹眼天井
同里退思园荫余堂	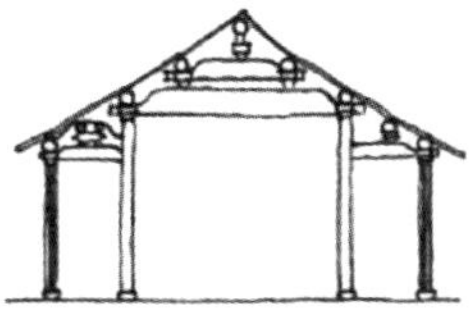	廊柱间设长窗（外开）、横风窗	廊柱间设长窗（外开）、横风窗	后设天井，明间长窗，次间半窗
同里崇本堂大厅	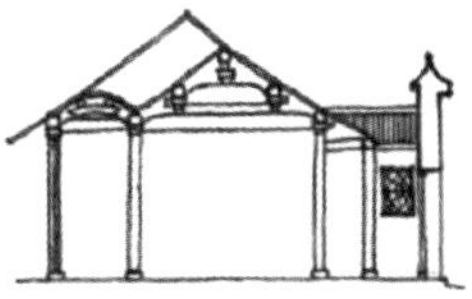	廊柱间设长窗（外开）、横风窗	廊柱间设槛窗（外开）、横风窗	设蟹眼天井
无锡钱锺书故居绳武堂	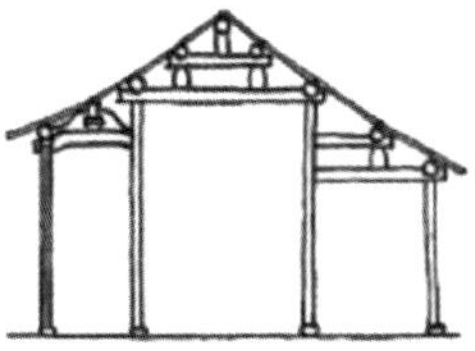	廊柱间设长窗（外开）	廊柱间设长窗（外开）	后设天井，明间长窗，次间半窗
甘熙故居友恭堂	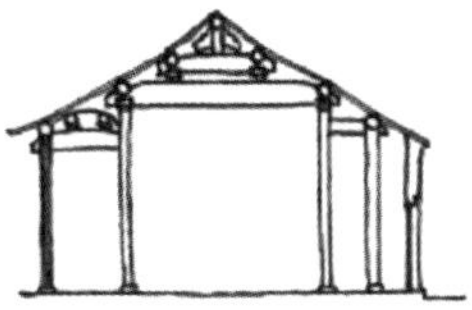	廊柱间设长窗（外开）、横风窗	廊柱间设长窗（外开）、横风窗	后檐墙无窗
南京秦大士故居秋田堂	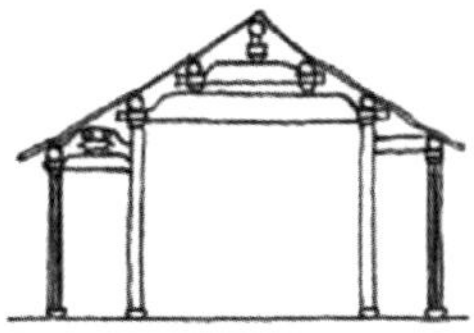	廊柱间设长窗（外开）、横风窗	廊柱间设长窗（外开）、横风窗	后檐墙开隔扇窗

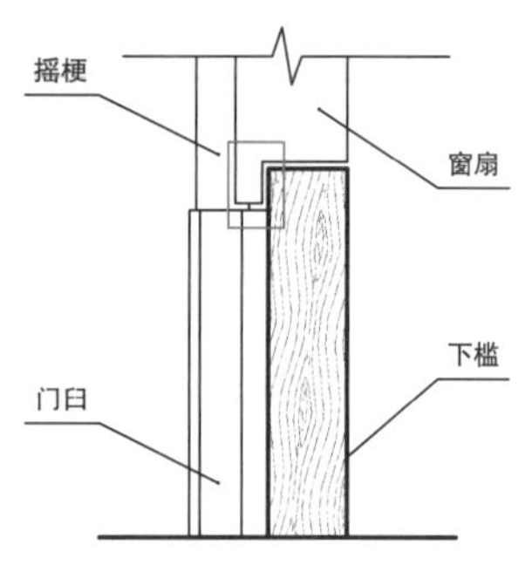

图 7-24　苏州网师园大厅向外开启长窗裙板图示

正落中大厅后一进为作卧室之用的内厅，是传统住宅中私密性最强的场所空间。大厅的会客功能决定了其背面的设置需要充分考虑到与内厅之间形成空间与视线上的隔离，私密性的需求相应地有一定程度的递进。因此，对于大厅背面的设置，具有与轿厅相似的情况，一种是设蟹眼天井，多出现在苏州地区的传统住宅中，另一种则是设后檐墙。更为特殊的一种形式是在大厅之后用院墙形成后天井的格局，在不影响后一进内厅私密性的情况下，亦能保证大厅良好的通风效果。

7.2.3　内厅：舒适与私密

1）使用需求

内厅，又称女厅、绣楼或堂楼，亦称上房，位于住宅主落的第四进或第五进，通常是中轴线的最后一进（图 7-25），是住宅中私密性最强的一组建筑，对居室的舒适度有着极高要求，以及需要营造出“女厅‘上房’之高畅”[1] 的空间氛围。内厅一般自成院落，为二层楼厅形式，一层为女宾应酬之处，二层为眷属起居空间。内厅大多数面阔五间，有的分隔成五间，有的中间为三间厅，隔出两稍间，或在两侧建厢楼，使得稍间与厢楼自成一区。至于“上房”进数之多寡，则视主人财力而定。

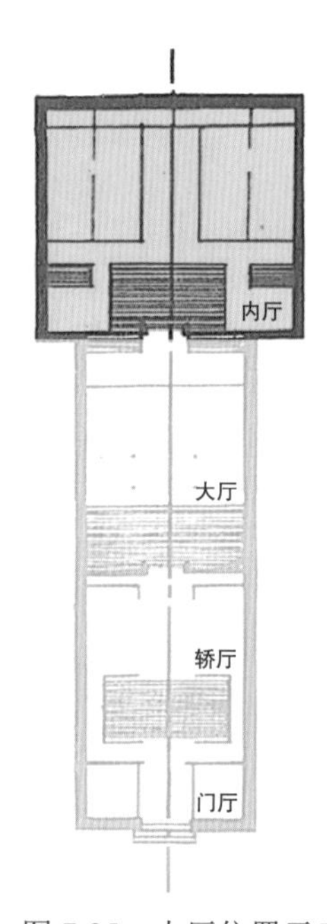

图 7-25　内厅位置示意

对于二层的楼厅而言，其结构形式具有一定的多样性，或是形成走马楼的格局，因此，窗牖设置具有较多的表现形式。需要说明的是，在某些江南传统住宅中，不单单是内厅具有两层楼宅式的结构，有时书斋、花厅也做成二层；而在某些村镇地区，出于对高密度节地的考虑，大部分的单体建筑均为二层。

江南传统住宅中的厢房不同于北方四合院，后者由于院落进深大，正房前常做东西厢房，作为居室的功能进行使用，此处厢房则较少用于居住。很多情况下，厢房的位置会用于安设楼梯或作为附属用房，或者厢房位置的一层只做连廊，二层才设室内，例如南京胡家花园住宅部分、苏州耦园楼厅等。厢房的结构与主体建筑的楼宅结构形式基本相同。

2）功能与一层窗牖设置

内厅一层的窗牖设置与其功能空间划分有关。

对于较大型的江南传统住宅，使用空间较为富余，一层均作为女宾应酬会客的场所，三间厅，则一层三间均设长窗；若稍间作居室使用则设槛窗，常出现于苏州城区的大型传统住宅中。苏州网师园撷秀楼于三间厅之外的稍间前设独立的小天井，与主落中的天井通过院墙相隔，形成一个极具私密性的环境空间，稍间仍设长窗，形成通面长窗的情况（图 7-26）。

对于较小型而设独立内厅的江南传统住宅而言，使用空间较为紧凑，因此，内厅的一层一般只有明间作为会客起居之用，而其他间则均作卧室，有时其中的某间也会作为书房使用。此种情况下，楼厅的一层仅明间做长窗，而次间多设槛窗，也有做和合窗的情况，例如苏州西山礼和堂（图 7-27）、无锡薛福成故居。

另外，有一种较为特殊的情况，即一层有廊子的情况，例如常熟綵衣堂后堂楼（图 7-28）、无锡秦邦宪故居。廊柱与轩柱之间形成作交通空间的廊道，廊柱间与轩柱间均会设窗。明间作会客厅，廊柱间明间安设长窗、次间安设槛窗，而轩柱间仅次间安设和合窗。

内厅通常在天井的两侧设置厢房，厢房二层的窗牖设置与二层的楼厅部分相同。厢房一层常有和合窗与槛窗两种不同的设置方式。多数情况设槛窗，这种方式多是正面次间窗牖设置的延续，与内厅正面次间的窗牖设置情况相同。少数设置为和合窗，通常作三层，中间层可以通过窗轴旋转开启，上下两层固定。例如苏州震泽师俭堂第一进内厅前厢房界面设和合窗，中间层窗扇可以向内开启，通

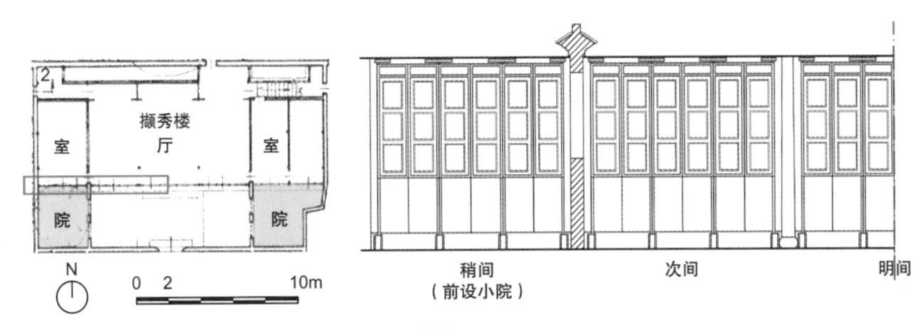

图 7-26　苏州网师园楼厅窗牖设置 [21]

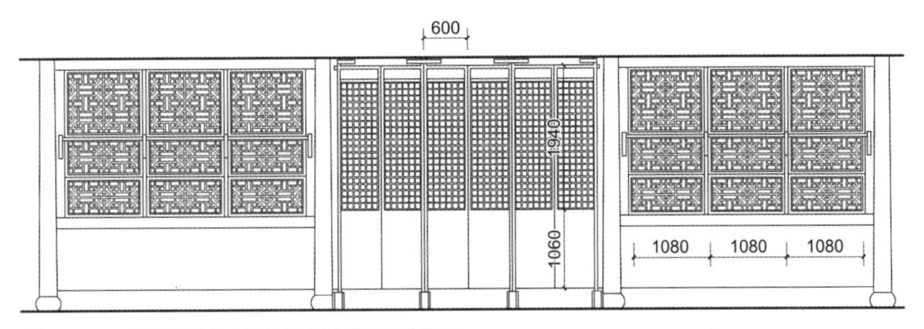

图 7-27　苏州西山礼和堂楼厅窗牖设置

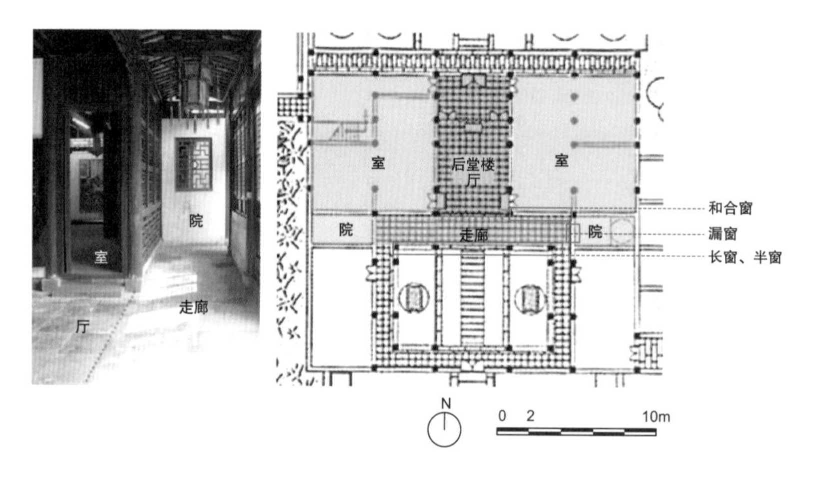

图 7-28　常熟綵衣堂后堂楼空间及窗牖设置类型示意 [22]

图 7-29　苏州震泽师俭堂厢房和合窗

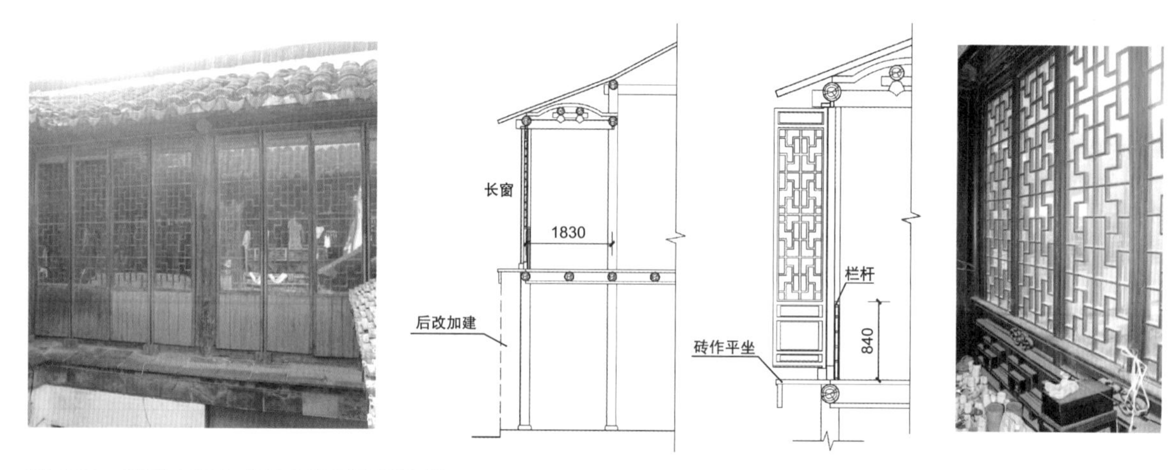

图 7-30　苏州大石头巷吴宅楼厅窗牖设置

过安设在两侧边栿或中栿上呈蝴蝶状的木雕构件进行固定，完全开启状态下的窗扇高度为 2.1m，不影响使用者的交通流线（图 7-29）。

总的来说，内厅的功能较为多样，具有公共性与私密性的区别，较为公共的起居空间一般设长窗，而作为居室使用的空间则设槛窗或和合窗。

3）结构与二层窗牖设置

对于内厅的二层，窗牖设置受到其多样性结构形式的影响。

（1）两层通柱无出挑

此结构形式檐柱为上、下两层通柱，一、二层在同一个垂直界面上，二层没有出挑的部分。二层直接用木板作围护结构，开隔扇窗。苏州地区的做法更为讲究，于一层檐口下加小翻轩，上承砖作平坐。二层在檐柱间设外开长窗，出于安全考虑内侧会加设栏杆。例如苏州大石头巷吴宅楼厅（图 7-30），二层廊柱间设长窗，内部做栏杆约 840mm 高，长窗的裙板高度与栏杆高度平齐。

此类实例还有苏州网师园撷秀楼（图 7-31）、苏州耦园楼厅（图 7-32），该类型在江南其他地区不多见。

图 7-31　苏州网师园撷秀楼楼厅

图 7-32　苏州耦园楼厅

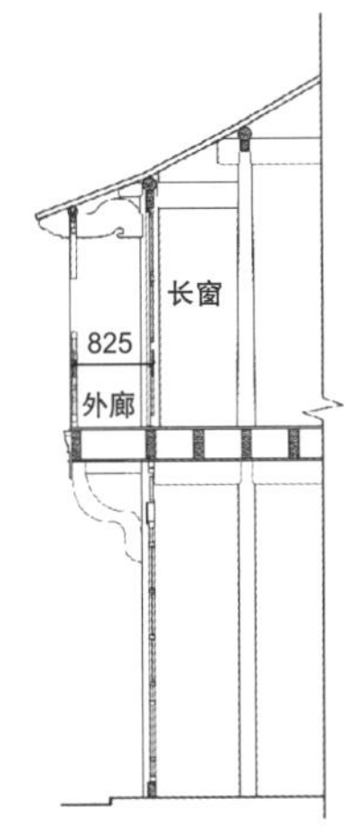

图 7-33　南京望鹤楼 4 号楼厅窗牖设置

图 7-34　常州杜宅楼厅

（2）二层出挑做外廊

该结构形式中檐柱仍为上、下两层通柱，但由二层楼面悬挑出一根吊柱，而其对应的下方没有支撑的柱子，吊柱起到支撑上方屋檐、挑檐桁的结构作用。悬挑出的空间多做开敞的外廊，廊子宽 0.6 ～ 1m。这种结构形式多出现在较为晚期的江南传统住宅中，一方面，结构技艺水平的提高促成此类结构形式的出现；另一方面，对于夏季炎热的江南地区，外廊类似于阳台的做法有利于居室内部空间的隔热，可进一步提高夏季居室的舒适度。

例如南京黑廊巷望鹤楼 4 号（图 7-33）、常州勤工路 147 号杜宅（图 7-34）等，悬挑的吊柱间设栏杆，与外廊相连的每间檐柱间均设长窗，设门轴内开，窗扇已呈现出较为明显的民国风格。

（3）硬挑头

硬挑头结构中一层与二层的檐柱并非通柱，从步柱向后各柱才为上下通柱。二层用吊柱向外悬挑，其对应的下方同样没有支撑的柱子，从而增加了檐柱与步柱之间的距离。二层一般在檐柱间设隔扇窗，窗下设木板作围护结构（图 7-35）。例如苏州同里崇本堂福寿堂楼厅（图 7-36）、无锡陆定一故居楼厅，木板高 0.9m 左右。这种结构形式的楼厅非常多见。

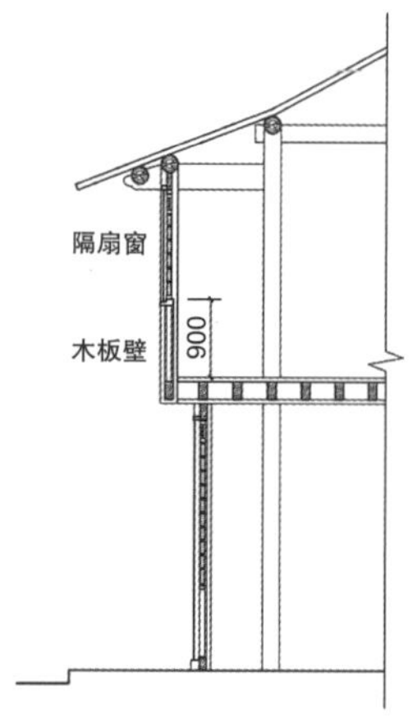

图 7-35　硬挑头结构形式窗牖设置示意

图 7-36　同里崇本堂福寿堂楼厅

（4）软挑头

软挑头的结构形式是指用雀宿檐支撑屋面的结构做法。雀宿檐指“用短枋与檐柱榫卯连接，与楼面齐平，枋下用方形雕刻有呈竹节状的斜撑，弯曲如鹤颈，上面再铺筑屋面者”[23]。也有不做竹节形状的斜撑构件，而将梁头直接出挑以支撑披檐。一二层的檐柱、步柱等所有柱子均为上下通柱，处于同一垂直界面，这种雀宿檐或称附加披檐的做法对内部结构并无影响。

该种结构形式的二层一般在檐柱间开隔扇窗，窗下用木板作为围护结构，窗台的高度多为960mm左右。与瓦屋面的交接处用抹灰做窗台，上砌一层砖细向外出挑200mm以防雨防潮，砖细之上承窗牖下槛（图 7-37）。例如同里耕乐堂（图 7-38）、南京甘熙故居楼厅、南京秦大士故居楼厅涧泉楼（图 7-39）、震泽师俭堂第三进楼厅均采用此种做法。

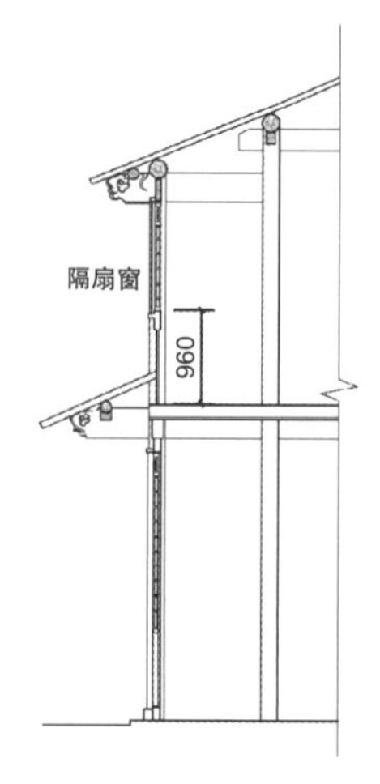

图 7-37　软挑头结构形式窗牖设置示意

图 7-38　同里耕乐堂楼厅

图 7-39　南京秦大士故居涧泉楼

（5）一层加设外廊

此种形式的楼厅多出现在等级较高的大型江南传统住宅中。有如下两种不同的形式：

①内部结构的檐柱、步柱上下两层均为通柱，但一层檐柱外加设外廊，由廊柱支撑一层挑檐桁，形成外廊空间，使一二层不处于同一界面（图 7-40）。苏州西山敬修堂楼厅、东山惠和堂楼厅即属于此种结构类型。

②骑楼轩楼厅式（图 7-41）中一层廊柱与步柱之间做轩梁，二层构架的廊川架于廊柱与步柱上，一、二层步柱为通柱，二层廊柱较一层向内，因此一、二层也同样不在同一界面。此种结构形式较少见，例如常熟綵衣堂后堂楼。

这种结构形式二层的窗牖设置与软挑头的窗牖设置类似，窗台做法也相同。

4）走马楼的窗牖设置

走马楼又称跑马楼、转盘楼，是两进楼厅自身围合而成的一个内向型合院空间，二层设外廊，连通前后两进楼厅与两侧厢房。江南大型宅院内厅偶会采用此种布局形式，例如苏州南石子街潘宅跑马楼、同里退思园畹香楼、无锡薛福成故居转盘楼。

走马楼对内和对外的界面处理方式不同。

对内较为开敞，第一进的楼厅背面与第二进的楼厅正面直接面向四面围合而成的院落，直接通过走廊联系，廊柱间一般设栏杆。二层也有加设槛窗的情况，例如苏州南石子街潘宅。朝向内部院落的南北两个界面均在檐柱间设槛窗，窗台高度 715mm（图 7-42）。这两个界面的窗牖设置基本相似，尽管第一进的背面为北向，但因为朝向合院依旧开敞通透。

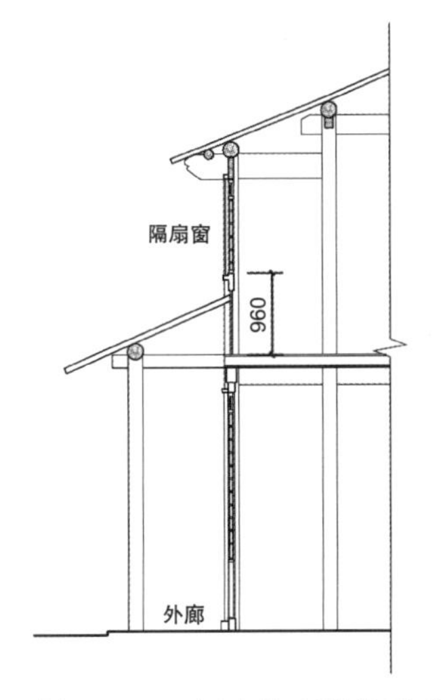

图 7-40　一层有外廊结构形式窗牖设置示意

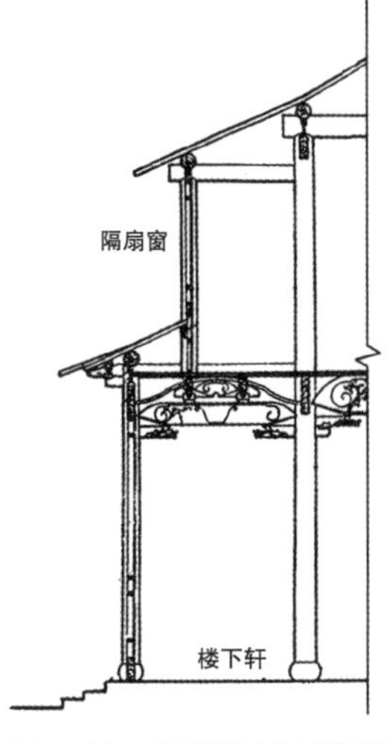

图 7-41　骑楼轩楼厅窗牖设置示意 [3]

图 7-42　苏州南石子街潘宅跑马楼原状[1]

对外界面则很封闭。坐北朝南的传统建筑中，第一进楼厅的南向界面作为此宅院的背面，尽管朝南，界面也极为封闭，通常做檐墙开隔扇窗。例如同里退思园走马堂楼背面即南面，檐墙上设六边形花窗，窗台高度为 1600mm（图 7-43）。

总体来说，走马楼通常自成一区，面向内向型院落的界面即是建筑的主要界面，而无论这个界面的朝向，均设置得非常开敞，而对外界面则很少开窗。

5）**次要界面的窗牖设置**

次要界面指传统住宅中的山墙面以及背面。一般来说，山墙面很少设窗，但在楼厅二层的山墙位置常会设一些特殊形式的小窗洞，例如小姐窗、梅花窗、气窗、瞭望孔等，尽管这些窗洞各自有不一样的名称，但其本质均是一样的，在起到通风、采光等基本功能的同时具有其他特殊功能。对于背面，其后的空间布局即所面向的环境要素有多种情况，因此，背面的窗牖设置具有一定的差异性，这两个界面的窗牖设置与气候环境存在较大的关联性。

图 7-43　同里退思园走马堂楼南向界面

总体来说，作为传统住宅中使用最为频繁的内厅，最主要的需求是舒适与私密，在满足通风采光的环境舒适度基础之上，还需要保证一定的私密性需求。一层的窗牖设置是由功能与平面布局形式所决定，而二层的窗牖设置则与楼厅的结构具有较强的关联性。楼厅结构复杂、形式多样，在同一江南传统住宅中，会出现多处楼厅的情况，并且结构形式也不尽相同，例如震泽师俭堂，第三进楼厅为雀宿檐软挑头结构形式，而第四进楼厅则为硬挑头结构形式。通过上述分析可知，楼厅的结构形式在不同的住宅中有不同的选择，但是在特定的结构形式下，窗牖的设置存在较统一的规律性。对于楼厅的背面，其朝向的环境，院落、街巷，又或是狭长的拔风天井，对内部的气候环境产生了一定的影响，其窗牖设置具有不同的表现形式。

7.2.4　书斋与花厅：隐蔽与自由

1）使用需求

江南传统宅第的主人若为文人雅士，常在住宅中设书斋，作为其书画写作的场所。若为达官贵人，则在住宅中设花厅，作为与宾客品茶赏景之所。尽管功能有所差别，但均设于边落中相对正落大厅的位置，并且建筑前常设庭院花园以营造出安静幽雅的环境，组成一个较主落而言更隐蔽的场所。与正厅的空间氛围完全不同，这个场所各方面的设置对礼制要求均降低许多，在避免“另立中心之嫌”[12] 的同时，使院落中充满了生活的情趣。

主人的身份与其文化背景决定了这处场所的使用功能，但同作为住宅中赏曲会宾、休闲读书之处，建筑形式有较多的变化，各方面均表现得尤为精致，营造出“花厅之华奢，陈设之典雅”[1] 的空间氛围，是传统住宅中审美装饰性程度最高的场所。

2）窗牖的设置

（1）书斋（包括藏书楼）

以绍兴徐渭故居中青藤书屋的窗牖设置为例。书屋坐北朝南，内部划分为前后两间，北侧房间为日常起居空间，南侧为书房。书房前有一小院，院内设天池，书屋通过石柱架于水面之上[24]。书屋南面设半窗，窗下设青石窗槛，高 500mm，窗格的大小为 80mm×80mm，间距较大，有利于采光。书屋室内桌案的高度与槛窗的下夹堂板的高度同高，约为 740mm，窗扇闭合时，桌面的高度恰巧是能够有光线射入的高度（图 7-44）。青石窗槛背面用木质格栅遮蔽，主人读书时可将其拆除，习习凉风由此吹入，以营造清静空间的阅读氛围。

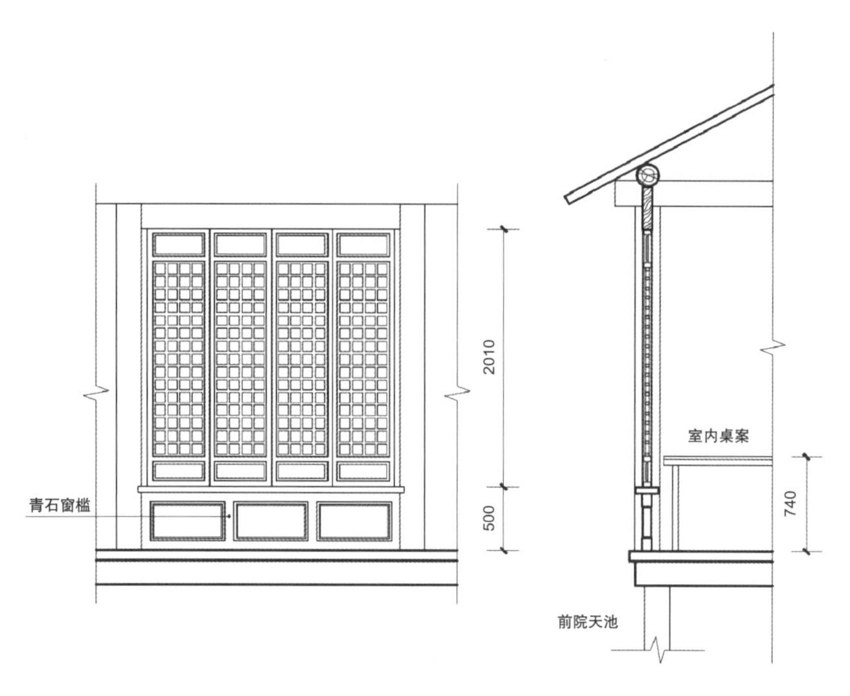

图 7-44　绍兴徐渭书屋窗牖设置

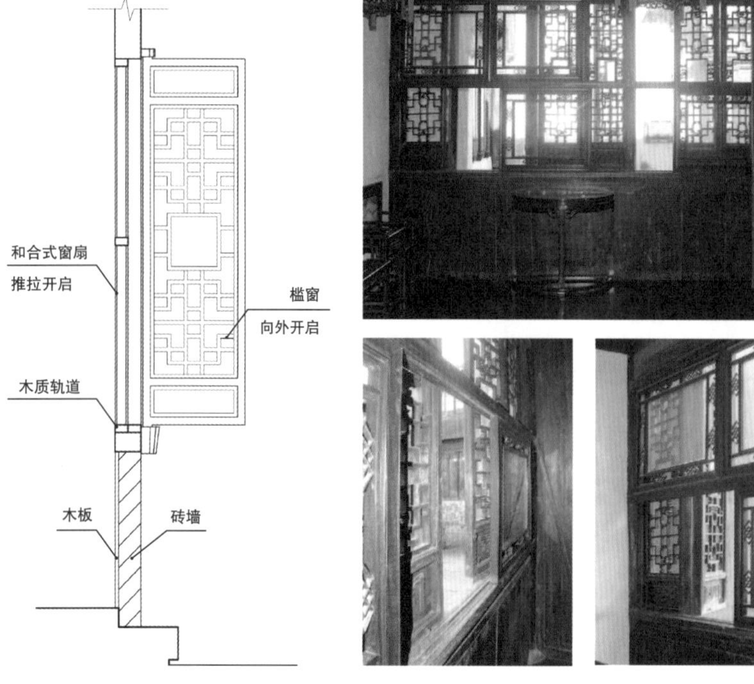

图 7-45　震泽师俭堂书房窗牖设置

又例如苏州震泽师俭堂书房，不单独设置建筑而设于第四进楼厅东次间，其窗牖设置与其余功能空间有所差别。外设一道槛窗，出于对防风的考虑，槛窗内再加设一道和合式的挡风玻璃，通过木质的轨道进行推拉开合。在槛窗处于开启状态下时，和合式的窗扇在防风的同时还能保证良好的采光环境（图 7-45）。由此也可见，和合式的窗扇采光性能优于槛窗。此外，窗下墙内部加设龙骨，用木板作围护结构，作为书房的空间需要较为干燥的环境，是其与其他功能空间的不同之处。

除去上述几种书斋窗牖设置的特殊案例，较为普遍典型的江南传统住宅中，书斋的窗牖设置如表 7-5、图 7-46 所示。

表 7-5　江南传统住宅书斋窗牖设置情况汇总　（单位：mm）

书斋	窗牖设置	窗台高度	长窗裙板高度
苏州网师园五峰书屋	明间长窗，次间 / 稍间和合窗	845	780
苏州网师园殿春簃书房	正面开窗，背面摘窗	正面 850，背面 960	—
苏州留园汲古得修绠	正面长窗，背面半窗	500	450
常熟綵衣堂晋阳书屋	明间长窗，次间半窗	990	—
綵衣堂知止斋	明间长窗，次间和合窗	1080	880
常熟铁琴铜剑楼	正面均为长窗	—	830
苏州耦园藏书楼	长窗 / 半窗	990	—

书房对于采光以及湿度都具有较高的要求。与住宅中其他功能的单体建筑相比不难发现，书斋包括藏书楼窗台的设置都更为低矮，若设有长窗，其裙板的高度相较而言也略低，对于防潮，常通过窗下墙的室内部分加设龙骨木板、墙体外侧贴砖细的构造方法来达到。

（2）花厅

以苏州钮家巷潘世恩故居花厅为例，与常见的江南传统住宅中

(a) 苏州网师园五峰书屋

(b) 苏州留园汲古得修绠

(c) 常熟铁琴铜剑楼

图 7-46　江南传统住宅书斋的窗牖设置

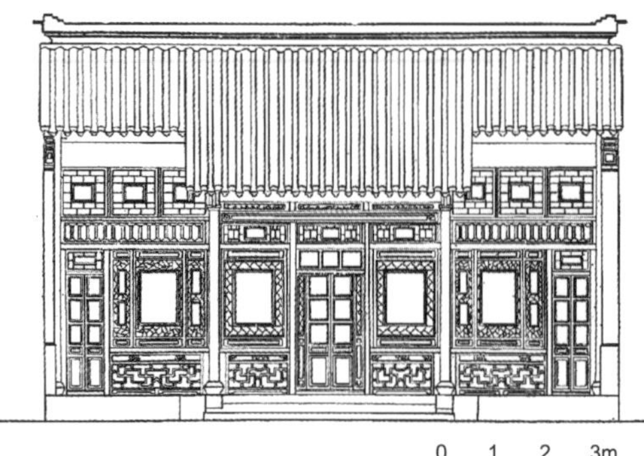

图 7-47 苏州钮家巷潘世恩故居花厅正面窗牖设置（立面图引自参考文献 [1]）

的窗牖设置有所区别。其俗称纱帽厅，即在横长方形的平面上，在前凸出一间抱厦为“抱厦厅”，并在其后左右配两厢，构成 T 形平面，因其形似纱帽故有此称。凸出的抱厦部分东西两侧面设槛窗与横风窗，正面则是隔扇门与摘窗相结合的方式，隔扇门两侧余塞板的位置做窗扇形式，不可开启，只具采光功能。后部分次间设支窗与槛窗，在最边侧设门。次间设有两层横风窗，第一层为高 370mm 通长的横风窗，而第二层则略呈方形窗扇形式的横风窗，窗台高度均为 770mm（图 7-47）。类似于此花厅的布局以及窗牖设置形式均未在他处所见，可谓是江南传统住宅中遗存的孤例。

书斋与花厅不仅需要满足私密与隐蔽的空间需求，同时又要展现一定的文化氛围。在传统住宅中，由于不处于主落轴线，书斋与花厅可以摆脱部分封建礼教的束缚，因此布局、形制等各方面与主落上的建筑单体相比更为自由，建造的形式也更为多样化。窗牖的设置较为丰富，与处于住宅主落上的建筑也有较大的差别，规律性不明显。但是有两点共通之处：首先，窗洞的面积都更大，表现在窗台的高度普遍较低；其次，在窗牖类型的选择上更为多样，如较多地使用和合窗、支窗等采光面积更大、审美性更强的窗扇类型。可见，较好的采光条件是书房和花厅窗牖设置的第一要义，在此前提之下，通过更大的窗扇将景色更多地收纳于室内，以达到扩展空间以及增加生活情趣之需。此外，通过不同的窗牖类型共同组成的界面亦可表现“华奢、典雅”的审美意味。

7.2.5 交通空间：便捷与实用

1）形成原因与使用需求

江南传统住宅中的交通空间是指两路建筑物中的夹弄，或单路建筑物旁的通道，又称备弄、避弄。其形成主要有如下两个原因：

其一，过去的地主官僚在建造住宅时，多数情况下会向左右扩展，兼并他姓住宅，为了使原有旧建筑物的中轴线保持正直，在此条件限制下，尽可能少变动，因此设避弄来作为过渡。

其二，备弄在功能上作为女眷仆从的进出之处。文震亨《长物志》[17] 卷一室庐“海论”：“忌傍无避弄”，其设置体现了当时封建社会宗法观念的要求以及三纲五常的儒家思想。

备弄的布局形式使得这些住宅中存在两套流线系统，一条是从前到后穿过中轴线的房屋和院落，按照礼制的要求，是依照轴线而入的交通流线；另一条流线则是在主落与边落之间，设置贯穿前后的备弄，对外可以通向街巷和河道，对内则起到服务整个住宅日常交通的作用（图 7-48）。备弄把礼仪性的中轴线交通与经常性的交通分开，又把各进院落有机地联系在一起，沟通了左右两落的横向交通，贯通和便利了住宅院落各个区域的交通与可达性，不干扰厅堂内的活动，保证了院落、厅堂环境的安静。

大多数的备弄是曲折的，宽度最小者仅可通一人，阔者可通一轿，净宽约 1.2 ～ 2m。以内廊形式建造，上做屋盖，旁列天井，或通过楼屋下层。因此，备弄的形式错综复杂，其中的窗牖设置主要是为了采光。

2）窗牖的设置

备弄的类型分为两种，一种是江南传统住宅中的私家备弄，另一种则为住宅群中两户或以上共用的备弄。

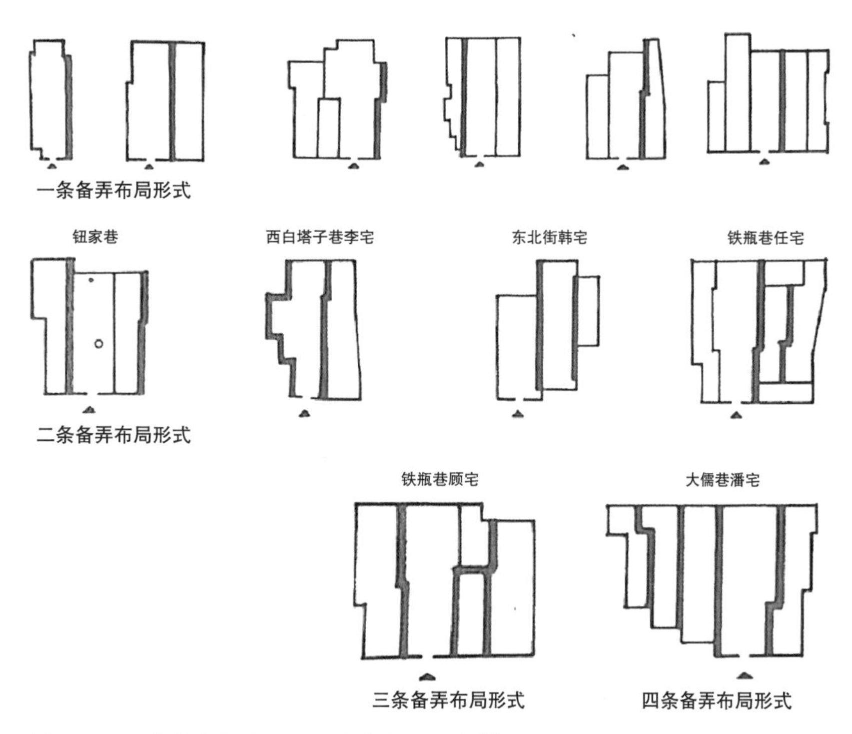

图 7-48　江南传统住宅不同形式的备弄示意 [25]

（1）私家备弄

对于私家备弄，以苏州同里崇本堂为例。备弄位于住宅轴线的东侧。第一进正厅前，备弄西侧与天井相接的院墙，上开两处漏窗，窗台距离地面高度 1830mm，漏窗的大小约为 1000mm 见方。第三进福寿堂前，天井与备弄相连的院墙上开一处漏窗，窗台高度 1200mm，漏窗大小高 1000mm，宽 1500mm（图 7-49）。

又例如同里退思园是东西向的横向布局，整个园林中包含了两处备弄：①西侧备弄联系了西路的厅堂建筑与中路楼厅畹芗楼，在与茶厅前天井相接的侧墙上开漏窗；②东侧的备弄联系楼厅与中部坐春望月楼前的庭院部分，此备弄在面向庭院的侧墙上开四处漏窗，漏窗窗台高度为 1200mm，大小为 1200mm 见方（图 7-50）。此外，薛福成故居备弄中窗牖的设置也具有相似的规律性，备弄联系住宅轴线与花园，在朝向花园的侧墙界面上开漏窗。

（2）公用备弄

苏州悬桥巷钱伯煊故居东侧的备弄与相邻住户共用，在屋顶界面开天窗，用明瓦做屋面，起到采光作用，或是与主轴线天井相对

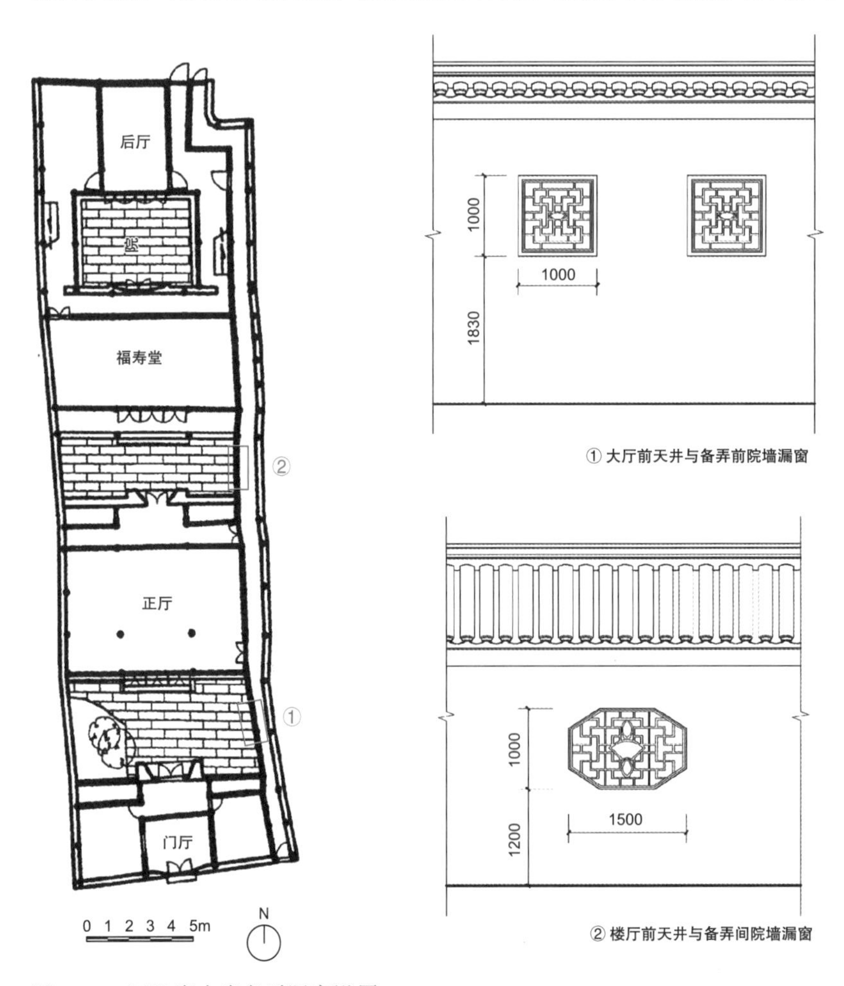

图 7-49　同里崇本堂备弄漏窗设置

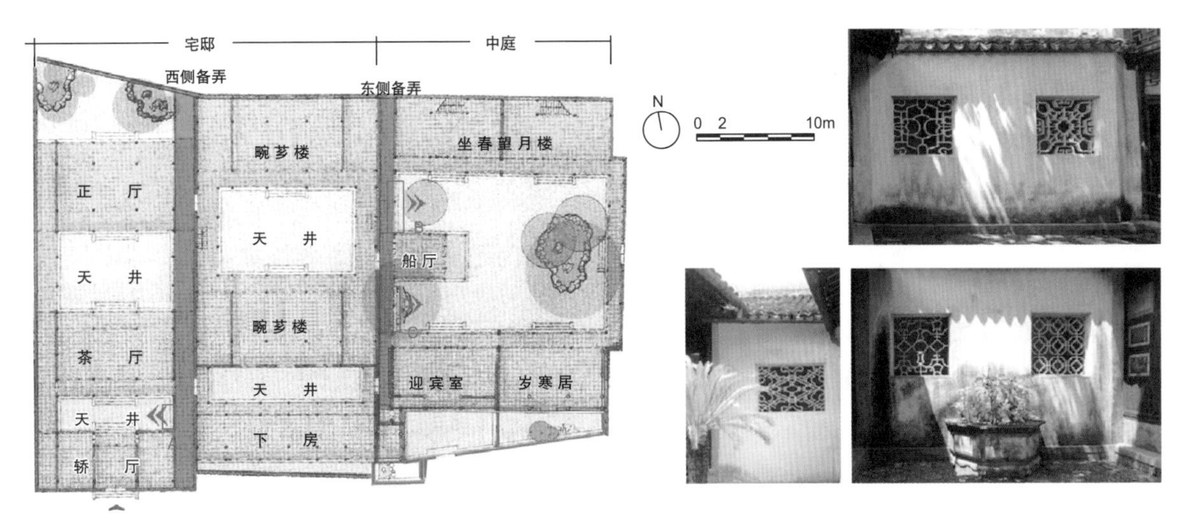

图 7-50　同里退思园备弄漏窗朝向示意（平面引自参考文献 [26]）

位置的侧墙不砌至挑檐檩高度，而留有约 800mm 高的洞口或安镂空花格，以通风采光。同样，黎里古镇中备弄多为两侧居住者所共用，两面侧墙上少有开窗，仅在屋顶上设明瓦天窗（图 7-51）。

综上，对于大宅中的私家备弄，一般在朝向内部天井的侧墙上开漏窗，窗台高度以保证住宅中轴线私密性的需要而设置。在两侧墙均有条件设置窗牖的情况下，一般会选择采光通风条件更好的一侧，即朝向花园或庭院的一侧开窗，并且私家备弄中的窗牖类型均为漏窗。而对于使用者较为繁杂的公用备弄，采用墙不砌到顶部留有一定高度的洞口供采光，或直接采用在屋顶界面上开天窗的方式。总体来说，备弄作为一处提高生活便利程度的交通空间，窗牖的设置均以实用性为首要前提。

7.2.6　附属用房：隔绝与次要

附属用房在江南传统住宅中常设在住宅区的最末端或边落，又称“披屋”或“下屋”，例如灶间、柴间等，通常后侧临河，可通

(a) 苏州钱伯煊故居东侧备弄　　(b) 黎里古镇吴家弄

图 7-51　公用备弄的窗牖设置

过后门或备弄直接通向外部的街市或河道，使用起来十分便捷。附属用房一般单独成区，一是因为柴房、厨房、谷仓等功能空间常用明火，出于对安全的考虑，单独成区以防火患；二是由于该功能空间的使用者多为厨工、门房、轿班、账房、仆从、塾师、清客等他姓男子或婢女、仆从，出于封建礼教在建筑中的表现，以上人员的居住空间均需与“上房”隔绝[1]。

现存的江南传统住宅中，由于附属用房的历史与艺术价值较低，一方面，其原真性的保留较差，另一方面，这些区域如今大多辟为办公地点，给调研与研究带来了一定的困难。以下是较有限的可调研附属用房的窗牖设置实例。

杭州胡雪岩故居厨房自成一区，平面呈“L”形，天井位于东南方向，与其余单体建筑前的天井相比面积略大。厨房的正面明间设长窗，次间设槛窗，窗下直接用木板壁作围护结构。长窗与槛窗之上设横风窗，做80mm×80mm的花格，不加设采光材料，采用全镂空，有利于室内的通风与排烟，背面直接与院墙相连。厨房内灶台有直接通向屋面外沿的排烟烟道，檐檩与下金檩之间设老虎窗（图7-52）。

附属用房主要是针对大中型江南传统住宅而言，小型传统住宅由于用地紧凑，建筑功能布置较为局促，很难有单独设附属用房的空间。在江南传统大型宅院中，厨房与佣人居室通常分开布置，自成一区的厨房天井一般都较大，由于对通风排烟有更高的要求，在满足住宅中其他区域防火要求的前提下，面向天井的界面尽可能设置得通透，屋面不仅设有必需的排烟通道，还设有老虎窗，利于更好地采光、通风与排烟。对于佣人房，通常位于轴线末端而临河或临街，由于同属于居室功能，除去由窗牖的装饰性表现出的等级略低外，其余窗牖的设置上并无太大特殊区别。

图7-52　杭州胡雪岩故居厨房老虎窗

7.2.7　商业性住宅：特殊与混合

江南水乡工商业活动发达，店铺与住宅往往合二为一，主要包括“下店上宅”与“前店后宅”两种形式。“前店后宅”住宅中，后部作为居住功能，沿轴线仍依次分布为门厅（轿厅）—大厅—内厅，建筑单体窗牖设置与上文所述不同功能分类的窗牖设置情况类似。

由于商业活动的特殊性，此类建筑均沿街设置，多为二层楼宅，店宅空间可分为如下两种模式[2]：①“河 - 街 - 店宅”形式（图 7-53）中又分为有廊形式和无廊形式。店宅的结构形式主要为通柱不出挑或向外出挑的硬挑头结构形式，或再搭建步行廊，廊子屋面上为了采光通常会设天窗，此种结构形式多出现在水乡古镇如同里、黎里的沿河空间。②街道两侧均为商用店铺的“店宅 - 店宅”形式（图 7-54）中的结构形式通常为通柱不出挑式、硬挑头式以及雀宿檐软挑头（图 7-55）结构形式，多出现在古镇古街中。

两种不同的模式中，一层均为店铺安排板门，白天营业时，店堂空间向街面敞开，形成街道空间的延伸；晚间排板门关闭，完全封闭了商业之用的营业空间。二层则设通长的隔扇窗，用木板壁作围护结构。《苏州民居》[12] 一书中还提到有“二层也有个别作凹阳台的处理，落地长窗、吴王靠作拦杆”的界面处理方式（图 7-56），但在实地调研过程中并未发现有此实例。

传统的商业模式如今已不复存在，遗存的商业性住宅多被现代的商业功能所取代，原本二层的居住空间也因此常被用于商业功能，很难再还原传统的界面肌理。但总而言之，兼具商业与居住功能的下店上宅式商业性住宅，一层作为商业空间与普通的传统住宅具有较大差异，而二层作为居住功能的空间，与院落式住宅中的楼宅相比，结构形式的类型较为简单，在更多地考虑私密性需求之外，与上述的窗牖设置情况具有一定的相似性。

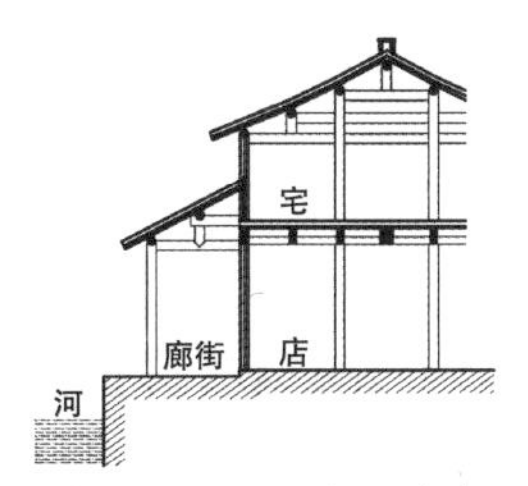

图 7-53　河 - 街 - 店宅形式[2]

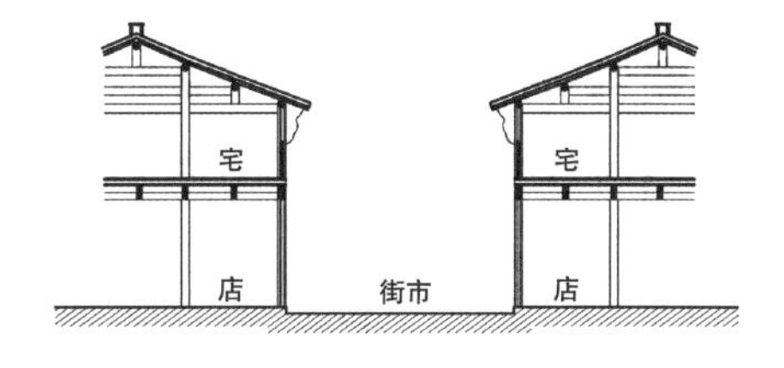

图 7-54　店宅 - 店宅形式[2]

(a) 同里硬挑头式下店上宅

(b) 同里软挑头式下店上宅

(c) 南浔不出挑式下店上宅

图 7-55　下店上宅的窗牖设置

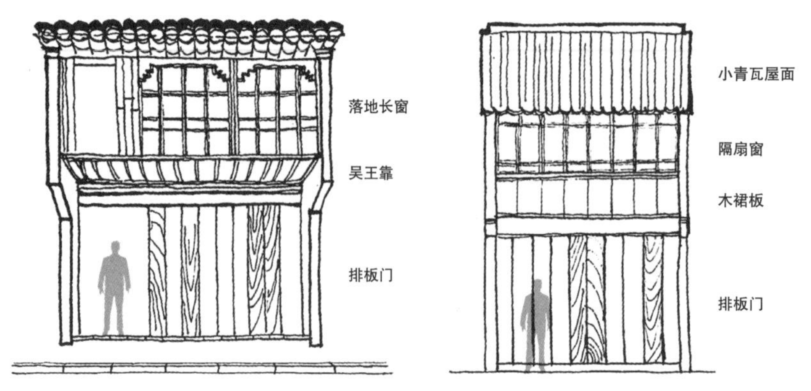

图 7-56　店宅立面示意（改绘自参考文献 [12]）

江南传统住宅中，不同功能的建筑单体由于不同礼制要求和空间需求，在窗牖设置上有所反映（图 7-57），这些等级关系不仅通过流线组织、功能布局、平面形制以及结构贴式来表达，也同样反映在窗牖的设置上。

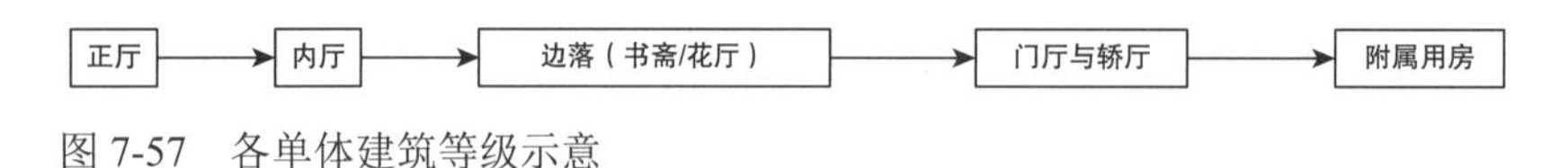

图 7-57　各单体建筑等级示意

7.3　窗牖设置与气候环境的关联性

江南属海洋性季风气候区，在季风的影响下气候温和湿润，无严寒酷暑，梅雨期较长，夏季多东南季风，冬季多西北季风。在中国建筑热工分区中属于夏热冬冷地区，建筑需强调夏季的通风，同时也需兼顾冬季的防寒与保暖。尽管热工分区建筑设计要求的概念产生于现代，但是自明清时期始，江南的气候并未有太大的变化 [26]。

窗牖作为江南传统住宅中重要的围护结构，结合所处地区的气候条件，本节将从窗牖在环境的营造过程中所起到的基本物质功能——通风、采光和保暖出发，讨论基于上述不同功能作用的窗牖设置。

7.3.1　基于通风功能的窗牖设置

江南多水网，沿河两岸住宅分布广泛，这些住宅的沿河界面通常利用河道这一环境要素来进行小气候的调节。而在住宅建筑群落的内部，则通过不同形式天井的设置来构成良好的通风条件，从而提高室内的居住舒适度。起到这一功能作用的窗牖在通风的同时，必然也起到了其他例如采光等的基本物质功能，但在这一节中主要讨论由于环境要素所构成的通风条件而影响到的窗牖设置。

1）面向不同流向河道的窗牖设置

水网河道具有不同的形态特征。苏州平江城自古就形成了河街平行的双棋盘式格局，水陆与陆路共同承担交通功能，街坊前的河道和与之相平行的街巷组成“水巷”，长度即为街坊的长度，一般为 200 ～ 400m，该格局至今仍然基本保留。周庄、同里等太湖流域的水乡古镇水体则是自然形成的，古镇因水网而择址，因水运而兴贸易，形成水乡风貌，河道在其中具有实用与景观等多方面的价值。

河流根据其走向形态的不同，与沿河传统住宅的建筑空间布局关系也不同[27]，因此窗牖的设置也具有一定的差别。

（1）东西向河流

沿东西向河流布置是住宅朝向的最佳选择。南岸的住宅界面朝向北面，因此多是住宅的背面及后门，常设下河的踏步，有的逐级挑出在水面上，或是凹进驳岸边沿之内，以免占用河道的空间；有的在驳岸上设出挑的平台或窄廊，或更为简单地将一块石条作为汲水、船上购物的平台；有的只在开向河边的门上装一护栏与河上联系，处理灵活，布置形式多样。

对于南岸的窗牖设置，有如下几种情况（图 7-58）：住宅的背面多设后檐墙，檐墙的厚度一般约为 350mm。一层除去在明间或次间设有后门通向下河的踏步之外，多数情况下都开有双开隔扇窗，位于柱间正中，窗台高度多在 1.2m 以上，二层设双开或四开隔扇窗，有整面檐墙或是二层单独用木板壁作围护结构的情况，隔扇窗的大小不等（图 7-59）。

对于东西向河流的北岸，是多数坐北朝南传统住宅的正面，是夏季东南季风吹来的方向。北岸偶有设院墙的情况，院门、踏步、绿植伸出院墙，高悬在小河之上，多临水设通排明亮的窗，界面较北向更为通透。冬季时阳光射入室内，夏季时河上徐徐凉风吹入室内，以此调节这临水住宅的小气候，适应不同季节的气候条件。

图 7-58　东西向河流南岸沿河住宅界面窗牖设置示意

(a) 苏州耦园北侧沿河界面

(b) 绍兴沿河住宅北面

(c) 常州杜宅沿河界面

图 7-59　东西向河流南岸沿河住宅界面

北岸的界面多有如下几种窗牖的设置模式（图 7-60）。界面更为通透，除隔扇窗之外，窗牖类型更为多样，例如和合窗、槛窗等装饰性更为浓厚的窗牖类型。例如师俭堂南部的两进，第一进为码头，南面临河，次间与稍间檐柱间安三层和合窗，中间层可内旋开启（图 7-61）。

图 7-60　东西向河流北岸沿河住宅界面窗牖设置示意

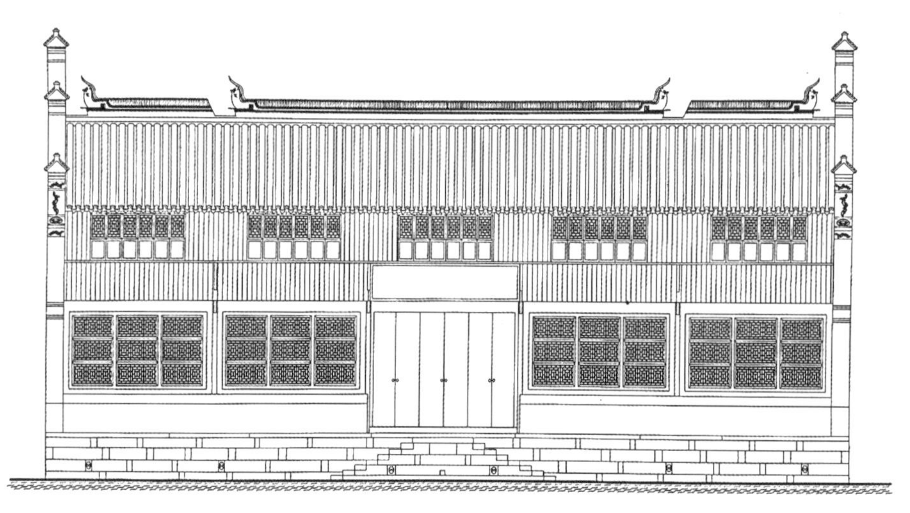

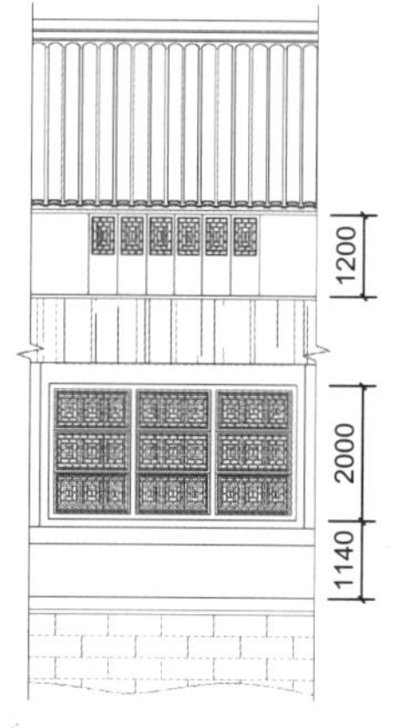

图 7-61　震泽师俭堂沿河界面（立面引自参考文献 [13]）

（2）南北向河流

南北走向河道的东西两侧建筑的处理方式差异较为明显。

河道西岸的建筑面向东侧，一种情况是直接做坐西朝东的临水住宅，由于受到夏季东南季风的影响，通常也做得较为通透，临水的界面与上述东西向河流的北岸界面类似。另外一种情况，由于道路同样是跟随河流的走向为南北向，因此分布有坐西朝东的院落式住宅。

河道东岸的住宅朝西，通常不做接水的建筑，而留有 2m 左右宽的街道，临街作为建筑的入口，多设院墙与墙门，内置有天井，作为过渡空间调节室内的微气候。例如绍兴西小河（图 7-62）、书圣故里街区。此种做法的目的是避免西晒影响，尤其是夏季的傍晚，水面过高的温度形成的局部热压作用，易将水面的热量传递到室内。在东岸留出街道，不做临河住宅，保证了室内一定的居住舒适度。

图 7-62　绍兴西小河街区两岸建筑处理

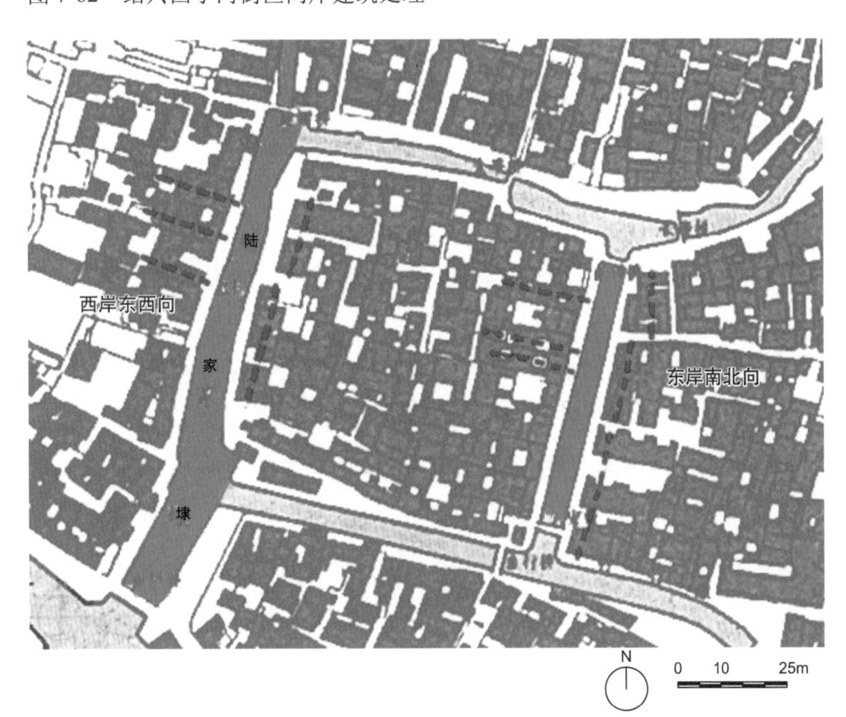

图 7-63　同里古镇南北向河流两侧建筑轴线（底图引自参考文献 [2]）

东岸的建筑也通常为坐北朝南分布（图 7-63），这部分建筑的临河立面多为山墙尖与厢房的窄条瓦顶柔和地连接在一起，山墙面较少开窗。

沿南北向河流布置的住宅建筑朝向，与沿东西向河流分布的住宅相比，显然选址略次等，但通过沿河界面的空间布局、窗牖设置，同样可起到调节小气候的作用。

以上讨论的江南传统临河住宅多为具有连续界面的一般性住宅，与被礼制观念制约的多进院落式住宅有所不同，即便是同一朝向的界面，通过窗牖的设置所表现出的界面形式也不统一。沿河的住宅高低错落，一层与二层相间布置，有的紧贴河道，有的则略退一些，有的挑在水面之上；对于界面，有的是明窗，有的是院墙、护栏和绿化，配上下河的各种踏步，将住宅与河道有机连接，形式丰富，错落有致，处处是景，幅幅入画。

总体来说，面向河道的界面一层均比较实而二层较虚。一层需要考虑防潮需求，石作驳岸、砌檐墙均能避免潮气进入室内，二层则基本设通排的窗户。东向或南向的界面受到东南季风的影响，一般开通长的隔扇窗，所以较为通透；朝北的界面基本是住宅建筑最后一进的背面，多为檐墙，开窗较少；几乎没有直接面向西侧的临河界面。

2）不同形式天井中的窗牖设置

天井与庭院是江南传统住宅的重要组成部分，起到通风、采光和排水作用的同时，也使空间环境产生极为丰富的变化。天井进深一般较浅，与建筑物的高度相比小于 1 ∶ 1，而当天井扩大为建筑物高度的两倍左右或以上的进深时，则被称为庭院，功能已经从基本的物质功能扩展到弹琴下棋、咏诗作画，成为观赏游息的场所，有时还通过山石布置形成更具游赏性的空间，多为花厅与书斋前的区域。

天井院落从位置及形式等方面，可分为如下三种不同的类型。

（1）各进间天井

江南多进院落式住宅的主落中，天井位于每一进的建筑单体之间，这类天井均为方形。此空间环境中有四个界面，面向天井院落的建筑单体即为其正面，7.2 节中根据不同建筑单体中不同功能的窗牖设置已有具体梳理，这类界面尽管功能有所不同，但由于面向的都是具有较好通风和采光功能的天井，均表现得开敞通透。天井前侧为厅堂的背面，这一界面的窗牖设置通常与保暖功能有关。

（2）独立天井

这一形式的天井较为特殊，多数情况下位于建筑单体背面北向，有时会设院墙，围合成一个独立的小院落，位于轴线末端或院宅一侧角落则通常会利用与院墙之间不规则的用地，划分出天井的区域。此类天井位于单体建筑的背面北向，通常呈狭长形，尺度较小，拔风效果明显。这种情况下，若建筑单体的背面设置了天井，则该建筑单体背面的窗牖设置与一般情况有所差别，通常与正面类似。

以退思园左路荫余堂为例。正面的窗牖设置与一般厅堂相似，在轩柱间安设长窗。由于其位于轴线的尽端，大厅的背面与院墙之间围合成了一进深 2m 左右的狭长天井，荫余堂的背面面向此天井，明间在檐柱间设长窗，次间做半窗，窗台高度约 1m（图 7-64），较其余一般性建筑单体的背面窗牖设置有所区别。又例如常熟绿衣堂的大厅背面设有进深约为 2.5m 的独立天井，次间设置半窗，窗下墙厚度仅 250mm 厚，而天井后则用 390mm 厚院墙分隔（图 7-65）。

此外，无锡钱锺书故居门厅的窗牖设置，由于厅前独立狭长的天井设置而稍显例外。建筑坐北朝南，面阔七间，与无锡地区传统住宅面阔较多的特点相似，间架进深九架。除明间在檐墙设将军门外，其余各间与正面院墙间形成了宽度约为 1.5m 狭长天井，因此，门厅除明间之外的各间朝南面中间设长窗，两侧设半窗，窗台高度 945mm（图 7-66）。该界面的窗牖设置与天井的布局具有一定的关联。

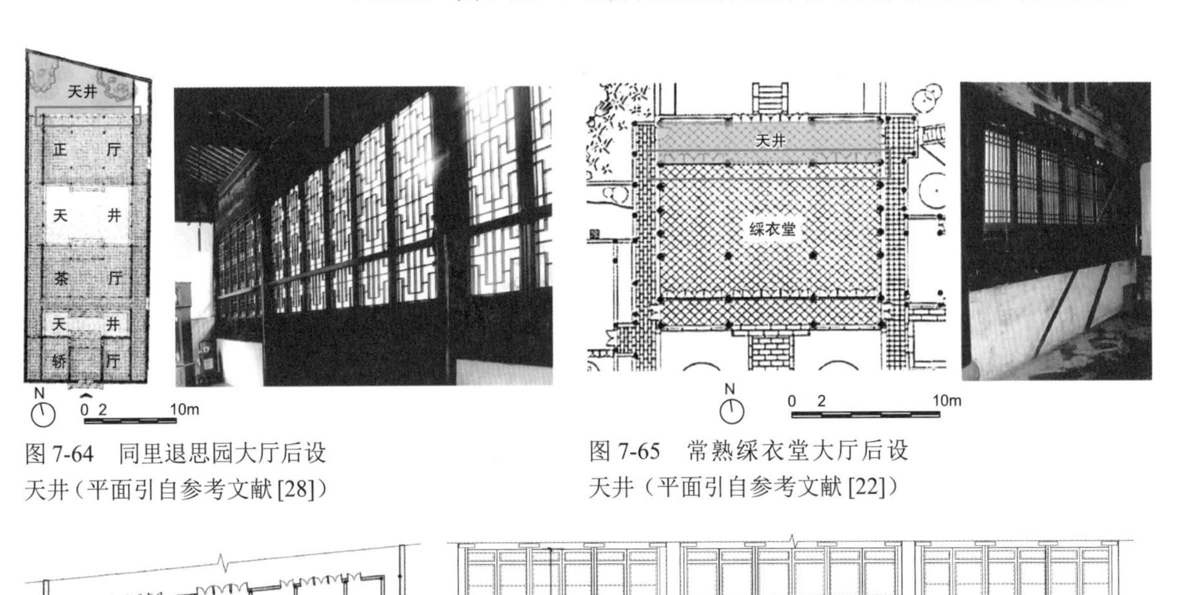

图 7-64　同里退思园大厅后设天井（平面引自参考文献 [28]）

图 7-65　常熟绿衣堂大厅后设天井（平面引自参考文献 [22]）

图 7-66　无锡钱锺书故居门厅面向天井的窗牖设置（平面引自参考文献 [20]）

（3）蟹眼天井

苏州地区的江南传统住宅中通常于厅堂后设蟹眼天井。厅堂背面明间通过廊子、隔墙与封火山墙相连，次间通常设窗，面向蟹眼天井（图 7-67），该天井的设置体现了古人营造江南传统住宅时的特殊智慧。

以苏州阔家头巷张宅住宅轴线上蟹眼天井的窗牖设置为例，住宅中共有三处蟹眼天井（图 7-68）。

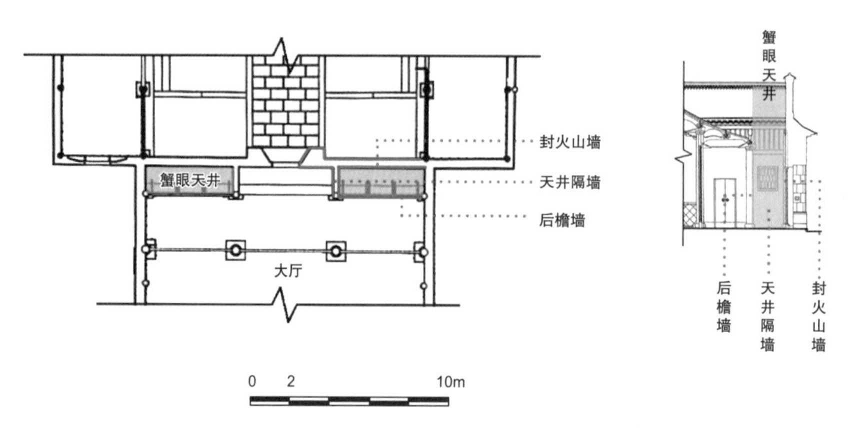

图 7-67　江南传统住宅蟹眼天井示意

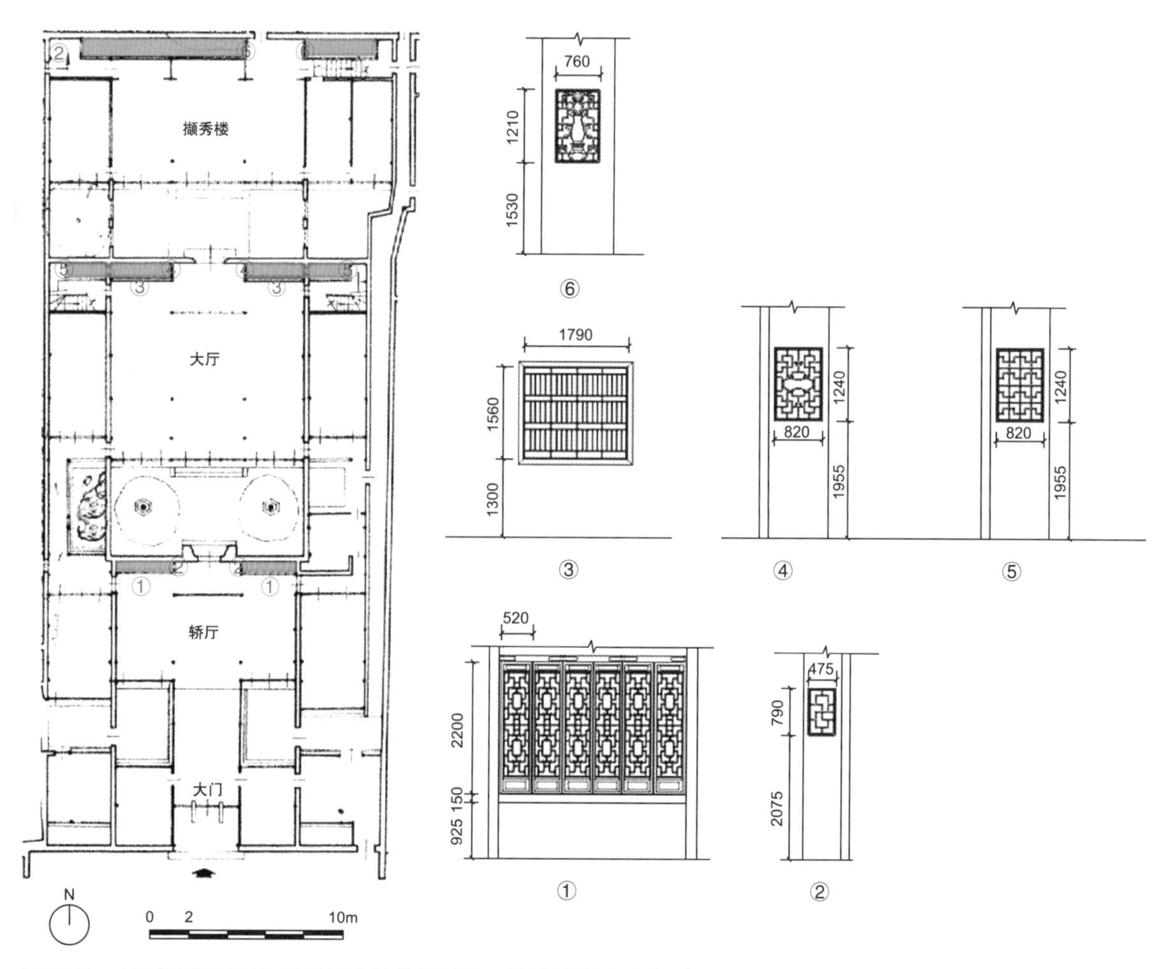

图 7-68　苏州网师园面向蟹眼天井的窗牖设置（平面引自参考文献 [21]）

轿厅背面面向蟹眼天井的次间后檐柱间设半窗，窗下墙砌一砖半厚 180mm，窗台高 1075mm。蟹眼天井后封火山墙厚 380mm。蟹眼天井与明间相接的侧墙上设漏窗，窗高 2075mm，漏窗洞口大小为 475mm×790mm。

大厅背面的蟹眼天井与轿厅后类似。次间墙体一砖半厚 180mm，开 1560mm 高、1790mm 宽窗洞，设直棂窗，窗台高度 1300mm，竖条纹状，此种窗牖类型未在其他调研实例中出现。明间与蟹眼天井相隔的侧墙上设漏窗，窗台高 1950m，漏窗大小为 820mm×1240mm。此处蟹眼天井还与大厅后方的楼梯间相连，因此，天井两侧均设有漏窗洞口，山墙面的漏窗与上述漏窗相比洞口大小相同，但图案样式更为简洁。

内厅撷秀楼背面亦设有蟹眼天井。由于交通流线的设置，蟹眼天井设在明间与西侧次间后，与室内相邻的界面为实墙，仅在侧墙上设漏窗窗洞，窗台高 1530mm，窗洞大小为 760mm×1210mm，与轿厅和大厅背面朝向蟹眼天井的界面有所差别，图案的设置也更为典雅。

除网师园住宅蟹眼天井的窗牖设置之外，另有如表 7-6 所示几处设蟹眼天井的传统住宅。

表 7-6　江南传统住宅蟹眼天井中的窗牖设置汇总　　（单位：mm）

	次间	天井隔墙漏窗	封火山墙厚度
苏州同里崇本堂门厅	半窗墙厚 180	890×1470，窗台高 1600	350
苏州震泽师俭堂门厅	半窗窗台高 990，墙厚 150	1100×1100，窗台高 1400	550
苏州东北街李宅轿厅	半窗墙厚 180	770×1090，窗台高 1795	450
苏州西山敬修堂轿厅	设栏杆	窗台高 2100	350
苏州东北街李宅正厅	半窗	735×1055，窗台高 1540	450
苏州西山敬修堂正厅	—	1240×1485，窗台高 1885	350
苏州同里崇本堂正厅	半窗窗台高 970，墙厚 180	1050×570，窗台高 1750	470
苏州东北街李宅内厅	半窗窗台高 1035，墙厚 180	770×1120，窗台高 1695	330

蟹眼天井的设置多分布在苏州地区城镇多进式的传统大宅中，门厅、内厅之后较少设蟹眼天井，多在轿厅和大厅之后设置（图 7-69）。蟹眼天井不同界面的窗牖设置具有一定的规律性，通常在隔墙的界面上设漏窗，漏窗的窗台高度基本在 1.5m 以上，最高可至 2m 以上，窗洞呈纵长方形，在面向蟹眼天井厅堂的次间设半窗，窗下墙多为一砖半厚（即 150 ～ 180mm），而封火山墙的厚度则多在 350mm 以上。

(a) 同里崇本堂正厅后蟹眼天井　(b) 苏州耦园轿厅后蟹眼天井　(c) 西山敬修堂轿厅后蟹眼天井

图 7-69　江南传统住宅中的蟹眼天井

蟹眼天井在建筑环境、空间和视觉效果等诸多方面都发挥着重要作用。夏季现场实测结果显示，蟹眼天井处的风速明显高于主厅大门处的风速，甚至在自然无风的状态下，蟹眼天井处依旧有明显的风感。其原因有二：①建筑单体的正面作为进风口，其开口面积远远大于蟹眼天井处的窗洞口面积，形成拔风效果；②蟹眼天井中的环境温度会低于建筑自身的温度，因此，在此部位形成了局地风。蟹眼天井体现了传统营造中低技高效的经验和智慧。

3）特殊的通风窗——气窗与老虎窗

（1）二层的气窗

江南传统住宅的山墙面很少设窗牖，即便设窗，多是基于通风功能设置洞口很小的窗，这一类型的窗牖被称为“气窗”，满足二层基本通风需要的同时，还具有其他例如观景、瞭望等特殊作用。

例如南京李香君故居楼厅二层设梅花窗，本意是满足建筑本身对于通风采光的需求，将洞口设置成梅花的形状，窗外的景色仿佛画一样镶嵌在墙洞中，并且随着季节更替而变换。尽管现在窗外的景色已非当年模样[29]，但窗洞的设置仍包含了古人的诸多智慧。梅花窗距离地面高度为1250mm，山墙总厚度为380mm，外侧约120mm厚度开梅花形洞口，内侧开常见的方形洞口做木板窗（图 7-70）。

又例如苏州南石子街潘宅——在跑马楼走廊正对的山墙面上，开瞭望口，洞口内部凿空，内置一块可推拉的大方砖，具有通风、采光、瞭望、防御等功能，在苏州城区的传统住宅中所见极少。此外，苏州西山东村敬修堂第四进楼厅二层小姐窗、同里崇本堂二层与走廊相对的位置设通气窗洞等（图 7-71），它们的窗台高度均在 1.2 ～ 1.4m，窗洞多为圆形，直径约 500mm。

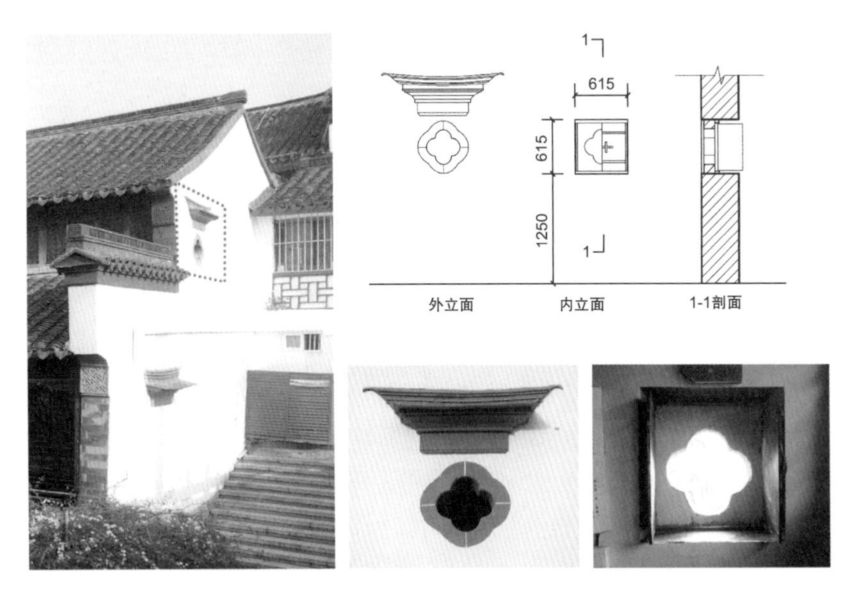

图 7-70　南京李香君故居二层梅花窗

（2）屋面上的窗洞

屋面上开窗洞具有较高的通风效率。汉代明器仓库中已有屋顶气窗的形象，北宋《清明上河图》（图 7-72）所反映的建筑物中已有屋顶老虎窗的形式，这些屋顶的通风形式直至明清时期仍在使用。

老虎窗多见于等级较低的一般性住宅中，或是附属用房如杭州胡雪岩故居灶房、无锡阿炳故居（图 7-73），老虎窗多数设置在南侧的金檩附近，是室内通风采光最为薄弱的部分。

(a) 苏州南石子街潘宅跑马楼

(b) 苏州西山敬修堂楼厅

(c) 同里崇本堂楼厅

图 7-71　江南传统住宅二层的气窗设置

图 7-72　《清明上河图》中的老虎窗
引自北宋张择端《清明上河图》，现藏于北京故宫博物院

图 7-73　无锡阿炳故居中的老虎窗

4）通风组织与特征

建筑物的自然通风是门、窗洞口或过道的开口处存在着空气压力差而产生的空气流动，形成这一现象的原因有风压作用和热压作用[30]。通过现代科学对通风原理的分析，可知为了实现更好的自然通风效果，首先需要有良好的朝向。江南地区冬季西北风、夏季东南风的气候条件决定了传统住宅大多是坐北朝南，朝南的界面尽可能地开窗，以最大限度取得引风条件，而北向界面则通过设天井或开小窗的方式以达到上述目的。

对于院落式的建筑组群，多是结合天井来组织通风。通过不同方式天井的设置，在建筑布局上所形成的开敞空间作为室内外的过渡空间，有效地改善室内通风状况。迎风面的檐柱间无任何分隔，夏季这些窗扇可以全部拆除，或是直接形成敞厅格局，例如苏州震泽师俭堂大厅，更有利于夏季的通风。朝北界面则通过狭长天井的设置，一方面可以避免冬季寒风的侵袭，另一方面又可起到拔风的作用。因此，天井中朝南的一面通常设置得较为开敞通透，朝北的界面则相对封闭一些，表现出“南敞北收”的风斗现象，达到有效通风。

以典型的江南传统院落式住宅苏州网师园的住宅部分为例。中轴线上利用门窗对开可以形成穿堂风，使得东南风可以直通各室，厅堂背面通过蟹眼天井的设置来形成最大效果的通风对流，以提高环境的舒适度（图 7-74）。

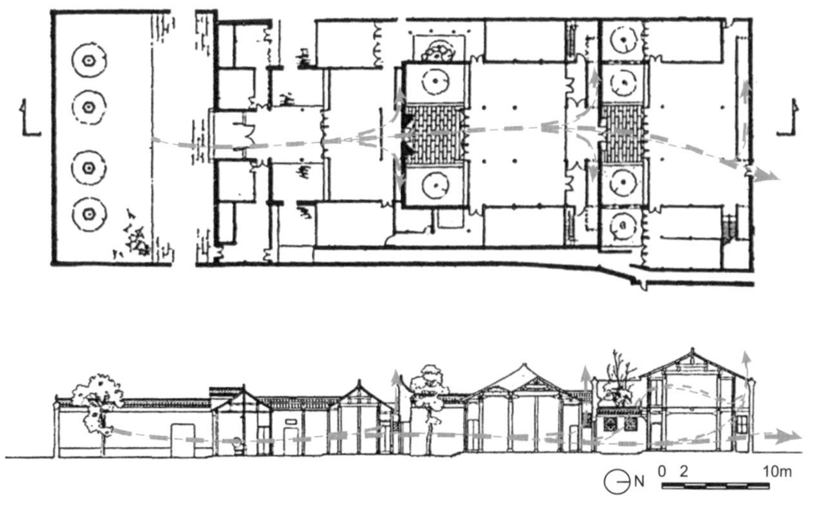

图 7-74　以苏州网师园为例的平面与剖面通风分析（底图引自参考文献 [1]）

对于临河住宅，为将东南季风引入室内，同样东南向开敞、西北界面封闭。南面临河的住宅，由于白天水面温度低，风压通风的同时还伴随着一定的热压通风，流向室内自然风的温度比北面临河的住宅温度更低（图 7-75），因此其通风环境更佳，室内的居住舒适程度更高。

自然通风是一个系统，从建筑群体、单体直至建筑细部的每一个层级上都均有考量，不能仅仅通过其中某一环节的设计就达到期望的效果。朝向、水、天井等要素是形成通风的必要条件，而窗牖作为室内通风的主要孔道，不同的设置方式会对室内的通风效果产生一定的影响。水、天井等开敞空间的存在使得所在部分的环境温度较室内略低，江南传统住宅中面向这些环境要素的建筑界面上的开窗都较为开敞或直接开敞，设开启面积较大的窗扇，例如长窗、槛窗、半窗等，其连续的设置同时还表现出了一定的装饰性。而在山墙上或屋顶上设窗（图 7-76，图 7-77），利用热压通风原理对室内的通风条件也可产生一定的改善作用。

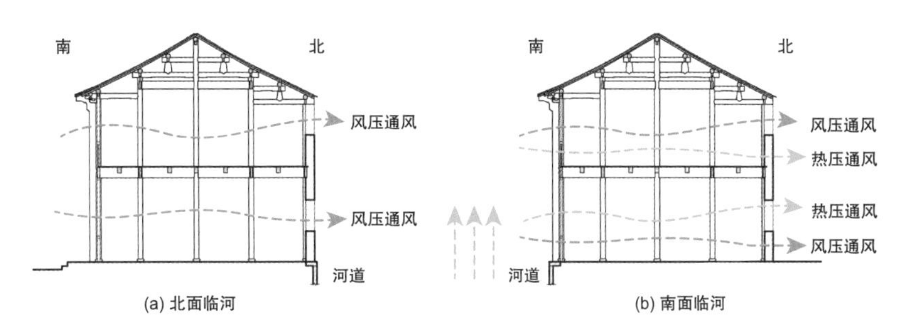

图 7-75　临河住宅通风分析

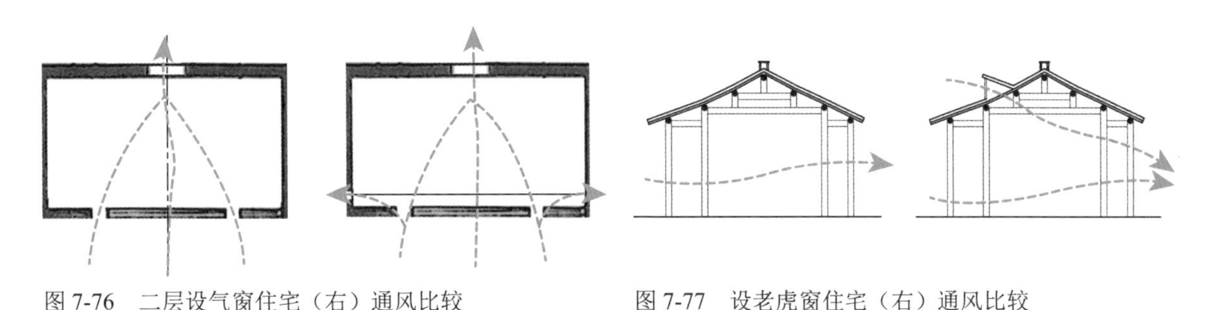

图 7-76　二层设气窗住宅（右）通风比较　　图 7-77　设老虎窗住宅（右）通风比较

7.3.2　基于采光功能的窗牖设置

建筑室内的自然采光主要是通过窗牖。《吕氏春秋·重己篇》[31] 云："室大则多阴，台高则多阳；多阴则蹶，多阳则痿，此阴阳不适之患也"。可见室内阴阳即明暗平衡的重要性，窗牖即是处理这一环境的关键所在。窗牖将光线引入室内，分为直射和漫反射。江南传统住宅中天井院落等布局，可以使室内获得更好的采光效果，院墙经常粉刷成白色，起到一个"反光板"的作用，为室内提供柔和的漫反射光。直射光线的进入则依靠窗牖中的采光材料，但不同棂格的设置会影响采光率。

1）采光材料的发展与特征

窗牖中采光材料的使用呈现出一定程度的变革与发展。最早期曾采用琉璃作为采光材料，后逐渐发展为可就地取材的蚝壳，玻璃则至清中期才逐渐被广泛使用，而彩色玻璃是清末民初时期的产物。

（1）琉璃与织物

《世说新语·言语》[32] 记载“满奋畏风……北窗作琉璃屏，实密似疏，奋有难色，帝笑之”。可见，历史上琉璃曾经被用作窗户的采光材料，并且是皇家官方使用的一种高等级材料。另《西京杂记》[33] 记录昭阳殿中“窗扉多是绿琉璃。亦皆达照。毛发不得藏焉”。说明皇室建筑中的窗牖开始使用琉璃作为采光材料，效果甚佳。

《后汉书》[34]：“柱壁雕镂，加以铜漆，窗牖皆有绮疏青琐。”魏夏侯惠所作《景福殿赋》亦有“若乃仰观绮窗，周览菱荷”之语。根据文献记载，“绮”可能是一种具有透光性又能遮蔽阳光、阻挡寒风的织物。

（2）纸

我国虽在西汉已经发明了纸，但纸用在建筑上糊窗纸作为采光遮蔽材料则约出现在唐代。冯贽《云仙杂记》[35] 记述：“杨炎在中书后阁。糊窗用桃花纸，涂以冰油，取其明甚。”可见古人懂得糊窗纸涂油不仅可以增加纸制品的防水性，还可提高其透明度。这种做法沿用许久，直至近代，北方传统住宅中窗户仍常见此种做法。

（3）蚝壳

蚝壳又称明瓦、云片。将蚝（牡蛎）壳加工而成的薄片镶嵌在窗格中，以达到透光的目的，并且可以使光线显得更加柔和。江南地区此种采光材料的遗存较少（图 7-78），广府传统住宅中多见。

蚝壳作采光材料时期的窗扇棂格均参照蚝壳的大小拼装，并在格心内镶嵌蚝壳，皆以相同且较小尺寸的棂格组合成大片整齐划一的图案，每片蚝壳的大小为40～60mm见方不等，样式相对简洁稳定，便于蚝壳片的安装，与后期出现的较为繁复、装饰性意味较为浓重的图案有所区别。

（4）玻璃

玻璃的制造最早源自古埃及。依考古发现，中国最迟于周初便已出现玻璃，但其后发展较为缓慢。直至明代，对玻璃的生产加强重视，郑和下西洋很大程度上推进了中国玻璃生产技术的发展。与此同时，法国人生产出平整、光滑的大片平板玻璃，使得在窗户上安装玻璃成为可能。到了清代，玻璃制造业发展更快，以康雍乾三朝制造最盛。清朝晚期，由于新材料的出现与制作技术的进步，棂格的图案变得

图 7-78　苏州震泽师俭堂中的明瓦窗

图 7-79　杭州胡雪岩故居中的彩色玻璃

更为自由。玻璃的使用占据了棂格的大部分面积，窗扇的整体效果又回到简洁的风格。

彩色玻璃多在民国之后的住宅中出现（图 7-79），使用面积也很大，装饰性较强，一定程度上受到主人审美趣味的影响。使用彩色玻璃的实例在江南地区传统住宅中并不多见，而以广府地区为盛。

纵观采光材料的发展，某种程度上也影响了窗扇中棂格的设置。明代之前的窗扇大多无可考，自明代始，运用蚝壳作为采光材料，由于此条件的限制，棂格通常为方形图案。采用玻璃以后，图案规律大变，不再受到采光材料的限制，构图更为自由多样。

2）特殊的采光窗——天窗与横风窗

江南传统住宅中有一部分的窗牖在起到采光作用的同时，也能发挥其他功能。

（1）天窗

天窗是用玻璃瓦代替屋顶的小青瓦作采光之用的窗户。备弄中使用较为广泛，并且多设在两户及以上人家共用的备弄中，由于侧墙上没有光线来源，出于私密性的考虑均在屋顶上开窗。也有部分设在厅堂中屋顶上的天窗，但较为少见，多为后期加设。江南地区传统住宅中的天窗不可开启，因此仅能作为采光之用，与珠三角地区传统住宅中可以开启并能起到通风作用的天窗有一定差异（图 7-80，图 7-81）。

天窗早期使用明瓦作为采光材料，随着近现代工业的发展，玻璃质瓦或纯玻璃逐渐取代明瓦，成为天窗中的主要透光材质。天窗的砌筑过程较为复杂，要先将明瓦嵌在底瓦笼内，上端插入上一底瓦的底部以有效地承接排水，下端搭于下一块瓦上，将水排出。边缘用灰泥掺入桐油，构造的关键点即是明瓦与四边瓦的交接防水处理。

图 7-80　苏州潘宅端善堂天窗

图 7-81　绍兴鲁迅故居灶房天窗

（2）横风窗

横风窗多位于长窗或半窗之上，是一种不会独立存在的窗牖类型，是一种特殊的“窗上窗”，又称为“亮子窗”，顾名思义，是起到采光作用的窗牖类型。《营造法原》中描述苏州地区的横风窗做法是以开间均分为三扇，与其下的窗扇有相似的分割逻辑，而南京地区则是均分为五扇，每扇的宽度为柱间距等分，存在一定的地域差别。横风窗设置的原因是房屋过高，若不设横风窗而使长窗安设到顶至上槛位置，则窗扇比例有失协调，并且有一定技艺上的难度，可见横风窗的产生出于低技高效、一举多得。

图 7-82　汉代明器中的横披窗[36]

横风窗在北方被称为横披窗（图 7-82），其作用与江南地区的相似，但江南地区的均为横长方形（图 7-83），而北方传统住宅中的横披窗通常是近似正方形的开窗比例，可见北方地区对于采光有更高的需求。

3）采光率分析

根据《建筑采光设计标准》（GB 50033—2013）中的规定，住宅建筑中起居室与卧室的窗地面积比的设计规范标准为 1/7。窗地面积比（A_c/A_d）是指窗洞口面积（A_c）与地面面积（A_d）的比值。尽管这个规范标准是对现代建筑的设计而言，但随着采光需求在历史发展过程中的进一步提高，因此，通过现代设计的标准来衡量传统住宅中的采光设计也同样适用。

(a) 苏州忠王府大厅

(b) 常熟綵衣堂大厅

(c) 南京愚园大厅前厢房

图 7-83　江南传统住宅中的横风窗

现代建筑中的窗洞，整个洞口面积都可作为有效采光的面积，而在传统建筑中，有效采光的洞口面积需分为开启状态与闭合状态。开启状态时，整个洞口均可作为有效采光面积计算在内，而闭合状态下，由于窗扇中有裙板、夹堂板以及棂格等构件，需将窗扇自身的采光率（即有效采光面积与窗扇总面积的比值）考虑在内，因此，闭合状态下的窗地面积比需乘以不同窗扇类型的采光率。

根据统计计算，江南传统住宅中部分实例的开启与闭合不同状态下的窗地面积比统计如表 7-7 所示。

表 7-7　江南传统住宅中采光率计算

江南传统住宅	开启状态窗地面积比	窗扇采光率（图 7-84）	闭合状态窗地面积比
苏州网师园万卷堂	1/1.8	32.88%	1/5.5
苏州西山礼和堂大厅	1/2.3	26.67%	1/7.9
南京甘熙故居友恭堂	1/2.3	22.50%	1/10.3
苏州铁瓶巷任宅大厅	1/1.8	26.88%	1/6.7

江南传统住宅中，窗牖在开启状态下的窗地面积比通常远超出规范标准中的要求，另外，例如苏州东山敦裕堂轿厅和大厅的这一比值可以达到 1/2，明善堂大厅则为 1/1.5。可见，江南传统住宅的窗地面积比一般在 1/2 左右。而在窗扇闭合状态下，这个数值由于窗扇采光率的不同而产生了一定变化。窗扇的采光率反映的是棂格的疏密程度，闭合状态下其对室内的采光条件造成了一定的影响。闭合状态下的窗地面积比的数值在 1/7 上下浮动，少部分住宅较难满足标准中规定的要求。但考虑到传统住宅在使用过程中，很难出现窗牖全部闭合不打开的情况，即便是在对通风需求不太高的非夏季时节，窗扇也会部分开启，从而可进一步改善室内的采光环境。

对于窗扇本身的采光率，由于棂格图案样式的多样以及长窗中、下夹堂板与裙板高度的差异，因而具有一定的差别。对《营造法原》中所提部分典型长窗样式进行窗扇自身采光率的计算结果如图 7-84 所示，数值在 30% ～ 35% 之间。可见自玻璃作为窗扇中的采光材料后，棂格图案出现了明显的三段式图样，与使用明瓦或糊纸作采光材料的棂格图案具有明显的区别。

7.3.3　基于保暖功能的窗牖设置

江南冬季季风为西北风，对于坐北朝南的住宅建筑来说，保暖效果多依靠建筑单体北侧界面的不同处理方式来达到，分为如下三种情况。

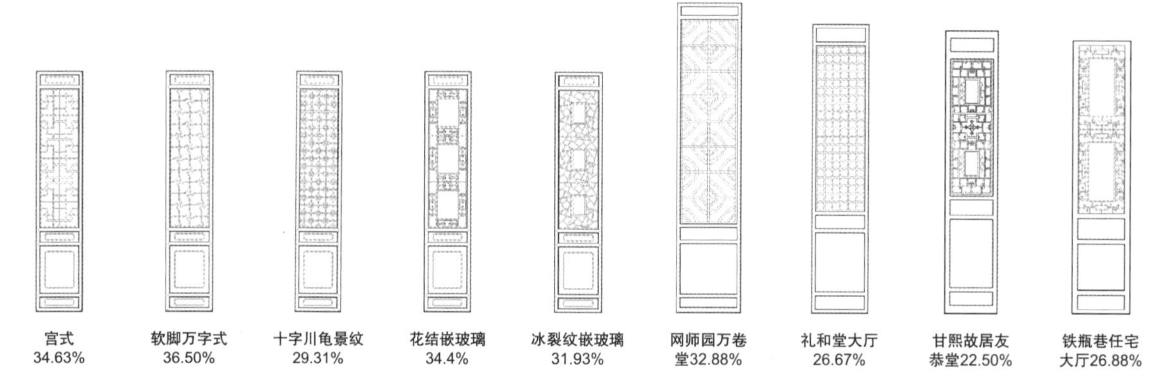

图 7-84　不同形式长窗采光率统计

1）设蟹眼天井

设蟹眼天井的布局方式，不仅能较好地满足夏季的通风需求，在冬季，也可依靠背后较厚（350 ～ 550mm）的封火山墙阻隔一定的西北风，从而达到防风保暖的效果。

2）设独立天井

与前侧建筑的背面围合成一个天井，这种情况下，建筑背面的窗牖设置与正面类似。此做法一方面通过天井的设置可以产生拔风效果，以形成夏季良好的通风环境；另一方面，高而厚的院墙在冬季可以有效地阻挡寒冷的西北季风，起到防风保暖的作用。

如上文所述，苏州同里退思园荫余堂大厅与常熟綵衣堂大厅的背面，均设有进深在 2.5m 以下的天井，天井后再做高耸院墙，厚度在 350mm 以上。大厅背面明间设长窗，次间做半窗，半窗窗下墙墙体厚度约 250mm，明显薄于单独设檐墙或封火山墙的墙体厚度。冬季时，天井可以作为缓冲空间，起到阻挡一定寒流的作用，因此，该界面尽管北向，但窗牖设置得都比较通透。

又例如苏州铁瓶巷顾宅过云楼最后一进背面、耦园正落楼厅背面的窗牖设置（图 7-85）。楼厅后做进深较浅的狭长天井拔风，楼厅背面不设檐墙，多为一、二层在同一界面的通柱结构类型或梁头挑出的硬挑头结构，不做披檐，用木板壁作围护结构，开隔扇窗，界面较通透。

3）设檐墙

背面檐柱间设檐墙，檐墙上开隔扇窗洞，多为双开，少数也有四开的窗扇。檐墙的厚度通常达到 400mm 以上，洞口面积通常较小。但是对于窗户本身而言，与冬季气候环境更恶劣的寒冷地区或严寒地区相比，并无特殊的构造做法。

以南京甘熙故居南捕厅 15 号为例，第三、四、五进背面均为此种做法（图 7-86）。第三进为内厅，背面做檐墙厚 400mm，但除了

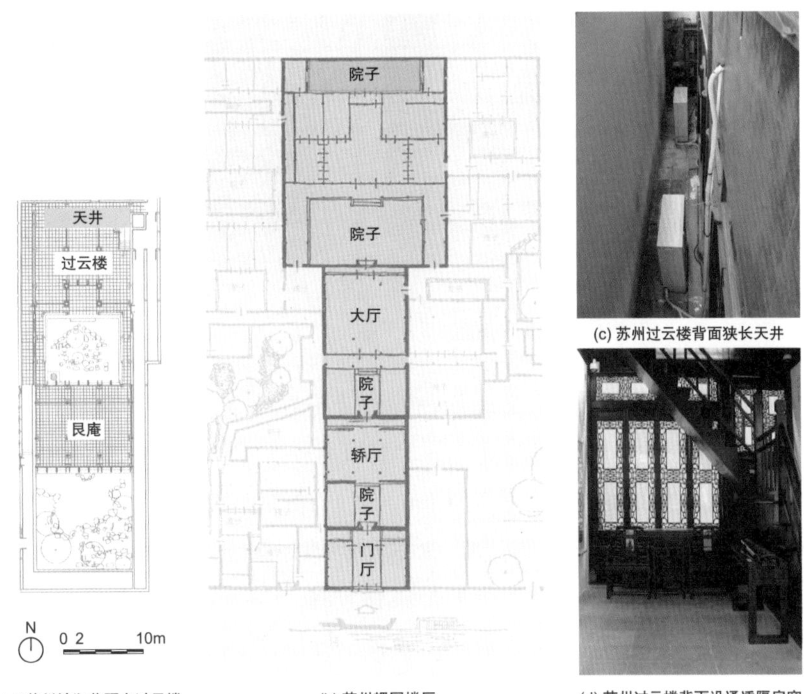

图 7-85　江南传统住宅楼厅背面设天井的窗牖设置(平面引自参考文献[1]，[16])

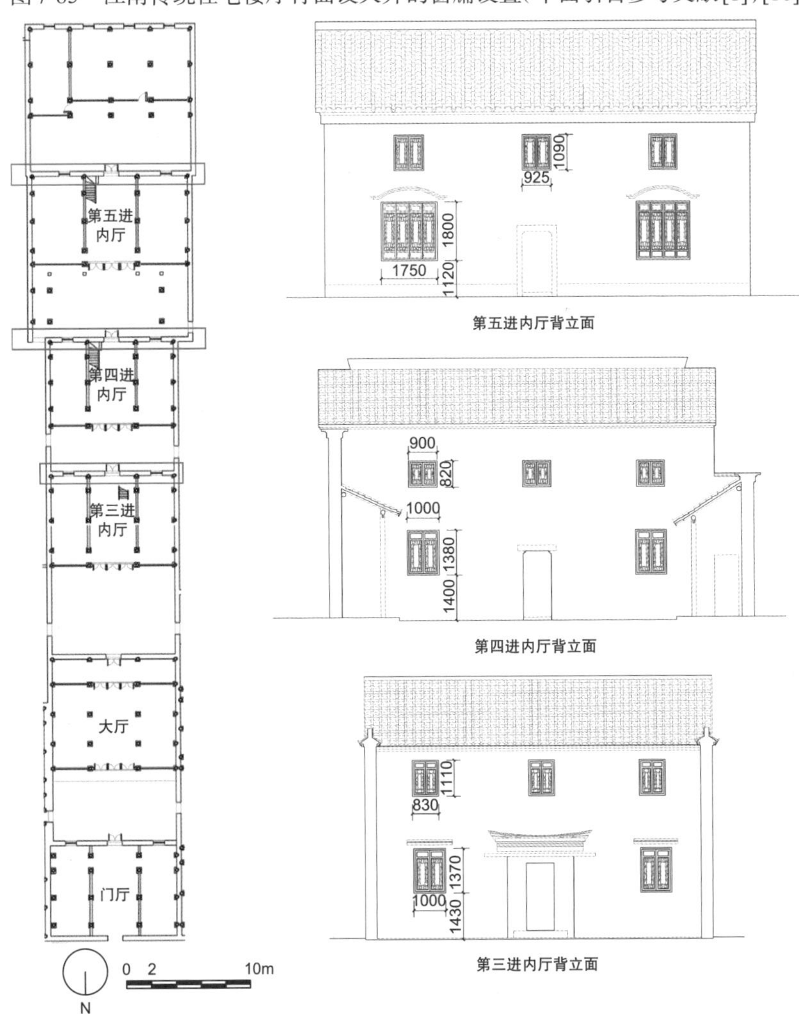

图 7-86　南京甘熙故居内厅背面的窗牖设置
根据南京大学提供测绘图纸改绘

图 7-87　南京望鹤楼 4 号楼厅背面的双层窗

一层明间设门外，其余每间均在檐墙上开窗洞做两扇平开隔扇窗。一层两次间窗洞大小为 1000mm×1370mm，窗台高度 1430mm，窗上做窗楣，二层窗洞大小为 830mm×1110mm，不做窗楣。第四进有边门可以通往住宅的花园，原为家眷的起居生活场所。背面的窗牖设置与第三进背面类似，但都不做窗楣。第五进较前两进楼厅面阔更大，背面一层明间开墙门，次间开平开式隔扇窗，窗洞大小为 1750mm×1800mm，窗上作拱券式窗楣。洞口相较而言比前两进均大，做四扇花格窗扇。二层与前两进相似。

另外，例如南京黑廊巷望鹤楼 4 号最后一进的楼厅，北墙上的窗采用双层窗的方式来达到保暖效果（图 7-87）。但这种设置情况在江南地区比较少见，更常见于北方。

前两种方式主要依靠建筑布局来达到保暖的效果，通过天井或蟹眼天井后厚重的封火山墙来抵挡冬季寒冷的西北风，而与封火山墙之间所设的天井亦能在夏季对东南风起到一定的引导作用（图 7-88）。第三种基于保暖的措施则是在墙体砌法达到保暖效果的前提下，再设置较小的窗洞来进行通风与保温之间的权衡。总体来说，保暖的措施主要是通过对建筑背面进行设置来达到效果。纵观江南地区传统住宅，在建筑营造中对于冬季的保暖并没有特别重

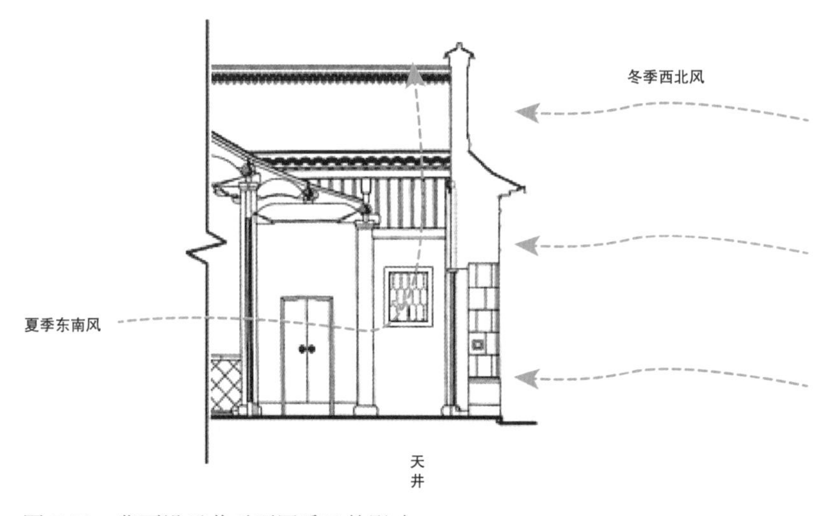

图 7-88　背面设天井对不同季风的影响

视，重点主要在通风效果上。但在通过一些手段达到通风目的的同时，也能起到一定的保暖作用，体现了古人营造过程中低技高效的手段。

江南传统住宅应对气候环境，产生通风、采光、保暖三种功能，在某种程度上决定了室内物理环境的舒适性，因此，基于这些功能的窗牖设置显得格外重要。

通风是一个系统，从街区聚落的形式到建筑组群的布局方式，直至窗牖的设置作为该系统中的最后一个环节，均具有一定的关联性。窗牖的设置会随着面向环境的不同而产生一定的变化，与此相关的具有特殊通风条件的环境要素包括河道、天井等，面向具有良好通风性能小环境的界面，窗牖设置会有特殊的考虑，一般该界面均极其通透，以增大风能进入室内的可能性。

通过窗墙比以及窗扇采光率的计算与分析可见，江南地区传统住宅建筑的窗牖设置基本能满足生产、生活需要。对采光材料发展的脉络梳理也可看出，其不仅影响到了室内的采光效果，同时还对窗扇中的棂格图案起到了某种程度上的决定性影响。

保暖与通风实则是两个相互矛盾的方面，通过缩小洞口的方式进行保暖显然不利于通风，因此在窗牖的设置方面需要进行一定的权衡。相较通风效果来说，江南传统住宅中窗牖基于保暖功能方面的设置并无太多优势，可见保暖在江南传统住宅中没有得到特别的重视。

通风是气候环境中对江南传统住宅窗牖设置层面相对最重要的影响因素，在满足这一要求的基础之上，同时又能保证其他基本功能方面的需求。

7.4　窗牖设置与人为活动的关联性

江南地区优越的自然条件、稳定的社会秩序、丰富的物产、繁荣的经济均为此地区的居民提供了优厚的物质生活基础，人们在满足基本生活需求之后，有了更多的精力与财力去追求审美与情趣，从而营造出一种安逸、精致的生活氛围与品质。

窗牖的设置不仅仅与气候环境有一定的关联性，同时也受到人为活动的影响。这一节，将主要从隐私、景观、观念以及家具陈设这几个与人的活动有关的方面，讨论它们是如何影响窗牖的设置。

7.4.1　基于隐私功能的窗牖设置

对于窗牖的隐私功能，一方面是住宅建筑群与外界间的安全与隐私需求，即住宅群落对外需起到防御性的作用；另一方面则是在住宅群落室外与室内的界面沟通时的隐私需要，尤其是对卧室这种对隐私要求非常高的空间来说，需要通过窗牖的特殊设置来满足私密性的需求。

1）对外的防御措施

江南传统住宅受到礼制观念影响，表现出极强的内向性，城镇多进院落式住宅除楼厅二层的山墙面上偶有设置通风功能的气窗之外，对外院墙的界面上基本无窗牖设置。对于村落的一些住宅，尤其是苏州东、西山的传统住宅，由于其地处苏浙皖三省交界处的特殊性，历代常有盗匪出没，院墙均用高墙封闭，防御性是其主要目的。并且由于用地的限制以及没有太过强烈的礼制观念制约，其楼厅较多，相比城镇多进院落式住宅而言，在院墙对外的界面上有较多的开窗。因此，窗扇的设置对于防御性的要求显得格外重要。

以苏州西山明月湾村礼和堂内外界面的窗牖设置为例。该住宅中入口不在正轴线上，门厅在边落而且有楼，俗称闸楼，正厅、内厅在一条轴线。由主入口进入后为门厅及附属用房，一层沿街的墙体开窗洞，设木板窗（图 7-89），窗台距室外地坪高 2100mm，

图 7-89　苏州西山礼和堂的木板窗

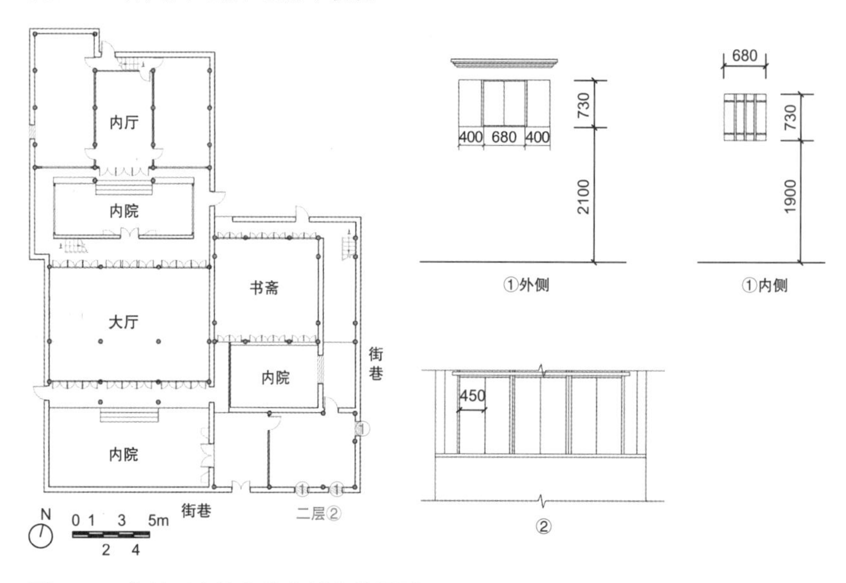

图 7-90　苏州西山礼和堂木板窗设置图示

距室内地坪高 1900mm，窗洞的大小为 680mm×730mm。窗洞间设木棂条以防盗，窗扇为整面木板，窗洞上约 200mm 处砌砖做窗檐以防雨水（图 7-90）。门厅二层朝南面柱间均设连续木板窗。

苏州西山有较多与上述木板窗类似的窗牖设置方式，做法独特精致。洞口通常做成喇叭口形式，木板窗通过窗轴旋转外开，开启后窗扇恰巧可以安放在喇叭口的位置，洞口上方有四层叠涩砖做窗楣，起到遮挡雨水的作用，同时具有一定的装饰性（图 7-91）。

此外，苏州东山陆巷古村中窗牖的设置对防御性有进一步的提升。在窗扇外侧另贴一层砖细，甚至有在窗洞外侧再加设铁质的防盗栏杆的情况。江南传统住宅中，在院落式住宅每进之间封火山墙上的墙门外侧加砖细的情况较为多见，防盗的同时亦能起到防火的作用，而在窗扇外贴砖细的做法仅在苏州东山陆巷古村惠和堂中遗存（图 7-92），较为特殊。

因为远离城市，建筑受到三纲五常的封建儒家观念影响较弱，建筑群落的内外界面上会开设一些窗洞。但这些窗洞充分考虑了防御性的要求：首先，这些洞口的位置设置得都很高，洞口也较小；其次，窗扇的构造做法也考虑到了一定防御性的要求，充分保证了住宅内使用者的安全。

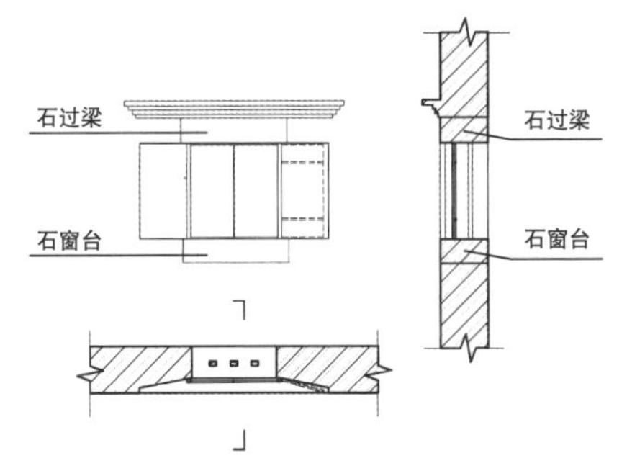

图 7-91　苏州西山木板窗构造详图

图 7-92　苏州东山惠和堂砖细贴面窗

针对窗牖的防御性功能，客家土楼与开平碉楼中的窗牖设置可以说是其中最具代表性的案例。

土楼多位于客家民系与福佬族群的交汇处，地势险峻，古时强盗肆虐，是适应聚族而居的生活和防御性需求而产生的特殊住宅形式。土楼多为四层，一般一、二层对外均不开窗，以防敌人爬窗入室；三层以上开窗，考虑防卫因素，窗洞都较小（图 7-93），比例较为瘦高，有利于瞭望和射击。

开平碉楼是中国传统社会向近代社会过渡阶段主动接受外来文化的产物。建筑中窗户的防御性相比江南地区具有更高的需求，需经受住盗匪长时间的翘砸、射击等而不被轻易破坏，因此在材料选择、机关装置等方面的优势更为突出[37]。窗户分为内外两层，外层以铁质的金属板做窗扇，其厚度接近 10mm，盗匪难以使用刀等工具进行破坏，这是第一道防线；第二道防线是洞口中设置的铁栏杆，直径约为 20mm，每根相距约 150mm（图 7-94），盗匪即使打开了最外层窗扇也不能直接进入室内。最内侧安装推拉式或双扇内开的传统木窗扇。一层窗户最小，约 400mm×500mm，窗台高度 2m 左右，使来犯之敌难以将窗户作为突破口进入室内，二层以上洞口逐渐变大。

江南地区的传统住宅中，以防御性为目的而设置的窗牖，与上述两种情况相比，材料选择得更为传统，防御性效果略低。

图 7-93　具有防御功能的土楼界面

图 7-94　开平碉楼中具有防御功能的窗

2）内部的私密需求

门、窗是联系室内外的媒介，它们将室内外空间连接起来，使内外空间相互贯通、相互渗透。家庭生活需要公共开放性的场所与外界社会交往融合，同时也需要私密性较高的场所来从事家庭和个人的私密活动，尤其在传统社会中封建思想根深蒂固，女性常常被限制在内部空间中。因此，通过窗牖设置而形成的私密空间尤为重要。

这种具有私密性功能的窗牖设置多体现在内厅建筑上。

以苏州西山明月湾村裕耕堂中卧室窗为例。裕耕堂出于用地的限制以及建筑规模的原因，建筑功能分区不是特别严格。第一进明间为大厅，两次间则为卧室。由于大厅以及院落的公共性，考虑到私密性的需求，次间安设槛窗的同时，在内部再加设 530mm 的格子棂格窗栏。隔扇窗窗台的高度为 1135mm，低于常人的视线高度，可以较为轻松地观察到卧室内部的情况，而加上棂格窗栏后，高度可到达 1665mm（图 7-95）。明清时期成年人的视线高度远低于这一高度①[38]，因此这一设置对于室内空间的私密性具有一定的保障。

江南传统住宅中类似于这种窗牖设置的方式有：苏州东山陆巷古村遂高堂（图 7-96）、绍兴鲁迅故居（图 7-97），栏杆的高度均在 500 ～ 550mm。

①通过对天津蓟州区桃花园墓地 2004 年和 2005 年出土的 171 例成年人骨标本的身高推算，得出桃花园组男性居民的平均身高约为 167.19cm，女性居民的平均身高约为 152.89cm。[38]

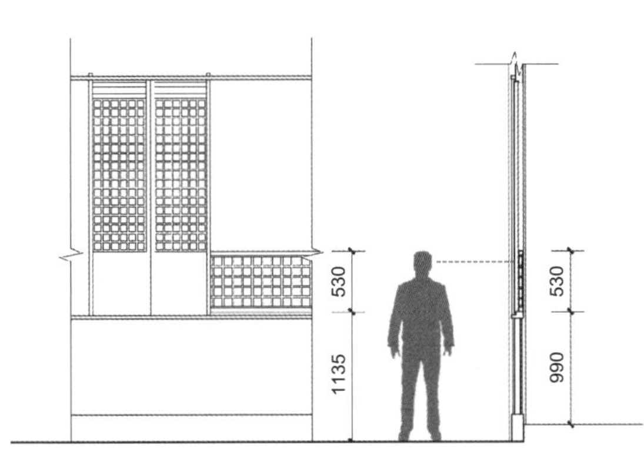

图 7-95　苏州西山裕耕堂卧室中的窗栏

图 7-96　苏州东山遂高堂中的窗栏

图 7-97　绍兴鲁迅故居卧室的窗栏

此种窗牖设置方式与徽州传统住宅中的护净窗类似，它是基于私密性功能的窗牖设置的优秀典范（图 7-98）。为了保证私密性，窗洞外侧设计有镂空或者浅浮雕的窗栏，用于遮挡外人视线。资料显示，护净窗多设置在厢房，依据窗栏底部与窗台的高度关系，有两种不同的形式。窗下木板壁的高度一般都为 1450mm 左右，窗栏的高度为 500mm 左右。相比本章所指的江南地区而言，护净窗使用广泛并且窗台高度更高，体现出对私密性的更高要求，这与徽州地区社会生活等诸多方面，均受到封建社会宗族礼法等级观念的浓重影响有关。

另外一种基于私密性的窗牖设置常见于商业街两侧。

这些建筑多分布在商业街两侧“下店上宅”的住宅中，其二层虽也为卧室的功能，但却与院落式住宅中单独作为卧室功能使用的内厅窗牖设置有所差异。院落式住宅的内厅中，二层的柱间均安设通长的窗扇，而此类型传统住宅的二层，则较少有整个界面都开窗的情况，多为只开两扇或四扇（图 7-99）。这样的设置与前者相比，卧室中采光与通风的舒适度必然大大降低。

图 7-98　徽州民居中的护净窗 [39]

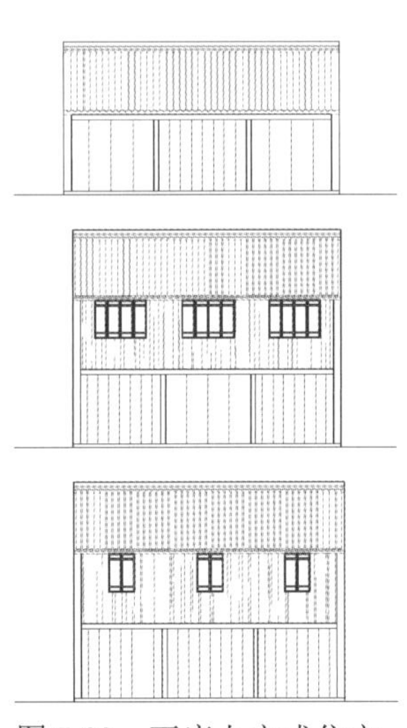

图 7-99　下店上宅式住宅的沿街界面

图 7-100　南浔商业街的沿街界面

商业性住宅的一层一般安装排板门，也有特殊情况，例如浙江湖州南浔古镇中，一层设通排的长窗代替，但在上方的棂格处会在外侧悬挂木板，起到隔绝视线的作用（图 7-100）。推断这一区域的商业功能并非全天开放，仅在一天内某一时段中具有商业功能，而在闭市的时间段中，面向商业街的空间仍然需要一定的生活私密性，因而出现此做法。

7.4.2　基于景观功能的窗牖设置

窗牖经过几千年的发展，已从最开始时的采光、通风、防御等基本物质功能上升到一定的精神功能与审美价值层面。江南传统住宅的居住环境中具有丰富的景观要素，上一节中分析了它们的局部小环境的气候调节作用，而在本节中主要讨论其作为自然环境的景观功能，即如何通过窗牖设置营造出具有一定审美趣味与精神境界的氛围。

1）住宅外部景观

（1）游赏性河道

明代后期，南京作为陪都，远离京城的政治统治，经济、文化的发展空间都比较自由，艺术化的生活风尚影响深重。最为突出的便是秦淮河两岸的艺术生活，秦淮乐伎是明代中后期出现的社会生活中最为浓墨重彩的表现。这部分的河道与上一节中不同的是，后者多是为生活服务，而此部分中的河道则更具审美趣味与玩赏功能的性质。

以南京城南糖坊廊 61 号河房的沿河界面为例（图 7-101）。它始建于清中期，陶姓房主世代居住于此，故又称陶氏老宅，现仍为陶氏私房。建筑的平面呈菱形，大门位于西侧中部，宾客经过雕花门罩进入菱形天井后，可直接进入面水的厅堂，并不影响后楼内眷的清静。后楼与街巷之间设小庭院，隔离了街道的嘈杂，颇具匠心。两进二层为跑马楼，三间七架，沿河一层设弓形轩，二层高大轩敞（图 7-102）。第一进临河，西南面为秦淮河，面河的界面一层轩柱间设槛窗，槛窗窗台高度 1065mm，栏杆设于外侧，内侧设有木裙板，夏季时可以将木板拆除以达到更好的通风目的。二层在廊柱间设隔扇窗，窗台较高，约 1300mm（图 7-103）。

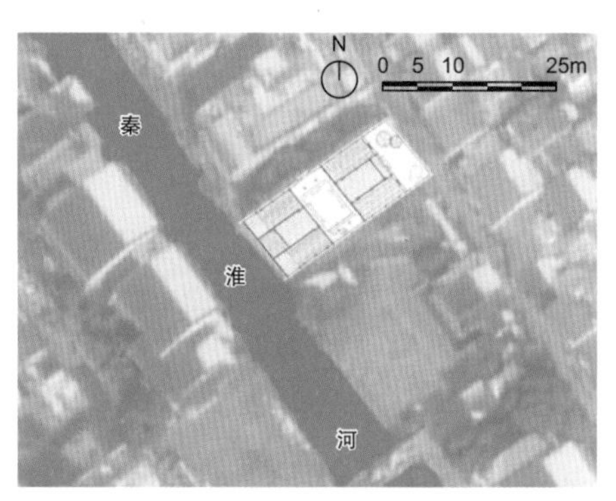

图 7-101　南京沿秦淮河的糖坊廊 61 号（平面引自参考文献 [40]）

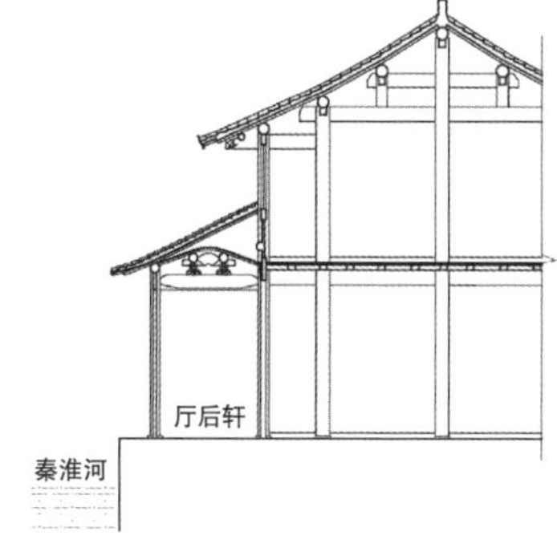

图 7-102　南京糖坊廊 61 号沿河剖面 [41]

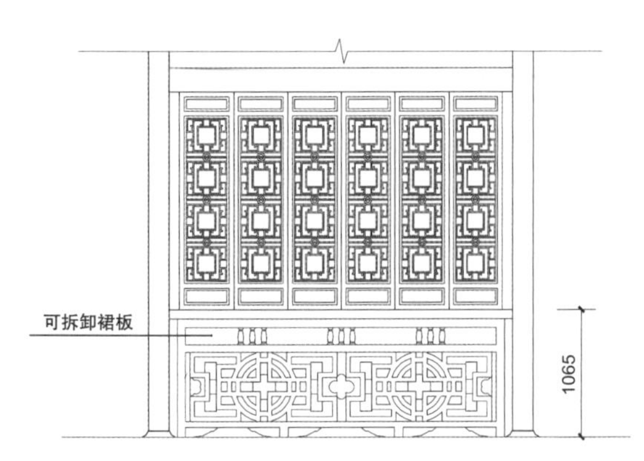

图 7-103　南京糖坊廊 61 号沿河界面窗牖设置

另如南京李香君故居，又称媚香楼（图 7-104）。其地址和建筑的原真性在学界曾有一定的争议，但现状中建筑背面有水门遗址，大体判定现存建筑具有一定的历史价值 [29]。建筑坐北朝南，最后一进背面面向秦淮河，一层现状为槛窗，下层裙板被现代修缮替换为玻璃围护，沿河一层外部设美人靠（图 7-105），二层沿河界面开通长隔扇窗（图 7-106）。原有做法现在已无可考，但是根据现状特征仍可判断，住宅的北向面向具有景观性质的秦淮河，非常开敞通透（图 7-107），并且尤为精巧。

由此可见，当河道的性质由生活需求转变为景观功能，两岸的建筑也不再因朝向不同而出现具有差异性的建筑布局与窗牖设置。无论是河道的南岸或北岸、东岸或西岸，面向河道的界面均成为住宅的主要界面，窗牖设置得精致通透，一方面，可以最大限度地将河道的景色纳入住宅的内部空间中；另一方面，沿河界面同时也作为河道中观光者眼中的景色，在满足生活需求的同时还具有一定的审美性。

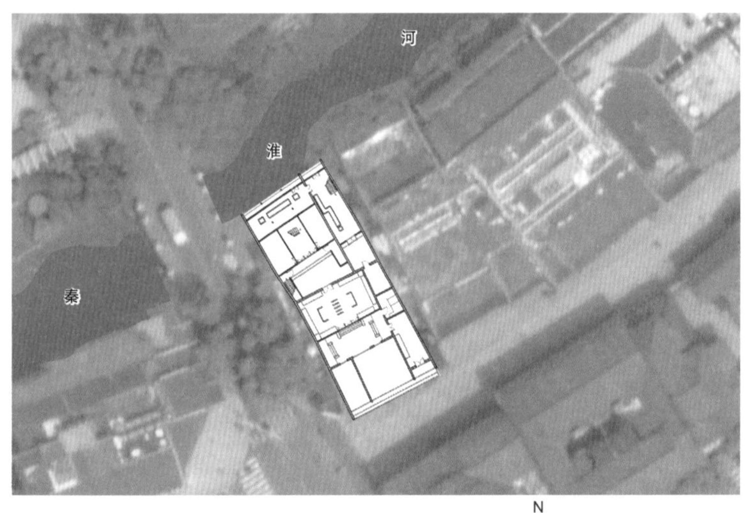

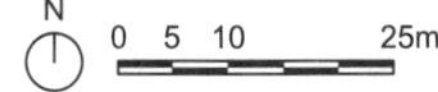

图 7-104　南京沿秦淮河的李香君故居

图 7-105　南京李香君故居一层沿河界面设美人靠

图 7-106　南京李香君故居二层沿河界面设隔扇窗

图 7-107　南京李香君故居沿河界面

（2）临河街市

临河街市具有融合河道景观要素以及商业集市特殊使用功能的特征。例如苏州黎里古镇，空间格局清晰，有一条东西向的中心市河，住宅沿河布置，两岸的住宅错落长 1.5km 有余，自元代开始沿河凉棚大量出现，镇上有俗语："晴天不打伞，雨天不湿鞋"，是水乡古镇中较为典型的景观特色。同时，这种住宅类型中的窗牖本身也作为一种景观要素而存在，但其设置与传统商业街相比并无太大的区别。一层为商铺做排板门，二层做隔扇窗，通常不是柱间满开，而是做四扇或六扇。究其原因有二：其一，此种"下店上宅"的住宅类型的使用功能性质未有太大改变；其二，尽管其外部环境空间具有一定的景观性质，但仍作为工商业者的一般性普通住宅，不比秦淮河两侧的住宅等级已上升到游历宴请的功能层面。因此可见，窗牖设置的首要因素为建筑中的使用功能，其第一要义还是作用于空间的使用者，其次才是满足精神境界层面的设置。

2）住宅内部景观

李渔在《闲情偶寄》中提出"开窗莫妙于借景"[42]，计成《园冶》提出"夫借景，林园之最要者也"，"纳千顷之汪洋，收四时之烂漫"[18]。这些开窗的妙处多是针对园林建筑而言。住宅群落不比园林空间丰富，由于建筑性质的不同，两者存在一定的差别。住宅中基于景观功能的窗牖设置，分为如下两种手法：框景与借景、漏景与对景[43]。

（1）主落天井中的窗

江南传统住宅中位于主落的建筑单体基本都严格遵循宗法礼制的要求，受到一定的制约，但在满足这些要求的前提之下，窗牖的设置在景观功能层面上做到了极致。除去园林部分，主落中的天井是其中景色最为丰富的部分。天井常常与备弄共用一处院墙，前文已对备弄中的窗牖设置总结了一定的规律。私家备弄中的漏窗通常在朝向院落一侧的墙体上开设，在满足基本通风功能的前提之上，充分考虑其设置本身所形成的景观效果。

以苏州东北街李宅为例，内厅和堂楼之间设有进深约 20m、面阔 15m 有余的庭院，视野非常开阔，四周设有连廊环绕以连接内厅和堂楼的交通，东、西、北三侧的高墙上开漏窗共 45 个，漏窗中的图案形态各异（图 7-108）。西侧与忠王府八旗奉直会馆四合院共用高墙；东侧通过备弄相隔的是边落区域，相对应的是边落四面厅所在的庭院，园内种植高大乔木，通过高墙上漏窗的设置，另一个院落中的景色也渗透到主落的庭院中，似有似无、似远似近；与北面高墙相邻的则是内厅北面所设的蟹眼天井，一方面漏窗的设置更有利于增强该天井中的通风效果，另一方面，漏窗本身也具有一种景观效果，形成一种若有若无、似隐似现的特殊的朦胧感（图 7-109）。

起到这一景观作用的窗牖类型多为漏窗，达到漏景（亦称泄景）的景观作用，同时，漏窗的位置又能恰好与天井中的景色相对，再透过一系列连续而变化丰富的漏窗，步移景异，欣赏漏窗自身具有装饰性的精美图案的同时，亦能感受到内外空间的渗透与融

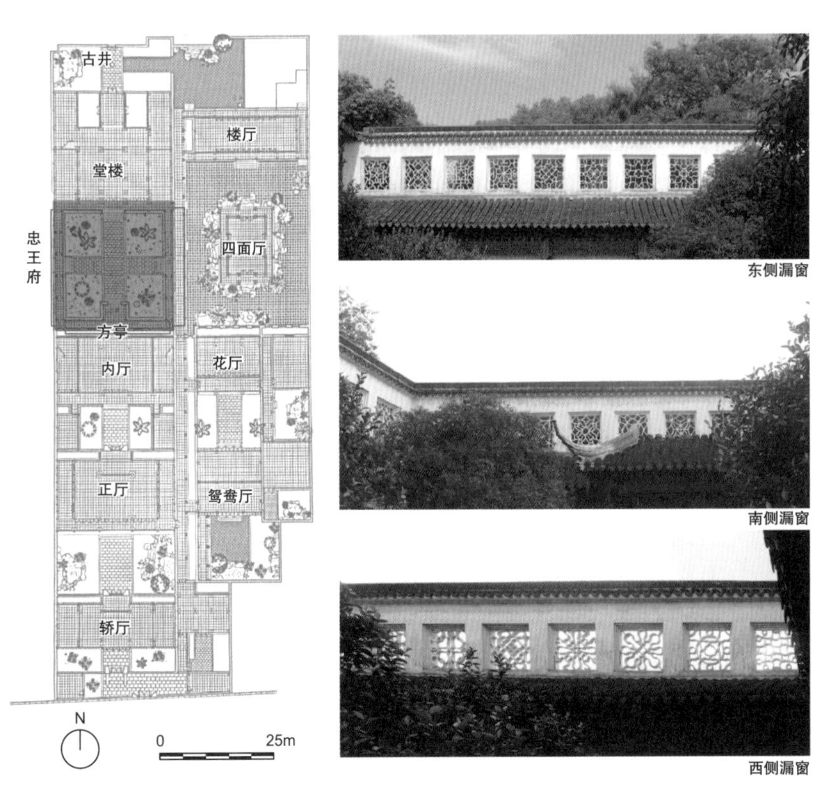

图 7-108　苏州东北街李宅庭院漏窗（平面引自参考文献 [16]）

图 7-109　苏州东北街李宅庭院漏窗的漏景效果（立面引自参考文献 [12]）

合以及窗后景色的变化。这种情况下也有不做漏窗而采用普通平开隔扇窗取代的实例。例如无锡薛福成故居主落备弄中窗扇，每隔 4 ～ 5m 设一扇，洞口面积为 1.2m 宽 ×1.5m 高，窗台高度约为 1.2m（图 7-110）。相比而言，隔扇窗缺少了漏窗所起到的漏景的景观作用，是一种不太可取的窗牖设置方式。

图 7-110　无锡薛福成故居备弄设隔扇窗

尽管位于备弄中的这些窗牖与园林中曲折的回廊相比，明显缺少了一些游赏性和审美艺术效果，但在需要满足一定宗法礼制观念的住宅的中落，也大体能感受到其中的景观特色。

（2）边落建筑中的窗

园林中的建筑尤为注重游赏的功能，在窗牖的设置方面也有很多基于不同景观功能的设置，这里仅讨论具有住宅轴线的园林建筑，即书斋与花厅中的窗牖设置。一方面，由于这类建筑不处于住宅的主落轴线中，无须过分强调宗法礼制观念，与主落轴线中每进的单体建筑具有相似性的窗牖设置规律不同，更具有多样性；另一方面，由于功能的特殊性，空间需要具有一定的生活与审美趣味。因此，这类建筑中的窗牖设置具备了较多的景观功能。

以苏州网师园殿春簃为例。其为一独立的小院，坐北朝南，主体建筑为三间厅带一夹屋，三间厅为会客空间，夹屋则为书房功能。建筑将小院分为南、北两个空间，南部为一个大院落，散布着山石、清泉、半亭，小院实中有虚，藏中有露，景观要素丰富而又不觉局促。面向南院的正面，会客间正面明间设隔扇门，中间开启，两侧余塞板也同样做窗扇形式，但不可开启。次间设槛窗，窗台高度为 860mm。西侧书房正面开槛窗，窗台高度 850mm。建筑背面的北墙外设有天井，芭蕉翠竹倚窗而栽，并配有湖石。会客间背面明间作花窗，次间做支窗，窗台高度均为 1020mm。窗扇均安有大面积的采光玻璃（图 7-111），书房背面同样做有大面积采光玻璃的支窗（图 7-112）。

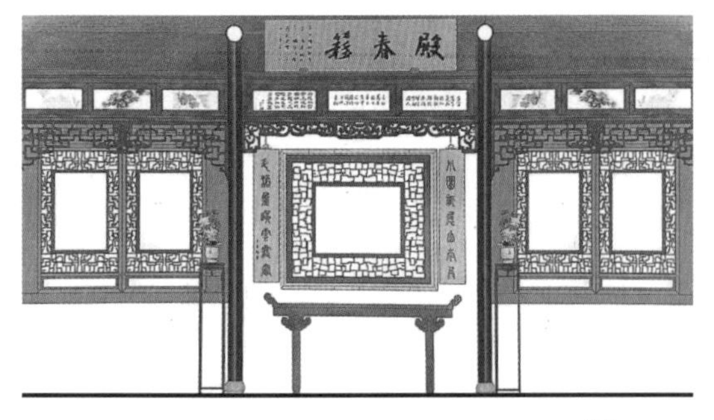

图 7-111　苏州网师园殿春簃背面窗牖设置 [44]

图 7-112　苏州网师园殿春簃西侧书房支窗的框景

苏州网师园殿春簃通过窗牖设置，尤其是将背面天井中的景色有意识地用窗的边界来框定，会客间形成了虚实变化的框景，书房形成连续的框景效果，使屋外的景色成为一幅生动、丰富的画面。框景的艺术景观功能使得使用者可将视线集中于画面的主景之上，室外的景色则作为构图的前景，给人以强烈的视觉冲击与艺术感染力。

框景与借景的景观效果源于李渔《闲情偶寄》“便面窗”①[40]的做法。“尺幅窗”“无心画”即在建筑墙壁窗洞的外围裱纸作框，通过借用窗外的景色以形成一幅浑然天成的画面，在室内便可感受到宛若处于自然世界中，以达到一种虽为人作、宛自天开的境界与目的。开口的通透，使得窗牖具备开敞取景的作用，通过窗框有限范围的限定，划分出特定的景物范围，为欣赏者规划了一个特定的审美角度。

上述两种窗牖所起到的不同的景观作用，分别是天井环境中漏窗所起到的泄景与对景的景观效果，以及园林建筑中大面积的特殊开窗方式以达到的框景与借景的景观目的。两种类型的景观效果都需要通过洞口的元素以及不同的景观要素来组织，使得窗牖与景色呈现出一种相互依存的关系。

7.4.3　其他

1）观念的影响

（1）强调入口的重要性

江南传统住宅中的入口空间是很重要的空间要素，尤其大门作为住宅的门面，得到了主人的高度重视，常对其进行特定形式的处理或装饰，如砖雕、石雕等以表现门第的体面。常可见到住宅正门上做月梁，并精雕细刻，与旁边两开间朴素的形式形成很大对比，以显示入口的重要性。

例如苏州震泽师俭堂沿街界面在主入口上方的窗，与相邻两次间的窗牖设置有所差异（图 7-113，图 7-114）。北侧沿街面的一层均为商业街两侧常见的排板门，正门上方，木梁雕刻精细，装饰华丽，与两侧简陋的铺面形成强烈的反差。二层也具有同样的表达方式，明间设和合窗，其余间檐柱间均设隔扇窗，从而突出入口的重要性。

① “四面皆实，独虚其中，而为‘便面’之形。实者用板，蒙以灰布，勿露一隙之光；虚者用木作框，上下皆曲而直其两旁，所谓便面是也”。

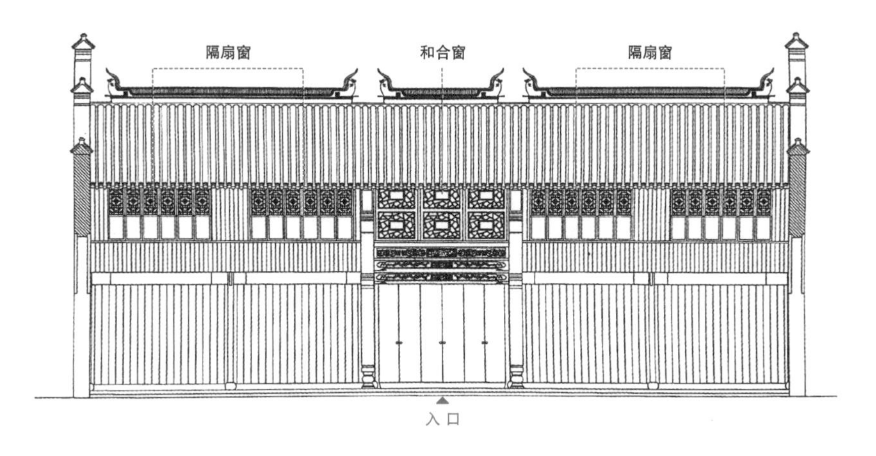

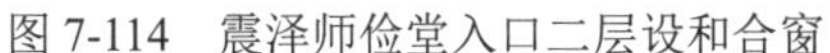

图 7-113　震泽师俭堂的门厅界面（立面引自参考文献 [13]）

图 7-114　震泽师俭堂入口二层设和合窗

图 7-115　周庄沈厅入口 [45]

又例如苏州周庄沈厅入口，与上述震泽师俭堂的入口设置类似（图 7-115）。一层明间为住宅入口，做六扇墙，门外钉竹片保护，大门上方设雕刻精细的木梁，上方二层的窗牖设置与其他间均不同，做三扇支窗，窗下不做通常的裙板，而是用镂空的隔扇隔断代替。除明间外一层均为商业之用，做排板门，二层均设隔扇窗。可见，入口处建筑构件的等级以及装饰性均强于两侧，由于要突出表现入口的重要性，窗牖的设置方式也存在一定的差别。

（2）礼制的僭越

苏州东北街李宅面阔五间，但由于“庶民庐舍，洪武二十六年定制，不过三间五架，不许用斗栱，饰彩色。三十五年复申禁饬，不许造九五间数，房屋虽至一二十所，随其物力，但不许过三间”[46]，因此在稍间做半窗，呈现出“明三暗五”的格局（图 7-116），属于满足礼制的一种僭越之法。这种情况较为特殊，是笔者对于营造过程中的猜想，调研过程中未找到其他可以佐证的实例，但在采访苏州过汉泉工匠的过程中，他也提到了此种礼制的僭越之法，所以应存在一定关联。

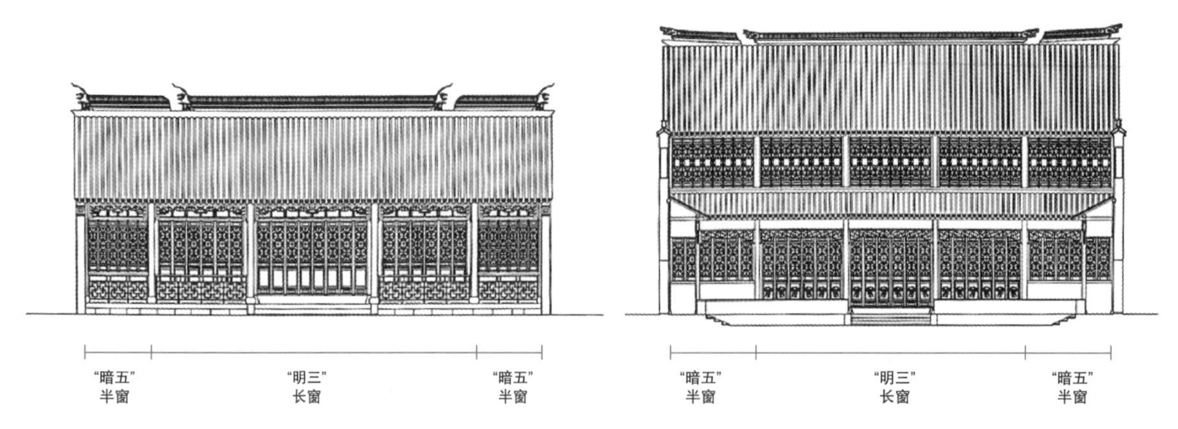

图 7-116 苏州东北街李宅大厅（左）与楼厅（右）“明三暗五”的窗牖设置方式（立面引自参考文献 [15]）

2）与家具陈设的关联

江南传统住宅中不同功能建筑单体根据其功能、形制规模，室内家具的陈设也各具特色，通过一几一榻的不同设置，来反映该空间的氛围，从而与所处建筑及环境互相统一，达到和谐一致。家具陈设在大厅、内厅、书斋这几种功能的建筑单体中具有一定程式，因此在这些厅堂中，窗牖的设置与家具布置的关联性并不明显。而在园林建筑中，由于建筑布局、功能等各方面都具有一定的趣味性，家具的陈设也并非统一，有时会根据窗牖的设置来布置家具。

以同里退思园中的几处园林建筑为例，分析其中的关联性。

岁寒居位于中庭的南部，坐南朝北，南向为一进深约 3m 的院落。仅在明间开八边形窗，主人与其好友常于冬日在此赏景，围炉品茗，透过居室的八边形花窗，庭院中的蜡梅、苍松、翠竹通过花窗的框景作用浑然天成一幅“岁寒三友图”。八边形窗扇被分割成了 9 个部分，上下两层均做冰裂纹图案，中间两侧为向外开启的窗扇，中间不可开启。窗下置一榻，宽度约与花窗窗洞同宽，榻两边各置一高脚花几，高度与窗台同高。又例如退思园主体建筑退思草堂，山墙面开八边形花窗，窗台高 1300mm，窗下置一几，几宽与八边形窗洞底边同宽，两边各有一太师椅。花窗在起到框景的景观作用的同时，在室内家具布置陈设方面也起到了一定的平衡与趣味作用（图 7-117）。

江南经济发达，居民已逐渐不满足于基本的温饱生活，而是追求更精致体面的生活品质以及具有一定高度的精神世界，这些人文背景进一步影响了传统住宅的营造，包括窗牖的设置，显示出江南地区高超的传统营造技艺。

私密性是居住环境营造的首要目的，而界面上必须设置的通风、采光洞口，会在一定程度上对私密性造成影响，但可通过洞口的位置、大小设置以及特殊的窗扇形式来隔绝外界人员以及内部视线的通达，以营造出一种具有安全感的居住空间。建筑组群外围的洞

(a) 同里退思园岁寒居

(b) 同里退思园琴房

(c) 苏州耦园西园方亭

图 7-117　窗牖设置与家具陈设的关联

口通过设置得较高、较小来达到目的，而建筑内部则是通过窗扇本身的特殊构造形式来达到需求。

景观功能虽不是窗牖所具备的基础功能，但是由于江南特殊的自然地理与人文条件，这一作用表现得格外突出。一方面，窗牖的设置可以达到不同的景观手法，来丰富室内的空间环境，继而营造出住宅内部更为崇高的精神世界；另一方面，界面有时也会成为景观要素本身，窗牖的设置在其中也起到了至关重要的作用。

此外，观念对于窗牖的设置也产生一定的影响，而窗牖与家具陈设之间的关联性则多见于园林建筑中。但无论是人为活动哪一方面对窗牖设置的影响，这一作用都是积极的，体现了传统营造技艺的精华。

7.5　发达地区传统住宅窗牖设置的特征比较

历史上的发达地区如长三角地区、环渤海地区以及珠三角地区，存在较稳定的区域和持续发展的基础，具有建筑和人口密度大、生活富裕、文化昌盛、技术水平高等相似的特征。优越的自然和人文条件使得这些地区的传统住宅具备优秀的智慧经验与成就，以及进一步继承与发扬的必要性。由于三个地区的气候条件差异很大，因此通过对传统住宅窗牖设置的特征比较，可以总结出如何通过不同的设置方式来满足不同需求的规律。

7.5.1　环渤海地区的窗牖设置

1）区域概况

根据现有的行政区划，参考历史上的经济、人口密度、文化等因素，确定环渤海地区的范围包括：北京、天津、河北的沿海地区，以及辽东半岛与山东半岛，属于中国热工分区中的寒冷地区与严寒地区。冬季寒冷是这一区域的主要气候特征，因此，该区域传统住宅中的保温采暖措施，是营造过程中首要考虑的因素。

2）保温采暖主导的窗牖设置特征

（1）寒冷地区

通过三个不同类型——城市街区、沿海聚落、村落庄园中的传统住宅的窗牖设置进行特征的总结。

①城市街区

以山东济南将军庙历史街区与山东临清中洲历史街区中的传统住宅四合院为例。传统四合院一般平面为长方形，一进或二进院落，大门位于前院的东南或西北角，称为门楼。总体上看，由于特殊的地理和人文环境，交通便利，南北交流频繁，因此建筑体现了南北方融合的独特风格。但上述两处历史街区的保存状况欠佳，仅能从某些零星的现状中判断分析传统住宅不同界面的原状。

济南将军庙历史街区鞭指巷 9 号正房[47] 原为两层，推测一层原为长窗，窗扇比例同江南地区类似，二层为花格隔扇窗，高度 1400mm，宽度约为 700mm（图 7-118），江南地区的传统住宅中未见过设在该位置的同种窗扇。正房两次间的入口分别朝两侧设置，下方为一组隔扇组成的平开门，上方则是用于采光的横风窗，约为 750mm 见方。四合院中的厢房由于无法接受到阳光的直射，窗台高度都设置得较低，约 900mm，一般明间设门，次间开窗。一般都只在建筑的正面开窗，背面不常开窗，而在山墙面上，距离屋脊下方 600 ～ 700mm 处一般会设置很小的通气孔洞，有利于室内烧炭取暖的排烟（图 7-119）。

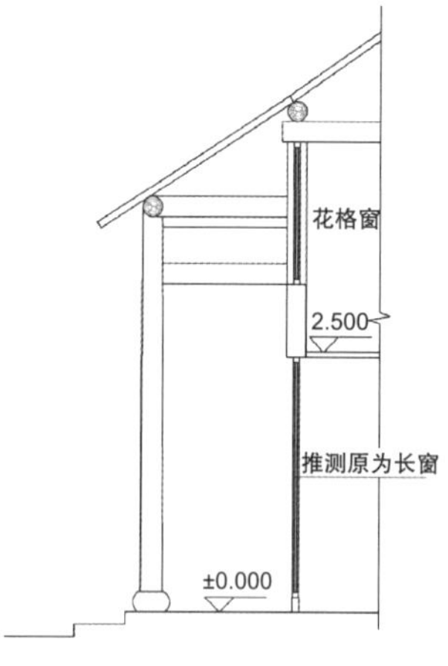

图 7-118　济南鞭指巷 9 号正房前檐部分剖面

临清中洲历史街区中单家大院的厢房界面与江南地区的住宅中单体建筑的正面基本类似。明间在轩柱间做长窗，窗扇的大小约为 2700mm×540mm，长宽比约 5 ∶ 1，次间做槛窗，设窗下板，窗台高度为 1260mm，窗上皆做横风窗（图 7-120）。除去次间槛窗的窗台较江南地区整体较高外，其余界面的做法包括窗扇的比例均与江南地区基本相似。

总体来看，上述两个街区所处的城市冬天不采用北方常见的烧火炕取暖的方式，而是依靠室内燃烧炭盆取暖，因此，生活方式与江

(a) 厢房明间设门，次间设窗

(b) 正房界面

(c) 山墙屋脊下设气窗

图 7-119　济南传统住宅的不同界面

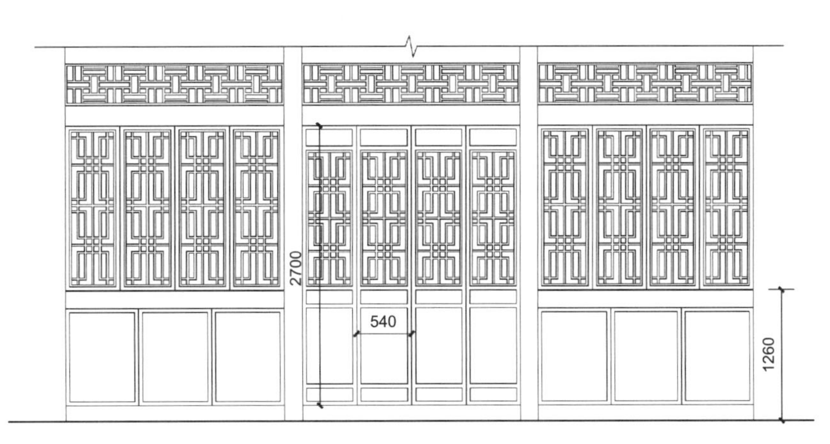

图 7-120　临清单家大院厢房界面

南地区相比无较大的区别。另外，由于历史原因，交通便利，南北交流沟通顺畅，因此除去这些地区由于太阳直射角较低，住宅院落进深都较大外，传统住宅中的一些构造细部及具体做法，包括传统住宅中明间设长窗、次间设槛窗，形成通排隔扇窗的窗牖设置特征，与江南地区传统住宅具有较多的相似性。

②沿海聚落

沿海聚落中的传统住宅从建筑群体的布局形式、建筑单体到细部构造，主要是考虑防风的问题。

以威海市东楮岛村、八河孔家村的海草房聚落为例[48]。聚落中的传统海草房建筑空间符合北方宅院的营造原则，以四合院为单元，纵横有致分布构成了聚落的形态。村落中的住宅均坐北朝南，直接面向海风的界面上设木板窗，以达到防风目的。山墙面则采用石头垒砌的实墙，不设窗。对于村落中街巷内部，建筑中朝北的背面仅有明间开窗，窗台高 1.4m 以上；建筑南向的正面则每间均开窗，窗台高度约 1.2m。但不论是北向还是南向的建筑界面，窗扇的类型均为双层窗（图 7-121）。

木板窗的窗扇大体分为两种形式：一种是直接用木板作为窗扇，另一种更为考究，是在木板窗的外层再加设一层棂格作装饰。双层窗的窗洞多为喇叭口形式，内大外小，起到防风作用，内部为平开窗，外部是支窗（图 7-122）。一般都选用通长的石料做窗台，以保证结构稳定。

(a) 直接面海界面设木板窗

(b) 背面与正面窗洞口比较

图 7-121　威海东楮岛村海草房的不同界面

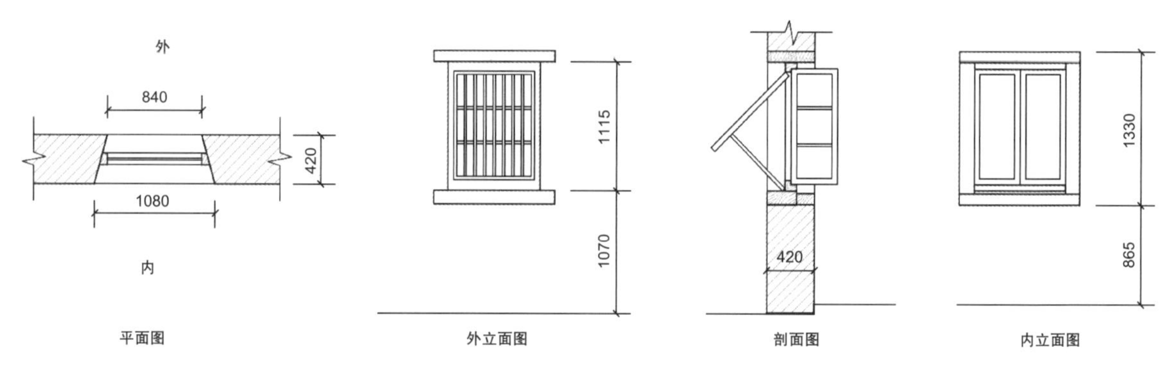

图 7-122　威海东楮岛村海草房双层窗详图

沿海聚落传统住宅中的建筑营建以防风功能为第一要义，因此，建筑中的窗牖设置也形成了与江南地区差异较为明显的表现：①建筑的南面开窗多，北面开窗少，洞口小；②直接迎风面多用木板窗；③双层窗使用广泛，内层为平开窗，外层为支窗。

③村落庄园

庄园是大地主家族数代人聚族而居的地方，平面为多路多进式。建筑较一般性住宅而言规模更大，功能分区也相对较为明显，但又不及深受封建宗族礼法影响的江南地区。庄园中的建筑功能主要分为会客、居住、农舍、佛堂等，此节主要依据会客功能与居住功能建筑单体的窗牖设置进行特征与规律的总结。山东省烟台市栖霞市牟氏庄园是现存较为完好的封建地主庄园，繁荣时期的牟氏家族是中国近代史上最富有的地主之一。庄园建于清雍正年间，后不断扩张规模，直到 20 世纪 30 年代形成现今的规模。庄园坐北朝南，共 6 个院落和 480 余间房屋。每个院落中都包含了会客功能与居住功能等，院落形式与江南地区的院落式住宅组群相似，大致呈中轴对称的布局模式（图 7-123）。

图 7-123　烟台牟氏庄园平面图 [49]

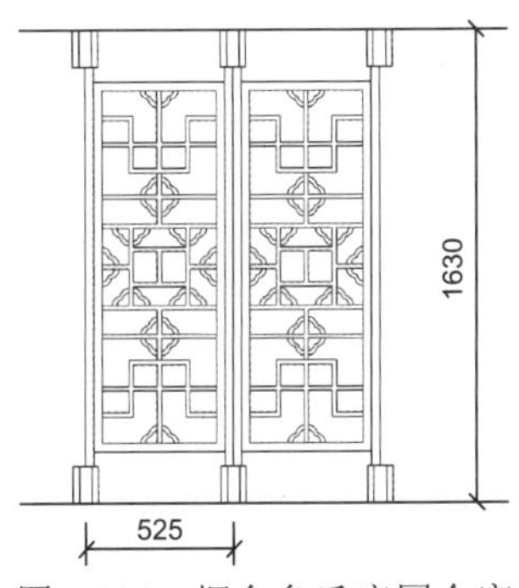

图 7-124　烟台牟氏庄园会客厅可单独拆卸的隔扇窗扇

以东忠来院落轴线中作为会客功能空间的大厅忠来堂的窗牖设置为例，其面阔五间，砖木结构。正面明间做长窗四扇，正常情况下仅开启中间两扇。次间设花格窗，窗台高度约为 1.2m，花格窗的开启方式不同于江南地区，每扇窗扇为单独设置，只能拆卸不可开合（图 7-124）。背面明间设门，其余每间均仅做两扇平开式花格窗（图 7-125）。

烟台牟氏庄园中的居住功能建筑普遍采用烧炕的取暖方式，火炕的高度约 770mm。以西忠来轴线居住空间小姐楼为例。对整体建筑而言，建筑正面每间都开窗，一层窗洞较大，洞口大小约为 1955mm×1660mm，窗台高度约为 1.4m，二层的窗洞相比较小；建筑的背面则非每间开窗、不开窗或者开高窗，与作为会客功能使用的大厅建筑相比，开窗方式较为封闭（图 7-126）。对位于一层的窗扇而言，尽管有较大面积的洞口，但其窗扇的划分方式具有一定的地域特殊性，仅有中间两扇为通过铰链开启的对开平开窗，两侧约 500mm 宽，上方 700mm 高，为不可开启的封闭窗扇，仅有采光功能（图 7-127）。对于位于正房前东西两侧的厢房建筑，在明间的门之上以及每间设置的直棂窗之上外加横风窗进行采光（图 7-128）。

此外，又如山东滨州市魏氏庄园，是鲁北住宅建筑的典型代表。以北大厅前东厢房的窗牖设置为例，一层作为起居功能，窗洞较大，为直棂窗，不可开启；二层作为卧室功能使用，窗洞小，外侧为直棂窗，内侧做木板窗。而建筑的背面仅在明间的二层设置木板窗，外侧砖墙则为直径仅为 560mm 的圆形洞口（图 7-129）。在其他窗牖的设置方面也表现出与牟氏庄园相似的特征：

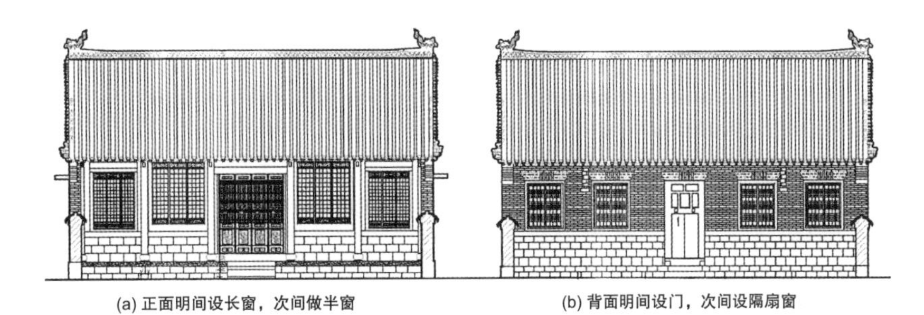

(a) 正面明间设长窗，次间做半窗　　(b) 背面明间设门，次间设隔扇窗

图 7-125　烟台牟氏庄园忠来堂立面图 [50]

(a) 正面每间均开窗

(b) 背面开小窗、高窗或不开窗

图 7-126　烟台牟氏庄园小姐楼正面与背面窗牖设置比较

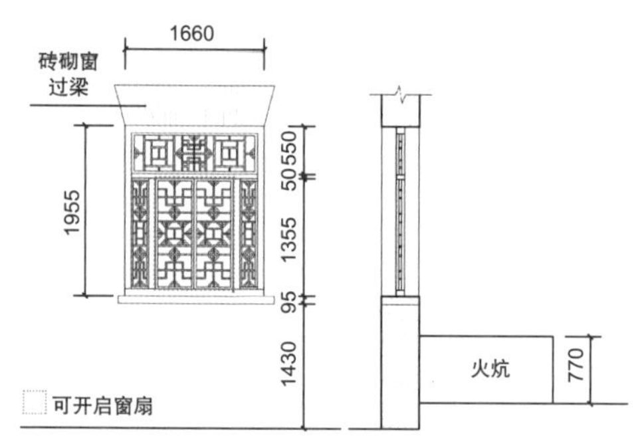

图 7-127 烟台牟氏庄园的卧室窗

图 7-128 烟台牟氏庄园横风窗的设置

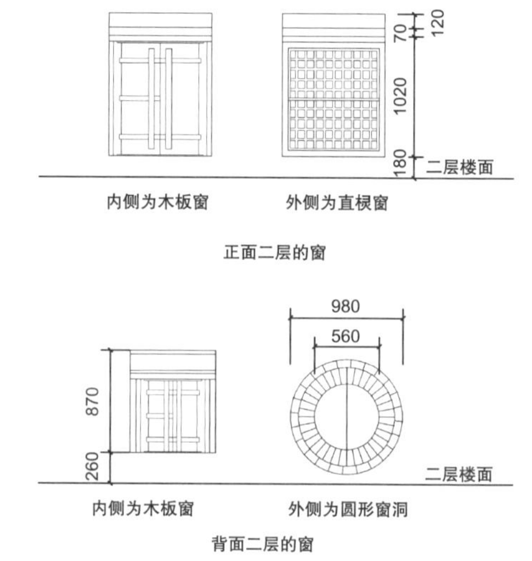

图 7-129 滨州魏氏庄园厢房窗牖设置

a. 会客功能的建筑单体中，正面明间设长窗，次间设花格窗，较为通透，界面的图底划分与江南建筑具有一定的相似性。

b. 作卧室功能的寝楼建筑中，正面窗户设置得较多，洞口也较大，背面则较少、较小或不设，与会客空间相比更为封闭。多设置直棂窗和支摘窗。

c. 门与窗上多设置面积较大呈方形的横风窗以采光。

（2）严寒地区

依据中国热功分区的建筑设计要求，位于严寒地区的建筑必须充分满足冬季保温的要求，一般可不考虑夏季防热。该地区以沈阳故宫中几处较有代表性的寝宫为例，进行窗牖设置的说明。沈阳故宫内普遍采用火炕取暖的方式，炕的高度与在寒冷地区的山东相比更低，山东地区的炕高为 700 ～ 800mm，沈阳故宫内的炕则仅有 600mm 高。

以清宁宫为例，作为皇太极与皇后的寝宫，同时也是祭祀和宴请的场所，是典型的满族传统住宅（图 7-130）。整体来看，建筑的正面，除了其中东次间柱间设门外，其他都设窗，山墙上不开洞口，建筑的背面仅东侧三间设窗洞。由于火炕高度较低，窗台也设置得很低，仅有 780mm 高，支窗窗洞大小约 1.7m 宽，2.3m 高，支窗以上均设横披窗，每扇略成方形，面积很大，是不能开启、仅作为采光功能的窗扇（图 7-131）。又如永福宫与麟趾宫是皇太极皇妃的寝宫，正面每间都设直棂窗，不能开启，窗上同样设有横披窗，而建筑的背面，仅有明间开窗，窗台的高度与清宁宫类似，仅 790mm 高。

沈阳故宫中乾隆年间建筑作为乾隆东巡时的寝宫，例如介祉宫和继思斋，其正面与背面都设置有双折支摘窗（图 7-132），在北京故宫中常见。下层是摘窗，通过金属合页构件与上层窗扇相连，窗扇不能拆卸，使用时将下层窗向上翻折，或是将其翻折过后与上层支窗一并支起，从而达到不同的使用目的（图 7-133）。

《营造法原》[3] 中关于“风窗”的描述：“有于正间居中，照二扇长窗阔度，另立边枕，配一阔窗，其中部辟一长窗，单面开关者，称为风窗。”这种风窗的形式在北方多见，沈阳故宫中亦有此实例（图 7-134）。正间居中的长窗前，依照两扇长窗的宽度设置独立的边枕做窗樘，上面再做一横披窗，横披窗下配单扇的外开长窗。这样的设置是由于长窗体量太大，开启不便且不利于保暖，这种帘架的做法冬天可以挂门帘保暖，夏天可挂竹帘，一举多得。从这个角度也可反推，长窗的类型和形式更适合夏季的通风而

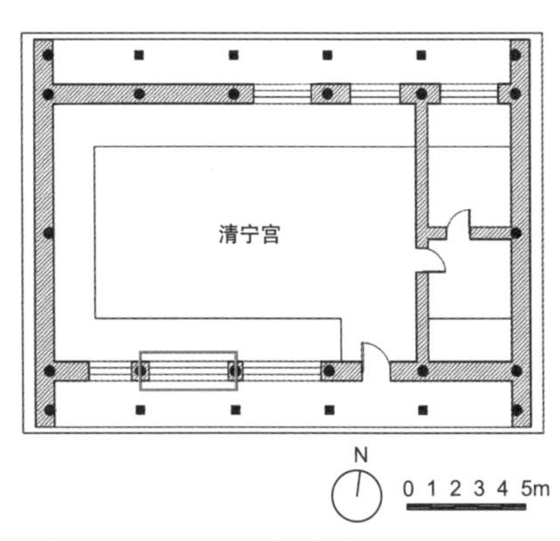

图 7-130　沈阳故宫清宁宫

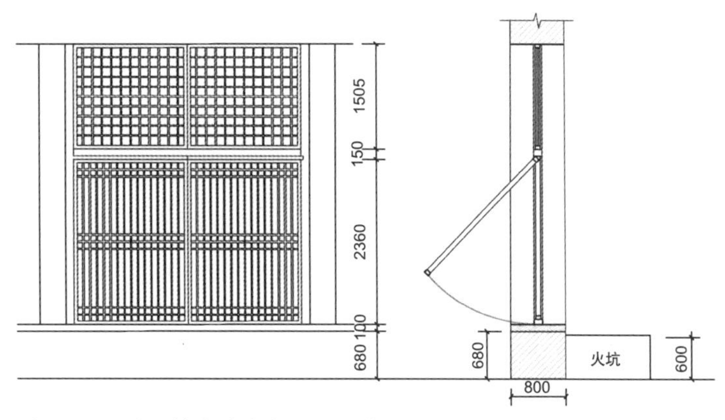

图 7-131　沈阳故宫清宁宫正面的窗

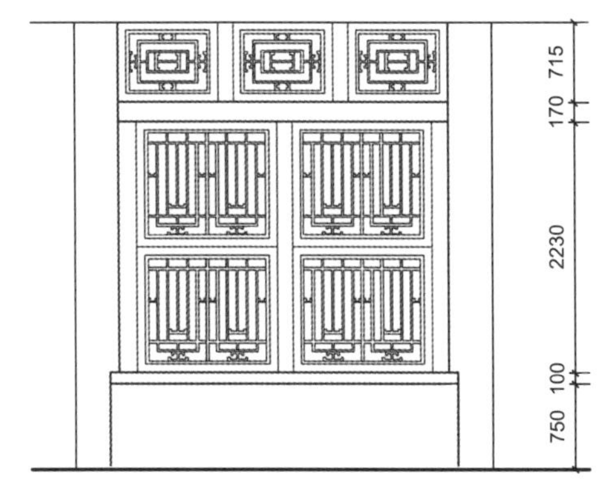

图 7-132　沈阳故宫介祉宫背面双折支摘窗

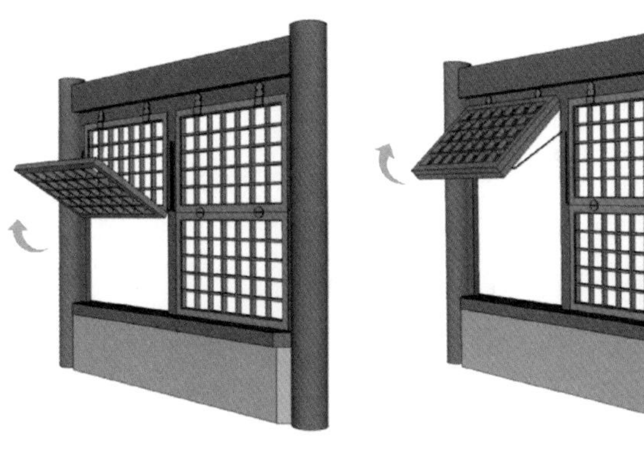

图 7-133　双折支摘窗的使用方式 [51]

保暖效果不佳，因此，长窗在江南地区注重通风的需求下使用广泛，而在环渤海地区的传统住宅中则不多见。

图 7-134　沈阳故宫明间风窗示意

概括沈阳故宫中的窗牖设置，有如下明显特征：由于位于严寒地区，纬度高，太阳高度角低，窗台的高度设置得很低，窗洞的面积很大。对于窗扇，支摘窗与横披窗使用广泛。

3）特征总结

环渤海地区气候恶劣，天气寒冷，海风肆虐，窗牖设置与江南相比，更多地仍是建立在满足日常基本需求的前提之上，缺少一定的审美意味与生活情趣。具体来说，不采用烧炕取暖的建筑，例如部分城市街区中以及庄园中的会客空间，其使用和生活方式与江南地区类似，因此，窗牖设置与江南传统住宅具有一定的相似性；而对于使用火炕取暖方式的空间而言，由于主要的使用活动空间均围绕火炕展开，生活方式的差异也造成了建筑工艺以及窗牖设置方面具有较为明显的地域特征，有如下几点：

（1）除去山东济南城市中的街区多是通过地下泉水的走向来确立建筑的朝向之外，其他地区的住宅均是坐北朝南，并且对这一朝向需求度颇高。建筑的正面面向南面，每间均会设窗；而建筑的北向界面，窗洞设置得较少，洞口也较小，窗台一般较高。

（2）保暖与采光的不同功能在窗牖设置方面具有一定的矛盾性，但在不同的地区需要权衡不同的比例。山东地区的窗台高度约为 1.2 ～ 1.4m，较江南地区更高，目的是更好地保暖；沈阳故宫内窗台高度则为 800mm，较江南地区则低，目的是获得更多的采光。

（3）环渤海地区的传统住宅中窗扇或门的上方通常会加设面积较大的横披窗，在通常设置的窗扇中也有较多不可开启的部分，起到采光作用的同时可获得更佳的保暖效果。

（4）对于窗扇的类型而言，双层窗和支摘窗运用广泛。

7.5.2　珠三角地区的窗牖设置

1）区域概况

依据国家发展和改革委员会《珠江三角洲地区改革发展规划纲要（2008—2020 年）》，珠三角地区的规划范围以广东省的广州、深圳、珠海、佛山、江门、东莞、中山、惠州和肇庆市为主体，辐射泛珠江三角洲区域，并涵盖港澳地区。而在清代，广州府治涵盖当今广州市、佛山市、中山市、珠海市、东莞市全部，江门市、深圳市大部，惠州市北部龙门县以及清远市区部分。此外，根据地形条件，将广州府周边的平原地区囊括，即江门市西部、肇庆市东部与广州市相接地区。语言分区上，在区划上去掉客家话片区，即东莞市东部。另外，据史料记载，在清乾隆之前，肇庆府是两广总督驻地，乾隆之后方才迁至广州府。所以，在研究珠三角范围时，虽肇庆府山地居多，经济也不如广州府发达，但考虑到政治影响，仍将肇庆市纳入。由此确定了本次研究的珠三角区域即以广州府为核心，包括广州市、佛山市、东莞市、深圳市、中山市、珠海市、江门市、肇庆市以及清远市南部的清远城区。

以上所指珠三角范围位于中国热工分区的夏热冬暖地区，根据建筑热工分区及设计要求，处于该气候分区的热工设计要求必须充分满足夏季防热的需求，一般可不考虑冬季保温。而对于夏季的防热，主要体现在通风、遮阳、隔热等方面，窗户作为沟通建筑内外的媒介，在夏热冬暖地区中的设置方式显得尤为重要。

2）通风隔热主导的窗牖设置特征

珠三角地区由于受到西方影响较早，各项观念和意识都较为先进，不仅体现在建筑风格的中西合璧上，同时也体现在窗户更为多样和实用的特点上，无论是种类、构件、开窗方式还是采光材料，与其他地区相比都显得较为先进以及多样。现以园林建筑、西关大屋、碉楼等不同实例总结其窗牖设置的地域特色。

（1）庭园住宅——以余荫山房为例

余荫山房始建于清同治三年（1864 年），原主人邬彬告老归田后聘请名工巧匠，吸收江南园林的建筑艺术精华，并结合具有地域特色的闽粤园林建筑艺术风格，兴建了这座以布局精细、小巧玲珑的艺术特色著称的广州四大名园的代表之作（图 7-135）。窗牖的形式多样，并且通过窗牖分割而形成的建筑界面，与其他地区较为规律以纵向为主的界面相比有一定的差异，表现得更为丰富。其中具有地域性特征的窗牖类型包括百叶窗、满洲窗、海月窗等。

百叶窗是平衡通风、隔热、采光之间矛盾的理想形式。木质的百叶可以安装在内部的一根竖向的木杆上，以此来统一控制倾斜角度，操作方便，并且可以满足不同的使用需求，以达到通风、控制采光、遮蔽阳光风雨等多种目的，同时又能保证良好的室内私密性（图 7-136），通常设置在传统住宅的山墙面上。

满洲窗指开满整个界面的隔扇窗，形式与江南传统住宅中的槛窗类似，区别是满洲窗中没有槛窗中夹堂板等此类构件，而是整个窗扇中都辅以内心仔的采光材料。余荫山房中的玲珑水榭为八角亭，临水的八个界面均采用满洲窗，海棠棱角式的棂格花纹镶嵌透明玻璃来采光（图 7-137）。

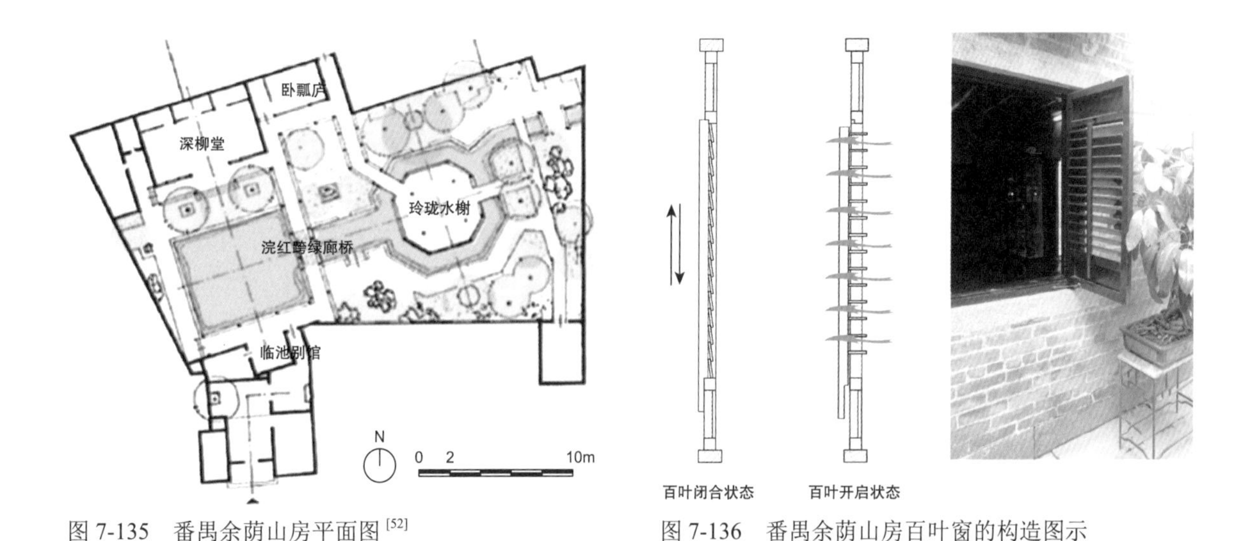

图 7-135　番禺余荫山房平面图 [52]

图 7-136　番禺余荫山房百叶窗的构造图示

(a) 卧瓢庐满洲窗

(b) 玲珑水榭中的满洲窗

(c) 廊道海月窗

图 7-137　番禺余荫山房中的特殊窗牖

满洲窗是可以推拉开启的方斗窗，由满族人南下岭南引入。在纵向上通常分割成 2 ～ 3 段，窗扇形状接近方形。棂格的图案通常为集中式构图，且题材多受西式风格影响，装饰纷繁。余荫山房卧瓢庐南侧主要界面即采用蓝白玻璃相间的满洲窗，透过窗格可以欣赏四季之景，从单层的蓝色玻璃向庭院看像冬天的雪景，两层蓝色玻璃重叠之后，窗外景色仿佛是深秋季节。满洲窗推拉之后可以完全打开，打开之后外侧还设有一层仅有棂格的透空窗扇，在最大限度地满足通风、采光功能的同时，依旧强调了园林主人的精神追求（图 7-137）。

海月窗中的原材料来源于海月壳，贝壳极扁平、半透明，壳呈白色显现云母的光泽，广泛分布于东海和南海。如余荫山房玲珑水榭、浣红跨绿廊桥及连廊的横披等，据统计，余荫山房中共有海月窗 38 组，共 58 扇。蚝壳作为采光材料的使用可以将自然光扩散透射进入室内，降低了太阳光直射的光照强度，呈现出柔和的美感，以获得更完美的艺术效果。海月窗与江南传统住宅中明瓦窗的材料基本类似，与之相比，由于材料的利用更加便捷，海月窗的运用更为广泛，更能体现“就地取材”的优越性 [52]（图 7-138）。

对于窗牖设置形成的界面处理形式上，以余荫山房主体建筑深柳堂与书斋临池别馆为例。

图 7-138　番禺余荫山房主体建筑深柳堂界面

深柳堂是园主会客之所，位于园中方形水池池北，厅堂前有开阔的檐廊。歇山顶，面阔三间。在面向水池的主要界面明间设长窗，每扇大小约为 560mm×3600mm，比例与江南相似，但江南长窗中裙板、夹堂板等构件在此已逐渐演化成隐刻的图案，棂格的图案也更具一定的西式风格，并且采用了彩色玻璃为采光材料，与江南传统住宅具有较明显的差异。两侧次间设和合窗，窗扇窗宽比例更接近方形，窗台高度约 1080mm，窗下设板可拆卸。窗上均设横风窗，但全部镂空不做采光材料（图 7-138）。

临池别馆原是书斋，与上述深柳堂隔池相对，为硬山顶建筑。明间中间开两扇平开隔扇门，两侧开以细密的冰纹花隔断涂金作装饰的假窗，假窗的窗台高度以及隔扇门裙板高度均较低，为 850mm。上部同样设有不加任何采光材料的镂空横风窗（图 7-139）。

从余荫山房中的窗牖设置可以看出，由于是庭园住宅，窗扇在满足其物质功能的同时，均具有较高的审美性。抛开审美性这一特点，设置方面与江南传统住宅相比有如下特征：建筑的山墙面常设百叶窗；窗牖的开启方式更为多样，有推拉或支摘；界面形式由不同的图形图案构成，显得更加丰富。

（2）传统住宅——以西关大屋为例

西关大屋是清末广州富商在城西西关角一带兴建的具有广府地域特色的传统住宅类型，通常占地面积较大，平面布局以三间两廊的平面形式为最小单元，砖木结构。

图 7-139　番禺余荫山房临池别馆立面 [53]

以西关民俗博物馆为例，分析其中具有特殊性的窗牖设置。头房即长辈房，设在正厅之后，与正厅之间采用镂空的雕花屏门进行隔断。每扇屏门内心仔的两侧设有轨道，安装一块可以向上推拉的木板，不用时将其安置在裙板的位置，提供良好的通风和采光条件；晚间休息需要达到一定私密性的需求时，则将木板推到上方，遮盖住镂空的部分，避免与正厅产生视线的交流（图 7-140）。

图 7-140　广州西关大屋屏门上的推拉木板

西关大屋中的天窗做法特殊，在屋面上设置可以横向推拉的轨道，通过垂落的绳子牵引以控制天窗的开启闭合。此种天窗不仅发挥了采光的功能，还能完全开启，以增强室内的通风效果（图 7-141）。岭南传统建筑中此种天窗的设置较为常见，与江南地区传统住宅中仅作采光功能的天窗相比，增设了开启功能，可见岭南地区对于通风的需求更为强烈。

水窗同样具有地域特征，出现时间相对较晚，类似现代建筑中的矩形天窗，整个开间均开窗，有些水窗位置较高的住宅也可在靠山墙边开门，使用者可以通过阶梯通到屋顶平台（图 7-142）。此外，隔断不到顶、屋檐下端设置通长联排的通气窗（图 7-143）也同样是岭南传统住宅西关大屋中的窗牖设置特色。

（3）碉楼建筑

碉楼始建于清初，大量兴建是在 20 世纪 20 ～ 30 年代。民国时期战乱频繁、匪患猖獗，开平又因地理的特殊性而交通便利，同时侨眷的生活条件优渥，因此，土匪多集中在此作案。为了保护人员以及财产的安全，各式各样碉堡式的住宅应运而生。

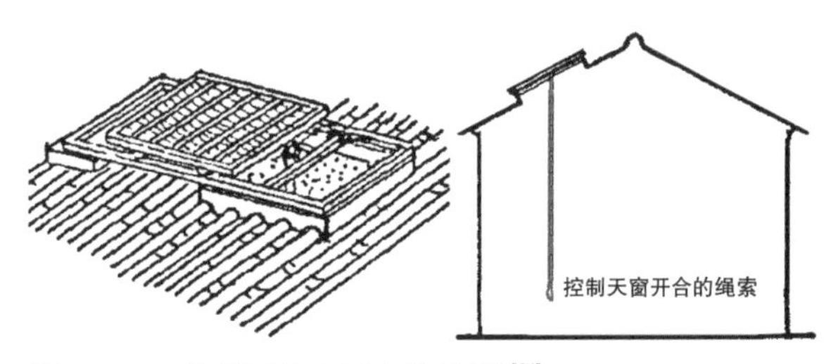

图 7-141　广州西关大屋中的天窗 [54]

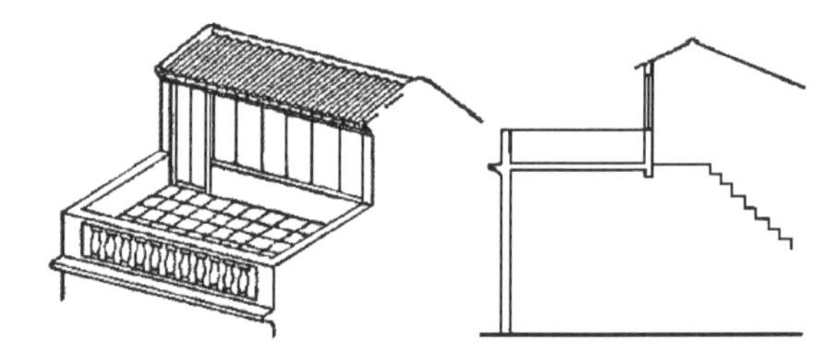

图 7-142　广州西关大屋中的水窗 [54]

(a) 通过绳子控制的可推拉式天窗

(b) 水窗

(c) 屋檐下的联排通气窗

图 7-143　广州西关大屋中的特殊窗

碉楼窗户的防御性较强，与江南地区起到同样功能作用的窗牖设置相比，防盗的材料更具现代性。碉楼住宅中使用铁皮构件，代替江南传统住宅中同样具有防盗功能的窗户采用的木板或砖细贴面，一方面可见珠三角地区因为地理的特殊性，传统住宅中对于防御性的要求更高，另一方面这一特征也反映了珠三角传统住宅的建造中，更多地运用了西方技术，并将其融入本土文化中。开平碉楼中的窗户有非常接近现代式样的推拉窗，并且在砌筑墙体的过程中便预留有窗扇开启的轨道和位置，以保证获得最大的通风采光量（图 7-144）。

图 7-144　开平碉楼中的防御性窗

碉楼的特殊性质决定了其防御功能是首要目的，但在窗牖营建的过程中，对于这一需求却没有以牺牲居住舒适度为代价，而是在充分考虑并满足生活的基本需求之上，再附加具备防御性的特殊需求。

3）特征总结

珠江三角洲地区炎热而潮湿的气候特点，决定了当地建筑需把通风、防潮、隔热作为营建过程中首要考虑的目标，其中窗牖的设置承担了重要的作用，需在通风与隔热两个矛盾的方面进行一定的权衡。珠三角传统住宅中的窗牖设置均具有如下的特点：面向天井院落的界面开大面积的窗洞；高处四面满周开窗；尽量满足窗洞开口的最大面积限度的通风量。这样的洞口设置创造了较为有利的通风条件，使得外部环境的风能够更好地进入室内，作用于空间的使用者[55]。

珠三角地区的居民是由古越人和中原移民融合而成的，他们在诸多方面都表现出一种开放、包容的心态，尤其是在面对外来文化时。这一特点也表现在窗牖的设置上：

（1）窗户的类型更多样。例如由北方或中原传入的和合窗、满洲窗、隔扇等形式上的借鉴，又如西方带来的彩色玻璃、百叶窗的使用等。

（2）开启方式与材料的使用均更具有先进性，如用垂落的绳索控制开合的天窗、推拉窗的雏形等。材料的使用如就地取材的蚝壳窗、具有防御功能的铁皮构件等。

（3）对于窗户的审美装饰角度，窗牖中的图案均具有一定中西合璧的风格。

环渤海、珠三角地区同江南地区一并作为自古以来的经济发达地区，在建筑营造的各个环节均体现了古人应对不同问题的智慧，窗牖设置作为古代室内外气候调节的最重要手段，在此过程中起到了非常重要的作用，形成一定的地域性。气候条件的差异是造成这一表现最为直接的原因。这一差异性导致了处在不同气候区的人们具有不同的生活方式，最为明显的就是北方火炕取暖的方式，但即便都采用此种取暖方式，严寒地区和寒冷地区仍然存在一定的差异。这一现象可以说明，无论是由于何种因素造成的窗牖营造方面的不同特征，均是以气候适应性为第一要义进行营建，环渤海地区涵盖了严寒地区与寒冷地区，保温与采暖是营建过程中需要重点关注的问题，洞口开得少，也较小，而珠江三角洲地区则注重建筑的隔热与通风，相对来说，洞口的大小和个数都更大更多，这些均可视为地理与气候条件的产物。而对于具体窗扇的审美性而言，则与该地区的人文背景具有一定的关联，如环渤海地区因为地理或历史条件的制约，窗牖的图案更具朴实性，而珠三角地区由于人口的迁移更具有多元共通兼容的特点，窗牖的装饰性更为丰富。现将三个地区窗牖设置的常见一般规律性特征进行如下的总结与比较（表 7-8）。

表 7-8　三个地区的窗牖设置比较

	江南地区	环渤海地区	珠三角地区
建筑热工设计需求	充分满足夏季防热，适当兼顾冬季保温	寒冷地区：满足冬季保温，部分地区兼顾夏季防热 严寒地区：充分满足冬季保温，一般可不考虑夏季防热	充分满足夏季防热，一般不考虑冬季保温
洞口需求	通风、保暖	采光、保暖、防风	通风、隔热
相似窗牖类型一	长窗	隔扇门	隔扇
典型案例	 苏州西山敬修堂大厅	 滨州吴式芬故居双虞壶斋	 佛山清晖园笔生花馆
安装位置	正面的明间或次间	正面与背面的明间	正面与背面的明间
开启方式	外开或内开，夏季可拆卸	多为内开，可拆卸，外侧加设风窗	整扇开启 / 部分局部开启（格心以中轴旋转）
窗扇形式	分为上夹堂板、心仔、中夹堂板、裙板与下夹堂板，窗扇高宽比约为 4 ∶ 1 ～ 6 ∶ 1	分为上夹堂板、心仔、中夹堂板、裙板与下夹堂板，窗扇高宽比略小	一般不设中、下夹堂板
相似窗牖类型二	和合窗	支摘窗	支窗
典型案例	 苏州震泽师俭堂厢房	 沈阳故宫介祉宫	 东莞可园可堂

续表

	江南地区	环渤海地区	珠三角地区
安装位置	厢房或园林建筑外檐	正面或背面明间	面向院落的界面
窗扇形式	一般情况设上下三层，每扇为横长方形	上下两段或不分段	上下设2～3层，窗扇为方形
开启方式	中间为上旋开启，上下两层为直接可拆卸窗	上扇支撑，下扇可拆卸	下扇固定，中间层与上层相连并起支撑作用
相似窗牖类型三	漏窗	—	漏窗
典型案例	 苏州西山敬修堂院墙	—	 佛山清晖园院墙
安装位置与特征	天井院落院墙或园林中；造型简洁	—	建筑界面普遍使用；洞口形式多样，装饰繁复，材料、颜色丰富
特殊窗牖类型	槛窗、横风窗	双层窗、横披窗	百叶窗、推拉窗、组合窗
典型案例	 湖州南浔懿德堂槛窗  南京秦大士故居横风窗	 滨州魏氏庄园双层窗  滨州魏氏庄园横披窗	 番禺余荫山房百叶窗  番禺余荫山房组合窗
窗牖主要材料	木、纸、透明玻璃、明瓦	木、纸、纱、透明玻璃	木、钢、透明玻璃、彩色玻璃、蚝壳
总体图案形式	形式多样，图案较为传统	通常为直棂，较为简洁，变化不多	图案性强，受西方风格影响明显
常见界面形式	正面：柱间均设窗，界面通透 背面：设檐墙或设天井	正面：明间设门，次间每间均设隔扇窗 背面：某几间设窗且洞口较小	正面：直接开敞或每间设窗 背面：开洞口较小的窗扇
常见窗台高度	1m左右	寒冷地区：1.4m左右 严寒地区：0.7m左右	0.9m左右

7.6 小结

窗，无论是在传统建筑抑或是现代建筑设计中，均是最具共鸣性的话题，尤其是在住宅建筑中。在以往众多的相关研究中，通常是将传统住宅建筑的窗牖作为小木作或是装修构件来讨论其制作工艺与装饰文化。本章试图跳出这一“误区”，将其置于不同建筑功能需求、气候环境以及使用方式中，从设计的角度来探讨传统住宅中影响居住舒适度的重要环节——窗牖设置的关联性因素。根据研究，窗牖的设置受到如下几方面的影响：

（1）建筑功能的使用需求是影响传统住宅中窗牖设置的决定性因素。不同类型的住宅与不同功能单体的建筑具有不同的使用性质，院落式住宅中的主落与边落，院落式住宅与商业性住宅等不同类型的需求，首先体现在单体建筑的等级、形制与结构上，从而进一步影响到窗牖的设置。

（2）江南的地理气候条件较为特殊，夏季的通风与冬日的保温同样重要，从窗牖的设置来看，夏季的通风降温主要依靠传统住宅正面的窗牖设置，而保温则是通过背面的建筑处理，后者也通常是江南传统住宅研究过程中易于忽视的方面。这些与室内居住舒适度的相关因素都不可能只依靠窗户来进行。窗牖作为建筑的表皮，是上述气候环境调节系统中的重要环节，与建筑群落中的天井院落等空间的处理联系紧密。

（3）人为活动在一定程度上影响了窗牖的设置。隐私、防盗同样作为窗牖设置的基本功能，在建筑的内外界面以及居住功能中有较多的体现，而基于对景观功能审美的认知，在注重功能的住宅中表现得并不突出，并且以往已有较多研究，本章仅略微提及。

通过上述对于影响因素的分析，总结出江南传统住宅中窗牖设置的一些规律，对于窗牖设置与不同因素影响下的建筑界面的关系进行了着重分析与讨论，并将此与环渤海、珠三角经济发达地区的传统住宅中的窗牖设置进行横向比较，可知窗牖的设置在某一地域中的表现与这一区域的气候环境条件有密切的关联。环渤海地区传统住宅对于采暖保温、珠三角地区传统住宅对于通风隔热的重视，明显区别于江南这一冬冷夏热地区，后者的研究则更细化、更系统、更关注不同界面的设计，兼具处理功能、气候与环境、活动与审美等多重问题。

一方面，尽管现代住宅的居住舒适度可通过被动式调节系统完成，但传统住宅中的窗牖设置经过历史发展以及建筑经验的积累与筛选，窗牖的设置与营造均已达到成熟水平，对现代住宅的窗牖设置依旧可提供一定的借鉴；另一方面，希望通过对实际案例的调研测绘，形成一定的科学性认识，为传统住宅中窗牖的多样化保护和修缮提供参考。

参考文献

[1] 陈从周 . 苏州旧住宅 [M]. 上海：上海三联书店，2003.
[2] 段进，季松，王海宁 . 城镇空间解析：太湖流域古镇空间结构与形态 [M]. 北京：中国建筑工业出版社，2002.
[3] 姚承祖，张至刚. 营造法原 [M]. 2 版 . 北京：中国建筑工业出版社，1986.
[4] 张英霖 . 苏州古城地图集 [M]. 苏州：古吴轩出版社，2004.
[5]（汉）赵晔 . 吴越春秋 [M]. 北京：中华书局，1985：165.
[6] 陈从周 . 山湖处处——陈从周诗词集 [M]. 杭州：浙江人民出版社，1985.
[7]（清）周徐彩 . 绍兴府志 [M]. 台北：成文出版社，1983.
[8] 史文娟 . 明末南京秦淮河房小考 [J]. 建筑史，2017（2）：141-149.
[9] 余怀 . 板桥杂记 [M]. 上海：大东书局，1931.
[10]（明）王士性 . 王士性地理书三种 [M]. 上海：上海古籍出版社，1993.
[11] 杨新华，卢海鸣 . 南京明清建筑 [M]. 南京：南京大学出版社，2001.
[12] 徐民苏，詹永伟，梁支厦，等 . 苏州民居 [M]. 北京：中国建筑工业出版社，1991.
[13] 刘延华，黄松 . 苏州师俭堂：江南传统商贾名宅 [M]. 北京：中国建筑工业出版社，2006.
[14] 顾蓓蓓 . 苏州地区传统民居的精锐：门与窗的文化与图析 [M]. 武汉：华中科技大学出版社，2012.
[15] 丁俊清 . 江南民居 [M]. 上海：上海交通大学出版社，2008.
[16] 苏州市房产管理局 . 苏州古民居 [M]. 上海：同济大学出版社，2004.
[17]（明）文震亨，李瑞豪 . 长物志 [M]. 北京：中华书局，2012.
[18]（明）计成，陈植 . 园冶注释 [M]. 北京：中国建筑工业出版社，1981.
[19] 潘谷西 . 中国古代建筑史：第四卷——元、明建筑 [M]. 北京：中国建筑工业出版社，2001.
[20] 无锡市规划局 . 无锡传统建筑特色调查和传承研究报告 [R]. 2018.
[21] 刘敦桢 . 苏州古典园林 [M]. 北京：中国建筑工业出版社，2005.
[22] 雍振华 . 江苏民居 [M]. 北京：中国建筑工业出版社，2009.
[23] 祝纪楠 .《营造法原》诠释 [M]. 北京：中国建筑工业出版社，2012.
[24] 张斌，王欣，陈波 . 浅议青藤书屋的理景艺术 [J]. 农业科技与信息（现代园林），2010（11）：17-19.
[25] 俞绳方 . 苏州民居 [M]. 北京：中国建筑工业出版社，2016.
[26] 竺可桢 . 中国近五千年来气候变迁的初步研究 [J]. 考古学报，1972（1）：15-38.
[27] 杨伟昊 . 江南传统民居建筑临水处理方式研究 [D]. 无锡：江南大学，2016.
[28] 张蕊 . 退思园造园理法浅析 [J]. 中国园林，2017，33（5）：123-128.
[29] 汤梦捷 . 李香君考证及故居修缮 [J]. 建筑与文化，2013（3）：73.
[30] 柳孝图 . 建筑物理 [M]. 3 版 . 北京：中国建筑工业出版社，2010.
[31]（战国）吕不韦 . 吕氏春秋 [M]. 上海：上海古籍出版社，1989.
[32]（南朝宋）刘义庆 . 世说新语 [M]. 北京：中华书局，1912.
[33]（晋）葛洪 . 西京杂记 [M]. 北京：中华书局，1985.
[34]（宋）范晔撰，（唐）李贤等注 . 后汉书 [M]. 北京：中华书局，1965.
[35]（唐）冯贽 . 云仙杂记 [M]. 北京：中华书局，1985.
[36] 中国科学院自然科学史研究所 . 中国古代建筑技术史 [M]. 北京：科学出版社，

2016.
[37] 薛小芬．开平碉楼的窗户设计研究 [J]. 艺术百家，2016，32（2）：248-249.
[38] 原海兵，李法军，张敬雷，等．天津蓟县桃花园明清家族墓地人骨的身高推算（Ⅰ）[J]. 人类学学报，2008，27（4）：318-324.
[39] 付姬萍．徽州古民居窗的设计与表达研究 [D]. 合肥：合肥工业大学，2017.
[40] 金磊．中国建筑文化遗产：12[M]. 天津：天津大学出版社，2013.
[41] 南京市规划局，东南大学．南京传统建筑特色研究 [R]. 2018.
[42]（清）李渔．闲情偶寄 [M]. 杭州：浙江古籍出版社，1985.
[43] 朱伟．江南园林的窗 [D]. 重庆：重庆大学，2005.
[44] 苏州园林设计院有限公司．苏州园林 [M]. 北京：中国建筑工业出版社，2010.
[45] 阮仪三．周庄 [M]. 杭州：浙江摄影出版社，2004.
[46]（清）张廷玉等．明史（全二十八册）[M]. 北京：中华书局，1974.
[47] 覃晓雯，卢珊．济南市老街巷研究与保护——以济南鞭指巷民居为例 [J]. 中华民居（下旬刊），2014（10）：237-239.
[48] 黄永健．东楮岛村海草房营造工艺研究 [D]. 济南：山东大学，2014.
[49] 孙大章．中国民居研究 [M]. 北京：中国建筑工业出版社，2004.
[50] 高鹏涛．栖霞牟氏庄园清末民居建筑营造体系研究 [D]. 北京：北方工业大学，2018.
[51] 王一淼．故宫古建筑外檐门窗样式与构造研究 [D]. 北京：北京建筑大学，2016.
[52] 薛思寒．基于气候适应性的岭南庭园空间要素布局模式研究 [D]. 广州：华南理工大学，2016.
[53] 郭卫宏，胡文斌．岭南历史建筑绿色改造技术集成与实践 [M]. 广州：华南理工大学出版社，2018.
[54] 刘溪．珠江三角洲传统窗式研究 [D]. 广州：华南理工大学，2006.
[55] 汤国华．岭南湿热气候与传统建筑 [M]. 北京：中国建筑工业出版社，2005.

第8章 结合地理条件与环境差异的南京城墙排水系统

8.1 依存山水环境构成的南京城墙营造思维

南京素因其山环水抱的独特地理形势而著称。自建城伊始，其城市规划和布局就与山水存在着密切的联系，作为限定城市边界的南京城墙，更是同山水环境有着直接的联系。本节对在山水环境影响下形成的南京城墙的布局和营造特点进行系统梳理、重点分析和总结，旨在揭示南方多雨水条件下的城市建设特点和智慧。

8.1.1 南京城墙营造概况

1）城墙布局及范围

明代南京都城由宫城墙、皇城墙、京城墙和外郭四重城垣环绕组成（图8-1）。目前习称的南京城墙一般指主体为明初建造的京城城墙，其总长35.267公里，囊括城域面积41.07平方公里。城墙形状不规整，有学者描述其为“呈非方、非圆的不规则的多角不等边的粽子形”[1]，又有学者称其形式是仿效宇宙天象的投射，是南斗与北斗二星的聚合[2]。从地理环境上看，城墙依山傍水而建，范围“东尽钟山之南冈，北据山控湖，西阻石头，南临聚宝，贯秦淮于内外。横缩屈曲，计周九十六里”①。设城门13座，自御道南端始，沿顺时针分别为正阳门②、通济门、聚宝门③、三山门④、石城门⑤、清凉门⑥、定淮门、仪凤门⑦、钟阜门⑧、金川门、神策门⑨、太平门、朝阳门⑩。

2）城墙构造

（1）高宽

南京城墙建造因地制宜，又分时、分地、分段而建，因而各处墙体的高宽没有定数，并有较大差异。一般城墙段外侧高度在10～20m不等，墙内高度略低于外侧，就山势而建的墙体内外高差尤为明显，有些地方内侧与山体齐平，甚至没有内壁墙和人工护土坡。

①（明）陈沂撰.金陵古今图考（明正德十一年刊本）。

②明时名称，下同。正阳门于1928年改名为光华门，系国民政府为纪念辛亥革命江浙联军由此进入光复南京城，喻“光复中华”，并沿用至今。

③1931年国民政府将其改名为中华门，并沿用至今。

④三山门为西水关陆门，因而又俗称水西门。

⑤石城门因靠近西水关，又为与水西门区别，故民间俗称旱西门，后被讹称为汉西门，并沿用至今。

⑥明洪武十二年（1379年）改名为清江门，最迟至万历年间又改回称清凉门。

⑦1931年国民政府将其改名为兴中门，取“振兴中华”之意，20世纪50年代曾被拆除，2006年重建，并沿用至今。

⑧因城门坐西朝东，故而俗称东门、小东门。

⑨清初清军曾于此大败郑成功，一度改名为得胜门，1928年国民政府又将其改名为和平门。

⑩一般认为1928年为迎接孙中山灵柩而建造的中山门叠压于朝阳门遗址之上，故今多以中山门一称代替朝阳门。

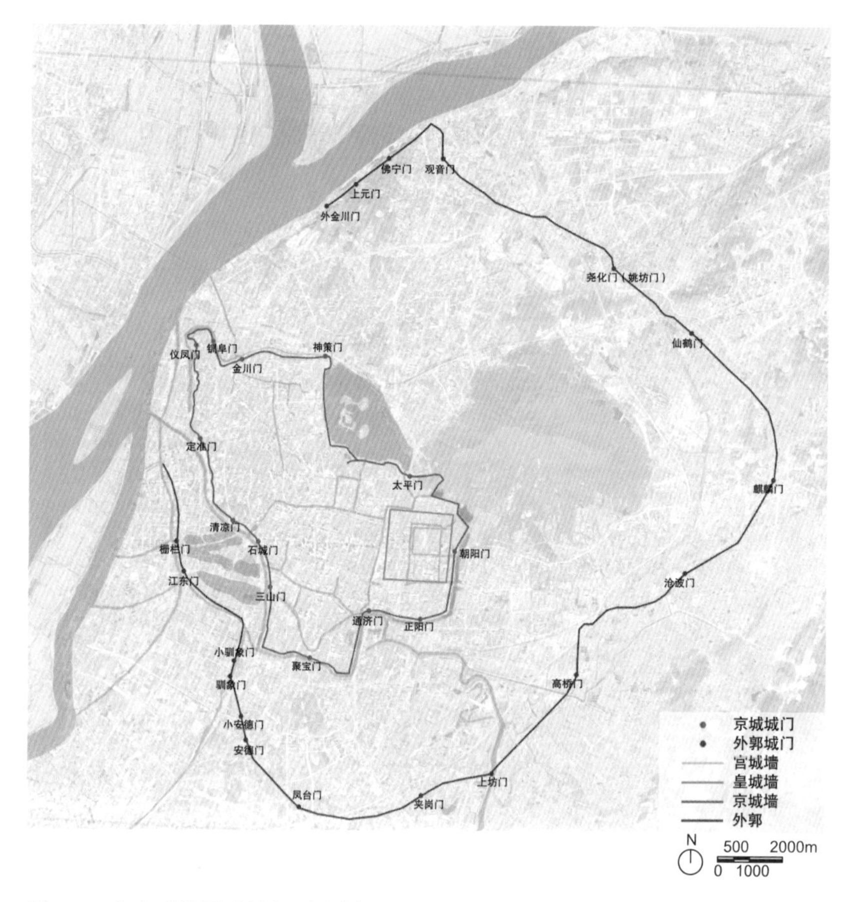

图 8-1　南京明代四重城郭示意图

为保证结构稳定性，城墙普遍有收分，底部略宽于顶部，但收分斜率不定，大多在 10% 上下。从城顶宽度来看，以城南部分最为宽阔，墙顶均宽在 10m 以上，最宽处墙顶有近 20m。沿玄武湖南岸的一段墙体宽度也在 10m 以上。其余城墙段宽度一般不超过 6m。根据实测 [3]，南京城墙最高处在琵琶湖段，达 26m；城顶最窄处在富贵山西侧，仅 2.6m；最宽处在西干长巷段，有 19.75m。而在依托山体的包山墙段，城顶土山往往与城墙相伴，很难确定其具体宽度。墙体拐角处往往需再加厚，民间就有形容“人脸皮比城墙拐弯还厚”的说法。

（2）用材

城墙墙体均外包砖或石，厚度不等，墙体做法多样，从外部看分为条石墙、城砖墙和条石城砖混砌墙（图 8-2），其内芯亦有很大差异，可细分为十多种类型（表 8-1）。内芯材料包括不同泥土烧制的碎砖或整砖、不同材料和质量的夯土以及对应的黏合材料。根据内芯所用材料的不同，其砌筑方式也各有不同。如中华门上部墙体，外壁包规格统一的整石，墙芯用好砖次砖一皮一皮间隔砌筑，并用黏汁和石灰浆作黏合材料，好砖土砌；太平门至九华山一带的墙体，外壁以城砖自底部一直砌筑到顶，墙芯则用城砖，内壁底部用好黄土

(a) 条石混砌墙（近解放门）

(b) 城砖墙（富贵山一带）

(c) 条石墙（中华门西）

图 8-2　城墙用材示意图

砌筑，高 1m 以上的部分则用黏汁和石灰浆浇筑，且黏合层呈下宽上窄的锥形；而石头城一带的城墙，其内芯完全利用山体沉积岩，仅在外壁包砌以城砖。

表 8-1　南京城墙结构类型[4]

外部类型		内部结构	应用地段
条石墙	城墙墙身内外壁从顶面（不含雉堞）到底全部用大块条石砌筑	墙芯或砌条石，或填以巨大石块，用黏汁和石灰灌浆，下部条石与石块共厚 3m 左右，再往上用一层黄土夹一层块石夯实呈弧形状（中间高两侧低一些）	城南东水关、中华门、西水关等段
		墙芯全部用好黄土夹卵石（没有砌大石块）夯实或用砖垒实，以石灰浆灌注而成	东水关与西水关两侧、武定门段城墙附近墙体
		墙芯全部用城砖砌筑，一皮好砖一皮次砖用黏汁和石灰浆砌筑，好砖用土砌	中华门附近上部墙体
城砖墙	城墙墙内外壁从顶部到底全部用城砖砌筑	墙芯用黄土、块石层层填夹夯实	金川门附近墙体
		外部城砖为青泥烧制的砖，而内部有使用高岭土烧制的砖（俗称“白瓷砖”）	解放门至神策门，龙脖子向南拐角
		墙芯全部用城砖层层砌筑，在墙体内壁各 1m 以上处呈锥形，用黏汁和石灰浆浇灌黏合，其余部分城砖则用好黄土砌筑	太平门至九华山一带墙体
条石、城砖混砌墙	墙体由条石和城砖两部分组成	城墙外侧墙壁用条石砌筑，城墙内侧墙壁用城砖砌筑	
		墙体外壁地表上 2～4m 用条石砌筑，其余全部用城砖砌筑。两壁各厚 1m 左右，用黏汁和石灰浆浇灌砌筑，墙芯内部以城砖、泥浆砌筑	台城段、解放门段

续表

外部类型		内部结构	应用地段
条石、城砖混砌墙	墙体由条石和城砖两部分组成	墙体外壁地表上2～4m用条石砌筑，上面同内壁（一块砖厚）用城砖、黏汁或石灰浆砌筑，两壁间底部夹以块石、石灰浆灌砌(地表以上1～2m)，上面用城砖、泥浆砌筑或干土叠砌	解放门至神策门段
包山墙	外壁从下到上用城砖包砌，或以条石、城砖混筑包砌	山体岩石	清凉门一段

3）城墙现状

由于20世纪50年代大规模的拆城运动，南京城墙的完整性遭到严重破坏，约有1/3的墙体被拆除。目前仍然保存完好的墙体长25.091km，遗迹（地面有4～5m以下高度）、遗址（地面无城墙）共10.176km[①]。从19世纪80年代起开展的多轮维修和局部重建后，墙体现存包括：东水关—西水关南一段、清凉山—石头城一段、定淮门—狮子山东北拐角一段、神策门—台城—九华山一段、太平门—月牙湖东南拐角一段（图8-3）。除太平门—中山门一段部分未开放或因军事管制不可攀登外，其余均可登临。

明代城门部分，目前仅存聚宝门、神策门城台保存完好，另有清凉门、石城门主城门保存完好，但瓮城局部残缺，其余城台均已不存在或为近年复建。木构城楼仅存神策门上方清末重建的楼橹，其余城楼虽也有近年复建或新建，但具体形制已不可考。

8.1.2　南京城墙营造中的山水意识

1）山水意识历史溯源

南京自古山水环抱，利用山水修筑城墙的意识形成并非偶然（图8-4）。先秦时期修建的城邑之中，冶城、金陵邑、越城几处，都近山而建或直接建于山上，依仗山势修筑城墙。《金陵古今图考》形容金陵邑“今石城门北冈垄削绝，皆城故区”[②]。孙吴时期又在金陵邑的基础上再建石头城，同样借用其高耸的山势。与平地修筑城墙相比，立足高地的城址可以借用山势进行防御，无须大量人工建设墙体，其高度就可满足当时的军事需要。

而在当时长江尚未西迁、秦淮河河面尚未萎缩的环境中，又可以发现，这几处城市紧邻秦淮河或长江，显然是将其作为城壕之用，充分地借地势之利而省人工物力之费用。

①东南大学建筑设计研究院编制。全国重点文物保护单位南京城墙保护规划（2008～2025年）。

②（明）陈沂撰《金陵古今图考》（明正德十一年刊本）。

图 8-3　南京城墙保存现状

至六朝都城建康（建邺），城市根据南京的山水特点，充分利用周围山水之势，因山为垒，缘水为境。《景定建康志》记："其地据高临下，东环平冈以为固，西城石头以为重，带元武湖以为险，拥秦淮、青溪以为阻。"①在城址扩大而不局限于一山一水之时，又将四周重要河湖山冈纳入城市周边，尤其是城南，甚至未曾修筑南侧护壕，而是直接利用秦淮河作护壕来拱卫城市。

到了杨吴（902 ～ 937 年）、南唐（937 ～ 975 年）时期，南京又一次被定为都城，"至杨溥时徐温改筑，稍迁近南，夹淮带江，以尽地利，城西隅据石头冈阜之脊，其南接长干山势"②，城西边界较之以往也有所拓展，局部段城墙直接紧贴长江夹江，又一次利用自然水体，倚其护卫。城南将秦淮河包络城中之后，城墙南扩，借长干山势而筑。

这样依仗自然河湖山冈，依山就城，固江为池的思想，被充分贯彻并创造性地应用到了南京明初城墙的建设之中。

2）山水为导向的城墙选址

元至正十六年（1356 年），明太祖朱元璋占领集庆路（南京元朝时名，治所在上元县和江宁县），并改名为应天府。次年采用

①（宋）周应合纂《景定建康志》（钦定四库全书本）卷五。

②（宋）周应合纂《景定建康志》（钦定四库全书本）卷二十。

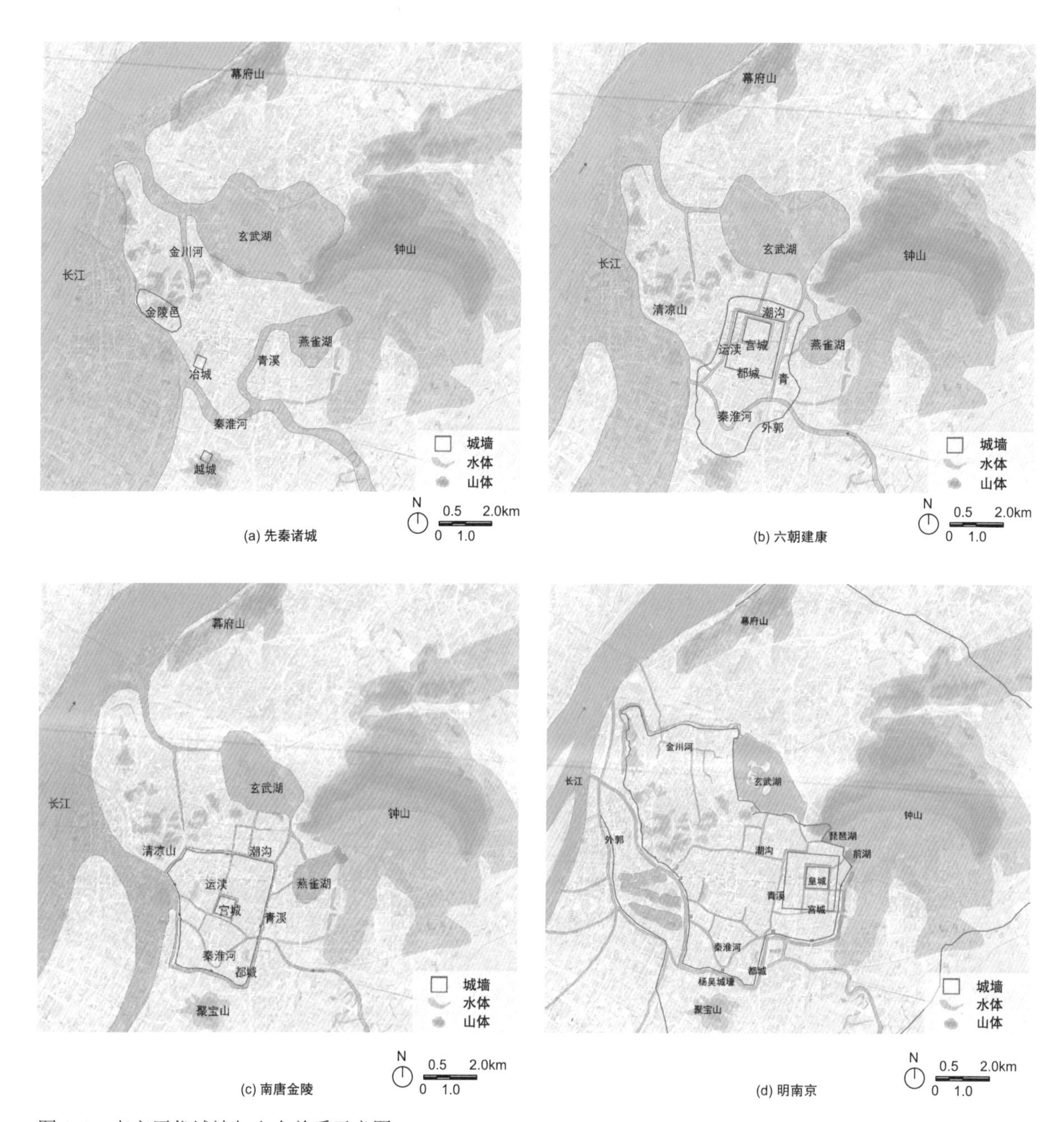

图 8-4 南京历代城墙与山水关系示意图

（自绘，根据（明）陈沂撰《金陵古今图考》（明正德十一年刊本）吴越楚地图、南朝都建康图；参考文献 [4]: 37 南朝梁代建康城布局示意图；参考文献 [5]: 61 秦汉时期城邑及水系示意图，64 六朝时期城邑及水系示意图，65 南唐时期城邑及水系示意图，67 明朝时期城邑及水系示意图；参考文献 [6] 附图南唐江宁府城图，明应天府城图；参考文献 [7] 附图金陵古水道图）

朱升“高筑墙、广积粮、缓称王”[8] 的建议，以应天府作为根据地，扩大势力范围。至正二十六年（1366 年）八月庚戌朔，朱元璋拓建康城 [9]，正式开始建造京城城墙。整个建造过程自元末始，几乎贯穿整个洪武朝。具体来说，南京京城城墙的建造工程，可以分为两个阶段。

第一阶段主要是旧城改建和新城扩建两部分，朱元璋在保留旧应天府南部格局的基础上，改建上 — 下水门段城墙，拆除多余部分城墙，并与向北急剧扩张的新城垣连接，至洪武五年（1372 年）十二月甲申，修浚京师城濠[9]，宣告新城格局至此基本形成。在这次城墙建设中，众多以往位于南京城市外围的山水，都被有意识地直接纳入城市之中，用以建设城市城墙，城墙规模空前扩大，远超过去同为都城的六朝建康和南唐江宁，东连钟山，西据石头，南贯秦淮，北带玄武。

新城初具规模之时，朱元璋曾登城西北狮子山并题《阅江楼记》，评价其“是命外守四夷，内固城隍，新垒具兴，低昂依山而傍水，环绕半百余里，军民居焉”[10]。可见当时城墙格局是以军事防御功能为核心，山水亦作为建城的重要考量因素。从某种角度上说，这个时候对城市山水的利用，在很大程度上也是为了应对明初政权初建时国力不足的现实，因而形成不同于一般城池的、不规则的、依山傍水的形态。这种不规则的形态背后，归根结底是在明初建城时，结合并分析南京地理环境的特点，以山水作导向进行城墙的布局。

第二阶段建设始于洪武六年（1373 年），是朱元璋在政权稳固后，对于军事防御要求再度加强下对城墙的一次加固工程，包括对现存城墙进行筑高和增厚，以及补建外郭以弥补京城城墙防御功能的不足。直至朱元璋死前两年，即洪武二十九年（1396 年），还有“令吏民有犯流罪者，甓京师城各一尺”[9]的记载。这一阶段中，京城城墙格局变化不大，但坚固程度有了大幅度提升，初建阶段的新城墙体多被改筑或被包入后建城墙中，成为“墙中墙”的内芯。可以看到，在第一阶段的建造中，除了对囿于国力的工程质量有所不满外，朱元璋对于城墙的选址应该是非常满意的，尤其是城西北地段。洪武七年（1374 年）他还又一次写《又阅江楼记》，强调狮子山的重要城防作用：因“京城西北龙湾狮子山，扼险而拒势”[10]，故而“欲作楼以壮之，雄伏遐迩，名曰阅江楼”[10]，甚至专门拟建阅江楼以彰其势。

总体来说，明代南京城墙建设受到地理形胜的影响，展现出与山水的密切关联性（图 8-5）。利用城市山水服务于城墙建设，从而使得山水与城墙之间形成一种互相交融、唇齿相依的关系。

3）依托山形的城墙营造

南京城域内地形复杂，山冈交错，一般多以钟山龙蟠、石城虎踞来概括南京山势（图 8-6）。钟山和石城不只单指钟山和石头城两座山体，而是以此为代表的城东、城西诸山，《景定建康志》中对此有详细描述①。南京城市对这两组山脉的重视渊源深远，历代历朝都视之为拱卫南京的重要屏障。

①《景定建康志•山川志序》中解释龙蟠虎踞：由钟山而左，自摄山、临沂、雉亭、衡阳诸山以达于东，又东为白山、大城、云穴、武冈诸山以达于东南，又东南为土山、张山、青龙、石硊、天印、彭城、雁门、竹堂诸山以达于南，又南为聚宝山、戚家山、梓潼山、紫岩、夏侯、天阙诸山以达于西南，又西南绵亘至三山而止于大江。此(诸葛)亮所谓龙盘之势也。由钟山而右，近之为覆舟山，为鸡笼山，皆在宫城之后。又北为直渎山、大壮观山、四望山以达于西北，又西北为幕府、卢龙、马鞍诸山以达于西，是为石头城，亦止于江。此（诸葛）亮所谓虎踞之形也。

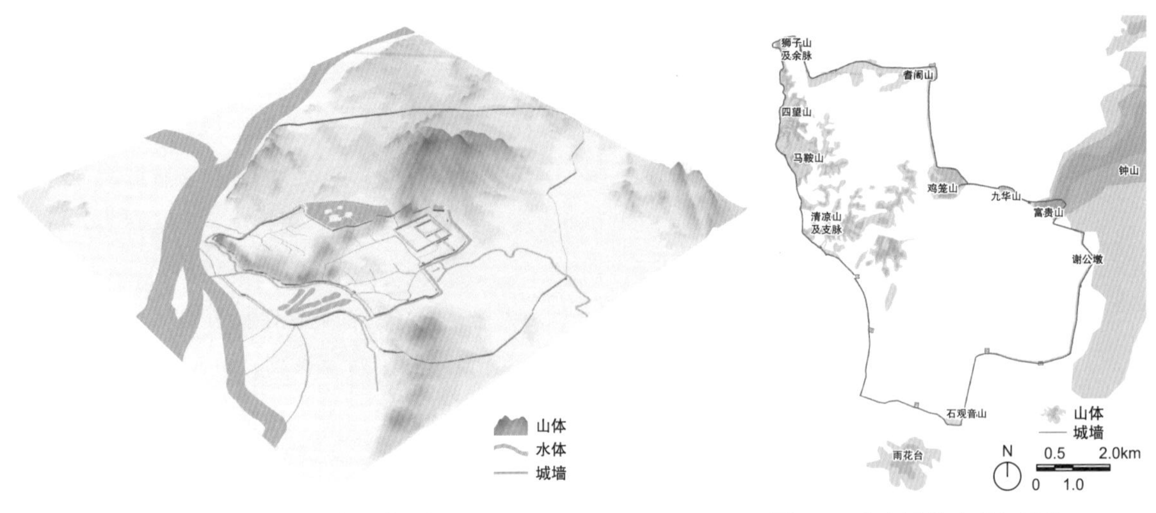

图 8-5　南京四重城垣与山水环境关系示意图

图 8-6　南京周边山形与城墙关系示意图

明朝南京城不再局限于南唐以来的城域，开始新一轮营城活动，利用山体护城筑墙的思想进一步发展，表现在不仅更充分地利用了传统龙蟠虎踞之势，而且对先朝未有提及的诸多丘陵岗地有了更为深刻的认识。

对于城东钟山，朱元璋创造性地将城墙紧贴其西麓建造，顺应山势逶迤，包岗络阜，在覆舟山（即九华山）、龙广山（即富贵山）等山体制高点建筑城墙，将诸山纳入城市之中。这样建造的城墙，无须过多内芯夯筑和砖石包砌，内侧就已有足够高度，仅需稍对外壁进行加固。对于海拔不高的土丘，也只需在山体基础上进行局部加高，城墙就可有足够的防御高度。“包山墙”做法极大节省了人力物力，是明初建筑城墙的一大创新（图 8-7）。

在确定城北城墙位置的过程中，朱元璋最初考虑的可能是借城中部山冈筑墙，城墙自九华山向西折至鸡笼山，并沿鼓楼岗至小仓山一线，连接清凉山构成城墙环线。然而这个方案在动工不久就被弃用了，其中一个重要原因就是考虑到江防的重要性和城西北大片平地的防御缺陷，至今台城附近还可以看到东西走向的城墙残段。最终，城北城墙借助耆阇山余脉及附近岗地，直推至玄武湖北端一线，并与台城一带城墙相接。

城西北一带诸山中，朱元璋尤为重视狮子山。此处地势险要，又扼守长江咽喉，军事战略意义之重大，是城西北城防的一处要点。元至正二十年（1360 年），朱元璋就曾在此山指挥伏兵八万，大败劲敌陈友谅四十万军队，成为最终定鼎的关键。整座狮子山被包入城墙后，城墙自然顺沿其南部余脉砌筑，并接续四望山、马鞍山、清凉山及其支脉盋山，将西北段城墙与保留旧城格局的新改建的城南段城墙相连接。

图 8-7 《石城霁雪》中石头城段包山墙[11]

城南东西走向的墙体主要砌于平地之上，但在遇到小岗阜之时，还是将其包络城内，因而在平地段上墙体往往也并不完全取直，而是呈现一种自然之态。如城东南角石观音山，为将其纳入城墙之内，可以看到城墙拐角处呈明显向外弯曲状（图 8-8）。

在山丘上建造城墙，一个比较棘手的问题是连通内外城门的设置。在多山的西北段，城门多选址在两山丘交界的山脚位置，此处地势相对平坦，需处理挖掘的土方量少，能够满足通行之需。

4）依托水势的城墙营造

明初南京大幅扩张，仅在内秦淮南岸保留旧城格局。城南秦淮出入水口原设有上、下水门，秦淮河担当着城南核心航运之责。明初拆除上、下水门，但保留下两处水口，在此基础上新建东、西水关，秦淮河的航运功能得以保留。此外又加强军事防御，设置多层藏兵洞守卫，弥补了秦淮河水门的防御漏缺，其航运、控水之用也得到了更好发挥。

在城池系统的构建中，一般通用且常见的做法是依城筑壕，即在确定城墙的位置后，再进行城壕挖掘。南京城池系统却反其道而行，先选择现有天然的河湖水系作为城壕，再据此确定城墙的修筑位置（图 8-9）。这样依据水体形态和走向而形成的城墙格局，可以大量节约开浚城壕的费用，是明初在面对节约人力、物力和适应高要求军事防御两种诉求下的合理选择。

图 8-8　城墙东南拐角鸟瞰（20 世纪 30 年代拍摄）[12]

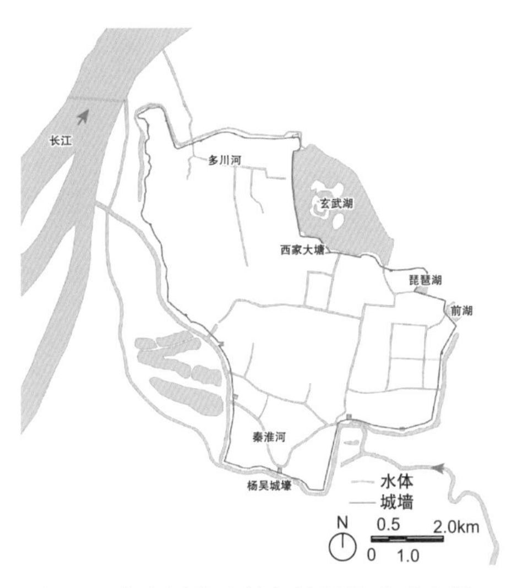

图 8-9　南京周边水势与城墙关系示意图

对于利用原有水系的城壕，有《嘉庆新修江宁府志》描述：“其城外之河，自正阳门西因杨吴所凿淮流，绕城为池，西流北转抱城至仪凤门外流入江；城之东北倚山冈无城河，而正北则后湖，当其曲偎矣”[13]。

城南一段城墙，明代顾起元曾言其是沿用南唐旧墙而成，“国初拓都城，自通济门东转北而西至定淮门，皆新筑。通济门以西至清凉门皆仍旧址”[14]，这种观点影响深远。虽然根据目前的考古报告看，城南段多处挖掘发现的明初墙体，建造自基础到墙体都没有利用前朝旧墙的痕迹，但也有伏龟楼处利用南唐旧址的发现。

显然，明初延续南唐留下的城南墙体走势数段砌筑新墙，与充分利用城外杨吴时期开挖的外秦淮河有关。这段城南的护壕原为一条独流入江的小涧，称“落马涧”。南唐都城的南墙即沿涧的北侧修筑，并对落马涧加以拓宽挖深，并连接秦淮，使之成为城壕的南段。

这样直接利用天然水体作城壕的事例在南京城墙建设中并非孤例，城东北段城墙，自钟山脚下向东北一路曲折绵延至神策门的一段城墙，在很大程度上也受到了水体形态的制约。此段沿线完全利用天然湖泊作屏障，未另行任何人工护壕的开挖。

太平门至神策门一段，墙体紧贴玄武湖西南岸营建，将这大片天然水面尽数利用，充当城东北重要的军事防御护壕（图 8-10）。

至于钟山一带，建皇城和宫城之时，已将原来的燕雀湖填塞大半，只残存下小片前湖和琵琶湖。这段墙体的走向一方面顺应钟山蜿蜒的山势，另一方面又再次借用遗留的两处湖面充当城东护壕。但是完全利用天然水系也造成此处护壕的断裂，成为军事防御的薄弱点。

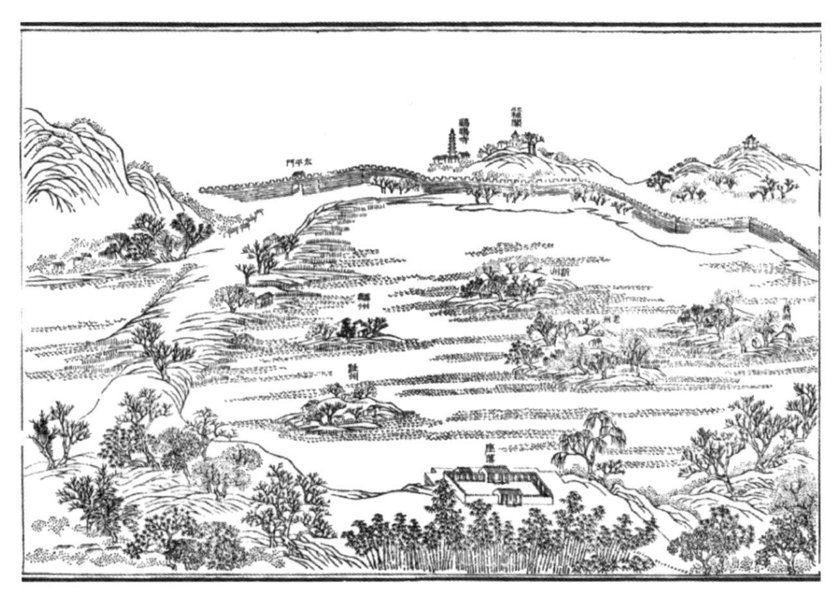

图 8-10　贴水而建的玄武湖段城墙
引自（清）高晋《南巡盛典》（乾隆三十六年刻进呈本）卷一百

8.1.3　应对山水环境建造的城墙类型

1）城墙类型

南京城墙充分利用天然山形和水势进行建造，出现多种类型，大致可分为三种：立足平地的自承重式直立城墙、紧贴山体建造的城墙以及连通城内外水体的出入水口，如图 8-11 所示。

平地段城墙多属于自承重式直立城墙，主体在城南，现存段包括东水关至西水关南一段，其建立在平地或城墙内外高差起伏不大的低洼平原，外包条石、城砖或者砖石二者混砌，内部夯土或填砌砖、石（图 8-12（a））。砖、石等材料之间的黏合剂主要使用乳白色的石灰混合浆，其中还掺杂有糯米汁以提高强度。

除城南低洼平地外，其余城墙大多都选址于山冈丘陵之中，并根据情况尽可能地将地形利用起来，其中最有代表性的是依托山势土体而建的包山墙。这是南京城墙特有的一种形式，指在修建城墙至山冈地段时利用山体的高差，将山体外侧削直，再在外侧包砌 1 ～ 2m 厚的城砖作为墙体，使得包山城墙既形成高大坚固的外形，又充分利用自然地形，减少了人力及城砖的支出 [16]（图 8-12（b））。

联系内外水体的“水通道”式城墙需要在保证城墙防御性和稳定性的前提下，留出足够的过水空间，根据不同需求通水乃至通舟楫。根据《南京都察院志》中的记载，明朝南京城墙上设有水闸 2 座，水关 3 座，水洞 17 座，共计 22 处。实际上，目前留有的实物和其他资料证实，南京城墙下至少有 24 处水口。连通内外江河湖泊的水口一般设闸方便控制水量，而以泄瞬时雨水、山洪为主的水口规模较小，不下雨时往往是旱口或旱洞。

图 8-11　城墙类型划分示意图

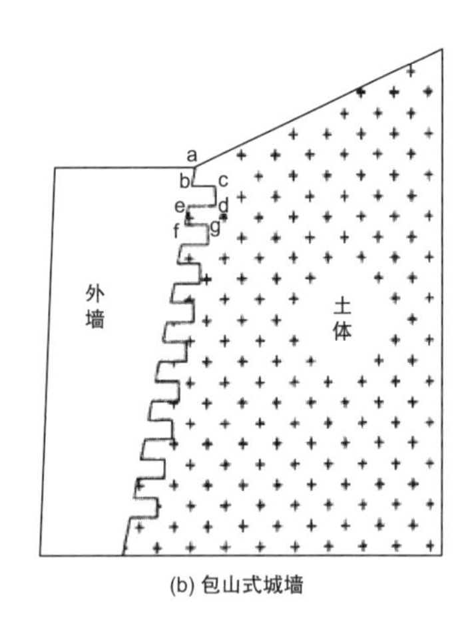

图 8-12　墙体结构形式示意图 [15]

2）南京城墙营造中需要解决的问题

对于一般古代城墙来说，除军事、战争影响和有组织拆除、盗拆等人为因素以外，需要注意应对自然灾害，尤其是地震、雷震、雨水、洪水等，很容易对墙体造成严重破坏，其中水造成的灾害发生得最为频繁，且破坏力大。南京地区地下、地表水丰富，汛期雨量大，极易形成雨洪灾害。而山水环境中的雨洪，造成的危害更加多样复杂，稍不注意就会对依托山水营造的城墙带来不可估量的破坏。

（1）平地段城墙

平地段城墙（图 8-13（a））是三类墙体中最通用和基础的一类，遵循一般城墙建造的原则，虽然其受到山水环境的影响较另两类要小，但仍然不可忽视。城南一带人口稠密，商贸发达，是城市居民核心生活区。然而该段城内地势低平，地下水位高，历来就是水患受灾最为严重的地带。再加上此地又无险可守，城外还有聚宝山高地（即雨花台）的威胁，故必须保证该段城墙足够坚固，弥补地理环境的劣势影响。

（2）山地段城墙

与平地段不同，平地段城墙只要做好外围防护措施，就能隔绝大部分雨水的渗入。但对于山地段城墙（图 8-13（b））来说，由于其结构与山体本身的密切关系，墙体与从山体渗入水分的关系更为复杂。尤其当降雨量较大时，雨水无法及时从山体中泄出，极易导致雨水堆积在土层，进而渗入砖土接触面，直接冲刷墙体，导致墙体鼓胀、开裂乃至坍塌。山地段城墙多采用特殊的结构，相较平地段城墙而言稳定性更差，因而近年来倒塌的墙体多数属于此类，且多发于雨后。因而，对于山地段城墙，其周边山体的环境特点也是在城墙营造处理过程中需要重点考察的一个方面。

除了山体环境带来的影响外，城墙外又有护壕水体，同平地段城墙一样，护壕带来的潮湿环境在山地段中也是不可忽略的。山地与水体问题组合后，又使得其处理方式更为复杂。

因而，对山地段城墙的研究，一方面是对于墙体本身营造的研究，另外还要关注到周围山体环境、水体环境给营造带来的问题和实际解决办法。

（3）水口

水口（图 8-13（c））分入水口、出水口两类，呈点状分布，一般适应水位而设置于城墙底部，其上半部分墙体通常与一般城墙无异。水口主要处理水体进出城内外的问题，需要根据周围水环境来确定其进出方向、数量、位置分布、功能定位和调控水量的力度。南京城内地形多样，功能区分明显，需求不一，穿城水体又多而复杂，在水口的设置上必须进行全盘的综合考虑。

对于水口自身来说，其作为一种供水穿城的城墙类型，势必要同水体有密切接触，在这样的接触下如何不受水环境的干扰而充分发挥作用，又是其营造中无法逃避的重要议题。

孙中山先生曾形容南京地理环境：“南京……其位置乃在一美善之地区。其地有高山，有深水，有平原，此三种天工，钟毓一处，在世界中之大都市诚难觅如此佳境也”[17]。

平原、水体、山体这三种自然要素，是南京城墙建造过程中需要面对和处理的客观地理环境，对于南京城墙的格局有着至关重要的影响。

(a) 平地段城墙

(b) 山地段城墙

(c) 穿城水口

图 8-13　城墙类型实例

基于这样多样的地形条件，南京城墙以山水为导向，依托山形水势进行布局，遇山包山甃砖成城，遇水打桩垒石成城，据冈垄之脊，控河湖之势，将自然山水纳入城墙的营造之中。对于山体，城墙往往顺应山势曲折逶迤，将山体制高点包络城中，直接砌筑于山石之上，无须耗费大量人工物力即可建成有高坚之势的墙体。对于水体，南京城墙摒弃了以往先定城后挖壕的模式，在许多有天然水体的城墙段，用现有的自然河湖作护城河，而后根据水体走势确定城墙砌筑位置。这种利用山水建筑而成的墙体，走向也不同于以往方正的格局，随自然之势蜿蜒，呈现出与山水互相交融、唇齿相依的有机关系。

顺应了因地制宜的布局方式，地形带来的微观环境的差异和不同需求，使得在城墙的营造中，分化出了丰富多样的适应特定环境的墙体建造类型和结构。面对南京多雨水的气候条件，城墙展现出强大的适应性。

8.2 水环境下平地段城墙营造技术

平地起城墙是南京城墙设计中最多见的一类，相比较另外两类墙体，其与周围环境联系稍弱，结构独立，因而通常只需要考虑与其交接的局部环境在面对水环境时的问题。这种情形一方面使得墙体可以专注处理自身面临的挑战，成为所有城墙段中最为高坚和有代表性的部分；另一方面，其所用技术通用性强，做适当变形即可应用于其他类墙体之上，也是研究城墙营造技术的基础。

目前现存的平地段城墙（表 8-2）主要位于东水关—西水关即城南一段，虽然局部有将小山丘纳入墙体建造的山地段落，但整体来看，绝大部分砌于平地。

对此研究，主要依赖实物调研，并结合修缮、考古资料，重点梳理平地段城墙在面对水环境带来的问题时，采取的设计思路和实践措施。

表 8-2　现存平地段城墙一览

墙体	顶面宽度 /m	内墙高度 /m	内墙坡度 /%	外墙高度 /m	外墙坡度 /%	外墙材料	备注
东水关—雨花门	10～13 为主，局部小于 9	11～15	6～10	12～18	5～10	条石砌筑	
雨花门—中华门	12～14	12～20	6～9	13～20	6～11	条石砌筑	
中华门—西关头	12～14 为主，局部达 19	12～20	6～10	12～20	6～10	条石砌筑	

8.2.1　墙体防渗防雨措施

平地段城墙多是自承重结构，自地下墙基筑起，随后是主体墙身直到城顶，各部分都不可避免地会受到不同条件的水环境所带来的影响。地面以下的墙体基础需要面对高水位和潮湿地下土层带来的潮气；地面墙身部分除了会受到护壕产生的水汽影响外，频繁的降水更会直接冲击壁面，影响表面材料的性能和强度，一旦稍有不慎，雨水渗入内芯，后果更为严重；而城顶通常留有一定宽度供人行走，也是雨水最容易渗入内部的地方，更需要着重加强其防渗防雨性能。

因而，对于平地段城墙来说，每个环节都需要注意防渗防雨的构造处理，减少水分给墙体带来的威胁。

1）墙基

六朝都城建康城开始仅以竹篱环之，配合木栅等临时城防设施进行防卫。直到建元元年（479 年），有人向齐高帝发出感叹："白门三重门，竹篱穿不全"①，方将竹篱改为夯土墙。长期使用竹篱的一个很重要的限制因素就是，建康都城北高南低，至城南部分，平地过于低洼，且地下水位高，土质松软，筑城条件不佳。东晋义熙十年（414 年）"五月丁丑，大水。戊寅，西明门地穿，涌水出，毁门扉及限"[18]，一场大雨就曾使地下水位暴涨，直涌至地面。西明门一般认为位于今南京城中部偏西的五台山附近区域，该处地势较高，土质也较更为靠南的秦淮河地区坚硬，仍不免受地下水困扰，故对于地势更为低洼且土质松软的秦淮河一带来说，筑墙尤其是基础难度就更大了。

明代城墙地基很少借用前代遗存，大多重新建设。针对薄弱地段，用圆木铺底转嫁力点的方式解决问题。以集庆门段[19]为例（图 8-14），该段城墙墙基深 6m 多，共 6 层，底层铺圆木上下两层，设于砂土层之上。圆木上层纵铺，垂直于城墙，下层横铺，平行于城墙，直径约 30 ～ 40cm，相隔缝隙极小，能有效加强地基的承压能力（图 8-15）。为防止平铺圆木向外滑斜，外层还用直径 30cm 的圆木，以 50cm 的间隔打桩保护。圆木之上设护墙，整石砌筑，以加固墙基，防止墙体塌陷。护墙之上还有一层石灰浆浇结的石块，宽约 3m，紧贴墙根，很有可能是为防止城根与地面交接处渗水而设置的散水（图 8-16）。

图 8-14　集庆门位置示意图

如集庆门段下垫"井"字形圆木、上铺石块或条石的基础做法多见于城南（三山门—光华门向东转角一段），城南第三棉毛纺织厂、正阳门（今光华门）东即将拐角处、朝阳门向南城墙即将拐角处、城西南京茶厂[4]等地均有过发现。

①（宋）周应合纂《景定建康志》（钦定四库全书本）卷二十。

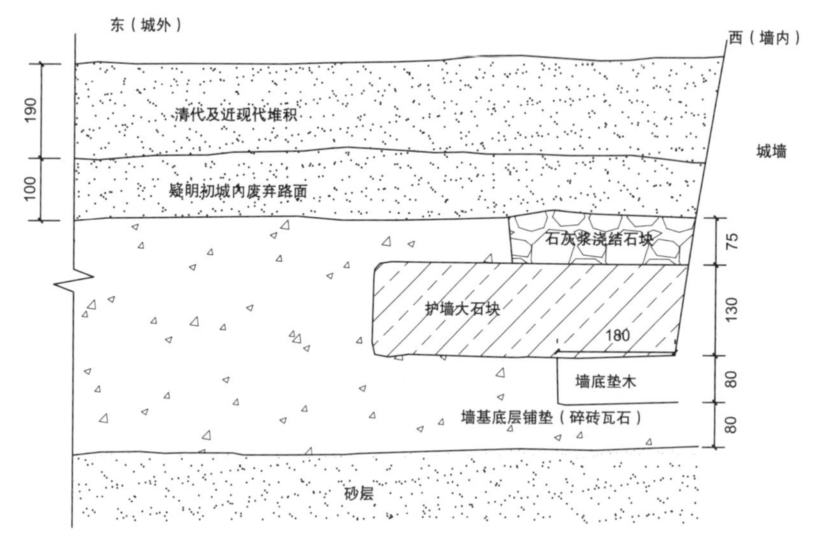

图 8-15　集庆门域内南壁剖面 [19]93（单位：cm）

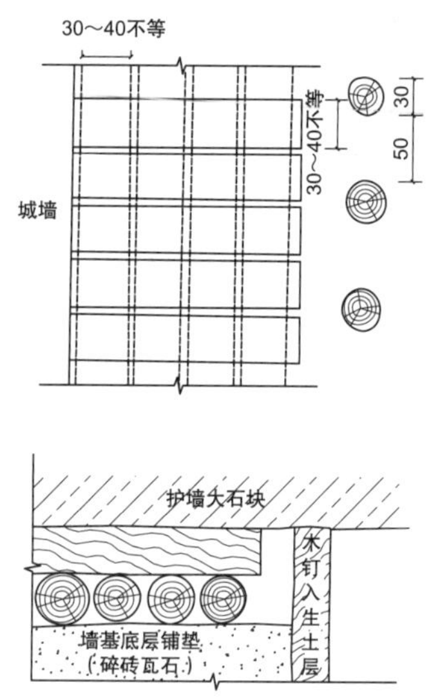

图 8-16　垫木层平面、剖面示意图 [19]（单位：cm）

此种做法在同样由朱元璋主导的明中都城墙中亦有所应用，这很可能是明初政府主导的工程中，应对湿软土质处理地基的一种比较成熟的普遍做法。

而追溯至明代以前，类似做法也曾出现过，南宋苏州齐门水门基础结构亦以木排为主，百余根圆木着力在生土层之上，分三层纵横重叠压在水门下河底（图 8-17）。圆木上砌四层青石做石驳，上筑砖砌拱券成水门。此基础尽数浸在河水之中，与集庆门段做法非常相似。

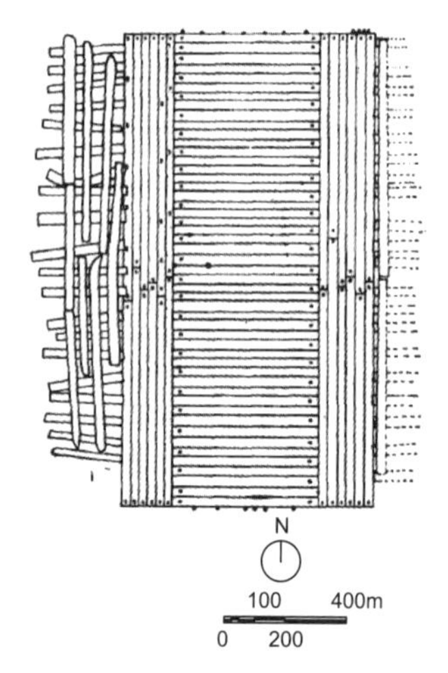

图 8-17　苏州南宋齐门水门木结构基础平面图 [20]

对于地基稍好的地段，虽无须采用复杂的复合基础，但上方宽而高的墙体本身的自重仍然对承载力提出巨大考验，往往采取砖石深筑墙基的方式。1970 年，在三山门至石城门一带挖掘防空巷道时，向地下挖 5m 后仍未发现最底层条石。在紧贴通济门的东垣，发现其外壁基础由细砂、黄土、石灰拌和并加夯，内侧填充块石，因地下水富积而未进一步下挖，故其基础深度未能探明。但挖掘出的基础就有 13 层砖，至少 2.7m 高。

大型城门基础另有一套建造方法，如通济门瓮城基础就类似明故宫文华殿、武英殿等明代大型建筑基础的做法，并未深挖基槽，而是仅将瓮城区域下挖 3m，在其中承之以黄土与碎砖瓦交错夯筑的垫层，并以石灰拌和（图 8-18）。

2）墙身

南京平地段墙体外包砖或石，收分明显，包砖厚度不等，但多厚而密实，且与内芯结合紧密。由于建造分时、分段、分工且因地制宜，墙体做法多样，从外部看主要为条石墙，还有部分城砖墙和条石城砖混砌墙。

(a) 通济门墙基遗址现状

(b) 通济门及内瓮城全貌(1929年摄)[4]

图 8-18　通济门

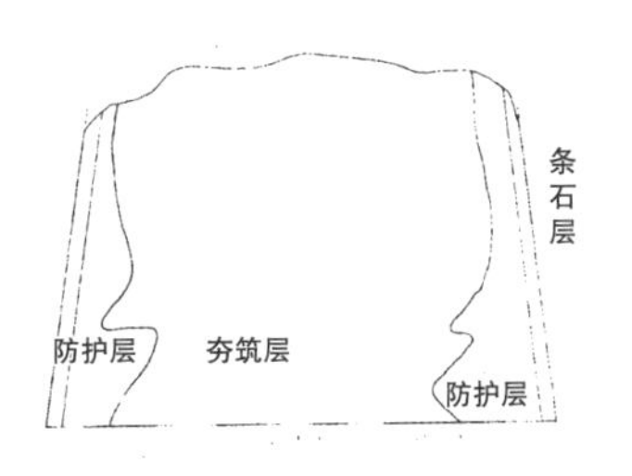

图 8-19　集庆门段南壁剖面示意图 [19]

（1）墙身构造

整体上说，墙身结构主要分为两层，外部多层砖或石包砌至顶，内填夯土或碎砖石等，城顶墁砖封顶，面朝城外一侧建有城砖砌筑的雉堞。有时会在内外壁之间填充大量黏结材料，如集庆门段条石外墙内以大小不等块石拌和石灰浆混浇贴砌，形成两道上窄下宽的坚固防护层 [19]，有助于内外墙体的拉结（图 8-19）；东水关、通济门瓮城、光华门等段城墙也设有宽约 85cm、以城砖横向平砌形成的防护层。

外包砖石部分一般底部普遍比顶面略厚一些，这是由于包砖（石）墙在内芯填筑的过程中，会起到相当于版筑中夹板的作用。

砖石质密，防水性能好，包砖（石）做法能够有效隔绝水分与内部墙芯的接触，很大程度上避免了水分渗入墙芯对墙体造成危害的可能。事实上，一旦水分渗入墙芯，对墙体稳定性能会造成重大隐患：①水分在土粒表面形成润滑剂，使填土的黏聚力和内摩擦角等指标改变，裂化土体结构性能；②增加芯墙的重量，甚至会使土体膨胀，增大墙体的负荷；③水的排出过程，带走大量填充材料，损伤芯墙的整体性；④长期渗水会加快墙面裂化，损伤侧墙的结构性能，破坏砂浆的黏结性，使侧墙的承载能力降低。这些均有可能导致侧墙失稳。[21]

（2）外包用材

砌筑墙体的城砖（图 8-20），普遍的尺寸在 42cm×20cm×12cm 左右，根据原产地用料的不同，分黏土砖、砂土砖和瓷土砖（高岭土砖）三类，其中以瓷土砖最佳。

城砖以一顺一丁或多顺一丁砌筑。砖料多取自各州县或军所，砖上刻铭文，记录烧制时间、地点以及负责督造、烧制城砖人员的职务和姓名，一旦城砖质量不达标，即可根据铭文向负责人问责，可以充分保证其坚固与耐久性。

图 8-20　南京城墙城砖（出自南京城墙博物馆，陈薇拍摄）

在督造城砖时，对其成品要求极高，需达到“敲之有声，断之无孔”的标准，也就是质地密实，没有空隙（孔隙率低）。从现代建筑物理的角度上看，质地密实、孔隙率低，则材料的蒸汽渗透系数越低，在温度、相对湿度一定的情况下，透气性越差，水分越难渗入而致受潮。

砌筑墙体的条石以青石为主，规格较统一，长 0.60 ～ 1.39m，宽 0.70 ～ 0.90m，厚 0.26 ～ 0.35m，重量均在五六百斤以上，最重的可达千余斤。

相对用砖，条石砌筑虽然费工费时，但更为坚固且不易受到水分侵蚀，主要用于最南端中华门及两翼城墙之上。该段直对城南城外聚宝山，一旦敌军占领城南就无险可守，需要着重加强其防御性能，建得尤为高坚。中华门作为京师重要的南大门，一定程度上代表了国家形象，大部分条石均规整顺砌，也是彰显明朝国力的一种手段。条石砌入墙体内部一面表面不规则，可以增加内外壁之间的拉结强度，部分地段外包条石和内芯之间的防护层，也一定程度上弥补了拉结的不足。

（3）黏合材料

墙体采用的黏合剂成分特殊，强度很大，在保持墙身稳固性上发挥了重要作用（图 8-21）。根据《大明会典》记载，黏合材料中包含大量石灰，洪武二十六年（1393 年）起，还专门在石灰山设置窑厂烧制：“凡在京营造，合用石灰，每岁于石灰山（即今幕府山）置窑烧炼，所用人工窑柴数目，俱有定例①”。除了石灰外，一种较为普遍的观点还认为，其中的石灰是由糯米汁混合而成的，如《凤凰台记事》中就提到，筑京城用石灰秫粥锢其外，上时出阅视，监掌者以丈尺分治。上任意指一处击视皆纯白色，或稍杂泥壤即筑，筑者于垣中斯金汤之固也。[22]

①（明）申时行等修《大明会典》（四库全书本）卷一百九十工部十。

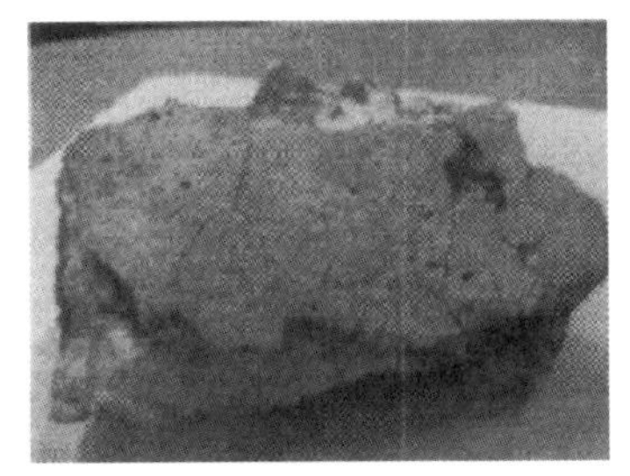

(a) 黏合材料外观

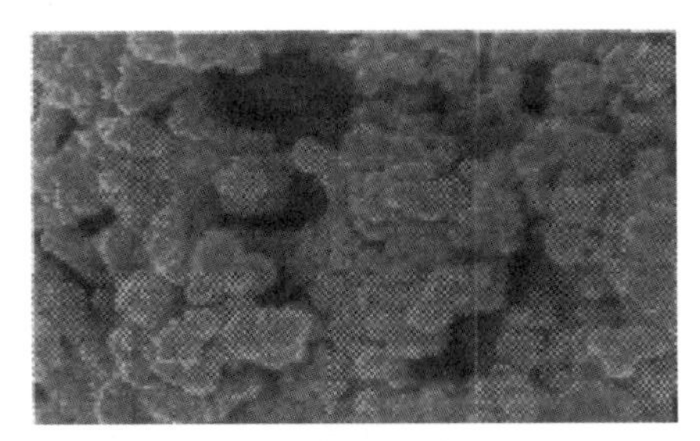

(b) 黏合材料SEM图

图 8-21　南京城墙黏合材料 [23]

根据现代仪器对南京城墙的黏合材料样品进行 XRF 分析 [23]，测得其中含钙（Ca）84.5%、硅（Si）7.80%、铝（Al）7.41%、硫（S）0.085%、钛（Ti）0.213%。再结合 XRD 和 DSC-TG 分析，可知样品中现存主要成分为碳酸钙（$CaCO_3$）。碳酸钙是熟石灰即氢氧化钙 [$Ca(OH)_2$] 遇空气中二氧化碳（CO_2）反应而成产物，这说明黏合材料的主要成分确为生石灰（CaO）。样品中还掺杂有少量的二氧化硅（SiO_2）和氧化铝（Al_2O_3），很可能是石灰石提炼石灰时掺杂的黏土。

事实上，根据研究，这些黏土中的 SiO_2 和 Al_2O_3 与石灰加水后反应，可以生成复杂的硅酸钙水合物以及氯酸钙水合物，而适量水合物的存在可以显著加强黏合材料的机械强度。

除无机物质外，在有机添加剂的相关检测中，黏合材料仅对于“碘 - 淀粉反应法”有明显反应，而对糖、血、蛋白质、油脂等都无反应。结合 IR 图谱，可以发现其中含有未完全降解的糯米支链淀粉，说明糯米材料也是黏合剂的重要组成部分。

糯米浆作为有机模板掺杂进碳酸钙晶体中，可以形成致密结构，限制碳酸钙的结晶度，减小碳酸钙晶体的大小，有助于形成颗粒分布更均匀、孔隙更少的黏合材料。由于糯米易降解，具体添加含量和比例目前无法检测，但研究结果表明，添加浓度为 5% 的糯米浆，黏合剂的多项力学机械性能指标可以达到极值。[24]

这种以石灰为主并掺杂以糯米材料的有机 - 无机复合黏合剂，在国内城墙建造中应用非常普遍，现存的明代建造的大量城墙，如明代甘肃省嘉峪关长城、河北省抚宁县董家口城堡、台州府城墙、荆州古城墙、凤阳古城墙等，$CaCO_3$ 含量基本都在 80% 以上，并掺杂有含量不等的糯米材料。

3）墙顶

对于一般平地段的城墙，城顶是最容易被雨水侵蚀的地方。而一旦城墙顶部遭到破坏，雨水不能及时排走，就会通过顶面渗入城墙内芯，导致城墙内部填土膨胀，直接挤压两侧墙体，形成鼓胀、开裂，严重时将导致局部坍塌。

为了解决城墙顶部防、排水问题，明初建城时往往用桐油和黄土拌和封顶，厚度约 1 ～ 2m。具体做法是："每 30cm 左右为一段，分段夯实，每段间还夹以黏汁和石灰，最后在城墙顶面上再砌几层城砖，共同防止雨水渗入"[4]。桐油有良好的防水、防腐、耐酸碱性能，拌和入黄土可以有效提高其防水性能。

目前来看，此种做法大多已不存在，多改用以下两种方法：

①刚性防水层与柔性防水层共用。即施工时用钢筋混凝土现浇一层防水层作为刚性防水层，在刚性防水层之上铺设 PVC 材质的防水卷材，再在其上用城砖铺设海墁[21]。

②用残碎砖拌和灰土夯实，作为防水层的基层，排水坡度为 3%，防水层上用城砖、防水砂浆从两侧边缘铺砌一皮，顶面面砖用城砖、黄泥石灰浆铺砌一皮。①

两种方式都在一定程度上对南京城墙本身的防水层造成了破坏，尤其是第一种设置有刚性防水层，其破坏几乎是不可逆的，虽在很大程度上提高了城顶的防水性能，但另一方面，刚性防水层又彻底将顶部与下方的内芯隔开，非常不利于对内部结构性能的监测。

4）防渗防水做法小结

对于南京平地段城墙来说，水分最常见的来源就是与雨水直接接触的各个建筑部位，一旦渗透入城墙，就会导致内部逐渐被侵蚀和掏空，直到最终坍塌。平地段城墙虽然长度大，但却是南京城墙中维修次数最少的一类，始终保持比较良好的状态。这与其优秀的防水性能有莫大的关系。总结来说，措施主要包括：

（1）选材优良，建筑质量高

在建造南京城墙时，所选用的砖、石料和黏合材料质量都极佳，这使得雨水难以直接渗入墙体。尤其是黏合材料中由于掺杂了具有黏性的原料，大大提高了其韧性和防渗性能，克服了传统上砖石主体材料连接环节薄弱的缺点。再加上严格的建筑施工要求，最后建造出高坚甲于海内的城墙。

（2）注重薄弱环节的加固

这主要体现在两个方面：一方面是对于地形条件影响下易受潮段的考虑，如对于易受地下水环境影响的集庆门段，从材料选择与砌筑方式上都展现出针对结构稳定性与防水防潮功能的充分考虑；另一方面，对于局部墙段，针对每个墙基、墙身、墙顶各部分的问题采取针对性的措施，并注重节点薄弱环节的连接。尤

①东南大学建筑设计研究院编制．全国重点文物保护单位南京城墙保护规划（2008 ～ 2025 年）。

其对于最易渗水的城墙顶部，通过多层防水材料的叠加，有效提高了防渗效果。

8.2.2　墙体排水手段

1）城顶排水设施

在先前叙述中可以看到，对于平地段城墙，墙身本身的防水性能已经能够满足基本的防水要求，但考虑到城墙顶部往往还有一定宽度，容易积留雨水，所以仍需要采取必要的措施对其进行有组织的引导并泄下，减少雨水滞留时间过长可能导致的对墙顶的侵蚀及对城壁的冲刷。

南京平地段城墙城顶排水设施由城墙边沿平行于城墙的排水明沟和连通明沟的、按照一定间距伸出墙外的吐水槽两部分组成（图 8-22）。

明代明沟为石质，20 世纪 50 年代朱偰先生在介绍南京城时曾提到城顶之状：“垣顶之阔，除一小段外，都在七公尺以外，最广处达十二公尺以上，且均铺石为道”[25]。其中铺石为道的“道”指的就是城顶之上的排水明沟。现存明沟基本已经不见石质旧物，多改为城砖或水泥等材料，仅中华门瓮城之中还留有原制。中华门排水明沟由长 2m 的单元拼接而成，断面呈弧形，有效的排水宽度在 22cm 左右。

(a) 石质吐水槽

(b) 石质明沟

图 8-22　城顶排水设施

石质吐水槽往往同排水明沟连作一体凿成，断面呈上宽下窄的梯形或圆弧形，挑出明沟外长度约 90 ～ 100cm。远离城墙一侧较内侧深，内侧深约 6 ～ 7cm，外侧深约 9 ～ 10cm，以利雨水排出。

2）城顶排水方式

平地段城墙整体上宽度都在 10m 以上，是所有城墙类型中最宽的一段，城顶排水现状见表 8-3。

东水关—雨花门一段的做法是：墁砖封顶，城顶向内找坡，坡度约 2%，内侧设排水明沟，宽约 26cm，以城砖铺筑，深 8 ～ 10cm。间隔 20 ～ 30m 左右设一吐水槽，承接沟内雨水并泄下，落至地面。承接雨水的地面为软质铺地，近城墙处稍高，大部分雨水直接渗入土层，另有几处设有窨井汇水。吐水槽石质，总宽一般在 40cm，落水口呈上宽下窄的梯形或近似半圆的多边形，深 8 ～ 10cm，伸出墙体 50cm 以上，内高外低，坡度在 5% ～ 7%（图 8-23）。

雨花门向东为石观音山，此处地形特殊，是典型的以山体为基础的城墙段，该段略高于两侧，基本不设排水沟和排水槽，雨水通过平行于城墙的坡度向两侧散去。

表 8-3　平地段城墙排水方式一览

城墙段	顶宽 /m	雨水流向	坡度 /%	墙顶导水槽（方位 / 明暗形制 / 尺寸（宽 × 深 /(cm × cm)））	吐水槽（方位 / 伸出尺寸（cm）/ 坡度（%））	吐水口间距 /m	备注
东水关—雨花门	东段 10 ～ 13 为主，局部小于 9	内	2	内 / 明暗 /26 × 10、25 × 25	内 /50/5 ～ 6	20 ～ 30	
雨花门西—西水关南	12 ～ 14 为主，局部达 19	内外	2 ～ 3	内外 / 明 /26 × 8、22 × 10	内外 /50/5 ～ 8	50	据早期维修报告，局部段墙下设暗沟排水

雨花门西—西水关做法不同于东段，墙顶中央拱起虹面向两侧找坡，在内外墙边均设有排水明沟，明沟尺寸稍有区别，外沟 22cm×10cm，内沟为 26cm×8cm，并间隔 50m 在两侧设置石质吐水槽，吐水槽形制同前，内外对应，一般错位不超过 3m（图 8-24）。

几个问题的讨论：

（1）双面找坡的可能性

根据现存的城市城墙资料，双面找坡的形式非常少见，一般都以向内排水为主，这可能是大多城墙顶部宽度远不及南京城墙的缘故。对于同该段墙体墙顶宽度相似（13m 以上）的西安城墙，也仅是将墙顶建成内低外高之势，在墙体内侧间隔约 60 ～ 70m 设置有一处“城壁水道”[①]，将雨水导出顶部。这样的差异性又与气候和降水量的特点有莫大关系。对于雨花门西—西水关南段城墙顶部这种不常见的方式，笔者试作一点猜测。

虽然目前尚未在其他城市见过类似手段，但曾在中华门西 700m 处城墙顶部发现过暗沟式排水槽（图 8-25），能够在一定程度上

①城壁水道，为夯土城墙进行城顶排水而设置。《营造法式》中记载其做法：垒城壁水道之制，随城之高匀分蹬踏，每踏高二尺，广六寸，以三砖相并（用趄模砖）。面与城平，广四尺七寸，水道广一尺一寸，深六寸，两边各广一尺八寸，地下砌侧砖散水，方六尺。

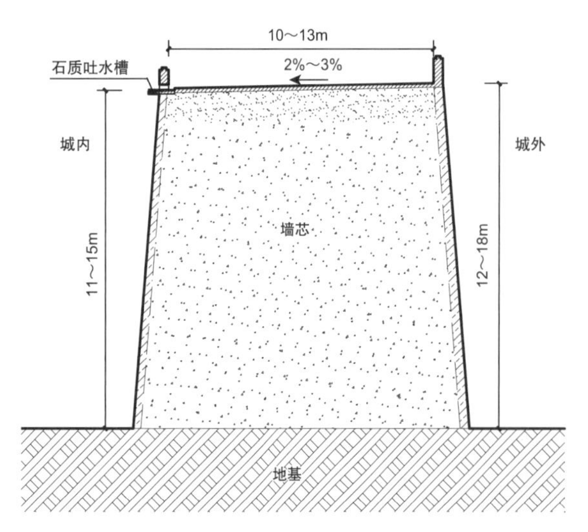

图 8-23　东水关—雨花门段城顶排水示意图

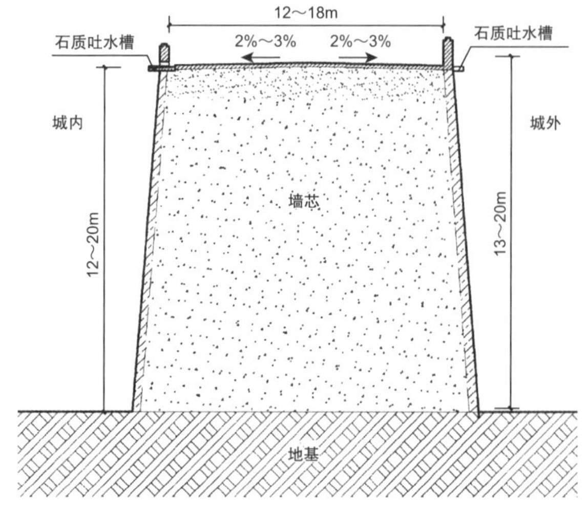

图 8-24　雨花门西—西水关南段城顶排水示意图

说明双向设坡的可能性。该段每间隔 7 ～ 9m（根据汇水量的大小来确定间距，故不等）设有伸向城内的石质暗沟一条；每条横向暗沟皆与平行城墙的暗沟相连，最终将山体汇水顺利排出墙体 [4]。

中华门内向西约 700m 也就是今凤游寺一带，是古凤凰台的范围。明初建城时将其纳入城内，一般认为此处是因山而成。但实地考察此处环境（图 8-26），地势平坦，靠近城根西南角基本为平地，无明显高差，且在城墙内的实际山体高点与其南侧城墙至少有 300m 距离，两者关系并不十分密切。清朝文人王士祯在《游瓦官寺记》中写道：“（上瓦官寺）殿左空圃，有土阜，高丈许，上多梧桐林，即古凤凰台址……稍西南为下瓦官寺……” [26] 由此可知，明代以后，凤凰台作为凤台山高点，早已不复唐代李白写下《登金陵凤凰台》时的高亢①，仅高 3 ～ 5m②，这样的地形也与城内西南角凤游寺、瓦官寺一带的现状基本吻合。

根据南京城墙其他段墙体处理内外高差的经验来看，此段似乎无须专门设置排水暗沟，以解决仅 3 ～ 5m 的高差，因而笔者认为，曾经在此发现过暗沟式排水槽的设置，很有可能是为解决过宽顶面的排水而设置的。既设暗沟，说明靠外侧墙体亦收集雨水，可能靠外侧收集雨水后，通过垂直于墙体的排水槽又导入内侧暗沟，以利雨水排出。

（2）外侧设吐水槽

目前来看，虽然在南京城墙的包山墙段中出现有外侧设吐水槽的实例，但是是在内侧没有条件设置的前提下而采取的手段。对于一般城墙而言，将突出墙体的排水装置设于城内一侧，对于使用和维修都更为便利，一旦设于外侧，突出的构件容易帮助敌人爬墙攻城，不利于防守。因而目前看到的城墙实例，基本都将排水出口设置于城墙内壁。

①《登金陵凤凰台》：“凤凰台上凤凰游，凤去台空江自流。吴宫花草埋幽径，晋代衣冠成古丘。三山半落青天外，二水中分白鹭洲。总为浮云能蔽日，长安不见使人愁。”凤凰台此时可远眺长江与白鹭洲，足见其所处地势之高。

②按照明制一尺 0.320m 换算，丈许即约 3 ～ 5m 高。

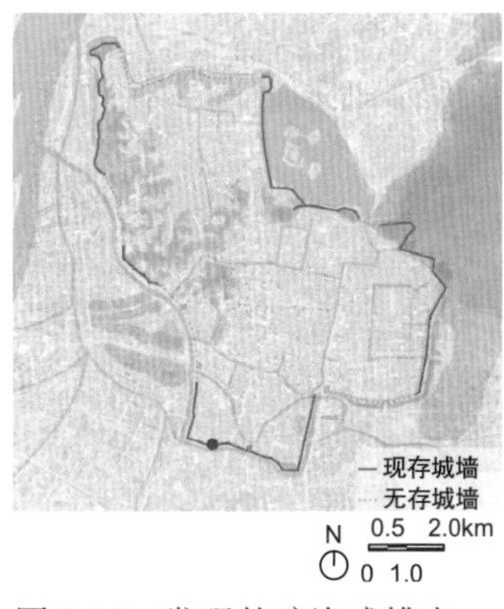

图 8-25　发现的暗沟式排水槽位置示意图

图 8-26　古凤凰台位置现状

由于排水石槽位置在雉堞与墙体交接处，距离雉堞距离极近，对于悬眼[①]、垛口的使用都会有一定影响。尤其相比其他城市城墙，南京城墙的一个特殊之处在于，外壁雉堞的中部和底部两处均设置有悬眼，悬眼可被用作汇水口，将排水石槽直接设于悬眼之下就可承接雨水。但这样处理的话，一旦在底部悬眼倾倒沸油、推礌石滚木时，排水槽会对悬眼的使用造成明显干扰。

放在当代，城墙虽然已经不再承担军事作用，但在如何权衡对于军事防御系统认知和排水问题的关系处理上，是一个需要再深入考虑的议题。雨花门西—西水关南段在外壁设置的吐水石槽并无明显规律，虽不同台城—九华山段设置于悬眼之下，但出现在两垛口间的石槽同样会干扰到军事器械的使用。关于吐水石槽具体位置的确定仍有待考量。

（3）吐水口间隔的讨论

从现代建筑给排水的认识上来看，排水口间距设置应由总雨水流量及每个排水口的最大泄流量决定。目前平地段城墙上仍在使用的排水口，主要用以排出墙顶承接的雨水，因而其汇水量当与城墙宽度正相关。

目前只有中华门东段有较早的详细记录，但文献中关于其吐水口的间距却出现了两种说法。

第一种说法来源于《中国古代建筑技术史》，《南京明代城墙》等著作亦沿用此数据：以通济门至聚宝门一带的城墙为例……墙上用砖砌铺路面，并有花岗石制成明沟式的排水槽，每槽相距60m左右，水槽伸出墙外（城墙内侧）0.50m，所以整个城墙特别坚固……[②]

第二种说法来源于《关于普查城墙现状及提出处理办法的报告》，与第一种说法差异较大：以石灰岩石凿成明沟式排水槽，设置于城墙顶部一侧；每隔15～20m设置一个伸出墙体的石质排水槽，将墙顶汇水排出。如通济门西经中华门至万竹园段，城墙顶部内端，每隔17m有石头水槽一个。[27]

两者间距有明显区别，笔者倾向第二种说法提供的数据，理由如下：

①第二种说法的文献来源年代相对更早，专业性和针对性强，参考性更大，但不排除在第一种说法中吐水口可能因为丢失而造成间距较大的情况。

②从现代角度来分析，以《建筑给水排水设计规范》中屋面雨水排水系统作参考，按南京城墙结构特点，类比相似构件参数，大致可以估算出250～300m^{2}为当前形制的石质吐水口的最大汇水量。该段城墙顶面宽在10～13m左右，考虑到当初设置单面落水口可能性更大，间隔在20m左右更具有合理性。

①悬眼也称“爵穴”，是设于每个雉堞中央的瞭望孔，用于瞭望和射击，设置于雉堞底部时还可用于倾倒沸油、推礌石滚木等，故而又称礌石孔。

②中国科学院自然科学史研究所. 中国古代建筑技术史. 北京：科学出版社，1985：444。

在顶面雨水来源主要是其直接承接的雨水，其他影响因素都较弱的前提下，可以以此为依据估算其吐水口间距。且在墙顶相同宽度的条件下，考虑到墙体阻挡雨水的因素，有内墙的比无内墙的排水间距要设置得稍小一些。

按此来推断，《中国古代建筑技术史》中提到的 60m 间距也可能是存在的，如神策门—玄武门段，顶面宽不到 4m，若槽口相隔间距为 60m，汇水面积亦与现代计算的结果相合，比较合理。

（4）吐水口伸出长度

墙顶吐水口伸出长度固定，一般突出墙外侧 40 ~ 50cm，考虑到墙体的高度和坡度，雨水在实际下落时仍会直接冲击墙体中下部分，并顺墙面落至地面（图 8-27）。对于伸出墙面距离的控制，主要还是在保证伸出的悬臂结构稳定性的前提下进行设计。吐水口水槽越向外凿得越深，一方面可以形成内高外低的坡度帮助雨水排出，另一方面也能适当减少伸出部分重量。而吐水口一般又结合石槽一同设计，也可以有效增加固定支座端的受力。

图 8-27　中华门上吐水槽

3）地面雨水流向

城顶雨水在流入城内后，现今大多直接落在近城墙的软质景观铺地上后渗入土层，其余过量的雨水收集入附近窨井或直接汇入市政管网。

20 世纪 50 年代，“在城根还设有略高出地表的石槽承接下泄之水，流向通往河流的窨井。这种情况，我们可在聚宝门见到”[1]。如今这样的石槽大多已不存在，但在狮子山、富贵山等包山段仍可见混凝土浇筑的承水槽。窨井接入下水道，根据不同的分布区域，将水分别排入靠近的河、湖之中。

在平地一段，内外水体到两水关位置才有交汇，水关南其余地段皆无通水或排水设施。雨水一般顺窨井汇入城内秦淮河，最后经西水关流出城外，而这也是整个城南雨水和污水处理的普遍做法。

城南片区，秦淮河不仅为大量居民提供生产、生活用水及交通航运之便，也是排水、排污的核心干道，“用以吐纳灵潮，疏流秽恶，通利舟楫，故居不病涉，小民生业有资，譬如人身腑脏局内，有血脉荣卫以周流也”[28]。明代兴建门东、门西官沟，这两条官沟是城南居住区的排水总渠，将城内的废水、雨水最终导入内秦淮河之中。清代，又续建部分官沟。门东官沟，其出水口在现白鹭洲公园南门内，汇水入白鹭洲，其路线是向南过莲子营，沿小新桥东侧西街，过马道街、剪子巷，再经心腹桥、蔡板桥、五板桥到双塘附近，接入原来东双塘和西双塘两个大塘。沟壁为砖石砌筑，上用石板作盖；骂驾桥附近断面为 1500mm×1500mm，其他为 1000mm×1000mm。门西官沟，原出水口在西关头迴龙桥下，向南经过回龙街，沿菱角市西侧经原第二机床厂，到来凤街口转向东，经毛家苑、双塘街道六度庵附近接入双塘。东西向盖沟在双塘附近断面最大，为 1000mm×1000mm，沟壁为砖石砌筑，上用石板作盖，下游为明沟。绝大多数街巷建砖砌方盖沟，宽度不足 200mm，上用青砖作盖，下用薄砖铺底，视街巷之宽窄而单侧或双侧设置。大街上是方沟，一般断面为 200mm×300mm，深度大于宽度，上用石板作盖，石板与路面相平，是路面的一部分。[29]

城南段城墙顶部的雨水，极有可能就是通过这样一套明沟接暗渠的雨污排水系统（图 8-28），最终汇入内秦淮河之中。

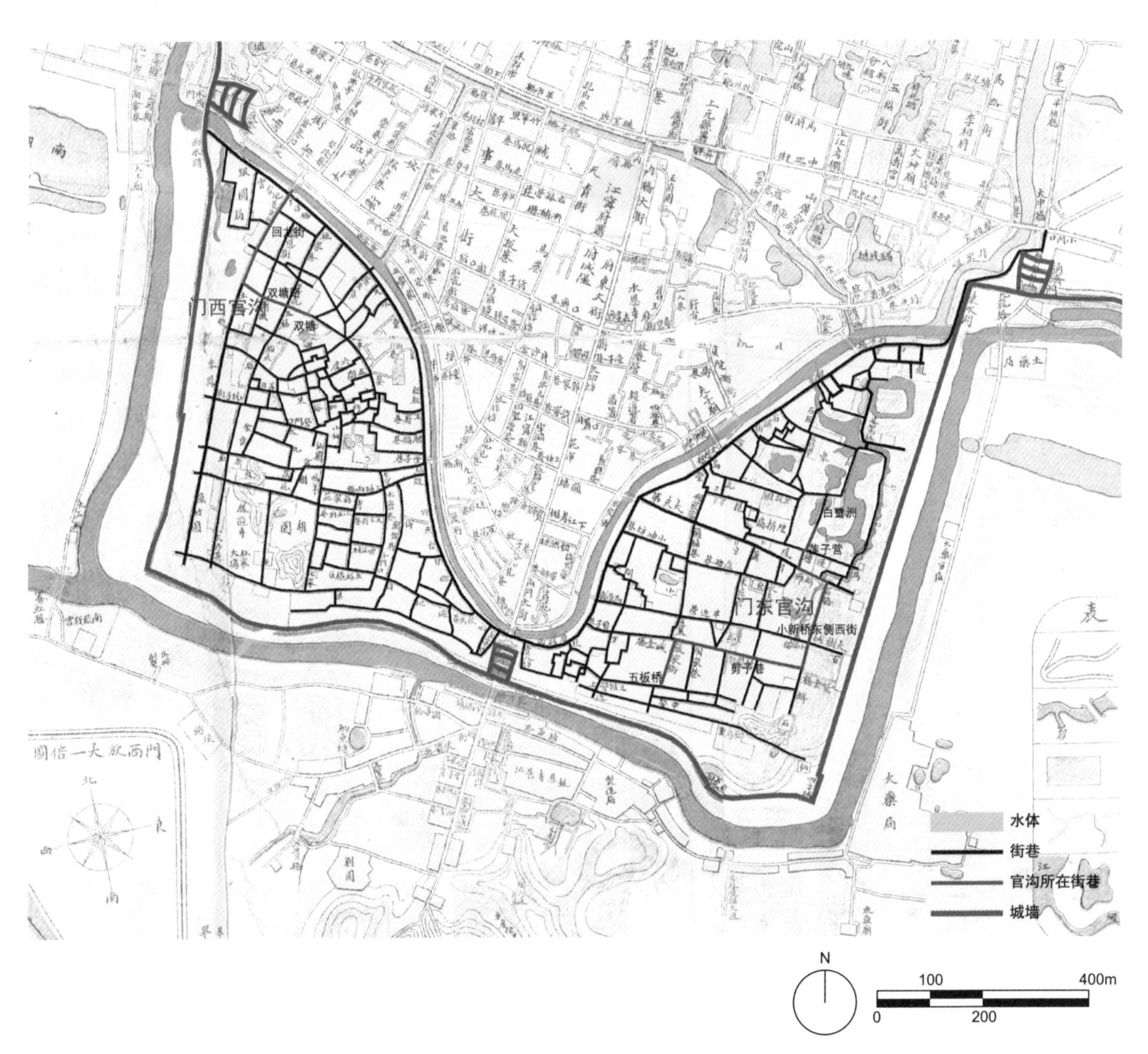

图 8-28　秦淮河南交通 - 排水一体化街巷示意图
底图出自：1903 年《陆师学堂新测金陵省城全图》，部分地名根据参考文献 [30]

8.2.3　水环境下平地段城门营造——以中华门为例

1）中华门概况

中华门原名聚宝门，其址为原南唐时期金陵城南门，明初沿用，直至洪武十九年（1386 年）朱元璋在旧南门位置重新建造城门，因其正对城外聚宝山（即今雨花台）而定名为聚宝门，是明南京城地理意义上的正南门（图 8-29）。

（1）形制特征

中华门坐北朝南，北偏西 9°，南北总长 129m，东西宽 128m，共占地 16 512m^2，城台部分由主城台、三道内瓮城以及东西两条紧贴城楼的礓礤组成，整体呈略不规整的平行四边形，原建筑部分包括主城台上的城楼及瓮城上建的三座闸楼（图 8-30、图 8-31）。

主城台是明南京所有城门中唯一两层高的城台，高 21.45m。一层高 11.05m，南北长 52.6m，东西宽 6.5m，中央为拱券结构的城门道，两侧各设与城门相似结构的藏兵洞 3 个。第二层较第一层北面略向内收以留出交通通道，设藏兵洞 7 个，位置与一楼藏兵洞及城门道上下对应。城台第二层为城楼基座，上建城楼，歇山顶，三重檐。

三道瓮城形制、尺寸相近，基本与主城台平行设置。以第一道瓮城为例，东西长 57.25m，南北宽 21.05m，均高 9.4m。瓮城门道设于中央，与主城门道在同一直线，距主城门北沿 16.14m，其上设有闸楼，闸楼基座部分的城台略高于其他部分，且较瓮城墙略向南突出。

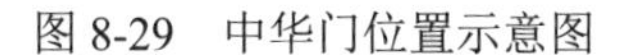

图 8-29　中华门位置示意图

图 8-30　中华门鸟瞰图 [12]

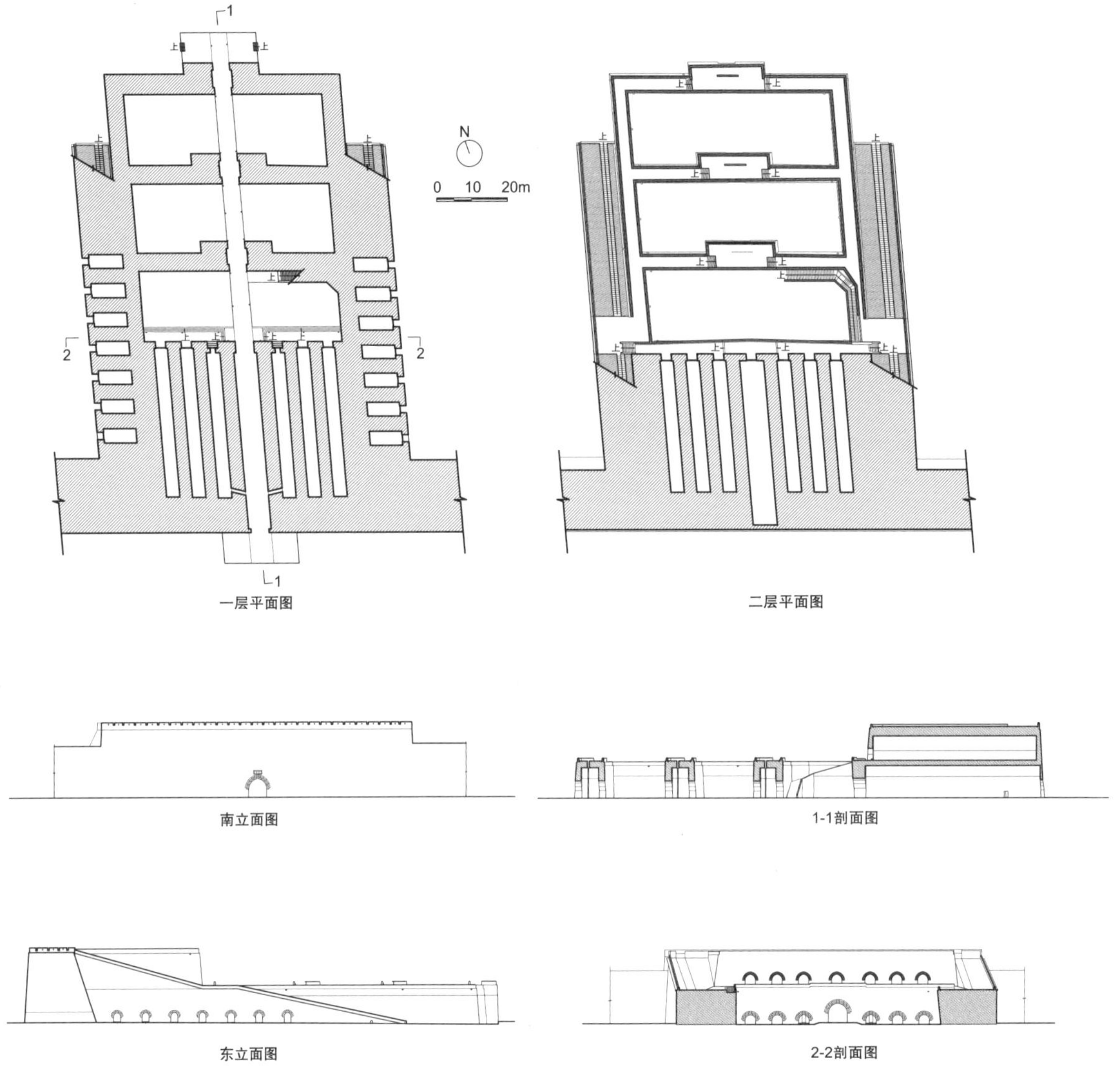

图 8-31　中华门测绘图（出自陈薇教授工作室，是霏、钟行明测绘）

左、右礓礤各长 96.5m，宽 11.5m，分上、下两段，上段下部接主城台二层，坡度在 0.3 左右，下端直通地面，坡度略小，约为 0.2。礓礤东、西两侧各设有东、西方向的 7 个藏兵洞，但不完全对应，礓礤东侧藏兵洞较西侧的略靠北。各洞近似平行，形制规模相近。

（2）构造特点

除城楼、闸楼主体为木构外，中华门其他部分主要使用条石、城砖两种材料砌筑。条石大部分用于外墙包砌、拱券基座砌筑，城砖则用于二楼城台外墙包砌、城顶地面、女墙、雉堞、拱券等多处砌筑。

中华门选择的石料尺寸较为规整统一，一般长 0.8 ～ 1.39m，宽 0.7m，厚 0.26 ～ 0.35m[31]，与城南段用材相同，城砖大小与南京其他段城墙也基本一致，约为 42cm×20cm×12cm，两者均用一顺一丁砌筑。所用黏合剂略呈白色，与其他地段相同，应为掺杂有糯米汁的石灰为主的有机 - 无机混合材料。城台呈上宽下窄的梯形，墙身较陡，收分明显小于其他地段，横断面采用类似露龈砌的做法，每层条石内收 2 ～ 3cm，南（外）侧墙体收分大，为 5.6%，北（内）侧一层为 2.2%，北侧二层收分为 2.5%，与南侧墙体坡度大于北侧对应。墙体内芯构造不明，根据中华门周围的墙体结构，很可能以城砖为主体，结合掺杂糯米汁的石灰浆砌筑。

中华门附近的基础做法目前仍未探明，但此处地基松软，遇恶劣天气又易坍圮，很可能采用类似集庆门附近的城墙基础，即以圆木为底层基础、上铺条石的复合型基础。

（3）城门现状

有明以来，中华门虽经历过多次人为和自然因素导致的局部倾覆和坍圮，但多修缮及时，以砖石为主的城台部分至今仍保存较为完好。城楼在 1937 年 12 月 12 日被侵华日军用山炮、飞机和坦克猛烈轰击后损毁，至今未再重建。闸楼、城楼等部分亦无存（图 8-32）。

最近一次对中华门的修缮是在 2005 ～ 2006 年的中华门瓮城北门防水及城墙抢险加固工程，修缮内容包括：拆除原有女儿墙及

(a) 主城台二层城顶

(b) 瓮城城顶

(c) 主城台二层通道

(d) 底层藏兵洞

图 8-32　中华门现状照片

顶面基层，对内外松动墙面、鼓胀墙面进行拆除后，采用 M10 水泥砂浆砌筑，并植钢筋进行拉结；恢复城墙顶面防水层；按原城墙女儿墙做法恢复顶面女儿墙[16]。

2）城台排水组织

关于中华门城台处理水分方面的技术做法，历史文献中几乎没有任何记载，因而只能根据一般建筑学经验、近现代学者对于中华门的描述和记载中的只言片语来进行推测，尽可能将其排水组织真实地还原。

中华门内所用排水手段与一般城墙段相同，即由平行于城墙方向的排水明沟集水，再通过伸出城外的吐水槽将水排至地面。明沟、吐水槽形制及尺寸与一般段城墙类似，但由于还另设有三重内瓮城，使得其排水组织较一般墙体更为复杂。

（1）主城台城顶排水组织

其主城台分为两层，第一层城顶即第二层城台地面，暴露在外，需要组织的排水部分主要是较底层内收而留出的宽约 3.5m 的通道。根据现状可以观察到，其整体有自北向南的坡度以组织雨水收集，而后利用紧贴北侧女墙的石质排水明沟，经同一墙面置于东西两角的石质吐水槽落至第一层瓮城的地面上。排水明沟直抵两侧礓䃰附近，总长近 60m，由长约 2m 的单元拼接而成，其断面呈弧形，有效的集水宽度在 22cm 左右。

吐水口设两处，布置得紧贴墙角，是比较合理的方法。若将其置于中央，则下雨时雨水的下落会干扰到底层城门和藏兵洞的使用。

目前城台顶部城楼已不存在，地面留有两种明显不同规格的城砖铺设，城台中央 53.2m×29.2m 的长方形区域以 40cm×40cm 方砖铺就，其余同一般墙顶，由 40cm×19cm 城砖铺地。长方形区域向四角 1.6%～3% 找坡，雨水汇集至紧贴西北东三面女墙设置的排水槽，经由设于东西两墙的南北两角共四处吐水槽落至礓䃰，顺礓䃰斜坡落至地面。城顶 U 字形排水槽接续城门两侧城墙上排水槽，构成整体（图 8-33）。

此处值得注意的仍是吐水槽位置。对比置于东西两墙角落和置于北墙两种方案，前者显然更为合理，有利于减小对下层空间的使用影响。若置于北墙，需考虑到二层藏兵洞的使用，故而只能同二层地面一样设置在东西两角。然而，即使置于角落也会使通道可用宽度减小，对于本就不宽（3.5m）的通道来说，对使用会造成一定不利。但若置于东西墙两角，对于宽达 10m 的礓䃰影响并不大，雨水还可以顺着坡道同礓䃰上的积水一同汇至地面，无须另外进行处理。

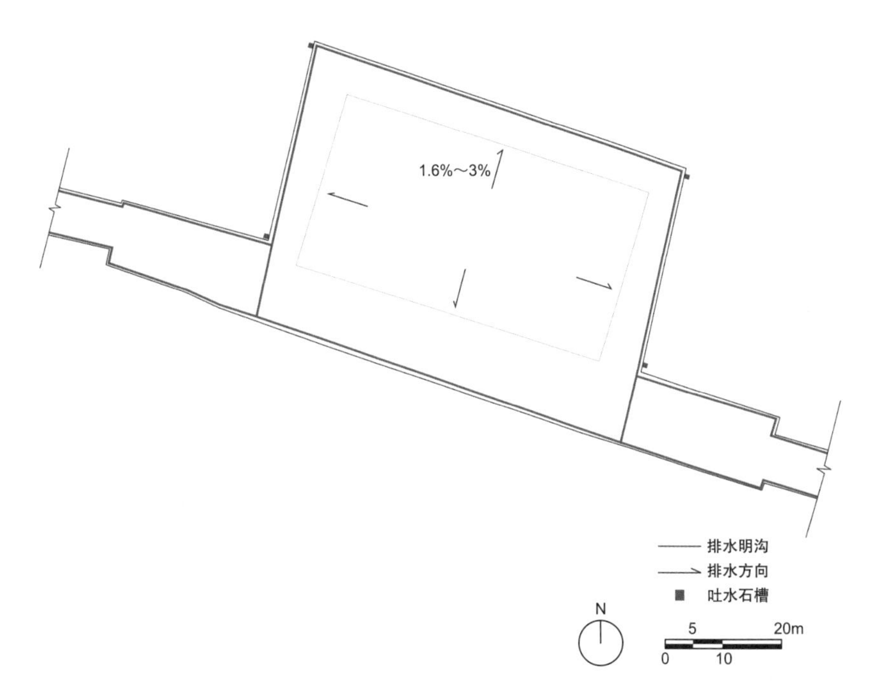

图 8-33　主城台二层现状排水组织

（2）瓮城城顶排水组织

对于瓮城顶部排水的组织，首先需要明确的问题是，其究竟是以瓮城为单元组织排水，还是整体组织排水。根据现状来看，目前三道瓮城整体北高南低，但各道排水口的分布较为一致且密集，再结合曾经在北面第一道瓮城（三道瓮城中标高最高）的北墙根地面上，清理出一条深 12cm、宽 23cm 的石质明沟的遗迹 [31]，若为整体组织，则此道明沟遗迹发挥作用的余地不大。因而综合来看，很可能是每道瓮城采用类似排水手段，以瓮城为单位组织排水。

瓮城整体形状呈被横向拉长的 U 字形，顶部以排水明沟和吐水槽组织排水，目前地面上除近城门和瓮城门设现代窨井外，未见其他传统集水设施，仅文献中提及了近墙根处设石质排水明沟，应为收集城顶下泄雨水之用。

墙顶的雨水收集分两个方向，一是收集排出至瓮城之外，即沿南北走向瓮墙落入东西礓礤之上，或是沿最北一道瓮墙北壁落至城门之外，瓮城城顶一共设置的 28（不含一层城台顶部北壁的 2 处）处吐水口中，沿东西两墙外壁各设 3 处，第三道瓮墙北壁近闸楼设 2 处，共计 8 处。二是落入瓮城地面之中，其余 20 处吐水口均朝向瓮城内部，大部分雨水均由此下泄。

瓮城墙体顶面呈中间高而两侧低的微弧形，雨水流向两侧紧贴墙体设置的明沟。明沟目前多由城砖铺就，过去的位置及形制已不可知，但应与城台处旧石质明沟差异不大。向瓮内排水的吐水槽多设置于南北壁面两角及紧贴闸楼的位置，帮助排走东西走向墙顶上的积水，瓮东西墙的中间位置也有设置，与朝外的另外 6 处一同承担南北走向墙体的排水问题。

总体来看，吐水口多设置于较隐蔽处，并尽量避免设于冲要位置，减少使用干扰。闸楼城台上闸楼不存，由于下设门道，因而其明显高出城顶其他部分，雨水随地势流入闸楼城台边两侧排水明沟，并可就近直接排出至地面。

（3）地面雨水组织

对于向外设置的吐水口，雨水多可自然散去，无须过多考虑；但对于流入瓮城内的雨水，由于其四周均受限于墙体，需要结合地面组织将雨水排出。

目前城内由于结合功能改造等多方面原因，地面改动较大，原地面叠压于现代地面之下，整体南高北低，在靠近瓮城门南北两面的门道左右，均设有窨井收集瓮城内雨水。

传统地面雨水组织以明沟为主，根据空间使用情况和上方吐水口布局来看，中华门瓮城内的明沟很有可能环绕瓮城一圈设置，在闸门城台处断开，呈现开口相对的两个 U 字形格局。雨水组织穿越门道时，较为常见的做法是在露道中轴位置拱起虹面，使雨水流向两侧，并在露道线道外侧设置排水明沟，汇集并组织雨水。这种做法最晚在北宋时期就已经有所应用，跟中华门近似时期的扬州城明代南门地面也采用了此种做法[32]。中华门城门道很可能也采用露道外设明沟的措施，再连接瓮内明沟，能够形成较为完整的系统。

对于地面雨水组织，另一个重要的问题是雨水流向。中华门外靠宽百余米的外秦淮河，向内又紧贴内秦淮河干道，南北均可排水。笔者认为其应是向城内排水，理由如下：①根据现状地面和城顶来看，瓮城整体呈现南高北低之势，则叠压其下的原始地面标高也很可能略向内倾，流向城内。②实际查看内外秦淮两侧河岸，可以发现，内秦淮河南岸在城门中轴位置的略偏位置设有排水管道，很可能是延续过去排水位置而设，类似排水装置未在外秦淮河北岸见到。③参考中华门两翼城墙，根据上节，其以向内排可能性较大。④参考与中华门同一时期建造、地理环境相近且同为三道内瓮城的南京通济门遗址（图 8-34），其挖掘出的第二、三道瓮城东北角遗址，也呈南高北低即向内倾斜的走势。除此之外，在这两道瓮城遗址中还发现地面以下的排水通道，通道离瓮城西墙约 7m，其上覆盖整齐石块，亦是南高北低、向城内倾斜，在出入口处还设有分水石帮助过滤杂物（图 8-35）。

根据以上几点，基本可以认定中华门向城内的内秦淮河排水，并且还可能建有如通济门一样的地下辅助排水暗道。

3）城楼排水组织

城楼是城台之上用以观察敌情的防御建筑，也是一座城门最重

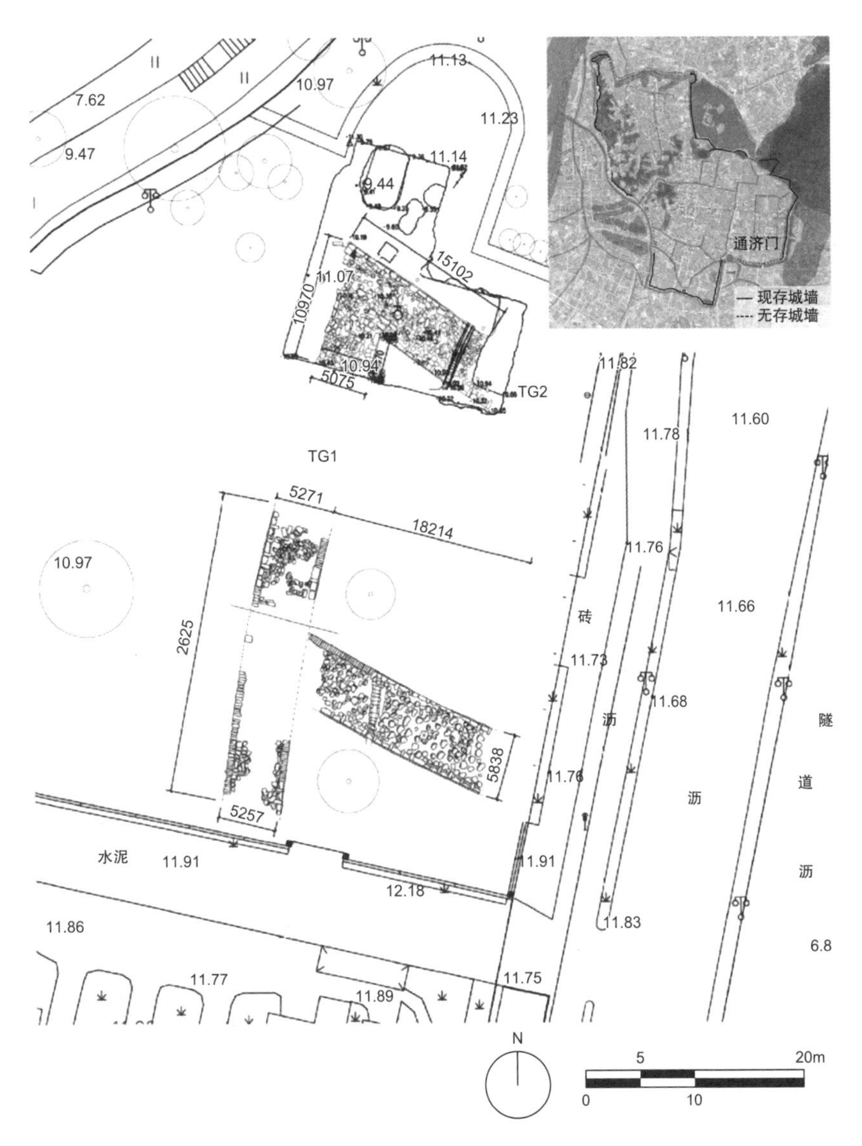

图 8-34　通济门遗址测绘图（出自陈薇教授工作室）

图 8-35　通济门遗址瓮城墙基遗址排水口（出自陈薇教授工作室）

要的标志之一。目前南京城墙除神策门保存有清后期重建的城楼外，其余城楼全部不存。作为整个城门中不可或缺的一部分，城楼的存在势必会对主城台的排水组织有一些影响，而这些影响也有必要梳理清楚。

城楼与城台在雨水处理上的关系主要体现在城顶屋檐与城台边沿的关系，若屋檐边沿在城台边沿之内，则说明城楼主要依赖城台顶部组织排水；若屋檐边沿在城台边沿之外，则城楼雨水直接落于瓮城之内，与城台互不干扰。

以现存的同一时期其他城楼和钟鼓楼为参照（表 8-4），并结合中华门城台顶部现状，大致能判断出，中华门城楼的平面位于城台略靠北位置可能性较大，其占有向北突出的城台大部，向南一侧留出城墙通道，与两翼墙体连接。

至于屋檐与城台边界二者的关系，从现存实例中可以发现，北京西华门、天安门、午门等城楼屋檐均位于城台内部；北京鼓楼屋檐在城台之外；南京鼓楼根据其留下的柱础，可以判断其平面满铺城台，屋檐当在城台之外；南京午门根据遗留下的柱础，可以判断其屋檐也在城台之外。

据此推断，中华门上城楼屋檐很大可能性与天安门诸城楼一样位于城台内部。但需要注意的是，以上几处屋檐无论是在城台外或是在城台内，大多距城台边缘不超过 2m，西华门翼角距离外栏杆甚至不足半米。当城楼完全包含在城台之内时，地面组织应与无城楼状态时差异不大，因而仍可参照现状地面组织坡度排水。

表 8-4　明初建造城楼及钟鼓楼建筑参考

建筑	时间	城楼屋檐位置	雨水处理	备注
北京紫禁城西华门	永乐十八年（1420 年）	屋檐在城台之内	雨水落至四周台基下方城台，未见明显雨水处理设施，推测以坡度引导雨水	参考文献 [33]
北京天安门	永乐十五年（1417 年）	屋檐在城台之内	雨水落至四周台基下方城台，未见明显雨水处理设施，推测以坡度引导雨水	参考文献 [33]
北京紫禁城午门	永乐十八年（1420 年）	屋檐在城台之内	雨水落至四周台基下方城台，未见明显雨水处理设施，推测以坡度引导雨水	参考文献 [33]
南京午门	洪武八年（1375 年）	屋檐在城台之外	雨水直接落至地面后沿散水散去	据实物推测，并根据参考文献 [34]
南京鼓楼	洪武十五年（1382 年）	屋檐在城台之外（据原柱础位置）	雨水直接落至地面后沿散水散去	据实物
北京鼓楼	永乐十八年（1420 年）	屋檐在城台之外	雨水直接落至地面后沿散水散去	据实物

续表

建筑	时间	城楼屋檐位置	雨水处理	备注
北京东直门	正统四年（1439 年）改建	屋檐在城台之外		存疑，参考文献 [35]
北京西直门	正统四年（1439 年）改建	屋檐在城台之内		存疑，参考文献 [36]

4）细部排水组织——藏兵洞排水

中华门内设藏兵洞包括：主城台一层城门左、右各筑3个，共6个；二层共 7 个；东西礓礤之下、瓮城外壁中分别筑 7 个；共计 27 个。藏兵洞垂直墙面布置，互不连通，目前主城台一层几处连接都为后期改建。

藏兵洞藏于城墙主体结构内，不易直接受到雨水影响。但其内通风不畅，一旦遇上多雨多涝的天气，水在洞内积存，对于洞中军需物资的储备非常不利。因而仍需要设计合理的排水组织，以减少不良影响。

经过实地考察，虽然目前的排水系统是近年重新修复的，但是局部构件仍是旧物（如二层城台几处藏兵洞石门槛），很大程度上帮助了排水系统的复原（图 8-36、图 8-37）。

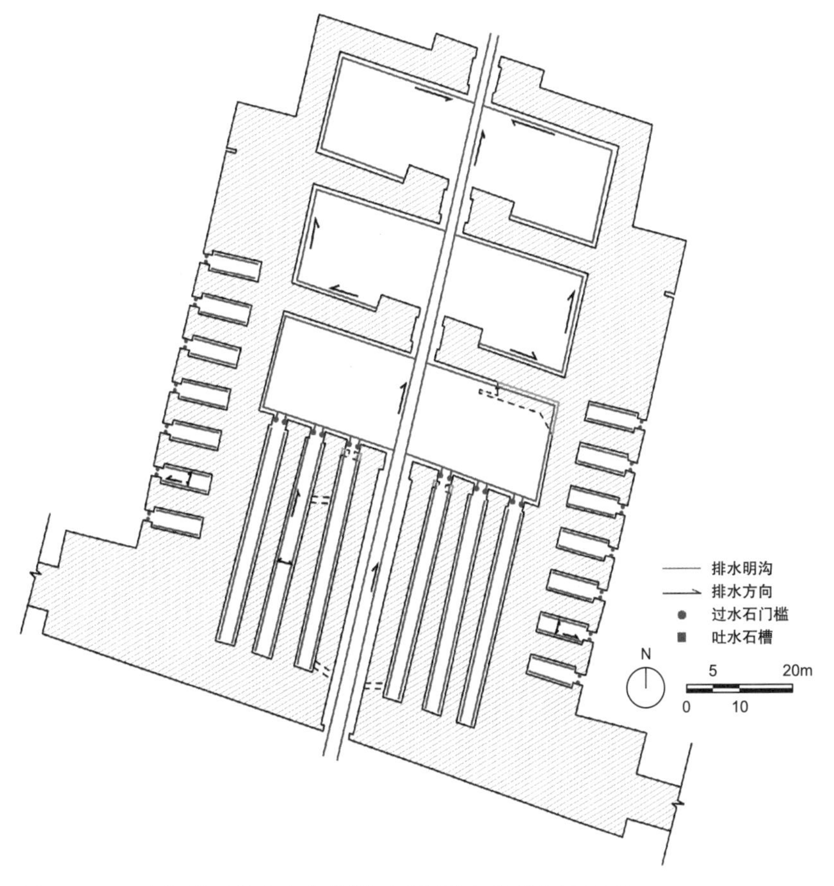

图 8-36　中华门地面排水走向推测（底图引自参考文献 [37]）

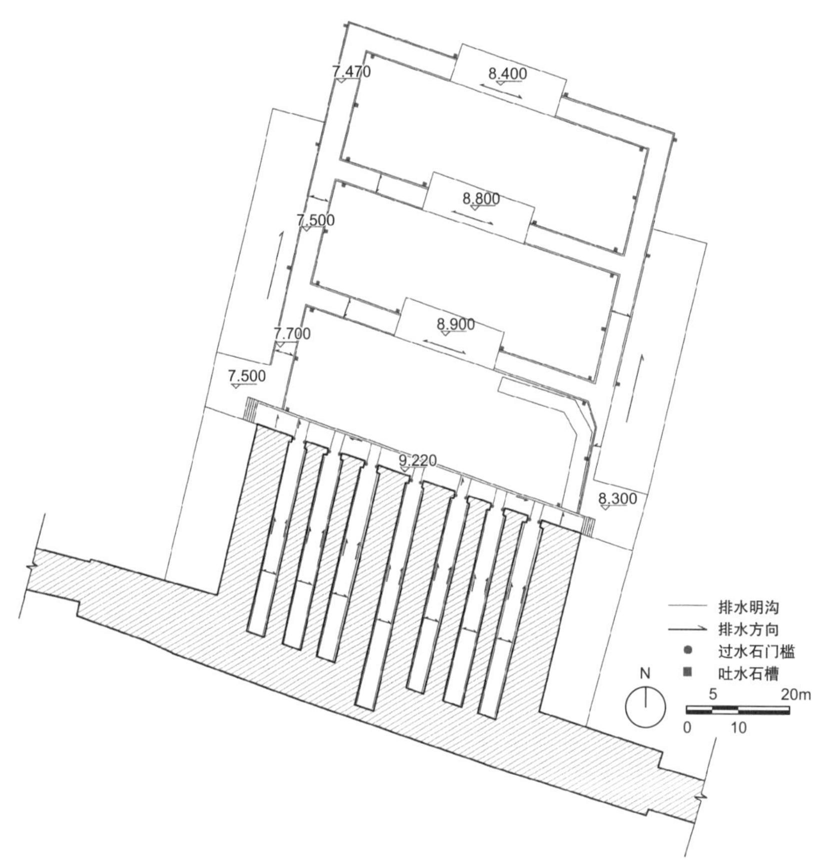

图 8-37　中华门一层城顶排水示意图（底图引自参考文献 [37]）（单位：m）

目前保存较好的藏兵洞排水在二楼城台部分，底层的藏兵洞由于地面抬高和改造的原因，相应改建部分也较多，仅存洞内排水组织的部分。

藏兵洞内地坪做微弧形，向外微倾，两侧墙根处设明沟，通向石门槛两端设排水圆孔。由于门洞略窄于洞内宽度，且排水圆孔也非贴着门槛端部设计，洞内明沟在出口处微有转折，此处容易积水且影响排水通畅性，而根据目前能够实际观察到的情况来看，在后期整修中并未采取任何措施处理此节点。

二层目前可进入的几处藏兵洞均已作展厅或文创中心使用，地面以轻质结构架空抬高，石门槛也被新建台阶阻挡，但仍可见曾作排水用的排水圆孔。在中间最大的藏兵洞中，留有明显可见的排水沟槽。

雨水组织至石门槛排水圆孔后，底层如何组织已不可知，可能会结合瓮内排水明沟组织，但已无从考证。二层虽然经过整修，藏兵洞及洞前通道均已翻新，且有不同程度垫高，但仔细辨认之下，通道两侧铺设的条石很有可能沿用旧物，有助于推断其雨水出洞外的排水组织。

现存东西走向的旧条石沿通道南北端各有一长条，北侧石条为组织二层城台通道的排水明沟，宽 24cm，深 8cm。

南侧条石紧贴藏兵洞，具体功能未知，但在多处均可见明显凿痕，呈凹陷状，南北向，宽约 12 ~ 14cm，深约 4cm。考察其分布，可以发现其出现的位置有一定规律，共发现 5 处，均分列在洞口两侧。

北侧石质排水沟也可观察到类似痕迹。其凿痕与南侧条石类似，一部分与南侧条石位于同一直线上，也有与南侧条石略有错位的，如西一洞口两处错开 20cm 左右。若将对位的凿痕连线延长，能够发现恰好与石门槛排水圆孔位置几乎在一条直线上。由此推断，这三者应该是有一定关联性的（图 8-38）。

季士家曾对二层藏兵洞的排水有如下描述：中层的藏兵洞内地坪作微弧形，两边墙根处建砖砌明沟，与石门坎两端的排水圆孔相连；孔外为石质明沟，通东西走向的总排水明沟[31]。

这段描述与实际在中华门发现的凿痕相互印证，基本可以说明二层藏兵洞的具体情况。

综上，平地段城墙是南京城墙最注重坚固和耐久性的一类墙体，在建造时格外注意处理水环境带来的各种影响。

一方面，为了避免过量的水分侵蚀墙体，城墙各部分针对局部水环境的特点，采取多种防渗、防雨措施。基础处理上，在土质疏松、高地下水位地带使用木筏 - 砖石综合基础，在近河沿湖地段以砖石深筑墙基，针对大型城门采用大区域浅基础、夯土交错夯筑的做法。砌筑墙身时，在结构和构造、材料选用等方面都仔细考量和设计，使用高质量城砖和特殊黏合剂，极大程度地加强了墙体性能。墙顶用防水材料厚铺防止水分渗入。

(a) 藏兵洞前通道北侧石槽

(b) 藏兵洞前通道南侧石槽

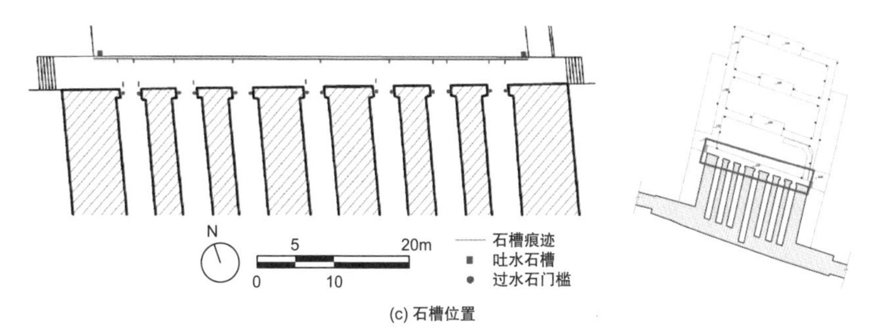

(c) 石槽位置

图 8-38　藏兵洞前通道石槽位置示意图

另一方面，在处理落至墙顶雨水的排水组织上，平地段城墙从顶面坡度设计开始，就对雨水有组织地进行引导，又结合墙体和周围环境特点，规划出合理的排水分区和路线，使雨水从城顶泄下并汇入至河湖等水体，完成水体自城墙顶部→墙顶排水明沟→墙顶吐水口→墙下石槽→窨井 / 明沟→自然河湖的流动路径。

除了总结一般城墙段规律外，以规模最大、结构最复杂、保存最好的中华门为例，梳理作为城墙节点的城门排水防水系统。中华门在排水组织上以瓮城为单元，适应功能和使用需求，设置排水相关设施，并结合地形对雨水进行疏导，对整体情况有全局考虑的同时，也对每个细节仔细斟酌。

8.3 水环境下山地段城墙营造技术

除城南一段，南京城墙其他墙体多以山地为基础营建，建成后的墙面与山冈融于一体，共同发挥防御作用，是顺应山水地形的典型代表。与环境相互交融的特点，使得其在建造和使用过程中，需要更多地关注环境问题，因而也出现了众多适应特定环境的特殊做法。

8.3.1 山地段墙体概述

除了在南唐旧都旧址上修筑的城南一段城墙为平地段墙体外，其余北扩而建造的墙体或多或少都利用了山地地形，其具体分布如表 8-5、图 8-39 所示。

山地段城墙与平地段城墙最大的差异就在于山地段内外墙体有明显高差，利用的山体一般被包络入城，故而城内墙体高度较城外墙体高度低。

这种利用山体的城墙建造手段大幅度提高了营城效率，是在明朝建都之时有限的国力条件下，快速建造具有足够防御性能城墙的有效手段。

山体与地形本身的特点和差异，使得在山地上建造的城墙类型并不相同，呈现出多种特点，形成不同的墙体类型。具体来说，根据利用山体的程度和结构特点，大致可以分为两类：①局部利用山体砌筑的半包山墙；②完全利用山体砌筑墙基和墙身的全包山墙。

这两类包山墙具体来说，半包山墙又称架山墙，兼有包山墙和平地段城墙的部分特点。半包指墙体内侧与山体下半部分连在一起，上半部还有几米高的墙体[16]。其主要分布于城东及其他零星土丘处，如九华山、富贵山、石观音山等段均为半包山墙，清江宁知州吕燕昭曾言："及明太祖筑城，劈墩之半，以为城基。今凭堞望之，孝陵石兽在其下，城内未尽之墩，苔石叠翠，较冶城尤胜"[13]，描绘出谢公墩段山体岩石为基础砌筑下半部分墙体的做法，是典型的半包山墙地段。

全包山墙外壁为从上到下以城砖包砌，或以条城砖混筑包砌，内壁用砖砌，大多仅设较矮的护土坡。城西除了狮子山等①局部地段以半包山方式建造外，其余如石头城、小桃园等段，都是全包形式。

①严格意义上来说，狮子山是半包山墙，但其非包山的上部墙体高度极矮，不到1m，与一般半包山墙区别较大，反而接近全包山墙做法。根据实际调研来看，其在水环境问题处理上，各方面也更接近于全包山墙的处理，因而本书在讨论时将其也归入全包山墙中讨论。清凉山附近部分墙体亦同。

表 8-5　南京城墙山地段城墙内侧山体一览

城墙位置	墙内山名	相关记载	备注
九华山段	九华山（覆舟山）		
龙脖子段	富贵山（龙广山）		
前湖略向北地段	谢公墩（半山园）	《嘉庆新修江宁府志》：劈墩之半，以为城基	
神策门南—钟阜门段	耆阇山	《（同治）上江两县志》：在上元神策门内，即今城址所据冈阜是也	
仪凤门及狮子山段	狮子山（卢龙山）	《阅江楼记》：……故赐名曰狮子山。既名之后，城因山之北半，壮矣哉	
挹江门段	四望山（八字山）		
定淮门段	马鞍山		
清凉门、石头城段	清凉山及其支脉(盋山)	《金陵胜迹志》：前冯蛇山如几，西偏坡陀尽处，倚石头城垣，迤东势渐夷	
雨花门段	石观音山		
正阳门段	岗阜名无考		今该段城墙不存
朝阳门段	岗阜名无考		
小北门段	岗阜名无考		今该段城墙不存

8.3.2　现存山地段城墙构造特点

平地段城墙在材料选择和砌筑方式等方面都考虑周详，以减少墙体渗水、漏水的可能，提升墙体稳固性和耐久性。包山墙多利用土山岩石砌筑，雨水不可避免地会从山体上表土层等处渗入，严密的构造设计并非必要，故而其材料选择和砌筑方式多不及平地段城墙细致。

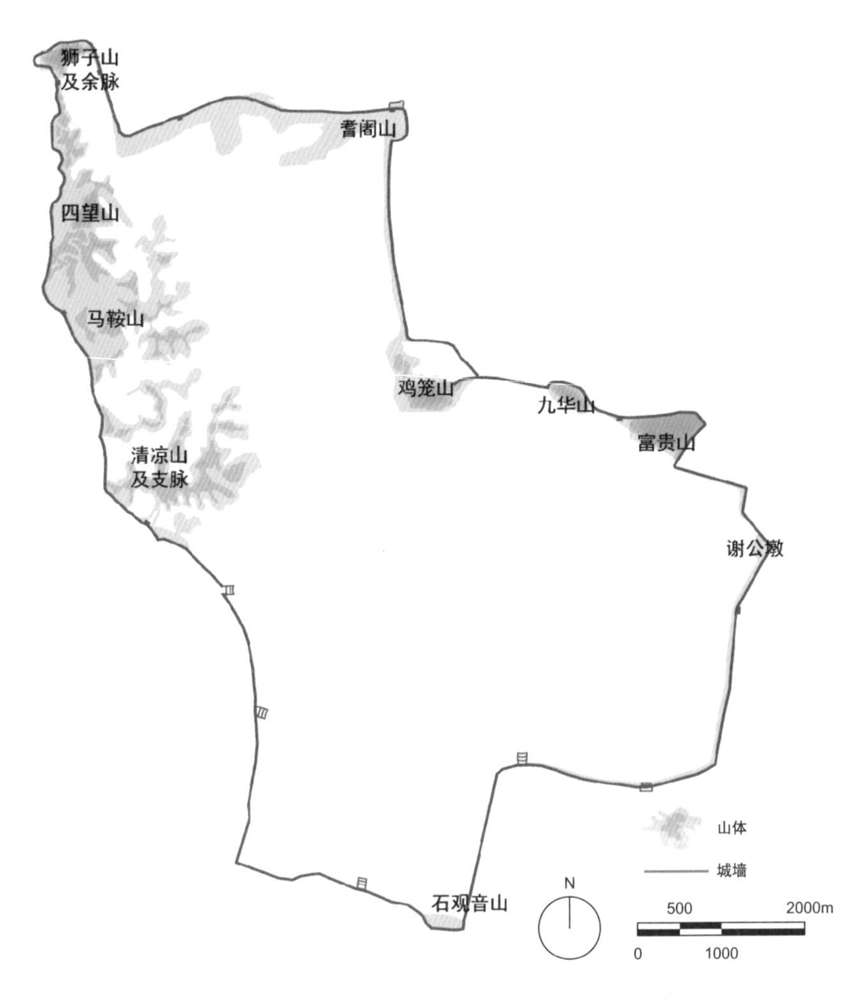

图 8-39　南京城墙包山墙内侧山体示意图

包山墙体变化较多，收分没有明确定值，一般以山体本身的坡度为基础再行确定，因而外壁面墙体常出现起伏不定的情况。转角部位应力集中，结构不稳定易坍塌，因而除包砖较厚外，其坡度也更为平缓。

相较平地段城墙来说，由于结构原因，包山墙对墙体本身防水防渗措施的处理没有那么重视，构造基于省时省力的原则设计，并尽可能保证结构的稳定性。但在各段处理具体问题时，仍能从中看到一些针对水环境的营造策略（表 8-6）。

1）神策门—解放门段

解放门至神策门（图 8-40）的沿湖地段，是在东晋大兴三年（320 年）始建，为防止后湖之水泛滥的所谓“十里堤”之上。而自西南角位置起就不再是“十里堤”，解放门一段城墙建造时就将玄武湖切入城一小部分，为现今“西家大塘”，显然不是原堤位置。而后湖南段，从明代废弃的台城—鸡笼山一段墙体就可知其并非十里堤。

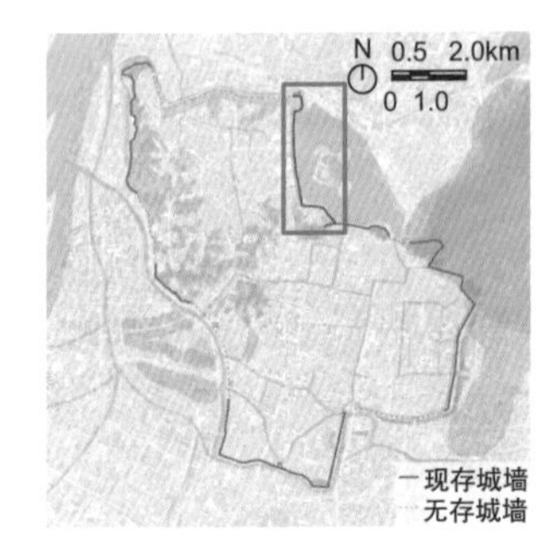

图 8-40　神策门—解放门段位置示意图

洪武十七年（1384 年）七月，“乙酉，命留守卫军士甃后湖城垣凡四百四十三丈”，洪武十九年（1386 年）十二月乙酉，“新筑后湖城”[9]，两段文字主要是对这段城墙营建的叙述。

这段墙体墙基的砌筑方式不明，很有可能是以原湖堤为基础砌筑，因而能够在极短时间内砌筑完成，其内芯底部夹以块石、石灰浆灌砌，是阻止湖底潮湿水汽从底部渗入的有效措施。

墙身主体用砖，仅在城外高于地表 2 ～ 4m 的位置用条石砌筑，上部同内壁（一砖厚）均以城砖混合带黏汁的石灰浆砌筑。包石部分只设置于城外一侧，显然是考虑到玄武湖宽阔的水面带来的大量水汽对城墙的影响，条石设于外壁底部可起到类似于建筑物勒脚的作用。此外，此处的石材用料不如城南规整，且尺寸也偏小，且多用一丁一顺的砌法。这样的方式虽然增加了一些灰缝，水分渗透效果略高于顺砌，但有利于加强墙体内芯与外墙的拉结性能，更适合于底部砌筑，是结构稳定性与防渗水综合考虑后的结果（图 8-41）。

表 8-6　现存山地段城墙一览

墙体		墙顶宽度 /m	内墙高度 /m	内墙坡度 /%	外墙高度 /m	外墙坡度 /%	外墙材料	备注
半包山墙	台城—神策门段	3 ～ 5	5 ～ 12	8 ～ 12	12 ～ 15	10 ～ 18	砖石混砌	利用旧湖堤筑成
	台城—九华山	9 ～ 10	10 ～ 16	12 ～ 16	12 ～ 16	10 ～ 16	砖石混砌	受水体影响结构特殊
	九华山	8 ～ 10	4 ～ 8	12 ～ 16	14 ～ 17	10 ～ 16	砖砌	
	太平门	3 ～ 11	3 ～ 14	5 ～ 15	9 ～ 26	6 ～ 10	砖砌	
	军事禁区段	不可靠近，数据不可测						
	军事禁区南—中山门	4 ～ 5	0 ～ 2	—	8 ～ 13	7 ～ 12	砖砌	
	中山门—蓝旗街	4 ～ 5	2 ～ 6	8 ～ 13	12 ～ 16	7 ～ 12	砖砌	
	石观音山	10 ～ 12	3 ～ 5	6 ～ 10	12 ～ 18	5 ～ 10	条石	
全包山墙	清凉山大部	3 ～ 6	—	—	8 ～ 10	10 ～ 16	砖、石	包山墙与非包山部分极矮的半包山墙混合
	定淮门—八字山	3.5	—	—	7 ～ 10	12 ～ 22	砖砌	
	八字山—小桃园	3 ～ 4	—	—	7 ～ 10	9 ～ 18	砖砌	
	狮子山	2 ～ 4	0 ～ 1	—	6 ～ 12	10 ～ 15	砖砌	

(a) 台城段外墙

(b) 中华门西段外墙

图 8-41　山地段与平地段外墙砌筑比较

2）解放门—九华山西段

解放门—九华山西段（图 8-42）位于后湖南岸，是半包山墙中最为特殊的一段，其结构并未借助山体砌筑，自墙基至墙身均为砖石新筑，与一般平地段城墙无异。根据季士家的记载[38]，九华山西至解放门段过去曾在城根土下约 12m 处挖有防空巷道，1980 年向下开挖时，发现其内壁墙基均用 1.39m×0.7m×0.4m 的条石整齐砌筑，以此作为防空巷道北壁，尚未发现最底一层条石，可见该段城墙基沟深埋地下，达 12m 深。这样的基础砌筑方式与临湖潮湿多水分的环境有很大关系，尤其是内部山体高度又小，直接利用山体弊大于利，至九华山段，伴随山体海拔逐渐走高，可利用的山体比例增大，才重新以山为基。

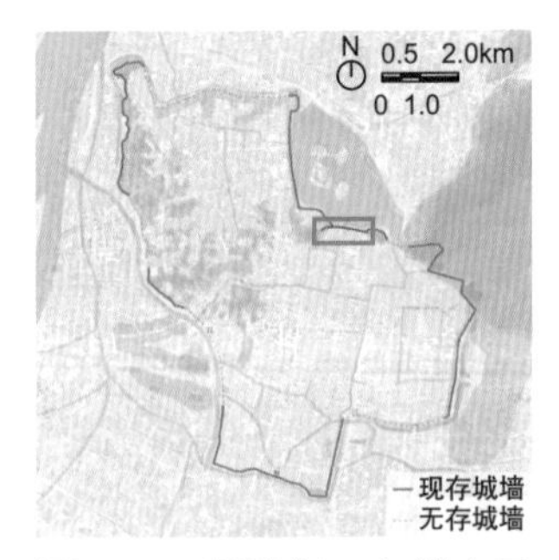

图 8-42　解放门—九华山西段位置示意图

解放门—九华山段与神策门—解放门段外壁同样面朝湖面，除了宽度有明显差异外，其砌筑方法基本相同，本段外墙又恰好处于背阴面，终年缺少阳光，比南北走向的神策门—解放门段更潮湿，因而包砖外壁厚达 1m，以更好地应对湖水潮气。

3）九华山—正阳门东拐角段

九华山段始往东南方向的城墙（图 8-43）是极为典型的半包山段城墙，其墙基和下半部分城内壁墙体由山体砌筑而成，其上又有 4 ～ 10m 的城砖砌筑（九华山段底部包条石）的传统墙体补足防御高度。

黏合剂的使用上，大多仍用糯米汁和石灰浆的有机 - 无机复合黏合剂，但也出现其与较低强度的黏合剂混合使用的情况。九华山一段，其内壁在 1m 以上部分才用糯米汁和石灰浆混合的复合黏合剂呈锥形浇灌黏合，其余部分城砖仅用黄泥浆做黏合剂，黏结强度明显逊于完全使用高强度黏合剂的平地段城墙（图 8-44）。

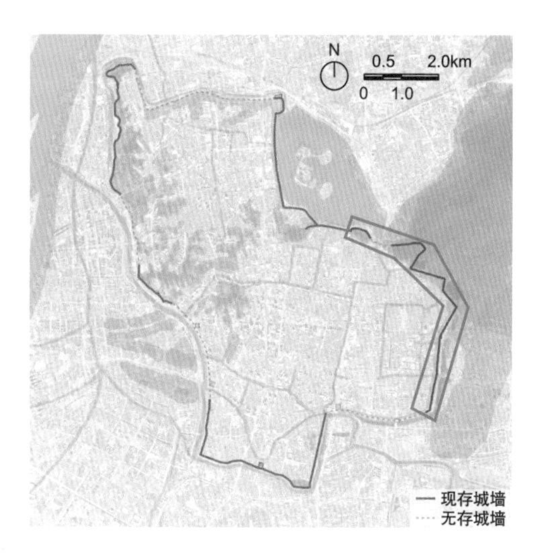

图 8-43　九华山—正阳门东拐角段位置示意图

(a) 琵琶湖南城墙内壁

(b) 琵琶湖南城墙外壁

图 8-44　半包山墙内外壁对照

4）清凉山段、定淮门—狮子山段

自清凉门南起到狮子山段（图 8-45）现存的城墙中，大部分是完全依赖山体筑成的包山墙。包山墙将城区周边岗丘外侧削平，直接利用裸露或未裸露的山体岩石作为墙基，再将外壁从下到上用城砖或条石、城砖混筑，其外包砌体往往不能成为内芯山体的受力依托，反而需要依附于山体，内芯与外墙的关系类似于在夯土城墙上补砌包砖的贴砌做法（图 8-46）。

其外墙多包砌以城砖，但根据砌筑地段的特点，其砌筑厚度不等，如石头城鬼脸城一段，上半部分覆以一两层砖石，其下半部分仅在自然山岩外皮涂黏合剂封面，石壁明显有经人力夯筑过的痕迹。由于时间久远，黏合剂已经局部脱落，导致红色沉积岩直接裸露在外。全包山墙城顶很少设内壁墙和护土坡，因而城砖铺就的城顶和内侧土丘边界在积年累月的使用中边界区分逐渐模糊，目前很难确定其原有宽度。

图 8-45　清凉山段、定淮门—狮子山段位置示意图

(a) 清凉山段城墙内壁

(b) 清凉山段城墙外壁

图 8-46　包山墙内外壁对照

在 1954 年开展的大规模拆城活动中，《南京市拆除城墙计划草案》中提出对于原来具有挡土作用，如加拆除，城内土山将致坍塌，因而影响其他设施的墙体暂予保留。全包山墙因与山体紧密联系的特点，大多在这场拆城活动中幸免于难。

在山脚下地势相对平坦的地段，如汉中门到龙蟠里一段，在 20 世纪 80 年代建城西干道时，发现其基础遗址是直接在平地筑基的，这可能与其靠近清凉山土质硬实有关。

8.3.3　半包山段墙体防雨排水特点

1）墙顶防排水

无论是对平地段城墙还是对包山段城墙，城顶防排水的组织都是其应对雨水环境、防水防渗的基础环节。半包山墙的墙体上半部分构造与平地段城墙无异，因而在墙体防雨排水手段上也与平地段城墙有诸多相似（表 8-7）。

表 8-7　半包山墙排水方式

城墙段	顶宽 /m	长度 / m	雨水流向	坡度 /%	墙顶导水槽（方位 / 明暗形制 / 尺寸（宽 × 深 /（cm × cm）））	吐水口（方位 / 伸出尺寸（cm）/ 坡度（%））	吐水口间距 /m	备注
神策门—解放门	3 ～ 5	3700	内	2 ～ 3	内 / 明 /26 × 10	内 /50/5 ～ 7	30 ～ 40	
台城—九华山	9 ～ 10	1600	内外	2	内外 / 明 /22 × 8	内外 /50 ～ 60/ 6 ～ 9	55 ～ 70	内外对称，城外吐水口设于悬眼之下
太平门—琵琶湖	3 ～ 11	2070	内	3 ～ 5	内 / 明 /21 × 16	内 /60/5 ～ 8	30	局部段城下设导水槽
中山门北段①	4 ～ 5	230	内	2 ～ 4	内 / 明 /16 × 12	内 /45 ～ 50 /2 ～ 4	30	
中山门北段②	3 ～ 5	70	内	0.5	—	—	—	
中山门南段①	3 ～ 5	250	内	2	—	—	3.2	
中山门南②—蓝旗街	3 ～ 5	1400	内	1 ～ 2	内 / 明 /26 × 8	内 /50/4 ～ 5	20/30	城顶局部为排水暗沟
石观音山	10 ～ 13	400	内	2	内 / 明暗 /26 × 10、25 × 25	内 /50/5 ～ 6	20 ～ 30	

神策门（不含）—解放门段、台城—九华山段、太平门—琵琶湖段、中山门段等大部分城东包山墙，以及城南石观音山段均属于半包山结构，城西清凉山也有局部分布，其墙顶做法与平地

段基本一致，雨水在流入排水明沟后顺排水口排出，仅在排水口处理上略有差异。

具体做法以较为典型的神策门—解放门一段为例（图 8-47），其具体现状处理措施为：墁砖封顶，城顶向内找坡，坡度约 2% ～ 3%，内侧设排水明沟，宽约 26cm，以水泥铺筑，深 8 ～ 10cm。间隔 30 ～ 40m 设一吐水槽，承接沟内雨水并泄下，落至地面。承接雨水的地面为软质铺地，近城墙处稍高，大部分雨水直接渗入土层，亦可见几处设有窨井汇水。吐水槽石质，总宽一般在 40cm，落水口呈上宽下窄的梯形或近似半圆的多边形，深 8 ～ 10cm，伸出墙体 50cm 以上，内高外低，坡度在 5% ～ 7%。西家大塘转弯一段特征明显，此处沿城墙走向有明显起伏，排水口间距显著变大，约百米设一处，位于转折低点，方便汇水、排水。其他处沿水平走向起伏微小，相较于垂直城墙方向的坡度，平行方向的坡度对汇水和排水几乎没有影响。

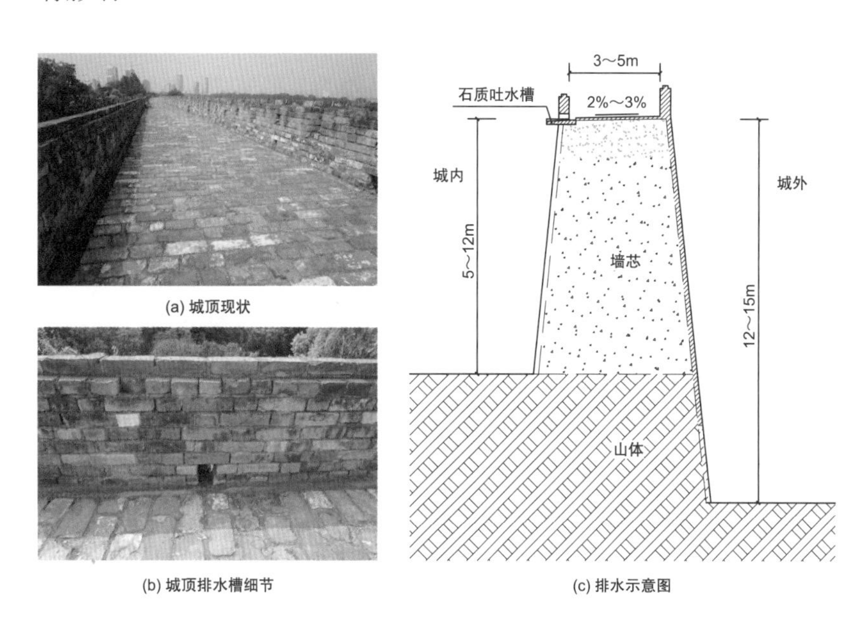

(a) 城顶现状

(b) 城顶排水槽细节

(c) 排水示意图

图 8-47　神策门—解放门段排水示意图

在近年进行修缮工作考察武定门北侧现状时，发现这一带留有明代维修痕迹，维修时不但恢复原有排水系统，还在城墙顶部设置一暗沟通城墙内侧的下部，重新砌筑墙体内侧条石时，亦将条石按暗沟尺寸凿出一洞，以利排水。

对于 10m 宽的台城—九华山一段城墙来说，其处理措施与中华门段有相似之处，具体为：方砖封顶，顶部中间高两边低，向两侧找坡，坡度在 2% 上下，两侧设排水明沟，沟以 20cm×20cm 左右方砖铺筑，宽 22cm，深 7 ～ 8cm。城顶沿走向随地形略有起伏，但雨水基本以向两侧垂直流为主，平行走向对排水影响不大。排水明沟亦未见明显坡度转折和分段。

内外双设排水石质吐水槽，以承接沟内雨水，台城—九华山一段（自台城至九华山城墙转折处）吐水槽间隔一般在 60 ～ 70m，沿九华山段略小，相邻两处距离约 55m。外侧吐水槽均紧贴垛口下方悬眼，台城—九华山段每 20 个垛口设一处，九华山段相应间隔减小。内侧吐水槽大多与外侧吐水槽相对设置，并非完全对应，但偏差一般不大于 1m。构造与神策门—解放门段相似，伸出城墙 50 ～ 60cm，内高外低，坡度在 6% ～ 9%。

至于在传统排水组织中，是否也采用了内外两个方向排水的策略，笔者认为是否定的，理由同中华门段。

2）山体防排水

在包山墙雨水的处理中，一方面保证城顶雨水顺利排出，不堆积在顶面下渗；另一方面考虑到其结构特点，比城顶防排水更重要的环节是山体的排水，必须要尽快泄出山体水分，以减少对城墙的干扰。

近年来每至汛期大雨，经常能在钟山龙脖子段城墙看到大量雨水从城墙缝隙中喷涌而出，被当地居民称为“龙吐水”。这主要是水分积于山体无法排出导致的现象。虽然这一定程度上缓解了城墙内部山体水压力，不失为一种有效的排水手段，但这些排水空隙大多未经规划，在强大的水压作用下任其排出，会带走墙体大量的填充材料，致使墙体结构疏松，因而从长期角度上来看，亦非良策。事实上，从目前情况来看，还未看到半包山墙对于这样水分堆积所采取的有效措施。

对于这个问题，一种可能的处理方式是规划合理的内部雨水疏导。此类方式早在江南地区早期城墙中多有应用，孙吴时期镇江铁瓮城是最早筑就的有实物可循的包山城墙。根据遗址发现[39]来看，铁瓮城立于北固山前峰，平面大致呈北部窄且高而南部宽且低的椭圆形状，城墙高出地面 20 ～ 30m，以山体生土为主体砌筑而成。筑城时将山体南北两面稍加削整后，再加筑宽 0.5 ～ 2m 的夯土，并在夯土外壁加砌外包砖墙，形成包砖墙、夯土、山体三位一体的结构。

针对可能导致城墙坍塌的雨水内渗隐患，铁瓮城采用缓慢释放、合理疏导的对策，在城垣侧面设有大小不等的渗水口，帮助夯土中的滞留雨水排出。在挖掘出的南侧包砖城墙中，共发现 9 个小型渗水口及 1 处大型渗水口。小型渗水口一般宽 10 ～ 20cm，高 5 ～ 15cm 不等，深 38 ～ 39cm，有长方形、曲尺形等形式，呈三角状或梅花状分布排列（图 8-48（a））。大型渗水口呈竖槽形，高 128cm，宽 17 ～ 38cm（图 8-48（b））。这样的方式在江南建筑的挡土墙中仍有使用，是针对包山墙排水不畅问题的一个解决思路。

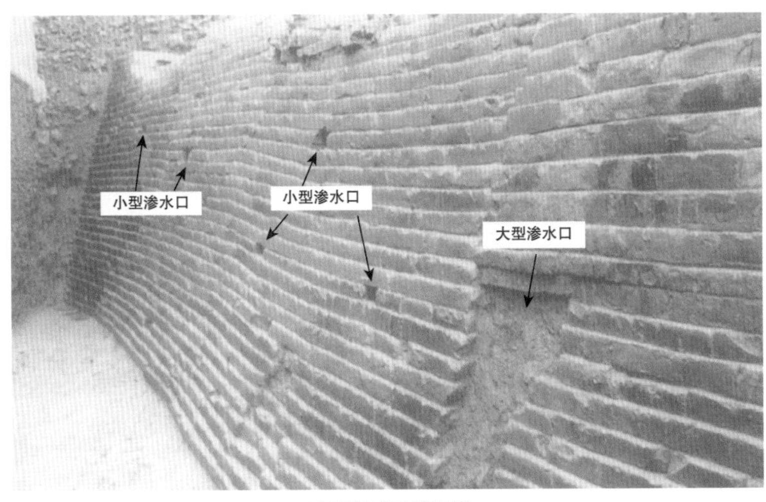

(a) 城壁渗水口位置示意

(b) 大型渗水口

图 8-48　镇江铁瓮城渗水口 [39]

除此之外，处理墙顶下泄雨水时，半包山墙与平地段城墙都需要考虑如何处理的问题，但由于两者下泄地面的特性不同，同样高度的墙体，半包山墙冲击填土松软山体表面，远比平地段冲击普通地面所造成的问题更大。对于上部城内墙体高度较大的半包山墙，雨水从高处落下冲击墙根时，容易造成墙根附近山体的凹陷和破坏，一旦处理不好，雨水顺此处进入山体内部，不但会影响墙根处的墙体结构，更严重者还会对山体稳定性产生影响。

针对这个问题，一般的处理方法是与平地段一样在地上设置落水槽以承接下泄之水，并对雨水进行有序引导。典型的做法可见琵琶湖（不含）至后半山园小门，在石质吐水槽正下方设置垂直城墙方向的水泥导水槽，水槽呈 Y 字形，近墙根处放大，方便雨水汇入，雨水在流入 Y 字口中后，紧接着沿平行城墙方向水槽汇入紧贴道路的排水明沟，最后汇入市政管网系统（图 8-49（a））。

(a) 琵琶湖一带墙内Y形导水槽

(b) 蓝旗街附近导水槽

图 8-49　城下导水装置

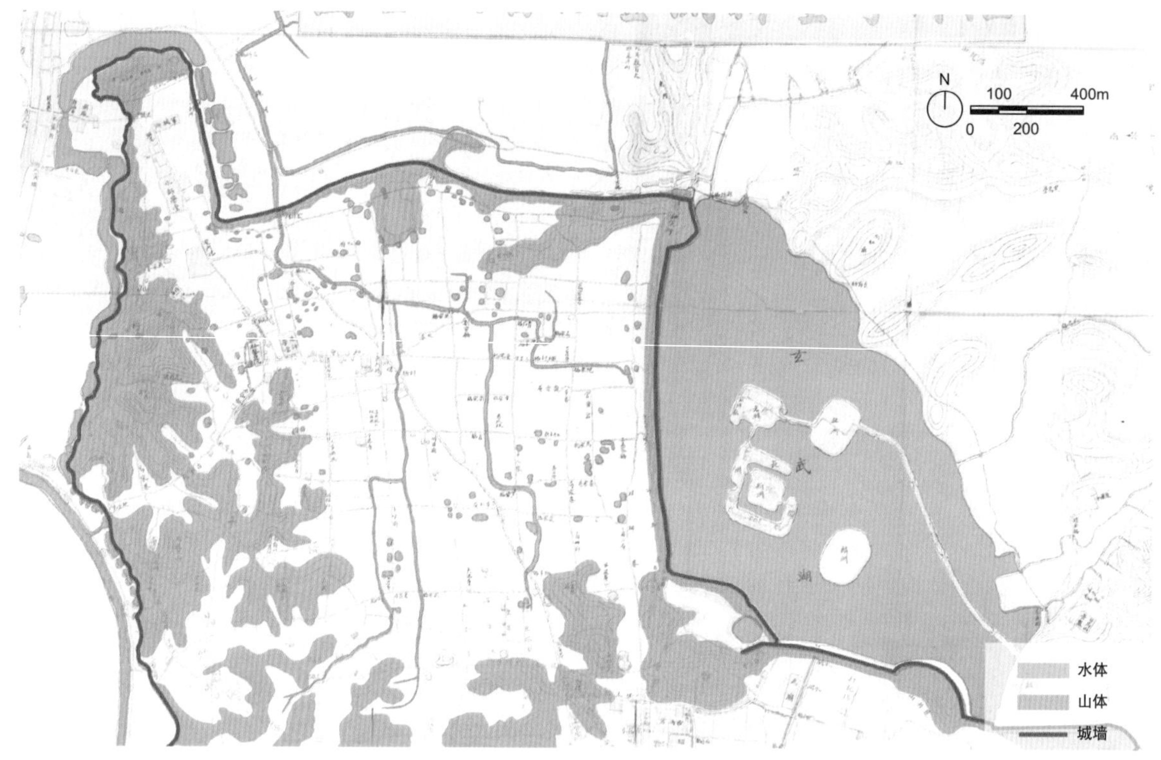

图 8-50　清末南京城北水体分布图
（底图出自：1903 年《陆师学堂新测金陵省城全图》）

其余的类似做法还可见蓝旗街附近墙体，墙根设有连续排水沟槽（图 8-49（b））；九华山段近墙根处改铺硬质道路，在道路边沿亦设有积水设施，有序引导雨水。

3）雨水走向

以城东为主的半包山墙，其借助的山丘体积一般不大，多顺城墙呈狭长状分布，因而雨水在落至山体后可快速到达平地，进而汇入就近河流之中。

（1）神策门—台城段

此段一面临玄武湖，另一面面朝城区北部。城北诸地建筑稀少，湖池遍布，天然排水系统尚未破坏，与借由穿城下水道排入玄武湖都可作较为合理的排水路径（图 8-50）。

《玄武湖志》中提到“道光时金陵屡患水，门东人士主闭东关阻淮之入，城北者主闭北关阻玄武湖水之入城，二十八年大水，二十九年尤大……于是言者欲开玄武湖引河道钟山北，诸水西北经金川门入江，或以为如是则寇来易，便乃止”[40]，可知在西北一带并无河道能够有效与玄武湖沟通，且玄武湖水位应较城内略高，若水排入城外湖中，则其仍会借地势汇流入城，并不合理，因而雨水泄入城内后汇入湖池，最后经金川门水闸泄出城外可能性更大。

（2）台城—九华山段

《南京草场门发现明代下水道》一文中，曾提及鸡鸣寺、公教一村、太平门一带均发现有明代下水道（图 8-51），并将水汇入玄武湖之中[41]。但根据实际情况来看，玄武湖南岸并不存在将水汇入湖中的穿城设施。《后湖志》中也提到，“……其下有太平堤，堤下设水洞，俗称莲花洞。中设小闸，本朝筑之，以备湖水……”[42]；“……沟（指青溪）中设二石闸，以贮放湖水。一用木闸，一用有孔铜板，皆本朝设也”[42]，玄武湖多处设贮放湖水的闸洞，其湖水主要依赖南岸涵闸，并通过青溪等河流向南引至城内。因而墙顶雨水收集至城内吐水槽落入城内地面后，应随地势汇入城内青溪、潮沟等河。

（3）九华山—光华门拐东角

此段紧贴钟山，地势东高西低，雨水顺地势直接汇入城内皇城诸河之中，如朝阳门南一段的雨水可直接汇入皇城护壕之中，而九华山—半山园一带雨水多经由就近水道和地势汇入青溪（图 8-52）。

8.3.4　全包山墙防雨排水特点

1）传统排水手段

暗槽排水与涵洞排水的综合使用。对全包山墙而言，其内壁与山体相平，无法采用平地段或半包山段常用的引雨水入城内排水沟槽的做法，一般采用置暗沟将雨水导向城外的方式（图 8-53）。此方式在包山墙或者与山体高差较小的半包山墙（即狮子山）地段都有应用，定淮门至狮子山段还留有过去使用遗留下的痕迹，但此类传统旧水槽均已失效（表 8-8）。

表 8-8　包山墙排水方式现状

城墙段	顶宽 /m	长度 /m	雨水流向	坡度 /%	墙顶导水槽（方位 / 明暗形制 / 尺寸（宽 × 深 /(cm × cm)））	吐水槽（方位 / 伸出尺寸（cm）/ 坡度（%））	吐水口间距 /m	备注
清凉山①	3 ～ 5	400	内	2	内外 / 暗 /20 × 40	—	—	
清凉山②	3 ～ 3	300	内	3	—	—	—	
清凉山③	4 ～ 6	300	内	0.5	内 / 明暗 /24 × 30	内 /50/2 ～ 4	50	内侧设 40cm× 50cm 的水泥排水槽承接吐水槽雨水
定淮门—八字山	3.5	1600	内	3 ～ 4	内 / 暗 /24 × 30	外 /50/3 ～ 4	30 ～ 50	
八字山—挹江门	3.5	500	内	2 ～ 3	—	—	—	
小桃园—狮子山	3.5	1800	内	3 ～ 5	内 / 明 /24 × 30	外 /50/2 ～ 4	30	外墙下设水泥排水槽承接吐水槽雨水

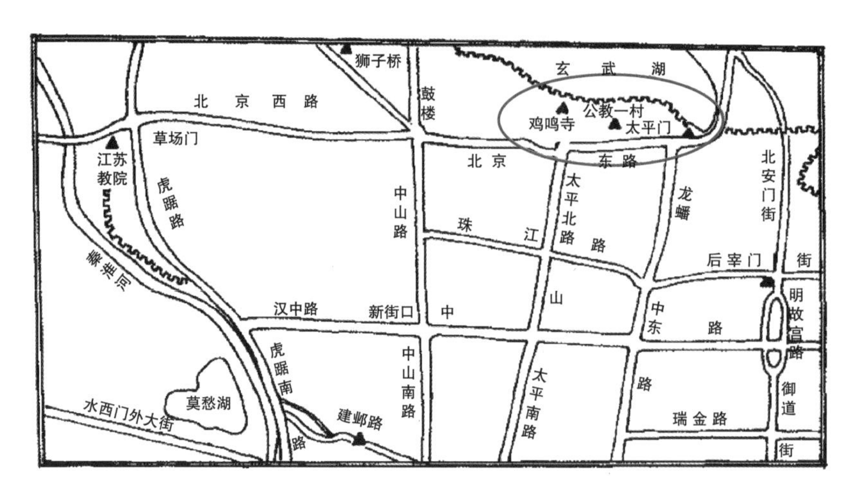

图 8-51 《南京草场门发现明代下水道》中玄武湖南岸明代下水道位置示意 [41]

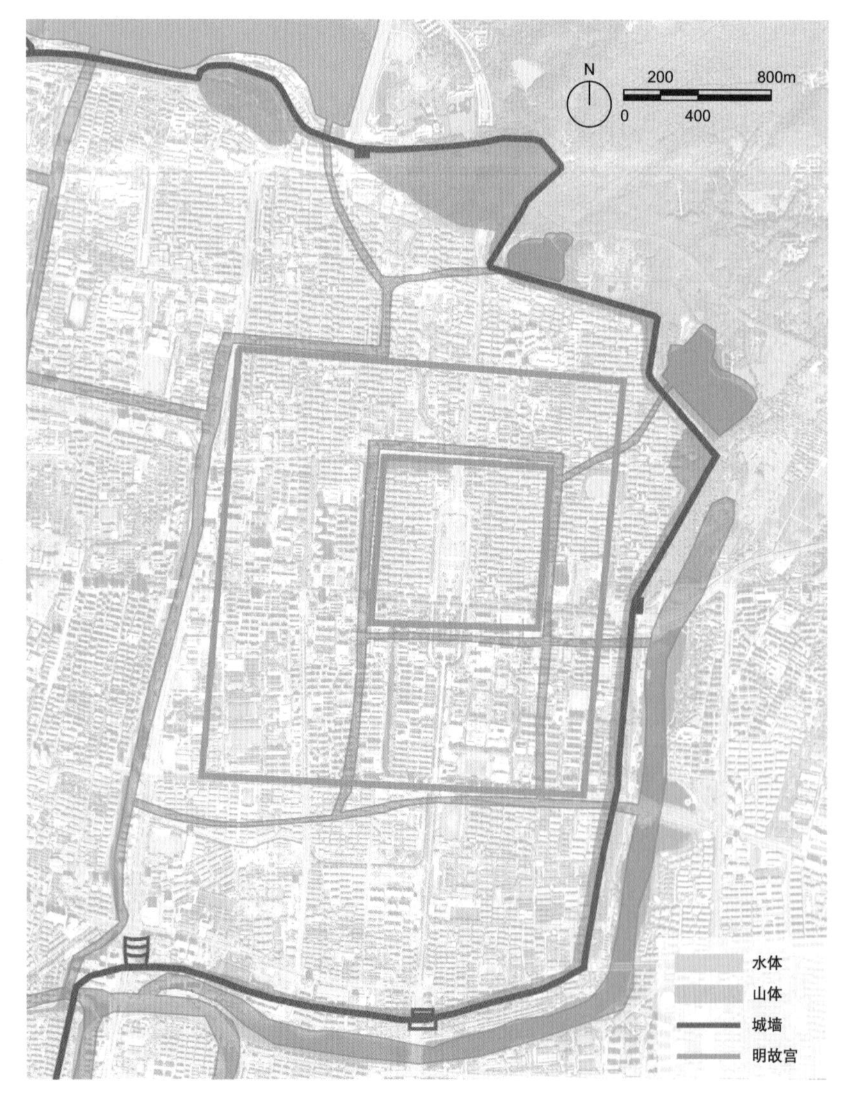

图 8-52 城东水体分布图

图 8-53　清凉门南侧城顶排水暗沟石槽 [4]

根据修缮清理的现场资料来看，其具体做法是在土丘低洼处设置石质排水沟，穿过城墙墙体，由伸出外边墙的排水石槽把汇集的雨水排出墙外 [43]。顶面雨水亦直接汇入山体内，而后通过暗沟排放至城外。石槽以石灰岩石料凿成，槽沟直径 0.2m，置放在与城墙平行、距外墙面 1.1m 处，暗沟所放的位置低于城内山体的高度，以使山体的汇水能通过暗沟顺利排出墙体 [4]。石槽距城墙顶部约 1 ～ 2m，由长度约 50cm 的单元拼接而成，两侧有竖砌城砖，上方盖石块保护，减少雨水与内芯的接触。目前留存的石槽，其设置密度远比一般平地段城墙密集，小桃园一带留存的石槽约每隔 7 ～ 9m 设一处（图 8-54），狮子山南一侧的石槽间隔则在 20m 左右。

至于为何不直接借助城顶坡度将雨水汇至城外一侧，利用外壁设置排水系统将其排出，笔者认为，这一方面是因为吐水口设置干扰城墙防御，另一方面则是不同于平地段城墙只解决墙顶本身排水的问题，全包山墙需要综合处理山体与城顶的排水问题，流量和冲击强度远大于一般城墙。大量雨水直接对城顶进行的冲击，会加速顶部填充材料的流失和城顶墁砖的侵蚀。

这种借助排水石槽泄水的方式汇水量不大，只能应对一般降水量，在面对南京汛期的降水量时略显不够，仅能作为辅助手段。再加上城西北一带本身的排水需求，这一带山体高耸连绵，地形复杂，雨水很难借山势落于城内各河湖水道，因而需要额外设置水口来泄山体水分（图 8-55）。城墙中还发现有多处过水涵洞，专用于泄山洪雨水。涵洞一般规模不大，根据汇水量的大小有所调整，其间距和数量的确定主要依赖地形（图 8-56）。由于需要将山体及城顶雨水一同汇出，其位置不可设置过高，否则不利于雨水收集。从目前发现的十余处西北涵洞来看，大多设置于两山交汇的山脚处，地势较低，根据山体走势约几百米至一千米设一处，以挹江门一段为例，1.3km 长的城墙段上设有 4 处涵洞，分布密集。涵洞在穿城墙时多作拱券状结构过水，以保证墙体结构稳定性。

图 8-54　小桃园一带城墙外侧排水暗沟石槽遗迹图

图 8-55　清凉门北侧包山墙墙体内侧汇水通道口[4]

与城东和城南段不同，城西北段包山墙雨水多已经由排水石槽或者排水涵洞直接排出城外，顺应城市整体东高西低、水体自东向西的走向，雨水可在直接汇入护壕之后，泄入西侧长江中。

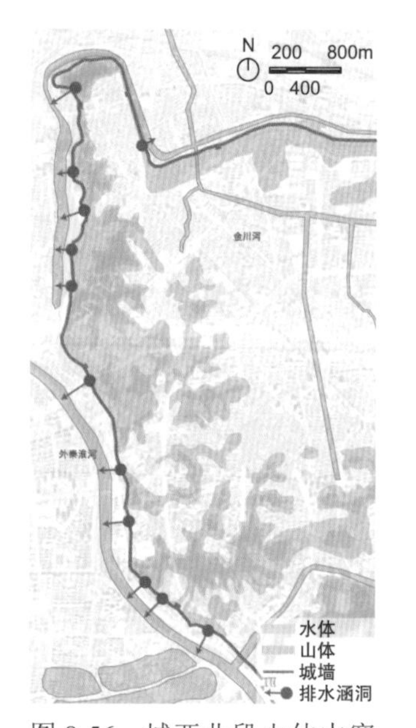

图 8-56　城西北段山体中穿城排水涵洞位置示意图（部分涵洞位置根据参考文献 [44] 古城墙下古涵（闸）及当代城区排涝泵站分布）

2）现当代排水手段

目前现存城墙顶面使用的是 20 世纪 90 年代起陆续翻新改建的排水系统，总体仍延续传统思路，但有所区别，并参考平地段城墙，在包山墙顶部内侧设置集水明沟 / 暗沟。

（1）清凉山段（图 8-57）

在清凉山段，目前已不见横穿城墙的排水暗沟，清凉门向西北 400m 一段，是墙顶高度与山体高度大体齐平的包山墙，墙顶由大块碎石铺就，向内倾斜，找坡约 2%，雨水汇入墙顶与山体交接处的排水暗沟宽 20cm，深 40cm，雨水收集于沟内后流入现代集水井。

在山体向北拐弯长约 300m 的一段，则未见集水设施，墙顶直接与山体交接，雨水直接汇入山体之中。

在清凉山体校附近南北走向的城墙段上山势逐渐走低，由全包山段向半包山墙过渡，其导水方式也参考平地段和半包山墙的方式，设有排水沟及引水槽，该段长约 300m。墙顶向内倾斜找坡，坡度较小，约 0.5%。内侧设排水沟槽收集墙顶雨水，并间隔 50m 左右设置一吐水槽将雨水排出墙体，石槽尺寸同前。该段山体整体略低于墙体 2 ～ 3m，雨水经吐水槽汇集之后，又流入墙内侧新设的紧贴内壁的水泥排水槽之中。排水槽尺寸较大，宽约 40cm，深约 50cm，各处材料不一，最后在清凉山体校操场附近顺着垂直于城墙的排水槽接入市政管网之中。

（2）定淮门—狮子山

定淮门直至狮子山段大多段采用内设明沟或暗沟集水，再通过垂直于墙体的过水管道和排水石槽将雨水排出的做法。如狮

(a) 清凉门西北段

(b) 清凉门拐角段

(c) 清凉门体校段1

(d) 清凉门体校段2

图 8-57　清凉山排水现状图

子山段（图 8-58），在城墙顶面浇筑 100mm 厚度的刚性防水层，每 20m 设一道伸缩缝，从外向内放 3% ～ 5% 排水坡度，沿城墙内侧檐口设排水明沟一道，在城墙外侧檐口设置排水槽，间隔约 30m，伸出墙外 50 ～ 70cm，排水明沟与排水石槽用管道沟通[43]。管道多用直径约 20 ～ 30cm 的 PVC 圆管，墙外吐水槽下还设有水泥承水槽以承接雨水（图 8-59）。

(a) 狮子山北段外侧排水石槽
右下：传统排水暗沟；左上：近年
新建排水暗沟

(b) 狮子山段城顶

图 8-58　狮子山段城墙现状

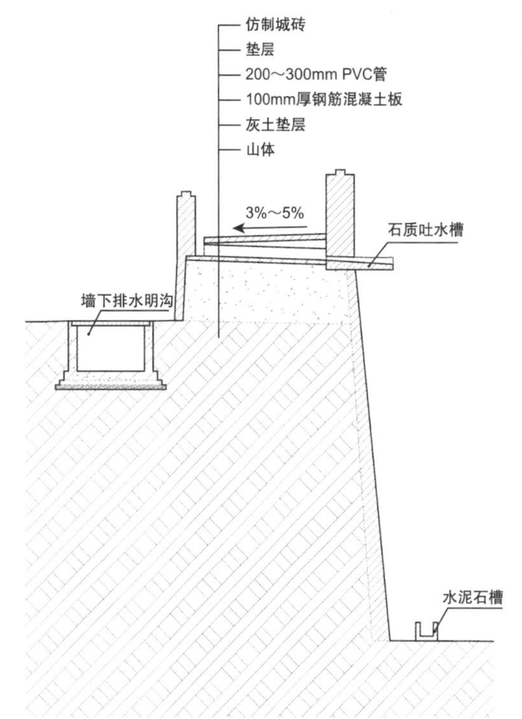

图 8-59　狮子山段排水现状示意图

（3）山体防排水当代做法补充

在面对当代各种建设和地形的改动，山体排水平衡已经受到较大扰动，城墙也由于历史原因被局部拆除，因而排水措施也随之发生了一些变化。目前来看，一个重要且有效的措施是改善土体顶部的防排水性能，它既可以防止雨水浸润外包墙与内侧土体之间的接触面而形成附加水压力，又可以防止雨水侵入土体而导致土体强度指标的降低[45]。多段城墙墙内山体中埋设有类似挡土墙的排水系统以泄雨水，如定淮门段，靠近城墙部分在土体中分层设透水软管，可以有序引导山体雨水。在狮子山段，为改善城墙内侧环境，减少雨水和山体对城墙产生挤压和侧向推力，还设有专门的墙下排水系统，以减少山体雨水对城墙的影响。其具体做法是：沿城墙内侧，在距墙体 30 ～ 50cm 处设置一道排水明沟，一般宽约 1.5m，深度根据山体汇集量确定，覆预制带缝盖板，与山体西侧排水沟相接，在缺口墙体基础预埋混凝土排水管道通向护城河，在墙体内侧设置集水井，连接排水沟及排水管道。[43]

（4）雨水走向

目前，虽然传统系统已经有所破坏，有部分水分直接汇入了城内，但也可以通过城墙缺口将其排出。

8.3.5 包山段城门营造——以神策门为例

1）神策门概况

神策门又名德胜门、和平门，扼守南京城东北面，紧靠玄武湖西北角。神策门始建于明初，洪武九年（1376 年）八月置千户所驻守，由于重要的地理位置和险峻的周边环境，其军事防御能力突出，是城北的军事要塞。

（1）形制特征

神策门为南北走向，规模不大，但却是南京诸城门中保存最为完好、唯一留有城楼的一座城门。其设外瓮城一座，南京本地俗语“里十三，外十八，一根门闩朝外插”中“朝外插”的门闩，即指建有外瓮城的神策门。《南京都察院志》中记载：“神策门：城楼一座，城铺十五座，旗台二座，东至后湖小门界，西至金川门界，通长计九百九十五丈，垛口一千五百五十九座，西边方垛六十四座以镇后湖下沙，外面瓮城上方垛口一百零八座以映北固山（白骨山讹称，又名石灰山，即今幕府山），本门荒僻。”[46] 由于荒僻，周围人烟稀少，明清至民国以来，大多情况下此门均闭而不开，且一般人无法进入（图 8-60）。

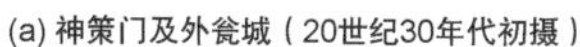

(a) 神策门及外瓮城（20世纪30年代初摄）

(b) 神策门瓮城内侧（1982年摄）

图 8-60　神策门历史照片 [12]

不同于城南诸门的内瓮城结构，神策门采用了传统的外瓮城结构，主要是基于周围的地形走势。神策门地尽其险，顺耆阇山山脊而建，建外瓮城形成城门—外瓮城—城外自高到低的整体形势，身居高地有利于瞭望驻守，能有效提高城门的军事防御作用，若将瓮城纳入城内反而不利于防守和进攻。瓮城西侧及东北两角均设有城门，是南京城墙中唯一有两个门洞的城门，目前西侧瓮城门被堵，仅存东北角门可供通行。

因顺应地势，外瓮城呈现不规则的曲尺形状，近似 L 形逆时针旋转 90°，东西长约 130m，南北方向西侧为窄边，宽 17m，东侧宽达 50m 以上，瓮内面积超过 4000m^2。瓮城内外高差在 0 ～ 4m 不等，瓮城墙体大多高 4 ～ 5m，东北瓮城门顶部高达 8m。瓮城东西两侧设台阶连接主城台，主城台距瓮城地面 10m 多高。城台上保留有清光绪十八年（1892 年）重建的城楼，仿淮安府城楼，两层重檐歇山，从遗存的明代城楼柱础来看，重建的城楼规模远小于明初时城楼，但原城楼具体形制已无从考证。

（2）构造特点

神策门筑于耆阇山之上，主城台的主体城墙为全包山结构，以山岩为基础砌筑，顶部不设护土坡和内壁墙，墙顶与包络的土山齐平。主城台墙体以包砖为主，局部表面墙体以不规则块石垒砌，瓮城为纯包砖结构。

砌筑神策门的城砖为常见的 42cm×20cm×12cm 尺寸，部分在后期改用红砖代替。其砌筑方式不同于平地段的一丁一顺，丁面、顺面多呈无规律状分布，且以丁面居多。所用黏合剂非传统的带黏性的石灰浆，强度低于其他墙体，疑为后期修缮中重新调配。

神策门主城门位于西南角，东侧设楼梯攀登，楼梯再向东则为耆阁山山体。城门处是周围地势最为低平处，很可能在设计时为留出行动通道和广场，特地将山脚挖土取平所形成。

（3）修缮及现状

神策门 600 多年来一直是军事禁区，明清两朝由兵卒把守，百姓不得随意登城。民国以降，此处又成为军事重地，开始是美国人建亚细亚火油公司，后来抗战时期在日军占领南京时被日本人改建成军队油库，再后来又被国民政府军和人民解放军南京军区沿用。

2001 年，油库迁出神策门；2004 年，对此处进行环境整治，将被厚土覆盖的油库清除，恢复外瓮城原貌，全面修缮城门、城楼及外瓮城。

2011 年，南京城墙管理处对玄武门至解放门段约 2300m 长的城墙再次进行维修，并使用至今（图 8-61）。

(a) 神策门瓮城外侧

(b) 神策门主城台

图 8-61　神策门现状照片

2）城顶排水组织（图 8-62（a））

（1）主城台城顶

主城台为全包山墙结构，但墙顶并未用穿墙暗沟排水的做法。墙顶除城台处宽度较大外，其余仅约 2m 宽窄，墙顶外高内低，向内找坡 2% ～ 3%，雨水直接顺坡度汇入城内略低于墙顶的山体之中，组织较为粗糙。

木构城楼位于城台中央稍偏南一侧，台基距北壁约 2m，建筑体量较小，雨水落至城楼顶部后又顺屋檐落至城台地面。城楼附近地面南高北低，雨水向北侧汇集，城楼南部雨水向东西两侧找坡，雨水顺台基外东西路面汇至城台北侧地面。城台南侧留有卸千斤闸的缝隙，但闸楼建筑已无存，原城楼与闸楼是否为同一建筑或分开设置已无从得知。目前来看，此处地面中央正处于楼下城门道的正上方，因而中央位置稍高于两侧，呈虹面，将汇集至此的雨水分流至东西两侧墙顶和山体之中。

在主城台东城壁上还有几处新设的圆孔，应是帮助山体泄水而设。

（2）瓮城城顶

瓮城墙体属于半包山结构，其墙顶做法与一般半包山墙相同，向内找坡将雨水至排水明沟，并经由吐水槽泄出。瓮城墙体宽 3 ～ 5m，东侧较西侧略宽。城顶内侧设排水沟收集雨水，雨水收集到伸至瓮城内的 4 处排水口中。4 处排水口分布均匀，两处位于正对主城门的墙体东西两侧，另两处设置于东北角瓮城门东西两侧墙体之上。明沟设计有明显坡度，4 处排水口为最低点，方便将两侧雨水汇集并排出。每处排水口负责约 50m 长度墙体的排水，排水区域面积与同类墙体类似。

3）地面排水组织及走向（图 8-62（b））

主城台墙体建于山脊之上，处于制高点，而瓮城墙体建于土丘山腰位置，因而瓮城包围的地面整体呈现南高北低的态势。目前，瓮城中除主城门正前方为硬地广场外，其余均为两侧软质地面夹中央露道的形式，形式上近似于过去城门地面格局。露道宽约 6m，中央拱起呈虹面形式，找坡约 2% ～ 3%，雨水收集至两侧排水明沟之中。排水明沟宽 29cm，靠近露道一侧深 30cm。明沟外是土丘软地，比露道地面略低 5 ～ 10cm，土丘延伸至瓮城四周墙体，且近墙处高出露道边沿土丘 70 ～ 90cm。这样一来，除了露道上的雨水，瓮城墙顶泄下的以及落至瓮内软地上的雨水都可汇集至露道旁明沟，经露道统一组织排出。露道自主城门附近始，砌筑至东北角瓮城门，两侧明沟随露道到瓮城门处变为地下暗沟，连接至市政管道。

主城门及其内侧地面后期明显有抬高和改造，城门道高出瓮城 10cm 以上，且自北向南找坡 1% ～ 2%，雨水汇入瓮城内主城门前的硬地之上。硬地略向东倾斜，雨水又汇入露道之中。

至于瓮城内雨水走向，应是排至城外。一方面，从地势来看，神策门城内标高大于城外，雨水可以以重力流方式自然流出城外，不需要过分复杂的组织即可顺利引导雨水走向。此外，从 1903 年《陆师

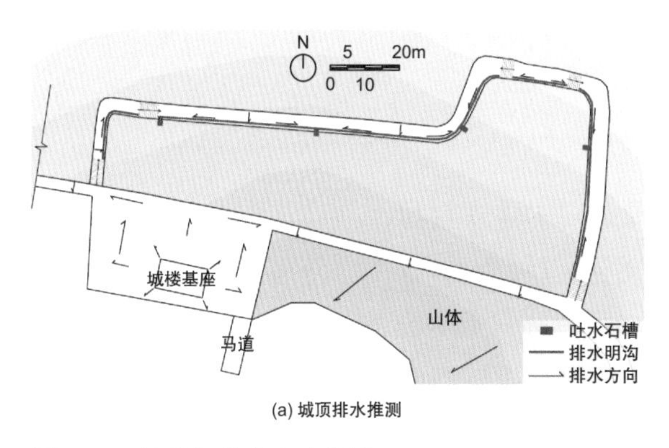

(a) 城顶排水推测

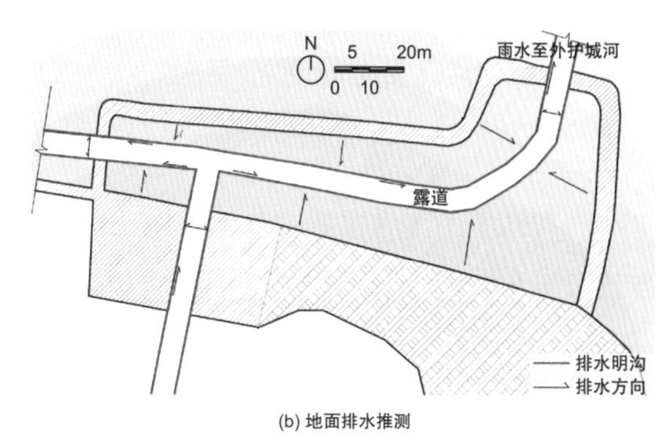

(b) 地面排水推测

图 8-62　神策门排水方式推测

学堂新测金陵省城全图》中可以看到，靠近神策门一带分布的水体仅有护壕和玄武湖两处，且皆位于城外。实际观察中可以发现，城外护壕南岸有神策门方向的排水管道，很有可能就是延续过去排水组织改建而成。

值得强调的是，包山墙是南京城墙顺应山地建造的一种独特形式，根据其与山体的关系还可细分为半包山墙和全包山墙两种类型。从排水方式上看，半包山墙与平地段城墙类似，但由于其特殊的地面环境，会更注重雨水落地后的处理和引导，以减少对山体的干扰。全包山墙由于结构特点使其遇到的问题不同于其他墙体，呈现出有明显差异的构造处理方式。一方面为了处理城顶积留雨水，全包山墙设计有特殊的横穿城墙导水暗沟以疏导雨水；另一方面，面临可能的山洪雨水威胁，在山体之中另外布置大量排水涵洞，与排水暗沟共同作用，帮助积留在山体中的雨水泄出。

包山墙中典型的城门节点——神策门，其主城台和瓮城分别采用全包山墙和半包山墙的砌筑形式，混合两类包山墙排水特点，并在地面雨水的处理上对原有地势稍加改造，进行合理疏导，在设计上有独到之处。

8.4 城墙出入水口营造技术

从水环境角度上说，城墙闭合的完整形态同水体连续的自然属性是相互矛盾的，城墙的设置会不可避免地分隔开城市内外的水体，导致城内外水体无法沟通与联系。水口就是为解决这一问题而出现的城墙上必不可少的重要市政设施。

在将水口按照实际功能和特点进行分类的前提下，此运用的具体案例说明，城墙上不同水口面临着不同需求和问题，需梳理其控水、排水手段，揭示其应对水体的构造特点。

8.4.1 水口类型及分布特征

1）水口位置分布

在传统重力流为主的水体运动中，地形地理要素对水体规划和走向有重要影响。南京城内中部有钟山余脉延伸入城，所处地势最高，是城区的南北分水岭。地势向南北两侧渐降，逐渐过渡为河谷平原，并形成北侧的金川河流域和南侧的秦淮河流域，构成南京城区内两大水系相峙的格局。

南部秦淮河水系以秦淮河为主体，其水源来自东南方向的溧水东庐山和句容宝华山、茅山两处，穿过城南一带，最终经三汊河入江口汇入长江。

金川河水系以金川河为核心干道，金川河源于城中高地鼓楼岗北麓和五台山北麓，南北向横穿城北区域，是江淮间各种物资渡江转运至南京城内的主要水道，在下关宝塔桥附近汇入长江。

明初延续并发展前代水系的规划，但整体上看，仍然是在顺应整体流域地势特点的背景下进行的扩充和调整。其引城东及城南两侧的玄武湖、燕雀湖和秦淮河入城，水自东向西横贯城市，注入长江，服务于城南居民聚集的区域及城东皇城。城北主要作驻军营地及军储仓之用，人烟稀少，以金川河为干渠组织周围众多水塘湖泊，作城北居民和驻军用水、排水的重要水体，出城与城西北护城河相连，又沟通其东侧玄武湖，最后汇入长江。

总体来说，南京城内水源多来自东及东南方向，流经城市后在西北方向与长江合流。因而水口多设置于水体出入频繁的城东、西两侧城墙之上，并顺应水体走势，以城东侧为主要入水面设置进水装置，而在西北方向设置排水出水设施。

2）数量及功能类型

按《南京都察院志》记载，明朝南京城墙上设的通水口有水闸 2 座、水关 3 座、水洞 17 座，共计 22 处。根据目前留有的实物和其他资料，南京城墙下至少有 24 处水口，与文献的描述基本吻合，其对应关系大致如下[①]：正阳门界内穿城水闸一座（未知[②]）；通济门界内水关一座（东水关[③]），三十三券，下十一券，通水，上二层二十二券，不通里外；三山门界内水关一座（西水关）；石城门界内铁窗棂水洞一座；清江门（今清凉门）界内水洞四座（乌龙潭涵、清凉山南涵、清凉山北涵、石头城涵）；定淮门界内水洞四座（草场门涵、草场门北涵、定淮门涵、老虎洞涵）；仪凤门界内水洞一座（实际发现至少有挹江门涵、归云堂涵、四望山涵三座水洞）；钟阜门界内水洞二座（新民门涵、狮子山涵）；金川门界内西边水关一座（金川门水关）；太平门界内水洞二座（武庙闸、太平门闸）；朝阳门界内水洞三处，水闸一座（琵琶闸、半山园闸、铜心管闸，另一闸未知）。

从《南京都察院志》的行文中看，明朝水口的设置分为水关、水洞、水闸三种类型，且当有所区别。水关 3 座为东水关、西水关与金川门水关，水闸 2 座的具体情况未知，其余统称为水洞。但根据目前实物情况，虽余 17 处（实则至少 19 处）都称为水洞，但从实际使用和构造特点上看，各水洞间差异明显，不可混为一谈。

①此处仅作推测，等待新的考古和资料发现作为支撑，将进一步更新推断。

②明初正阳门附近未见有水道的记载，此处水闸是否存在存疑。

③括号内当今水口名称主要参考《南京水利志》。

除《南京都察院志》作参考外，舆图和近代历史地图中都对这些水口或多或少有所涉及，尤其是在引进西方现代勘测手段后，1903 年《陆师学堂新测金陵省城全图》、美国 AMS（Army Map Service）1927 年绘制的南京地图中，不仅记录了重要水关，还对城西北涵洞和诸多入水口有了明确的定位和测量，是如今无法探知水口实际情况时的重要补充（图 8-63）。

从水口实际功能上说，其主要针对城市内外水体交换而设，需要满足以下几项中至少一项：①调控城内水位；②水路交通及运输；③排水排污；④水体更新，以保障生产、生活用水质量。

根据这样的要求，水口可以细分为：可通水通船的水门；可以调节进出水量、控制水位的水闸；仅能通水之用的涵洞。南京城墙不设单独通水通船用的水门，其将水门与水闸相结合，建造成复合两者功能的大型水关（图 8-64）。

对于入水口而言，其核心在于控制下泄水流的流量，针对当时水位特点和供水需求提供合适的引水流量，因而多设置可操控水位的水闸，武庙闸、太平门闸、铜心管闸、琵琶闸、半山园闸等多数城东进水口，以及城西北出水的金川门水关均属此类。

出水口多用以排水排污，无须设置过于复杂的结构，一般仅设置较为简单的通水涵洞，乌龙潭涵、清凉山南涵、清凉山北涵、石头城涵、草场门涵、草场门北涵、定淮门涵、老虎洞涵、新民门涵、狮子山涵等大部分城西和西北的出水口均属于此类。

至于大型水关，为满足通航需要，需设置在交通要道和人流密集之处，城南进水的东水关、出水的西水关即为综合性多功能类水关。

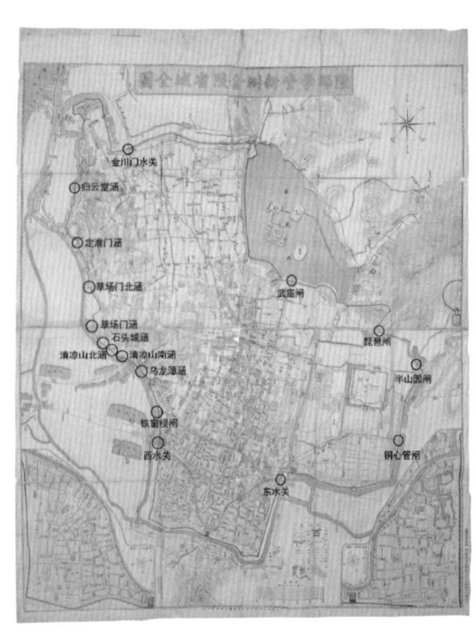

(a) 陆师学堂新测金陵省城全图

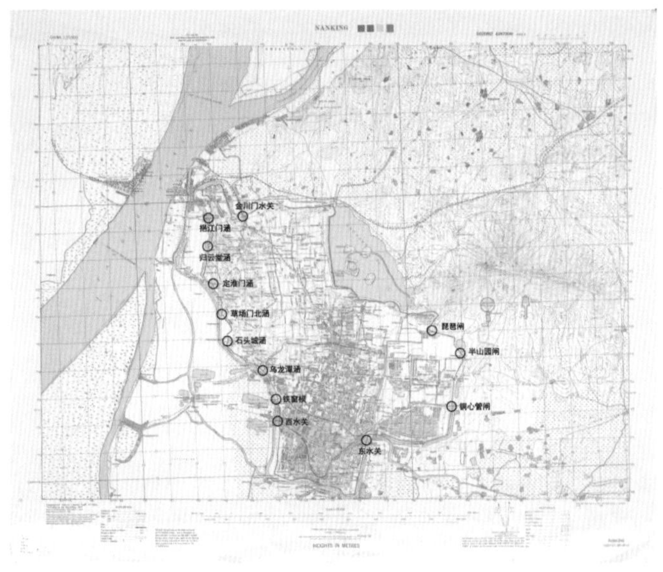

(b) 1927年AMS绘制南京地图

图 8-63　近现代南京地图中表示的水口
涵闸名称根据参考文献 [44] 古城墙下古涵（闸）及当代城区排涝泵站分布

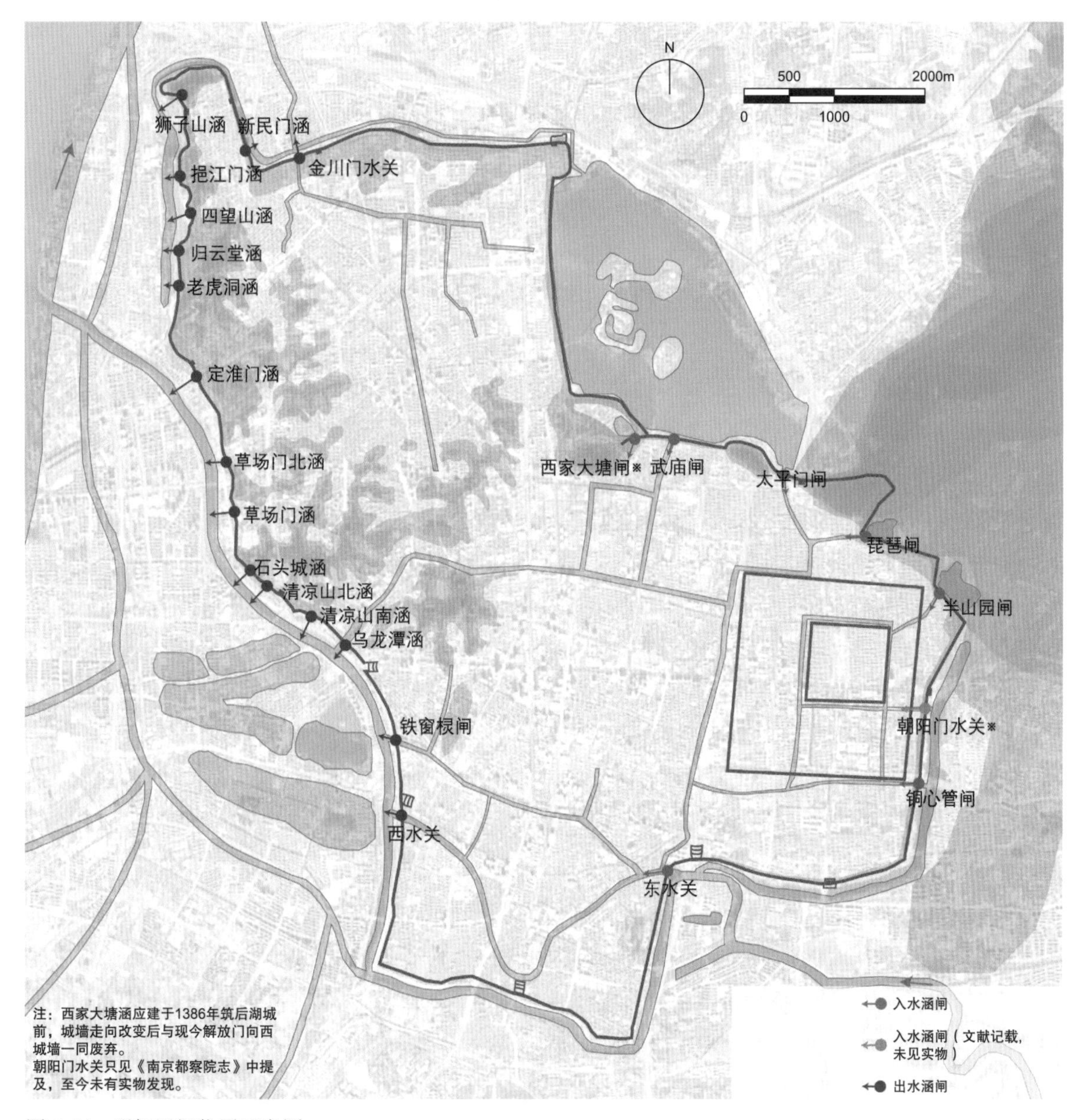

图 8-64　明初涵闸位置示意图

根据参考文献 [6] 明应天府城图；参考文献 [7] 金陵古水道图；参考文献 [5]。
涵闸名称根据参考文献 [44] 古城墙下古涵（闸）及当代城区排涝泵站分布

20 世纪 50 年代末，根据城区防排水需要，又建成城北护城河上的和平闸、小北门闸及玄武湖大树根闸。[29]

3）进水涵闸特点

目前已知的进水涵闸包括 6 处，自南向北逆时针方向分别为：东水关、铜心管闸、半山园闸、琵琶闸、太平门闸、武庙闸。除东水关为大型综合水关外，其余涵闸结构类似，在《南京都察院志》中，除两处未知的水闸外，其余水口均统称为水洞，这样的称呼可能来源于它们都是以城下涵洞或涵管的模式穿越城墙，结构似洞。涵洞一侧或两旁设有其他设施和结构控制水位，共同组成进水涵闸。

在水源的选择上，这些水口多以紧贴城墙的护壕作水源，并注入九华山—清凉山以南一侧区域，这带主要是用水需求量较大的皇城和居民商市区域，九华山—清凉山一线北部水塘密布，人烟稀少，基本可以自给自足。其中，武庙闸、太平门闸主要引玄武湖水入城，分别注水入珍珠河和青溪故道下游；半山园闸引前湖接入城内宫城北壕；琵琶闸为琵琶湖沟通香林寺沟、玉带河进水的控制闸；铜心管闸设于外金水河穿城汇入皇城前御河处，东水关则设于内秦淮河入城处。

这些设施选址以前朝水利工程和自然水体为基础，并根据需要进行整修与开凿。调控玄武湖的两闸中，武庙闸于孙吴时期始建，引水入城，一直为城内重要的水源来源。明初将其扩建为大闸，时称通心水坝。太平门闸附近原为玄武湖沟通燕雀湖的水道，后因建宫城之需燕雀湖被填，仅城外留有前湖和琵琶湖。原连通燕雀湖的水道被废，后在原水道附近改设太平门闸引玄武湖水接入皇城西御河，保证原有的城内水道继续正常运转。东水关则可追溯至杨吴南唐时期始筑的上水门，明初在原有基础上扩建为集多种功能于一体的水关。

明初的水系规划中，自然水体不仅充当护壕，城东外侧紧邻城墙的水体还被纳入城市水体交换体系之中，是城市重要的用水来源，并充分利用旧水道和设施，高效完成了城市输水用水的规划。

4）出水涵闸特点

南京城墙出水口类型多样，除与历史原因密切相关外，地形更是不可忽略的重要因素。按照服务区域及特点大致可分为三类：

①西水关、铁窗棂、乌龙潭涵：这三处出水口均可追溯至南唐，当时水道或水口均已存在，由明初对其进行改建而成。西水关与东水关为秦淮河进出城水口，南唐始筑，明初改扩建为大型水关。铁窗棂原为南唐时栅寨门，又称铁窗子，南宋景定元年（1260年）因其年久失修，马光祖曾对其进行过大修。乌龙潭原为南唐北护壕的一部分，明初扩城时将其纳入城内，设乌龙潭涵沟通城内外。这三处均位于清凉山—九华山一线以南，主要服务于城南居民聚集的平地区域，解决日常生产、生活用水的排放与调控，西水关还兼顾航运及防御。

②清凉山南涵（含）以北的12处涵洞：均为明初拓西北城域、建造城墙时新设。这类涵洞与地形密切相关，大部分设于山体之中，解决暴雨下的山体积水问题，过水面积不大但分布密集，位于山地平坦低地，规模较小，结构简单，平均间隔约1km就设置一处。

③金川门水关（闸）：明初新设。城北荒僻，地表多水塘，

城内积水汇入其中，多经由金川河排水干道从金川河闸排入长江之中。

8.4.2　典型案例

无论是水洞、水闸或水关，都需要在城墙下部建有结构合理稳定的过水结构，帮助水体横穿过城墙，完成水体交换。南京城墙下的水口所处环境多样，形制也大不相同。

1）进水水闸——武庙闸

（1）历史概述

武庙闸的历史最早可追溯至东吴宝鼎二年（267 年），是时孙皓开城北渠，引湖水入城，时称“北水关”。刘宋大明三年（459 年）又在此开“大窦”，引水入华林园的玄渊池，复贯穿宫掖。明初洪武元年至四年（1368 ～ 1371 年）建南京城墙时，将原有水关扩建成大闸，称“通心水坝”，工程包括城外进水口、穿城涵洞和城内出水口三部分[47]，后因此处建有武庙，故而又称武庙闸。武庙闸连通珍珠河，是玄武湖泄水入城的主要通道。（图 8-65）

（2）输水装置

武庙闸利用被称为“灵福洞”的涵洞输水引水入城，石拱涵宽 1m，高 1m，内置管径略小于涵洞的金属涵管通水。涵管穿城基与玄武湖进水闸连通。1971 年，疏通武庙闸时测知涵管总长度为 140.15m，由 150 节铁、铜涵管组成，其中铜管 107 节，每节长 1.04 ～ 1.07m，直径 0.95m，厚 1.5cm，重量达 333 ～ 351kg；铸铁管 43 节，每节长度为 0.81m，直径 0.98m，厚 5.5cm，涵管间依靠互相咬合的子母榫卯相连。[47]（图 8-66）

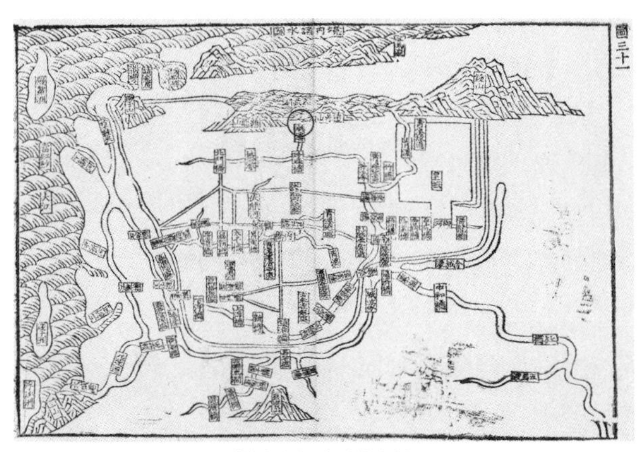

《境内诸水图》中的武庙闸

底图引自（明）陈沂撰《金陵古今图考》（明正德十一年刊本）：境内诸水图

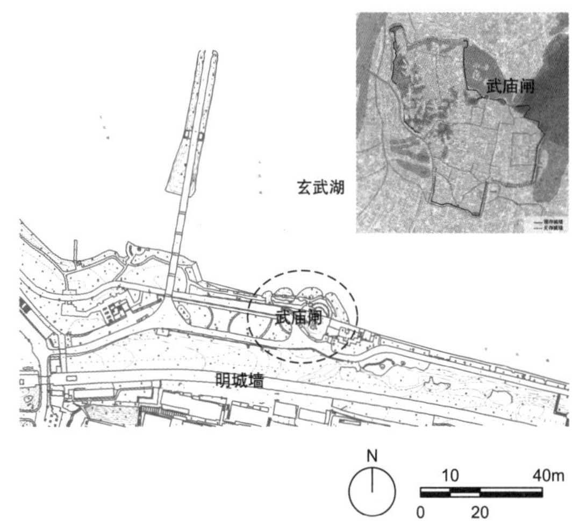

图 8-65　武庙闸位置示意图

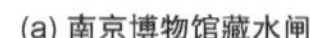

(a) 南京博物馆藏水闸

(b) 南京博物馆藏铸铜涵管

图 8-66　水闸和涵管实物图

为防止城墙自重对穿城涵管的压力过于集中，涵管上方跨有两重砖券。上层砖券砌于城墙墙身底部，五券五伏，形制类似于城门。券洞高约 4.50m，南北走向，长 9.70m，南北被堵之门底宽各 6.50m，暴露出来的城砖侧面均无南京城墙砖常见的铭文，城砖尺寸较大，以青砖居多。由于年代久远，渗水透过城墙砖隙间的黏合剂向下滴，已成钟乳石状，最长的达十余厘米。

下层砖券长随水闸之间的铜铁涵管，长 70 余米，三券三伏，形制相当于水窗，城内发现砖砌水道的部分长 22m，高约 4.5m，宽 4m，底部尺寸略小于城墙下方一段，两壁用城砖平砌，上部起拱，通水涵管在拆除底层五层平砌城砖后露出。这样的措施使得城垣和湖堤重量有砖券负担，管道只承受其周围填土的重量，比较安全。筑城完毕，这些砖券均已深埋地下。[48]

（3）控水装置

该闸设有两个进水水闸，可单独或同时启动以控制水量。为缓解湖水的流速，闸口水道建成“之”字弯曲形。闸设矩形条石砌筑的深井，宽 3.1m，长 7m。闸口下方安装两套双合铜水闸，每套闸方形，边长 1.30m，厚 0.25m，呈上下阴阳状。下合装在条石砌成的方框内，内凹有直径 1.10m 的阴穴，穴内穿五孔，中孔直径 0.28m，四边四孔直径为 0.21m，其下方接涵管，用以启闸后通水。上合呈反“凸”字形与下合相合，正中有一直径 9cm 绳孔的铜钮，上套铁索，连接地面上的绞关，拉动绳索即可使上下水闸分离，水透过下合孔洞流入涵管之中通水，两者相合则水源切断。两处闸口都安装了绞刀，刀随水流的作用运转，用以切碎随湖水而来的湖草，防止闸口被堵塞。（图 8-67）

此类闸口是明初时南京城墙独有的进水闸做法，除武庙闸外，在明宫殿外五龙桥通往东城壕的铜心管闸处亦有发现。

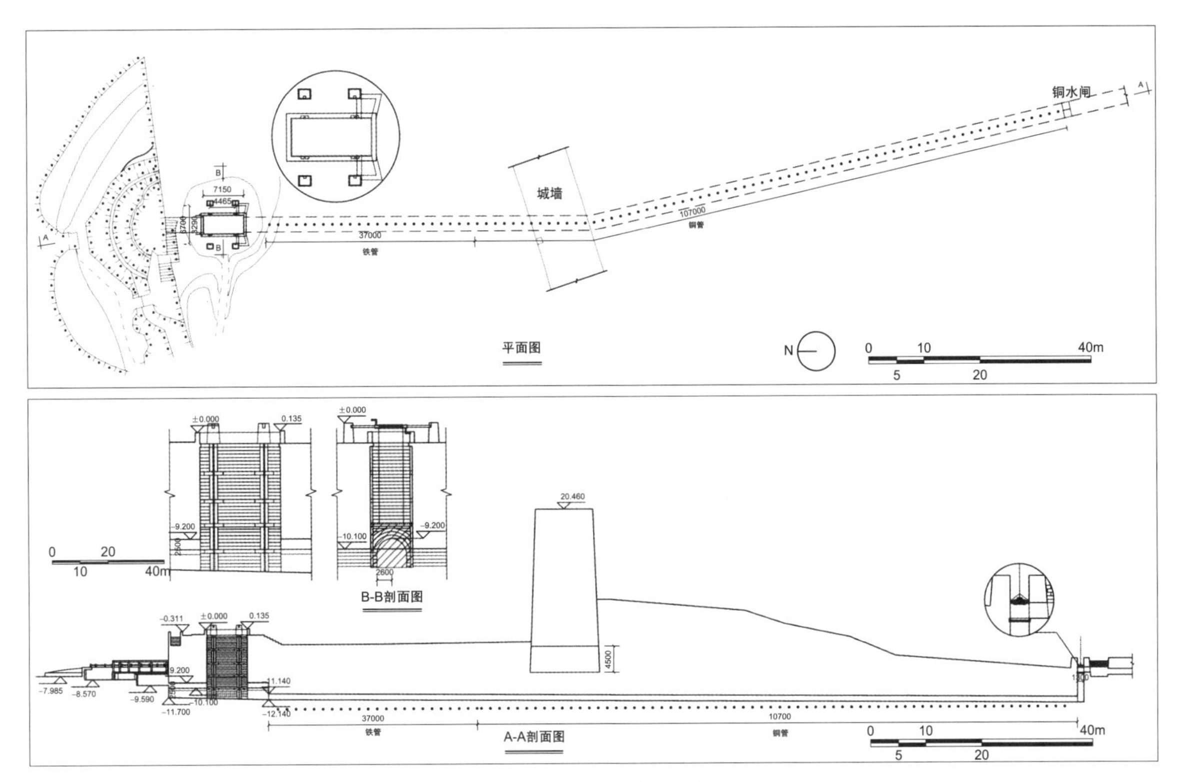

(a) 武庙闸测绘图（出自陈薇教授工作室）

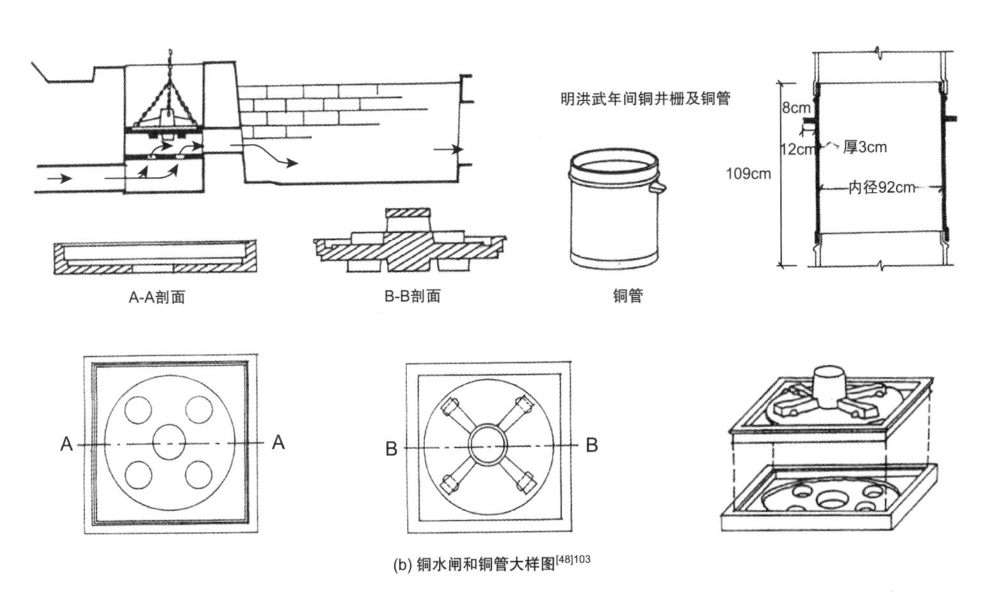

(b) 铜水闸和铜管大样图[48]103

图 8-67　武庙闸图

2）水关涵闸——东水关

（1）历史概述

东水关又称通济门水关、东关头、上水关，是通济门的水城门，位于通济门以南，为内秦淮河的入城口，也是南京城墙上唯一的船闸入口。其与内秦淮出水口的西水关遥遥相望，两者结构形制相同，同时期建造，前身可追溯至南唐梁乾化四年（914 年）修建的上、下水门。明洪武二年至六年（1369 ～ 1373 年）将两水门改筑为东、西水关，大幅扩大了原水门规模（图 8-68）。20 世纪 50 年代，西水关各部分相继被拆除，并在 1960 年与原址上新建船闸与泵闸，仅东水关在民国多次改造后保留下大半建筑。

（2）基础

对于建在河湖之上的水口，其地下地基较为湿软，易塌陷，筑基时往往需要将表面松软浮土刨去，直到挖至较为坚硬、适宜筑基的生土层附近，方可开始筑基。

宋《营造法式》中提到在砌筑卷輂水窗地基时“……如单眼卷輂，自下两壁开掘至硬地，各用地钉（木橛也）打筑入地（留出鑲卯），上铺衬石方三路，用碎砖瓦打筑空处，令与衬石方平”[49]，明代潘季驯在描述涵洞做法时也提到“建涵洞以泄积水，基址亦择坚实，方可下钉桩砌石”[50]，说明了一般涵洞的常见做法，挖去表土至硬地，再打地钉桩基，并在其上继续填充夯实，形成坚固稳定的人工地基。

东水关下方的基础做法与集庆门段城墙类似，均是用几层纵横排列的木排作为闸基垫层[44]，并组成较为稳定的综合性基础，再在其上砌筑主体券洞。根据涵闸所处环境，乌龙潭、金川门水关、铁窗棂等多处都有可能采取此类手段筑基。

(a) 杨大章《仿宋院本金陵图》中的下水门

(b) “金陵四十八景”中的东水关[11]

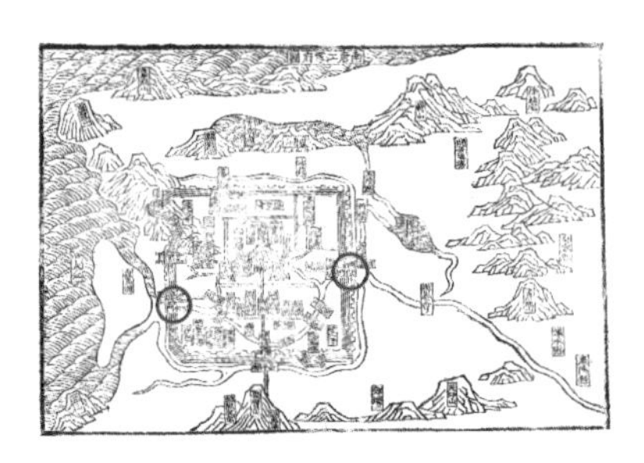

(c)《南唐江宁府图》中的上下水门

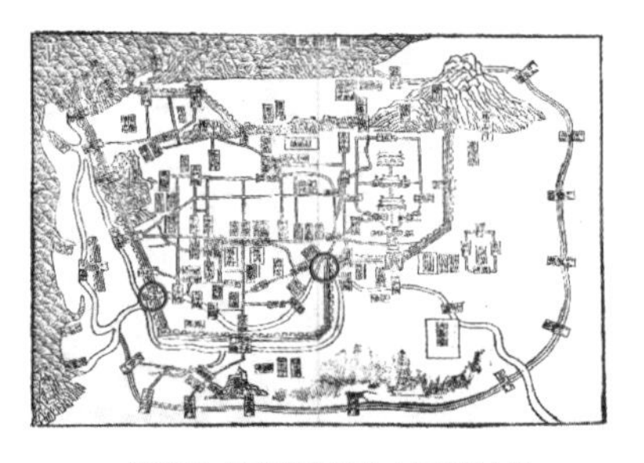

(d) 明代《国朝都城图》中的东西水关

图 8-68　东西水关历史图像
（c）、（d）底图引自（明）陈沂撰《金陵古今图考》（明正德十一年刊本）

南京城墙中另有一类砌筑于山体之中的涵洞，横穿包山墙体以泄山洪。这类涵洞上方的包山墙体直接以山岩为基，无须砌筑人工地基，由此推想其中的涵洞很大可能并不注重对于地基的建设，而直接以山体岩石为基，不再进行人工地基的建设。

（3）主体拱券

建于河湖之上的过水结构多用拱券，东水关也不例外，且一般根据水量决定其具体数量，水多则建二孔，少则一孔。[50]

根据《营造法式》中的描述，城墙下过水砖拱涵洞分石作、砖作两类，分别称为“卷輂水窗”“卷輂河渠口”。其主体砌筑方式为：

“造卷輂水窗之制，用长三尺、广二尺、厚六寸石造，随渠河之广……于水窗当心，平铺石地面一重；于上下出入水处侧砌线道三重，其前密钉擗石桩二路。于两边厢壁上相对卷輂。（随渠河之广，取半圆为卷輂，棬内圆势）用斧刃石斗卷合。又于斧刃石上用缴背一重，其背上又铺石段二重，两边用石随棬势补填令平。（若双卷眼造，则于渠河心依两岸用地钉打筑二渠之间，补填同上）若当河道卷輂，其当心平铺地面石一重。用连二厚六寸石。（其缝上用熟铁鼓卯，与厢壁同）及于卷輂之外，上下水随河岸斜分四摆手，亦砌地面，令与厢壁平。（摆手内亦砌地面一重，亦用熟铁鼓卯）地面之外，侧砌线道石三重，其前密钉擗石三路。”[49]

“卷輂河渠口：垒砌卷輂河渠砖口之制。长广随所用单眼卷輂者。先于渠底铺地面砖一重，每河渠深一尺以二砖相并垒两壁，砖高五寸。如深广五尺以上者，心内以三砖相并，其卷輂随圜分侧用砖（覆背砖同）。其上缴背顺铺条砖，如双眼卷輂者，两壁砖以三砖相并，心内以六砖相并，余并同单眼卷輂之制。”[51]

卷輂水窗、卷輂河渠口两者的砌筑方式类似，仅在材料细节处理上稍有差异，石作卷輂水窗在砌筑完人工地基后，用石块砌筑厢壁（拱脚）。拱作半圆形，由卷輂加缴背（一券一伏）组成。拱上再铺石块两层，河底铺地面石一层用以保护拱脚基础。地面石的上水、下水两端各用石块侧砌三层，并用木桩两路加以固定（拱脚两侧斜向摆手外用木桩三路），以免被水流冲毁。

至明初，此类涵洞做法日臻成熟，但总体上仍然延续《营造法式》之制。东水关底部设 11 洞进水，为连拱式空心砖石结构，闸身券洞以条石砌筑，规模远大于一般单券或双券水关。这 11 个进水涵洞均设有三道门，前后两道为铁栅栏筑成，以防止敌人潜水入城偷袭，中间一道是可用绞关控制的闸门，通过闸门启闭来调节城内外水位。左右五洞形制大小相同，涵洞拱高 3m，洞长 30m，其中 9 个装固定铁栅门，仅作通水之用。中间一洞通舟楫，涵洞略大于其余 10 洞，能满足一般河道中通行的浅船“底阔九尺五寸”[52]（即折合现代公尺 3.04m）的通船宽度，并以活动式铁栅替代固定性铁栅，以利船只通行。从旧照片中还可以看到，其入水处两拱之间部分设计成尖角形，以减少流入各水洞的水流互相干扰。（图 8-69）

图 8-69　东水关涵洞[53]

（4）水关上部结构

水关涵洞上方为桥道，桥道较城墙宽 7m 余，城外留有约 2m 宽，城内留出近 5m 的人行通道。桥道上方城墙墙体顶部与和秦淮河两边城墙连接，且略高于两侧，高度达 20m。上部墙体内建有上下两层共计 22 个藏兵洞。藏兵洞坐东朝西，向城外一侧封堵，从城内一侧进入，每层各 11 个，位置与下方过水涵洞对应，底层藏兵洞券洞条石砌筑，上层券洞周围及顶部以城砖加覆，内侧砖墙高约 5m。（图 8-70）

3）排水涵洞——草场门北涵

城西涵闸多为泄水排污之用，以草场门下水道为例，其于 1987 年 12 月 9 日在江苏省教育学院施工时被发现，地处定淮门和清凉门之间，东西走向，根据其特征来看，是城北一处重要的排水涵洞（图 8-71）。其穿城主体结构砌于城墙基础下方，底部不设铺地砖，直接筑于土层之上。其过水主体结构为拱券，由主排水道和分排水道组成，分水道由两个拱券组成，位于城墙基础之下，主水道与两分水道总宽一致，但仅有一券的主水道部分位于城墙外下方土体之中。主水道长 26.20m，宽 3.40m，高 2.30m，下部用砖错缝平砌，平砖之上再用竖砖错缝侧砌向上成券顶；两条分水道的形制大小相同，长 7.30m，宽 1.60m，高 1.30m，下部以两层平铺的石条为基础，石条上面亦用竖砖错缝侧砌成券顶。分水道与主水道连接处的券门砌法相同，用一层竖砖侧立，上面用一层平砖的砌法，共两组起券。两券顶外部的连接处是三角形，用砖平砌封闭。[40]（图 8-72，图 8-73）

对于这样将一条排水道再划分为主水道与分水道的复杂结构，是在汇水量、汇水速度和结构稳定性等多重要求之下形成的。位居城墙下方的穿城结构，其必须保证自身有足够稳定性，在不影响上方城墙主体的前提下进行设计。同样的券可以有效减小拱券

图 8-70　1958 年摄东水关内侧全景[4]219

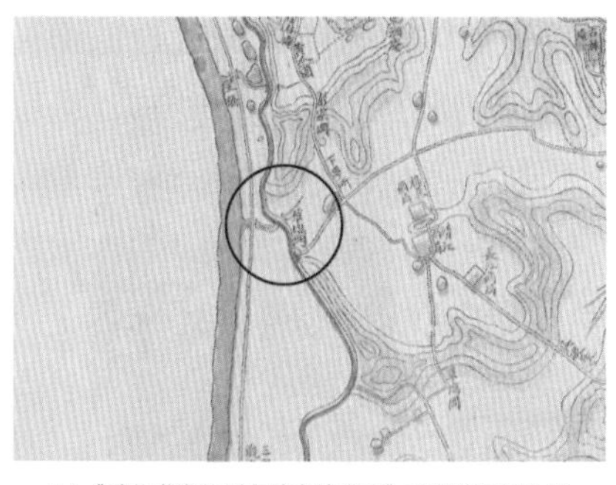

(a)《陆师学堂新测金陵省城全图》中的草场门北涵

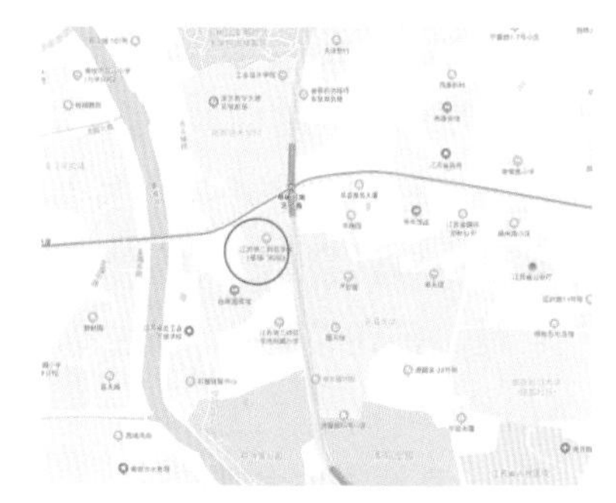

(b) 草场门北涵位置

图 8-71　草场门北涵位置示意图

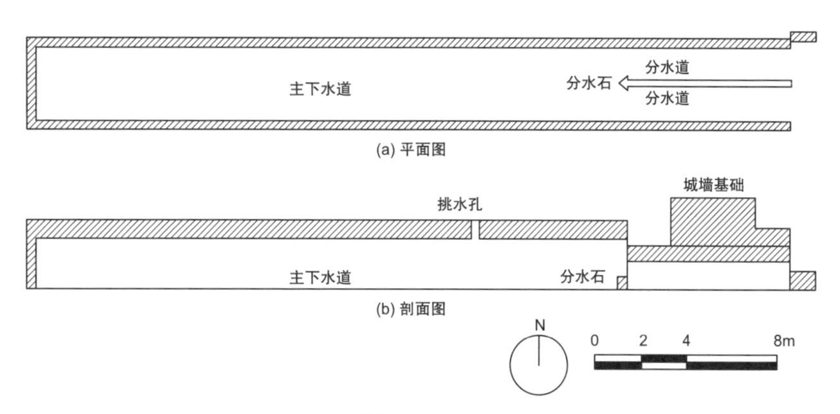

(a) 平面图

(b) 剖面图

图 8-72　草场门北涵平、剖面图 [41]

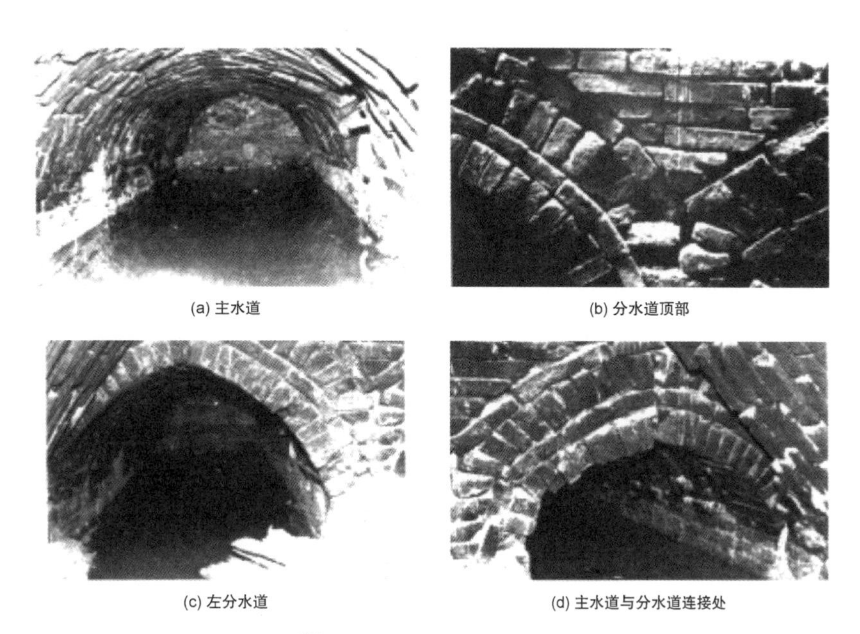

(a) 主水道　(b) 分水道顶部

(c) 左分水道　(d) 主水道与分水道连接处

图 8-73　草场门北涵照片 [41]

宽度和券体结构的高度，比单个拱券更能保证上方墙体的稳定。不同于用水需求量很大的进水涵闸，此类排水道处理城市生活污水和雨水，汇水量小、流速也不大，双券形成的结构高度即可满足需要。但双券较单券费时费料，对于一般地面上的排水道，砌筑单券优势更大。

单券双券组合形式，两者交接部分是结构的薄弱位置，因而分水道比城墙基础略向城外多筑 1m，将薄弱节点移至城墙外部，保证城墙上部稳定。此外，分水道与主水道连接处，还设置一块三角形分水石，可以帮助引导分水道中水体的流向，减少对壁面的冲击。主水道顶部还设有一 35cm×43cm 的挑水孔，是水道内外水体交换的缓冲区域。

4）皇城墙排水涵洞

南京明代皇城城墙与京城城墙同属南京四重城垣，是与南京明代京城城墙同时代、同地区建造的、形制更高的官式建筑，对于京城城墙有重要的参考和补充作用。

《明太宗实录》记载，永乐三年（1405 年）六月“丁亥，拓西安门外地，改筑西华门外皇墙”[54]。发现的排水涵洞位于外拓的皇城西墙西南角一带，东西走向，北偏西约 75°，由排水沟、排水池和排水涵洞三部分组成，皇城中废水和雨水由排水沟自东向西流入排水池内，再流入排水涵洞内穿过皇城西墙排入城墙外侧。

排水沟位于皇城墙遗址东侧，为北偏西 70° 东西走向的长条弧形。发现的水沟东西残长 5.6m，沟槽宽 1.1m，沟内宽 0.38 ～ 3.40m，深 0.5m。构体砖砌，沟壁呈倒梯形状，口大底小，沟壁由底部砌筑砖向外呈阶梯状砌筑，用 40cm×20cm×13cm 的整砖或半块砖上下叠压砌筑，砖与砖之间用黏土黏结，沟底铺有底砖。排水沟东高西低，水自沟内流入排水池之中。

排水池在排水沟西，平面形状近三角形，由南、北、东三面墙围筑而成，南北墙与西端排水洞口相连，以条石和砖混砌作壁，东高西低，在水流急时起到缓冲作用，以便水可顺利流入排水涵洞。

图 8-74　涵洞遗址照片（南京中航工业科技城发展有限公司提供）

排水涵洞直接叠压于皇城墙夯土之下，洞槽砖砌，宽 3.6m，东西残长 6m，高 1.75m。洞口内宽 0.8m，高 1.05m，清理内深 3.5m。涵洞南北两侧挡墙宽约 1.4m，高 1.35m，以整砖错缝叠压砌筑，起到加固洞壁的作用。涵洞顶部二层竖砖侧立、二层平砖叠压砌筑成券顶，以白灰黏结（图 8-74）。排水洞南北内壁面上分别有两道凹槽，凹槽宽 5cm，内深 5cm，可用以插滤水篦子，以免杂物堵塞排水洞。①

8.4.3　控水、排水设施特点

1）结构设计

城墙上涵闸是城市市政建设的重要组成部分，出入水口大多在墙体未建造前就已设计好位置、规模与形制，考虑到运输的水体水位，

①南京市博物馆．中山东路 518 号项目第一阶段考古发掘情况汇报．2015。

往往建设在墙基底部，其上再建墙体。上方墙体从外观上看，形制、做法等与两侧墙体无异。然而，与筑于一般地基之上的墙体相比，涵洞的受力性能显然较一般墙体要差，是整体结构的薄弱环节。南京城墙墙体多高坚，其高度、宽度、材料密度之大都对位于墙体底部涵洞的物理性能提出极大考验。

为此，涵洞上方一般作拱券状，以更好地承受竖向荷载，拱券不宜过大，目前发现的诸多排水涵洞大多尺度较小，城东武庙闸、铜心管闸穿城结构高宽仅 1m 左右，琵琶湖闸约 5 皮砖高，宽度不足 1m。城西诸多排山体雨水的涵洞，规模比较大的清凉山涵洞也仅约 1m 宽、80cm 高。

此外，为更好地增加受力性能，也可以多设或分设为多个拱券。如东、西两水关建造有 11 个连拱涵洞，当一孔上方受到荷载时，可以通过桥道和拱上结构的作用，将荷载传递到其他孔主拱之上，分散荷载作用。草场门下水道在穿城处改砌两分水道同理。

除了加强涵洞本身的结构性能外，另一有效的办法是合理减轻上方墙体的自重。东、西水关在涵洞上方位置挖空墙体，设置了两层藏兵洞，不仅减小了对下方涵洞的压力，还极大地加强了水关本身的防御机动能力。武庙闸涵管上方砌有瓮室，虽不像水关藏兵洞一样有实际作用，但对于缓解下方涵管压力是有益的。

2）流量、流速控制

目前发现的各处涵闸，都顺应水势而设，采用重力流的引水、导水方式，将“水往低处流”这一朴素的自然科学道理发挥到极致。在最初城市规划选取城市水源入口和污水、废水出口时，就以自然地形为导向，顺应城市整体东高西低、水体汇入长江的大趋势，以东侧为主要入水口而临近长江的西面和西北面作主要排水方向。具体到每处水口的设计时，往往也是入水处高而出水处低，水体无须借助外力就能自然流动。

对于入水口而言，控制流量的一个典型做法就是武庙闸和铜心管闸设置的阴阳铜闸，通过控制两者开合，实现连通水源和切断水源的目的。这种做法较为有效，但费时费力，因而目前仅在连接面积巨大的玄武湖水源和供皇城外壕用水的铜心管闸处有发现。对于其他一般涵闸来说，常用设置闸门的方式来控制水体流量，如东西水关。半山园闸遗址处也留有石质闸槽，但由于多次整修，闸槽被石板封堵，入城水源已被切断。

重力流导水在一些情况下还需要配备缓冲装置，帮助协同控制进出水量。传统水门水关建造中，多有雁翅或摆手一类结构，在水体进入涵洞主体前后设置，向外阔呈喇叭状，在汇入、汇出水流过于湍急之时可起到缓冲作用，方便水体顺利出入涵洞，琵琶闸入水口两翼即呈喇叭状，其余水口多经不同程度改造，已难考证（图 8-75，图 8-76）。同样有类似结构的还包括相近时间建造的南京四重城墙之一的南京明故宫皇城墙排水涵洞遗址，遗址中可以看到，在排水涵洞前设一排水池起到缓冲作用。

近年，由于水体水位的变化和城市建设带来的需要，传统重力流涵闸已经无法满足现代需要，城墙下的古涵闸普遍进行了维修和改建。内外秦淮河不再连通，西水关、铁窗棂两内秦淮水出水外秦淮出口以及东水关附近相继改建为泵站，依赖机泵排水，乌龙潭则设溢流堰控制水位。（图 8-77）

3）**防堵除杂**

为了防止杂质堵塞涵洞，常需设置防堵除杂装置，最常见的做法是设置滤水篦子于出入水处，如皇城城墙排水涵洞遗址壁面就留有插滤水篦子的凹槽。东、西水关及铁窗棂连通内秦淮支河与外秦淮，设置铁栅栏不但可以防止敌人借由水道潜入，还可避免水中混入过大的异物，避免堵塞涵洞，一说“铁窗棂”一名就是由此而来。

图 8-75　琵琶闸

图 8-76　1954 年摄西水关[4]

(a) 武庙闸入水口

(b) 东水关三孔闸

(c) 西水关泵站

(d) 铁窗棂泵站

图 8-77　涵闸改造后现状

《景定建康志》中提到当时南宋铁窗棂“（铁水窗）前后擷石栏草桩木，两边雁翅，各高六尺五寸，长三丈”①，就有桩木拦截河中水草的做法。武庙闸两处控水的阴阳铜闸都安置有随水流转动的绞刀，以切碎随湖水而来的湖草，防止闸口被堵塞。

除了一般出入水口需要处理防堵除杂的问题外，在城墙底部的细节构造中，也有相应的措施。通济门瓮城遗址中，在城墙基础之下设置有排水沟以散瓮城雨水。排水沟宽约 50cm，高 40cm，顶上覆盖条石，出入水口处均设有一石挡，将水口一分为二，以减少杂质混入沟中导致堵塞的可能。

为解决城市内外水系进出与城墙限定的矛盾，南京城墙上设有多种类型的水口 20 余处，按照规模和功能来看，可以分为控水水闸、通水水洞和综合两者功能的大型水关。水口适应水体水位，多位于城墙基础底部，需要承受墙体自重带来的压力，要着重注意其结构稳定性，因而大多尺度较小，使用连券或分券手法加固，合理挖出上方部分墙体减轻自重。

明初在设计涵闸时，在水流的流速控制、水体净化和过滤等多方面均有所考虑，一般采用重力流做法控制水流。除了以传统石板或木板水闸控制流量，还创造性发明阴阳水闸控制水体的切断与连通，再结合滤水篦子、除草绞刀等手法防堵除杂。

8.5　水环境下南京城墙复原与评价

8.5.1　损毁墙体复原

1）损毁墙体概况

明清后期，受制于维修资金的数量，南京城墙的日常性修缮已经很难落实，尤其清末经历太平天国战乱，“诸门饱经锋镝，谯楼多罹兵燹”[7]，城墙状态不复往日。

至近代，质地优良的城砖被大量拆除，用于私人住宅或公共建筑的建造中，“城垣砖甓，拍卖盗取，狼藉不堪”[55]，未几，明故宫宫城和皇城墙体就几乎被拆卸殆尽，“所存者，惟五朝、西华二处城圈而已”[55]。民国二年（1913 年），冯国璋任江苏都督一职，又在南京提出拆除部分城墙以利交通和在拆城地段以工代赈的两项举措，进一步加剧了南京城墙的人为破坏，城市内甚至还出现了专门买卖城砖的店铺，足见拆城风气之盛。除人为拆城外，南京作为中华民国首都，是二战中侵华日军的主要攻城对象之一。城墙作为南京腹阔阵地的依托，在抵御日军进攻时发挥了最重要的军事防御作用。日

①（宋）周应合纂《景定建康志》（钦定四库全书本）卷二十。

军指挥官松井石根在攻城时指出：“若敌之残兵仍凭借城墙负隅抵抗，则以抵达战场之所有炮兵实施炮击，以夺占城墙”[56]。雨花台、上新河、紫金山等处展开的激战致使城垣多处被敌炮摧毁。至战事结束，多处重点地段城墙和城门均已被火炮炸至破败不堪，岌岌可危，亟待修复。

20世纪50年代，南京城墙在迭遭兵燹与人为破坏后，又加之年久失修，发生多次坍塌与倾覆，影响到人民的人身与财产安全。为此，1954年，南京市政建设委员会在多次调研与普查的基础上出台了《南京市拆除城墙计划草案》，开启了政府主导并推进的大规模有组织拆除城墙行动，而这也是造成南京城墙大量损坏的最主要原因，目前大部分不存的墙体，都是在这一阶段被拆除的。20世纪50年代末，在有识之士的大力阻止与呼吁下，这项活动才逐渐停止。

然而这次拆城活动造成的影响是巨大的，30多公里的京城城墙约有1/3在这段时间里完全消失，其中还包括通济、三山、光华等多处有重要地位和研究价值的城门建筑。根据目前实物现状，小段损毁的城墙大多已在20世纪80年代后逐渐进行缝合，如今不存的城墙段主要为四段，如表8-9所示。

表8-9　损毁不存城墙段基本情况①

起讫地点		长度/m	城墙情况	结构说明	拆除时间
光华门东拐角—东水关	南无—光华门东	500	部分拆除	城砖砌，高15m，宽3～4m	1956
	光华门东—通济门	2180	全部拆除	同上，内部有块石、砖	1956～1957
	通济门门楼	90	全部拆除	主城墙三个套城部分系条石，在条石上砌砖高15m，宽15m，部分系条石，城墙内部土夹块石	1957
	通济门—东水关	436	全部拆除	高16m，宽17～18m，全部条石，城砖城垛	1957
狮子山—神策门西	狮子山—小东门	340	部分拆除	高12m，宽5～6m，系城砖砌	1958
	小东门—金川门	1401	全部拆除	城墙内部以小城砖砌有矮墙	1957
	金川门—油嘴油泵厂	2582	城砖拆完，部分条石未拆	高宽同上，城墙内有浆砌块石墙	1957
三山门—清凉门南	水西门及瓮城	100	城砖部分拆完，条石部分保留	主城墙套城部分系条石，在条石上砌砖高15m，宽15m，部分系条石，条石上砌砖，城墙内部土夹块石	1955
	水西门—汉中门	2000	城砖部分拆完，条石部分保留	小部分条石，大部分砖砌，内部土夹杂砖	1956
	汉中门—清凉门	470	汉中门至乌龙潭拆完，其余保留	外边砌砖，中间土夹块石	1958
清凉山北—定淮门	清凉山—定淮门	2758	部分保留，部分拆除	以清凉山造城，宽5～8m，高12～20m	1958
	定淮门城门	60	保留	单城门，宽12m，高8m	1958

①根据1958年南京城墙现估表及现状整理。

2）钟阜门北—神策门段推测与复原

（1）地形特点

城内略高于城外，自神策门包络耆阇山山脊，地势逐渐向西走低，留有紫竹林余脉，至小北门（清末光绪三十四年（1908 年）新开，又称四扇门，很长时间被讹称为钟阜门）西又有一小山冈被纳入城内，其址在今南京市第二医院（图 8-78）。目前城墙一线被住宅区叠压，难以辨认其踪迹，但从历史地图可以看到，这一带以岗地为主，除小北门外高内低，其余区域城内均略高于城外，紫竹林一带地势起伏明显，至今仍存有陡坎，属于典型借山筑基及筑墙的半包山墙地形。至中央门再向东一带，城墙几乎完全依赖耆阇山山体而建。根据历史地图来看，墙体与山体的关系同神策门主体城墙类似，且城外未见有吐水口设置。（图 8-79，图 8-80）

（2）墙体类型

半包山墙。

（3）排水方式

根据半包山墙一般的排水手段，可参照富贵山段城墙，向内找坡，城墙内侧设排水明沟，结合相距 40～60m 的吐水石槽将水排入城下。在靠近神策门一带以及靠近狮子山等山体高度较大处，内侧可能同神策门，不设排水明沟与吐水石槽，直接汇入山体。

（4）雨水流向

参照相似位置与特点的玄武门—神策门一线的雨水走向，该段应是以明沟导水，雨水流入城北诸水塘湖泊之中，又以金川河为干渠组织周围众多水塘湖泊，作城北居民和驻军用水、排水的重要水体，出城与城西北护城河相连，又沟通其东侧玄武湖，最后汇入长江。

图 8-78　钟阜门北—神策门段位置示意图

图 8-79　历史地图中地形

底图为 1903 年《陆师学堂新测金陵省城全图》局部

(a) 新民门至金川门段城垣（1956年摄）

(b) 中央门至神策门内侧（1956年摄）

(c) 中央门至神策门外侧（1956年摄）

图 8-80　钟阜门北—神策门段历史图像 [12]

3）光华门东拐角—东水关段推测与复原

（1）地形特点

至通济门位置，延续朝阳门地势，利用城内略高于城外的土丘筑墙。2006 年，在对光华门附近进行考古时，于 GPS 坐标东经 118°48′32.76″、北纬 32°01′25.56″，即光华门略向西的位置，与城墙东西走向相垂直，布南北向 4m×20m 探沟一条，清理出厚度 8 ～ 30cm 不等的三合土层，以及明代城墙内侧浇筑层遗迹。这处遗迹可能与明代构筑城墙随形就势，利用光华门段山势建造包山墙有关 [57]，基本确认光华门一带包山墙的建造。至东水关一带，地势逐渐走低，到通济门基本已无山丘，根据通济门瓮城遗址来看，城门处内外只留有排水高差，再向东基本不存在借助山势筑城的可能。（图 8-81 ～图 8-83）

（2）墙体类型

以通济门为分界节点，根据特征可分为两段：

①光华门东拐角—通济门（不含）：半包山墙；

②通济门—东水关：平地段城墙。

（3）排水方式

根据半包山墙一般的排水手段，可参照富贵山段城墙，向内找坡，城墙内侧设排水明沟，结合相距 40 ～ 60m 的吐水石槽将水排入城下。通济门至东水关一段的墙体可参考东水关以南一段，总体与东水关南段一致。

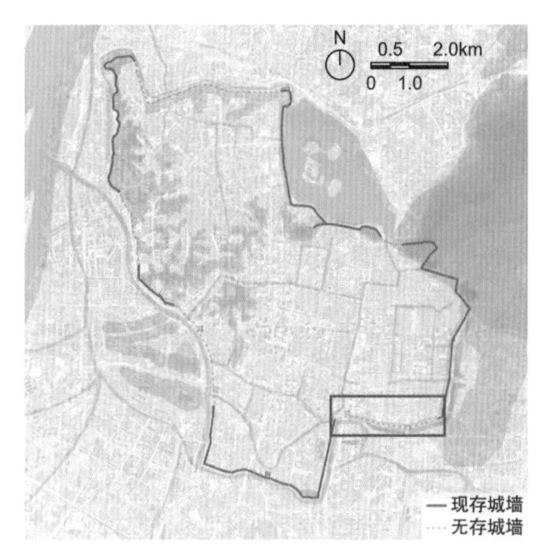

图 8-81　光华门东拐角—东水关段位置示意图

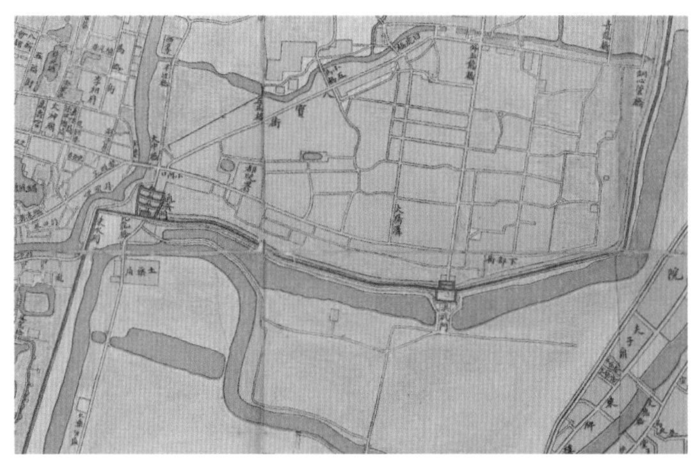

图 8-82　历史地图中地形
底图为 1903 年《陆师学堂新测金陵省城全图》局部

(a) 光华门旧照

(b) 通济门东段包山墙照片（1929年摄）

图 8-83　光华门东拐角—东水关段旧照 [12,58]

（4）雨水走向

光华门与朝阳门一带类似，城墙雨水顺山体汇至规模较大的外金水河，通济门一带雨水则汇入青溪中，最终进入城市水体循环之中。

4）西水关南—清凉门南

（1）地形特点

西水关至石城门地势较为低平，为典型城南平地地貌，石城门向北即至城市南北分界的城中高地，山地逐渐代替低洼平原，地势走高，地质坚硬，含水量低，可直接利用其砌筑墙基。根据龙蟠里—汉中门段城墙遗迹，该段依赖山地岩石，直接于平坦岗地上砌筑基础，其墙体施工方法是：内外条石铺砌，中间分层平铺块石，最大者重约 3000kg 以上，缝隙间以黄土拌石灰嵌填、夯实即成。[4]（图 8-84，图 8-85）

（2）墙体类型

以石城门为分界节点，根据特征可分为两段：

①西水关南—石城门：平地段城墙；

②石城门—清凉门：自平地段城墙至包山墙过渡，利用山体岩石作基础的高岗地段城墙和半包山墙。

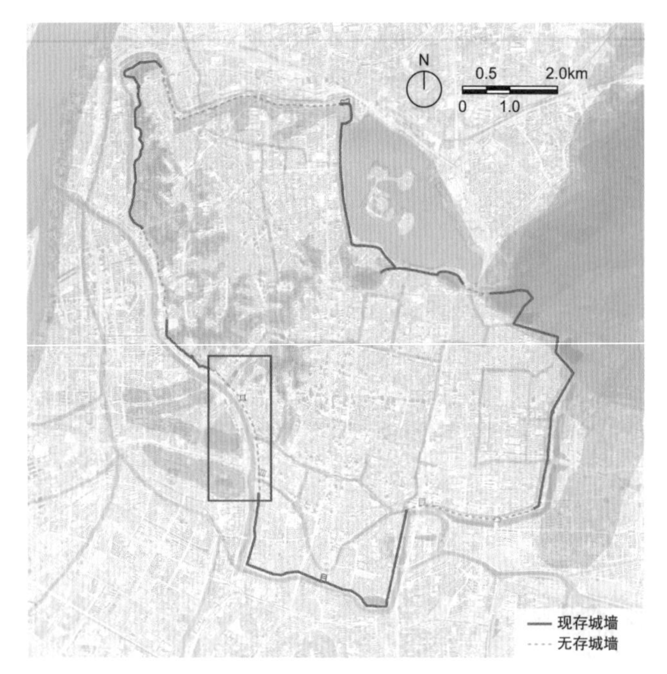

图 8-84　西水关南—清凉门南段位置示意图

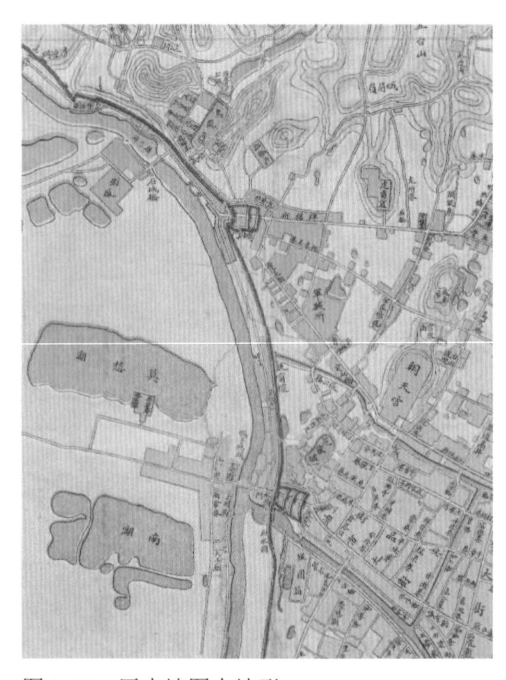

图 8-85　历史地图中地形
底图为 1903 年《陆师学堂新测金陵省城全图》局部

（3）排水方式

西水关南至石城门一段，其排水方式应延续了现存中华门及两翼的排水方式，由于其顶部宽度较大（15m），因而可能采取中间起虹面的双面找坡方式，但还应配套相应导水设施，将雨水导至城内一侧排出。

石城门至清凉门一段，其排水可参照其余半包山墙，应该差异不大。根据现状来看，紧贴清凉门南侧一段包山部分较多，因而可能不设石质明沟及吐水石槽，再向南一段随包山高度的降低和上方补砌的砖石墙体部分的增加，则应该设置明沟和石槽。

（4）雨水走向

西水关南至石城门一段，根据北高南低的地形走向，雨水可能随地形、走势及地表排水排污明沟的引导，汇入秦淮河南北两支，经西水关和铁窗棂出城入江。

石城门至清凉门南一段、石城门至乌龙潭以北一段，雨水汇入乌龙潭可能性较大，至靠近清凉山处，雨水顺山势落至低处岗地，此处设清凉山南涵，方便山体中雨水汇集并通过涵洞出城，汇入城外护壕。

5）清凉山北—定淮门

（1）地形特点

包山墙完全与山体融为一体，拆除难度大，因而大多数都得以保留下来。草场门南—定淮门一段恰好位于两山相连的山脚下，虽然地势高亢，但地形相对平坦，墙体主要利用山体岩石作地基及砌筑墙体下半部分，应与石城门—清凉门南一段类似。（图 8-86，图 8-87）

图 8-86　清凉山北—定淮门段位置示意图

图 8-87　历史地图中地形与墙体特点
底图为 1903 年《陆师学堂新测金陵省城全图》局部

（2）墙体类型

利用山体岩石作基础的高岗地段城墙和半包山墙。

（3）排水方式

对于高岗地段城墙，其排水无须过多考虑山体问题，可参考神策门南—解放门一段半包山墙的手法，雨水经由置于内侧的城顶排水明沟汇入城中。对于近定淮门及近清凉山部分，则为半包山至包山过渡区域，仍可能延续半包山墙段做法，但在城顶和山顶高度相差不大的时候（0 ～ 2m），也可能不设明沟和吐水槽，直接汇入山体之中，或配有局部暗沟将水导出城外。

（4）雨水走向

部分雨水可直接通过向外的排水暗槽排入城外护壕，另外大部分雨水及山体积水则顺山势汇入就近低地势处涵洞，该段城墙以落入清凉门北涵、草场门南涵、草场门北涵及定淮门涵为主。

6）南京城墙雨水处理方式复原

复原南京城墙雨水处理方式如图 8-88 和图 8-89 所示。

8.5.2　水环境下南京城墙营造评价

1）优势与经验

总体来看，面对南京复杂的山水环境，南京城墙在建造时考虑周详，使城墙六百余年来仍能保持较为稳定的状态，其建造时的优势和经验体现在以下几个方面。

（1）自然与人工环境的充分利用

在城墙的选址和营造过程中，南京城墙对于自然河湖、山丘的利用达到极致，以自然河湖筑壕，借高坚山丘建墙，并结合过往朝

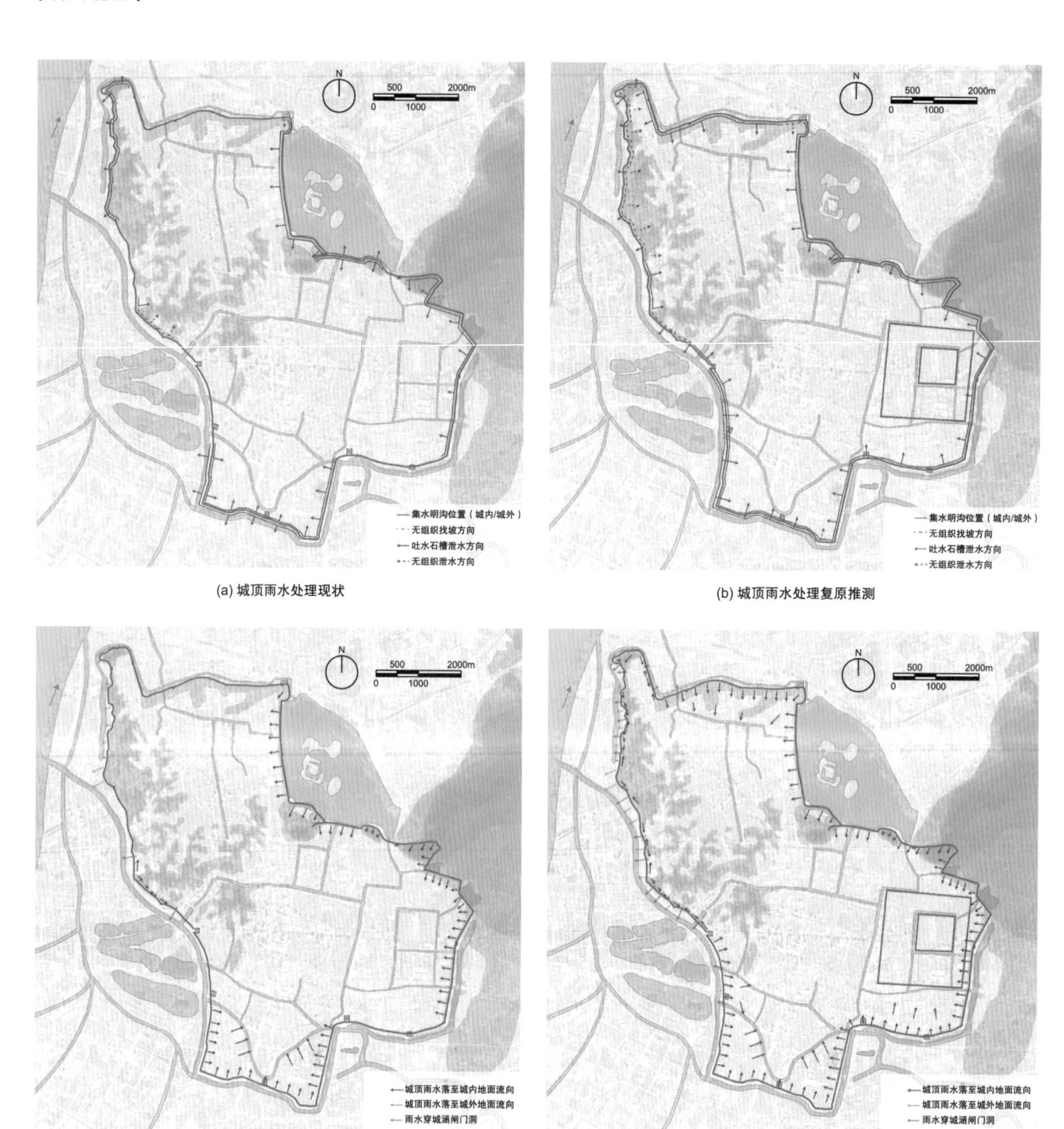

图 8-88　南京城墙雨水处理复原示意图

代的建设，创造性地顺应山水走势选址、利用山水环境建造南京城墙，其规模庞大，走势曲折，但因山借水的特点使其大幅减少工程量并有效缩短工期，是建城史上一座因山就水而成的典型山水城市。

（2）因地制宜，利用环境特点有针对性的设计

对于建设中遇到的不同环境特点，南京城墙遇水打桩、垒石成城，遇山劈山、甃砖成城，根据环境特点进行有针对性的设计。在多水低洼环境重点加强地基建设，提高承载力；在多山起伏环境注重山洪导向组织，减少水分堆积滞留；在临水潮湿环境注重墙体物理性能，保证防潮防渗；在设置通水泄水位置时，结合功能需求确定规模与结构。

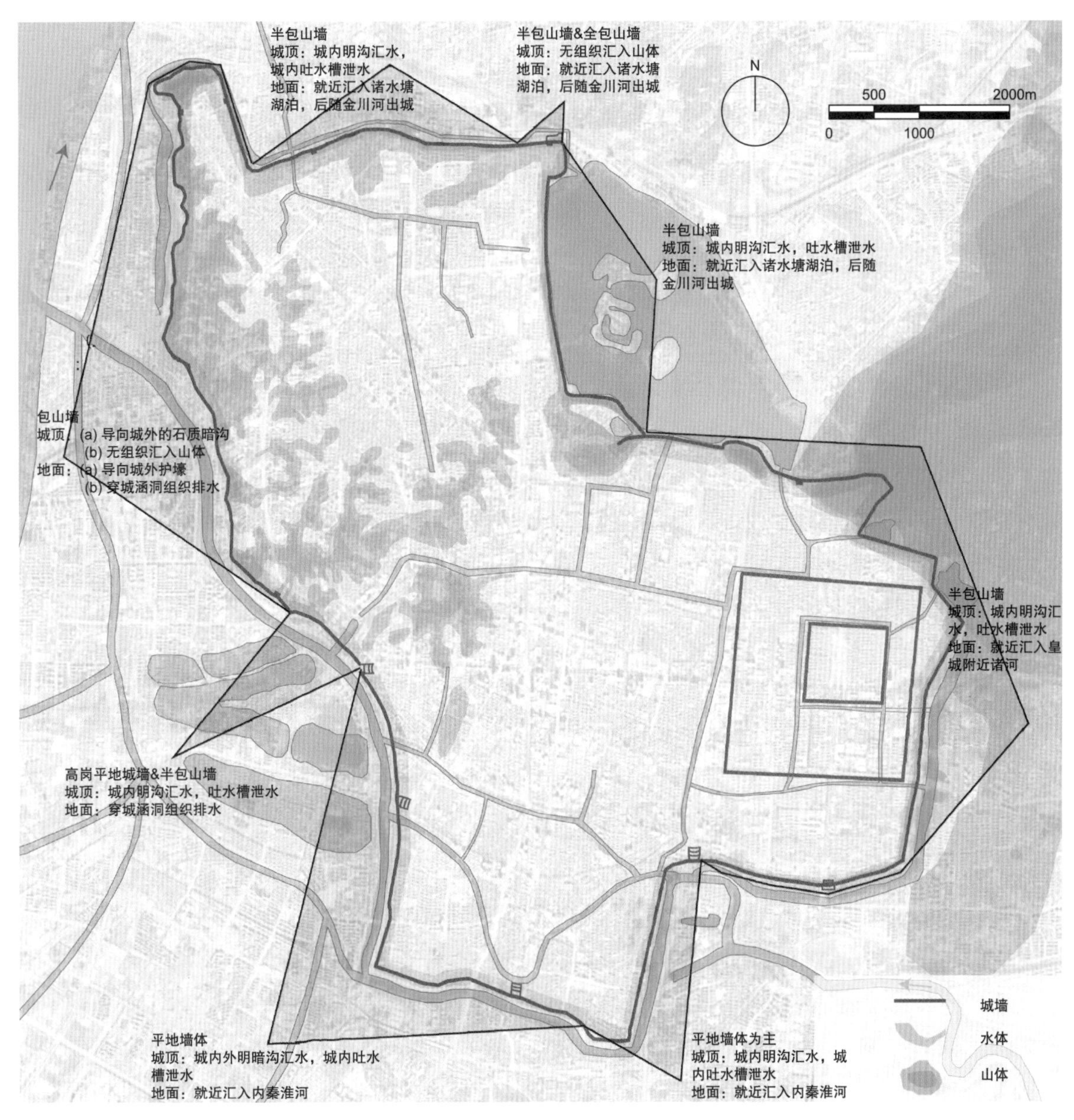

图 8-89　南京城墙雨水处理复原示意说明

（3）合理规划及设计与城墙密切相关的给水、排水口，保证城区用水供应，排水设施的合理规划有效减少了洪涝水灾的发生

根据不同位置的需求，设功能侧重点及结构不同的多种水口，保证上部墙体稳定性的同时，也为城市水体运转提供良好的通道。在多山环境设置小而密集的排水涵洞快速泄走山洪，减少灾害发生；在居民商贸密集区设置大规模水关，除了调控水位和给水排水外，还兼有军事、交通、防洪等多方面作用；在供水口设计可以调控水量和启闭的闸口，根据需求调节水量。自明代后，水灾频率逐渐降低，水口的合理布局与设计起到积极作用。

（4）技术水平的先进性与设计的科学性

为保证坚固与耐久性以更好地应对环境，南京城墙用材要求严格，并动用直隶、江西行省、湖广行省、浙江行省等诸地建材；制造工艺水平高，城砖敲之无声、断之无孔，黏合灰浆掺杂糯米汁具有高强度的物理力学性能；砌筑方式和材料选择因地制宜，近湖潮湿地段墙身下部改以条石代替城砖，并增加丁面使用以增强拉结性能，靠山段以山为基，仅在表面包砌砖石以节约物力，城南旧城段规整条石砌筑，加强防御性能；并通过在城砖上铭刻督造官吏及烧制匠人的详细信息，进行有效的工程管理，避免偷工减料现象的发生，保证了墙体砌筑的高品质和砌筑效率。

针对雨水对墙体的影响，南京城墙设计了一套完整的雨水处理系统，以城顶排水明沟+吐水槽的模式为基础，根据不同地段特点调整吐水槽间距及位置、明（暗）沟位置、城顶坡度方向等细节。在包山墙地段除了以穿城暗沟导水外，还结合山体本身排水系统，将多余雨水通过涵洞排出，减少雨水在山体滞留而引发的墙体崩塌风险。

2）不足与缺陷

除此之外，在建造过程中，还有一些不尽如人意之处，需要改进和引以为戒。

（1）低估山体尤其是山洪积水对城墙造成的影响和破坏

包山墙的创造性使用是南京城墙建造的一大特点，也是南京城墙充分利用自然资源条件的典型，其山体与墙体紧密结合融为一体，需要综合考虑墙体与山体两方面的问题。虽然可以看到，在建造中为了减少山体雨水对城墙的干扰而设计的暗管和涵洞，但事实上从使用上看，其应对措施仍显薄弱和不足。1954 年 7 月中旬暴雨，雨水浸灌后的南京城墙发生连续崩塌事故，其中以挹江门外绣球公园、草场门南侧，合作干校西北隅、九华山北侧以及中华门外西干长巷等地段城墙尤为严重[4]，大量包山墙的倒塌直接促使了拆城运动的展开。而近年来的墙体坍塌也多发于雨后的城西北全包山段落，由此可见，包山墙在应对雨水山洪问题上仍有需要改进和优化之处。

（2）忽视后续管理的重要性

包山段墙体后续的坍塌问题，除了本身结构上的缺陷外，另一个需要引起重视的问题是后期管理维护。自然及人为因素的影响会对本身完好的墙体造成多种损害，需要进行定时检修和维护。明清之际，由于城墙在城防体系中的重要作用，所以十分强调对于城墙本体进行以备战护城为目的的日常性维修。

明初之时，每年春、秋两季，兵部都会举行大规模巡查，一旦发现城墙有所损坏，即着工部修理。《大明会典》中记载：“凡南京里城正阳等一十三门、外城江东等一十八门关，俱于各卫拣选精壮官军守把，本部委官同科道官查点。每年春、秋二季，内守备会同本部及工部，将里外城垣遍阅一次，如有损坏，工部即行修理”①。

①（明）申时行等修《大明会典》（明万历十五年内府刻本）卷一百五十八 兵部四十一。

洪武二十六年又定“凡在京城垣河道，每岁应合修缮”①，将修缮城墙定为年例。这样的定时检阅在很大程度上能排除险情，保证墙体防渗措施及排水系统的正常运转。

清末，伴随战乱与资金的短缺，墙体无法得到定期检修与维护，很快城墙顶部被破坏，山体涵洞堵塞，石槽丢失，导水排水系统失效，短短几十年间对城墙的损害就超过了过去百余年，城墙破败不堪，险情四伏。

因为该问题受到明显影响而未能完全发挥作用的另一典例是东西水关。水口管理与地表水系的养护和管理密切相关，明都北迁放松管理后，内秦淮河沿岸被建筑侵占，河床逐渐变窄、变浅，航运功能衰退，内秦淮湮塞严重，甚至成为地上河，夏汛时需防降水内灌，冬春又需防河水外泄，致使东西水关闭闸成为常态，基本丧失控水调节作用。

8.6　小结

水的问题在以南京为代表的、地形变化复杂的南方聚落环境中，是建造的敏感问题。本章从山水意识与山水实体两个层面出发，确立主旨关键词“南京城墙”与“水环境”关联性建立的背景和意义，通过大量实地调研，将城墙按照所处地形与水环境的特点进行分类陈述，并梳理因地制宜而形成的不同类型墙体针对水环境的不同问题和解决办法，揭示南京城墙作为聚落环境中的大型建筑工程在水环境影响下的营造特点。尤其是本章对于各类型城墙排水系统的整理、总结和复原，基本解决了对于城墙排水的水体流向、排水设施和手段的认知，揭示了南京城墙因地制宜、巧妙结合自然的人工建造智慧，对南京城墙的保护和维修有一定参考和指导意义。

第一，南京城墙利用自然山水筑城，自规划设计到实际营造整个过程的各项环节，都与水有着密切关系。一方面用水之利，借助地形特点选址减少营造工作量；另一方面除水之害，通过多种方式去除多水多山环境下营建带来的隐藏威胁。

第二，针对不同特征类型的城墙段，其防排水的措施各不相同，平地段城墙在防潮、防渗方面重点关注地基防沉降，多用深筑基及复合筑基的方式加强地基承载力，减少地下高水位带来的不利影响；排水防雨方面采用防 - 导 - 排的思想，将城顶积留雨水通过城顶明沟和吐水石槽进行处理。山地段城墙着力于处理山墙结构一体化带来的威胁，将山体积水与城墙雨水整体考虑，在导水明沟、导水暗沟和排水涵洞的综合作用下尽可能保证墙体稳定性；穿城的出入水口以控排水措施为核心，根据需求设计结构，以重力流为主要原理，

①（明）申时行等修《大明会典》（明万历十五年内府刻本）卷二百六 夫役。

结合涵闸口的特殊设计控制流量和流速，杂质多、易堵塞位置还有防堵除杂的装置。

第三，处理城门节点时，为更好地保证其功能的使用，南京城墙对于防雨排水系统的规划和设计更为讲究，这体现在对于雨水落口位置的选择、城楼雨水组织、城台及瓮城雨水关系的处理以及地面雨水引导等多个方面，中华门在处理藏兵洞排水问题时，还根据其位置的差异设不同的外部导水措施。

参考文献

[1] 季士家 . 明清史事论集 [M]. 南京：南京出版社，1993.
[2] 杨国庆 . 南京明代城墙 [M]. 南京：南京出版社，2002.
[3] 杨新华，杨国庆 . 南京明城墙最新科学测绘与调查 [C]// 南京大学文化与自然遗产研究所，孝陵博物馆 . 第二届世界遗产论坛——世界遗产与城市发展之互动学术研讨会论文集 . 北京：科学出版社，2006：126-132.
[4] 杨国庆，王志高 . 南京城墙志 [M]. 南京：凤凰出版社，2008.
[5] 石尚群，潘凤英，缪本正 . 古代南京河道的变迁 [M]// 中国地理学会历史地理专业委员会，《历史地理》编辑委员会 . 历史地理（第八辑）. 上海：上海人民出版社，1990.
[6] 南京市地方志编纂委员会 . 南京建置志 [M]. 深圳：海天出版社，1994.
[7] 朱偰 . 金陵古迹图考 [M]. 北京：中华书局，2015.
[8]（明）朱国祯 . 涌幢小品（上）[M]. 北京：中华书局，1959.
[9] 明太祖实录 [M]. 国立北平图书馆红格钞本 . 台北：台湾“中央研究院”历史语言研究所，1962.
[10] 江苏省政协文史资料委员会，南京市下关区政协文史资料委员会 . 江苏文史资料第 69 辑下关文史（第 2 辑）：狮子山与阅江楼 [M]. 南京：《江苏文史资料》编辑部，1993.
[11]（清）徐上添 . 金陵四十八景 [M]. 南京：南京出版社，2012.
[12] 南京市明城垣史博物馆，魏正瑾，葛维成 . 城垣沧桑——南京城墙历史图录 [M]. 北京：文物出版社，2003.
[13]（清）吕燕昭修，姚鼐纂 . 嘉庆新修江宁府志 [M]. 南京：江苏古籍出版社，1991.
[14]（明）顾起元 . 客座赘语 [M]. 南京：南京出版社，2009.
[15] 胡健 . 基于土体稳定性的“包山式”南京城墙破坏机理研究 [D]. 南京：东南大学，2012.
[16] 杨新华，衣志强 . 南京明城墙抢险维修报告 [C]// 南京大学文化与自然遗产研究所，孝陵博物馆 . 第二届世界遗产论坛——世界遗产与城市发展之互动学术研讨会论文集 . 北京：科学出版社，2006：133-143.
[17] 孙中山 . 建国方略 [M]. 北京：中国长安出版社，2011.
[18]（梁）沈约 . 宋书 [M]. 北京：中华书局，1974.
[19] 王志高 . 从考古发现看明代南京城墙 [J]. 南方文物，1998（1）：92-95.
[20] 丁金龙，米伟峰 . 苏州发现齐门古水门基础 [J]. 文物，1983（5）：55-59.
[21] 杨明 . 浅谈南京城墙的维修与加固 [J]. 建筑结构，2010，40（S2）：291-294.
[22]（明）马生龙 . 凤凰台记事 [M]. 北京：中华书局，1985.
[23] 李广燕，张云升，倪紫威 . 几处古城墙泥灰类粘结材料的对比试验研究 [J]. 建筑技术，2012，43（5）：465-468.
[24] 纪晓佳，宋茂强，庞苗 . 糯米浆三合土的物理力学性能试验研究 [J]. 建筑技术，

2013，44（6）：540-543.
[25] 朱偰．南京的名胜古迹 [M]. 南京：江苏人民出版社，1955.
[26] 谭其骧．清人文集地理类汇编（第 6 册）[M]. 杭州：浙江人民出版社，1990.
[27] 南京市城建档案馆藏．关于普查城墙现状及提出处理办法的报告 [R]// 杨国庆，王志高．南京城墙志．南京：凤凰出版社，2008.
[28]（明）丁宾．丁清惠公遗集——开濬河道以疏地脉疏：卷 3[M]//《四库禁毁书丛刊》编纂委员会．四库禁毁书丛刊集部 44. 北京：北京出版社，2000.
[29] 南京市地方志编纂委员会．南京市政建设志 [M]. 深圳：海天出版社，1994.
[30]《南京地名大全》编委会．南京地名大全 [M]. 南京：南京出版社，2012.
[31] 季士家．南京中华门建筑述略 [M]// 文物编辑委员会．文物资料丛刊（5）. 北京：文物出版社，1981.
[32] 中国社会科学院考古研究所，南京博物院，扬州市文物考古研究所．扬州城遗址考古发掘报告：1999 ～ 2013 年 [M]. 北京：科学出版社，2015.
[33] 中国建筑设计院有限公司建筑历史研究所，傅熹年．中国古代城市规划、建筑群布局及建筑设计方法研究 [M]. 2 版．北京：中国建筑工业出版社，2015.
[34] 王国奇．南京明故宫午门勘测简报 [J]. 文物，2007（12）：66-72.
[35] 张学玲．明清北京西直门复原研究 [D]. 北京：北京建筑大学，2015.
[36] 李威．明清北京东直门复原研究 [D]. 北京：北京建筑大学，2015.
[37] 周雪．明代南京聚宝门建筑形制研究 [D]. 南京：南京工业大学，2016.
[38] 季士家．明都南京城垣略论 [J]. 故宫博物院院刊，1984（2）：70-81.
[39] 刘建国，霍强，陈长荣，等．镇江铁瓮城南门遗址发掘报告 [J]. 考古学报，2010（4）：505-549+551-570.
[40]（明）赵官，（清）王作械，（民国）夏仁虎，等．金陵全书（甲编 • 方志类 • 专志 4）[M]. 南京：南京出版社，2010.
[41] 南京市博物馆．南京草场门发现明代下水道 [M]// 南京市博物馆．南京文物考古新发现．南京：江苏人民出版社，2006.
[42]（明）赵官．后湖志 [M]. 南京：南京出版社，2011.
[43] 马俊．南京狮子山段损伤城墙的加固对策研究 [J]. 文物保护与考古科学，2011，23（4）：71-75.
[44] 南京市地方志编纂委员会．南京水利志 [M]. 深圳：海天出版社，1994.
[45] 穆保岗，胡健，曹双寅，等．南京龙脖子段包山式城墙鼓胀的数值分析 [J]. 特种结构，2011，28（3）：14-19.
[46]（明）施沛．南京都察院志 [M]. 济南：齐鲁书社，2001.
[47] 中国科学院自然科学史研究所．中国古代建筑技术史 [M]. 北京：科学出版社，1985.
[48] 郭湖生．中华古都 [M]. 台北：空间出版社，1997.
[49]（宋）李诫．营造法式（一）[M]. 上海：商务印书馆，1933.
[50]（明）潘季驯．河防一览 [M]. 台北：台湾学生书局，1965.
[51]（宋）李诫．营造法式（二）[M]. 上海：商务印书馆，1933.
[52]（明）席书，（明）朱家相，荀德麟，等．漕船志 [M]. 北京：方志出版社，2006.
[53] 刘晓梵．南京旧影 [M]. 北京：人民美术出版社，1998.
[54] 明太宗实录 [M]. 国立北平图书馆红格钞本．台北：台湾“中央研究院”历史语言研究所，1962.
[55] 陈迺勋，杜福堃．新京备乘 [M]. 常熟：联益印刷公司，1934.
[56]“南京大屠杀”史料编辑委员会．侵华日军南京大屠杀史稿 [M]. 南京：江苏古籍出版社，1987.
[57] 张年安，杨新华．精彩 2006：南京文物大写真 [M]. 南京：南京出版社，2007.
[58] 叶兆言，卢海鸣，黄强．老明信片·南京旧影 [M]. 南京：南京出版社，2012.

第 9 章　结合建筑布局与空间环境的发达地区的住区消防体系

9.1　发达地区传统密集住区防火体系概述

9.1.1　传统密集住区防火体系

“以防为主”“防消结合”，是传统密集住区重要的消防理念。中国传统住宅以木结构为主体结构，密集住区建筑密度又大，一旦发生火灾，容易蔓延，难以控制，因此，“以防为主”是传统密集住区消防的核心思想；其次，十分重视通过物质形态与管理的结合，即“防消结合”，在物质层面，传统密集住区防火需要解决防火分隔、消防疏散和消防用水三大问题，在管理层面，一般指消防组织。具体落实在以下四个方面。

1）建筑做法

传统密集住区依靠合适的建筑做法解决防火分隔问题，其中，设置防火墙是最基本的做法。通过设置防火墙，可于火灾时阻断防火墙两侧的住宅，避免一侧的火势快速蔓延到另一侧。用作防火墙的墙体由砖石砌筑，墙体或完全不开门窗，或只在必要的位置开门和小窗，确保有连续较大面积的封闭砖石墙体，才能达到隔火的目的。不同位置的防火墙采用不同的做法，来增强墙体的防火能力。例如，通过将山墙顶部升高，做成封火山墙，来提高山墙的隔火能力；通过将檐口做成砖砌封护檐来加强檐墙的防火能力；通过对门扇进行防火处理，做成防火门，使得门扇不会成为连续防火墙上的防火漏洞，加强墙体的防火能力。

如此，一个密集住区被分隔成若干防火单元，防火单元由防火墙围合形成。防火单元之间相互隔开，可将火灾隔绝在一个防火单元之内。根据不同地区的气候条件、当地建筑做法的特点等，环渤海、长三角、珠三角地区的防火单元划分方式、防火效果的优劣都有所不同。

街道作为密集住区间的交通要道和商业活动中心，具有较强的公共性。结合建筑对外经营的要求，沿街建筑与内部建筑之间相互隔开，可以有效地将街道内发生的火灾控制在建筑的沿街部分，以免波及内部住宅。

2）密集住区布局方式

密集住区的布局方式同时涉及防火分隔和消防疏散两方面内容，又以消防疏散为主。密集住区内部疏散通道（包括住宅内部通道和户外巷道）与街道共同组成了密集住区的消防疏散系统。

密集住区内部消防疏散通道包括火巷和备弄两种。备弄是住宅内部的辅助交通空间，可以用作住宅内部的消防疏散通道。但备弄上方有木屋架覆盖，不能起到防火分隔作用，并不是完全安全的疏散通道。火巷指有防火能力的巷道，上部无木构架连通，两侧为防火墙，本身起到防火分隔的作用，也是较为安全的消防疏散通道。密集住区内部的疏散通道相互连通，通往住区开阔地带或街道。

街道作为密集住区之间的交通要道，宽度较大，便于快速取水、扑火，沿街密集住区会充分利用街道作为消防疏散场所。这样，从住宅内部通道、户外巷道直至街道，形成一套完整的密集住区消防疏散体系。

3）水环境的利用与处理

古代消防手段比较原始，主要依靠取水救火，且十分依赖人力完成消防任务。因此，传统密集住区中需要常备大量的消防用水。住区内部的街巷里、住宅内都设置蓄水缸和水井，使得消防用水遍布于密集住区各处，除了便于消防组织救火外，还要便于居民自救，才能满足防火为主的消防要求。

古人在营建传统密集住区的过程中，也利用内外水环境解决消防用水的问题。通过沿河设置河埠头、住区内部设置通河道路，来加强密集住区与外部水系的联系，居民可以更加便利、快速地取水，火灾发生时，外部水系也是消防用水的保证。

4）消防组织

传统密集住区防火需要合理高效的消防组织作为保障。密集住区街巷狭窄、建筑密度大，消防人员、消防设备常常难以及时到位。从古至今，密集住区都存在官方与民间两股消防力量，在不同时期分别占据主导地位，但始终存在着互相合作的趋势。有效的消防组织方式加上足够数量的消防人员和高效的消防管理，能够解决上述消防问题。

9.1.2　传统密集住区类型与防火的关系

在防火体系下，不同形态、不同位置的密集住区面临的防火问题不尽相同，在防火措施上会有所侧重。根据形态和所处位置不同，将密集住区分为街坊式密集住区、沿街密集住区以及临河密集住区三种类型（图 9-1），选取不同类型的密集住区样本来讨论上述四个方面的防火措施。

1）街坊式密集住区

街坊式密集住区即为面状密集住区，由若干街道围合而成，内有若干地块，地块之间由巷（弄）分隔、连接。街坊式密集住区内部的一些住宅难以直接向住区外部街道疏散，需要较完备的防火分隔，并设置能通达各处的内部疏散通道。因此，选取街坊式密集住区为例，主要用以讨论基本的防火分隔措施和住区内部疏散方法。

一个传统密集住区由规模不同的住宅组成。古代的豪门大户受宗法礼制的影响，常常几代人共同居住，居住人数较多，因此住宅规模庞大。一座大户住宅规模达到一定程度时，自身已经达到一个小型街坊的规模。这样的大型住宅多出现在长三角、环渤海地区，例如苏州陆肯堂陆润庠故居占地面积约 1.1hm^2，南京甘熙故居占地面积约 2hm^2，烟台牟氏庄园占地面积约 1.5hm^2。豪门大户有很强的经济实力，其住宅建造水平较高，包括防火在内的各方面都比普通民宅更考究。在大型住宅的建造过程中，建造者更容易全局性地考虑防火问题。因此，此类大型住宅也作为街坊式密集住区，是本章选例过程中优先考虑的对象。

发达地区有较多繁华的大城市，人口聚集度较大，居民成片居住，更容易形成面积较大的街坊。密集住区连续面积过大，和小城市甚至不发达地区相比，火灾隐患更为突出。这样一个密集住区自形成之后，在较长一段时间能维持其原有的范围。但随着住区内部房屋产权变动、新建或拆除房屋，内部的巷道、建筑、院落经常变动，对住区内的交通、防火、管理都会产生影响。

2）沿街密集住区

沿街密集住区为线性密集住区，其中线性街道是该密集住区的

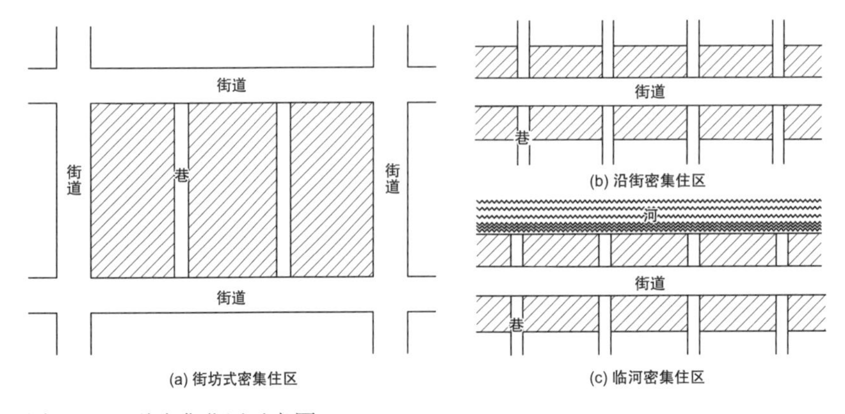

图 9-1　三种密集住区示意图

主要轴线，串联两侧建筑。选取若干沿街密集住区，用以讨论密集住区中街道的疏散作用。线状密集住区中的街道分为两类，第一类如扬州东关街，作为城市的交通要道，形成连续较长的线性街道；某些地区因山、水的存在，沿山、沿河地带出现线性空间。街道顺水势、山势延伸，住宅也顺势而建，产生河、街、屋、山多轴线平行的线性布局，例如苏州山塘街、宜兴丁蜀镇古南街、杭州小河直街等，此为第二类。因街道在交通上的便利，两侧在住宅的基础上产生商铺、餐饮、住宿等商业建筑，从而形成商住混合式的线性密集住区。沿街布局的传统密集住区只有在街道达到一定的连续长度时，才具备讨论的意义，例如宜兴丁蜀镇古南街原总长 1000m，现存约 400m，蜀山与蠡河之间的密集住区都以南街为人行轴线；扬州东关街全长约 1.1km，和西侧的彩衣街一起连通了扬州古城的东、西两座城门；苏州山塘街俗称“七里山塘”，总长约 3km，山塘河自阊门而入苏州城，是过去水上交通入城的要道，山塘街依托河道发展出线性密集住区。现在的山塘街还有若干段保存状况较好，可以作为研究对象。

作为交通要道的街道，两侧因商住并行而功能混杂，日常人流量大。街道作为轴线对住区有较强的组织能力，同时也存在较大的火灾隐患。沿街密集住区也可以用来讨论沿街建筑的防火做法。

3）临河密集住区

临河密集住区与沿街密集住区类似，或位于街坊沿河之处，或随着河流走势形成线性密集住区，可用来讨论密集住区居民如何利用水环境解决消防用水问题。例如苏州平江路周边沿河街巷、宜兴丁蜀镇古南街、杭州小河直街、无锡清名桥街区、绍兴仓桥直街等。与沿街密集住区类似，临河密集住区同样需要有足够长度的临河面才具有讨论价值。临河住区的居民在街巷设置、建筑布局等方面充分利用河水优势，既满足生活用水需要，又确保消防水源的充足。

9.2　发达地区传统密集住区建筑做法与防火

9.2.1　防火墙

传统住宅大多为木结构建筑，砖石墙体隔断是传统住宅防火的主要手段。明代以前，砖石还未普遍用于住宅当中。《清明上河图》描绘了北宋东京（今河南开封）的市井画面（图 9-2），其中的建筑屋顶多为歇山顶和悬山顶，建筑四面木结构外露。建筑之间紧密相挨，连成一片，一旦一家起火，恐四邻都难幸免。

图 9-2 《清明上河图》中的建筑形象

许多历史资料中都记载了木构建筑的火灾隐患，以及古人以砖代木、增强建筑防火能力的过程，仅以杭州为例。杭州在历史上是火灾多发城市。明末仁和县令沈兰彧于《火灾私诫》一文中提到："居民皆编竹为壁，久则干燥，易于发火，又有用板壁者。夫竹木皆酿火之具，而周回无墙垣之隔，宜乎比屋延烧，势不可止。"[1] 清代文人毛奇龄所著《杭州治火议》，从街区营造各个方面对防火能力的影响大小一一做出比对，提出杭州自古多火灾，其根本原因不在巷道广狭、不在蓄水是否足够，更不在于风水之说，而在于以竹木材料作为建筑墙体："自基壂以至梁欐栋柱榜檐，无非木也。而且以木为墙障，以竹为瓦荐壁夹。"[2] 杭州之多火，应当与偏爱用竹木作为墙体材料有很大关系（图 9-3）。如今杭州现存的历史街区虽然经过修缮，依然可从中看出杭州传统民居的特色做法。杭州小河直街中的民居，部分用悬山式屋顶，檩条和木望板都伸出墙面；部分民居山墙面上部露出梁架，中间填以木板或编竹夹泥墙。《浙江民居》一书中也论述了这种做法[3]，属于杭州民居的特色做法，但也确实增加了火灾隐患。《杭州治火议》中还提出砖墙的防火优势："一室之中，惟栋梁椽柱是木耳，他皆砖也……而火不成势。火不成势，则救者可近，救者可近，则此屋之火不能热彼屋之木，即任其自焚，亦不过数间止耳。古有云，雨衣易漏，易

图 9-3 杭州传统住宅（左图为《浙江民居》中的杭州传统住宅[3]，右图为杭州小河直街现存传统住宅）

之以瓦则不漏。今木屋易火，易之以砖则不火。此非理之至明而事之易晓者乎。”[2]

密集住区用地有限，古人建屋“寸土必争”，属于自家的土地，常常要用建筑或围墙围合在内。因此，一片住区内各户人家经常外墙相贴，一旦一家发生火灾，则容易波及邻居。防火墙由来已久，明弘治年间，徽州知府何歆组织百姓修建防火墙。据《徽郡太守何君德政碑记》记载，徽州太守何歆感叹：“民居稠矣，无墙垣以备火患，何怪乎千百人家不顷刻而煨烬也哉。”于是下令：“五家为伍，其当伍者缩地尺有六寸为墙基，不地者朋货财以市砖石，给力役。违者罪之。”经过长时间的发展，居民感受到建造防火墙的好处，家家户户都会建造保护自家的防火墙。

明代以后，砖普遍用于住宅建造，砖石墙体也具有了防火墙的作用。发达地区涉及的范围较广，环渤海、长三角、珠三角地区墙体与住宅整体的关系各不相同。

（1）环渤海地区住宅以合院式民居为主，院落由独立性较强的房屋围合而成。环渤海地区地处中国的北部沿海，属寒冷气候区，有保温采暖的需求，住宅内每座建筑单体都有三面或四面围合的砖石墙体，形成一个个独立的“防火单体”，本身就具有较强的防火能力。且该地区住宅院落较大，宅内各座房屋独立性较强且有一定距离，建筑外围往往还有院墙，都增强了住宅的安全性。

（2）珠三角地区气候炎热，住宅多采用大面积木质通透门窗，以纳凉风。且为确保南北通透以获得良好的通风，几乎不设砖石檐墙或面阔方向的院墙。该地区住宅主要依靠高出屋面的山墙作为建筑之间的防火分隔。

（3）长三角地区住宅需要兼顾夏季通风纳凉和冬季防风保温，因此，除了各路之间的山墙外，部分建筑北檐墙做成较封闭的砖墙，或在某些院落内砌筑贯通整路面阔方向的院墙。山墙、檐墙、院墙相互围合，形成大小不一的防火单元。

1）山墙防火

传统住宅以院落为单位展开，进深方向连续串联若干进院落，形成一路多进式住宅，进深方向的前后建筑之间通常有较宽阔的院落相隔，而面阔方向相邻建筑通常靠得很近或紧贴在一起。每户人家在自己的用地上新建建筑时，也都会尽可能把所有土地围入自家住宅的范围内，在用地边界分别建造自家的山墙。因此，山墙既是住宅内路与路之间的防火墙，又是密集住区内户与户之间的防火墙，以阻止邻家火势烧入室内（图 9-4）。作者在各地区的访谈过程中，一些居民提到曾发生过的火灾，都没有越过山墙烧到隔壁的情况发生，可见短时间内山墙可以起到延阻火势的作用。现在也可以根据

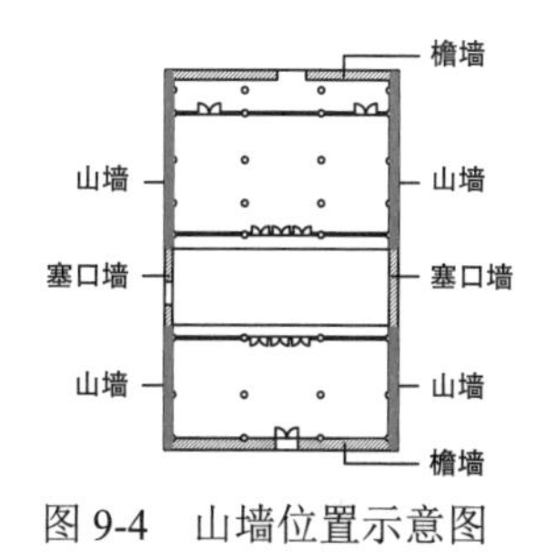

图 9-4　山墙位置示意图

某两路建筑之间间隔一道或两道山墙，来判断原来哪几路建筑属于一家。

根据山墙与屋面的高度关系，本章将山墙分为硬山墙和封火山墙（本章涉及的山墙类型见表 9-1）。

（1）硬山墙

硬山屋顶为屋面不挑出山墙的做法。不同地区山墙与屋面的交接做法虽然不同，但由于将木构架包裹在内，火灾发生时可以起到基本的隔绝作用。如火势较大，烧穿屋顶，则会波及邻舍。硬山墙在传统密集住区中最为普遍。环渤海地区住宅山墙大都为普通人字形硬山墙，例如北京四合院，山墙与屋面交接处砌披水梢垄，或砌出高 60cm 左右的排山脊。长三角地区住宅的硬山墙顶部铺设小青瓦卷边，并在纸筋灰粉卷边下铺设望砖线条并装饰砖线条。珠三角地区住宅硬山墙顶部铺设一层望砖，再上砌清水屋脊，不高出屋面。

（2）封火山墙

封火山墙指山墙顶部砌筑高度超出屋面，在一定时间内可以防止向上的火势蔓延至周边建筑，与现代建筑中高出屋面的防火墙原理类似。不同地区封火山墙形式、高出屋面高度各不相同。长三角、珠三角地区住宅都要依靠山墙作为重要的防火隔断，在此基础上发展出各种形式的封火山墙。

长三角地区的封火山墙主要分为屏风墙和观音兜两大类。《营造法原》中记载："厅堂山墙依提栈之斜度，有作高起若屏风状者，称屏风墙。有三山屏风墙及五山屏风墙两种。山墙由下檐成曲线至脊，耸起若观音兜状者，称观音兜，观音兜分全观音兜及半观音兜两种，前者自廊桁处起曲势，亦有于廊桁檐口以上砌垛头，然后作观音兜，后者自金桁处起曲势。"[4] 但在实际建造中，封火山墙有防火优势，并不仅仅用于厅堂，而是用于各类建筑中。山墙形式也比《营造法原》中的记载更丰富。屏风墙除三山及五山屏风墙，还有单山屏风墙，仅仅升起中心屏风以保护屋脊。除此之外，还有一些形态特殊的封火山墙。例如云山式山墙，大多出现在扬州，墙脊高出屋面作起伏式曲线，状似云朵，故称云山。又如南通有一种山墙，整体高出屋面，顶端突出两边平直，中间凸起圆拱形，出现于晚清时期。山墙高出屋面高度也各不相同。《营造法原》中给出了五山屏风墙和半观音兜图示各一。五山屏风墙中心屏风檐口距屋脊底高 1.3m，半观音兜自屋脊底至顶 1.05m。然而在实际案例中，屏风墙中心屏风顶部高出屋脊底部 0.6 ～ 1.5m 不等；观音兜顶部高出屋脊底部 0.8 ～ 1.1m 不等，若檐口以上砌垛头，则再加上垛头高度，并无一定之数。

表 9-1　发达地区主要山墙类型汇总表

所在区域	山墙名称	范例	范例山墙示意图	范例照片	高出屋面高度
环渤海	硬山墙	北京孚王府后寝东配殿	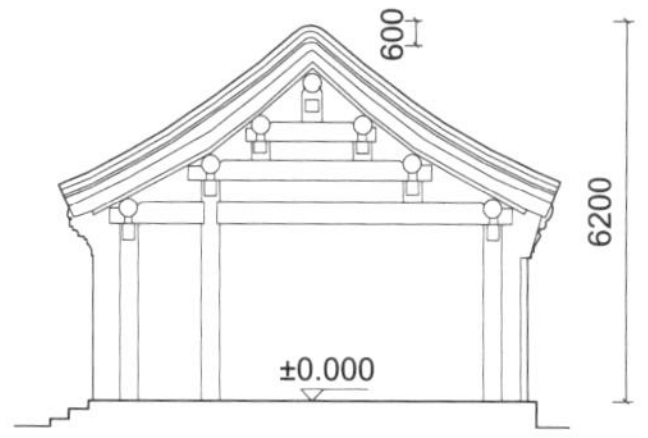 600 6200 ±0.000		不高出屋面，砌披水梢垄；或砌出高 60cm 左右的排山脊
长三角	硬山墙	苏州铁瓶巷任宅	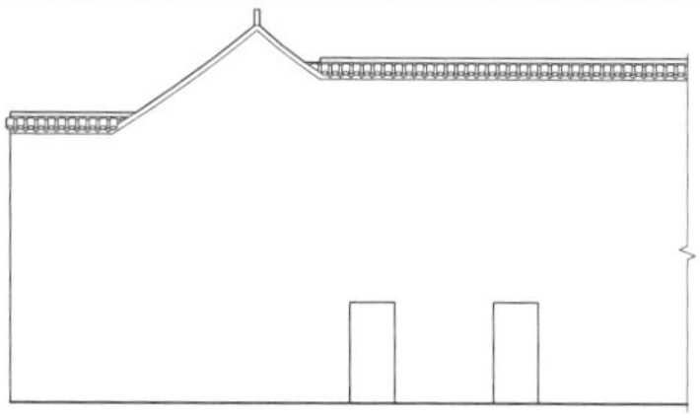		不高出屋面
长三角	单山屏风墙	无锡祝大椿故居	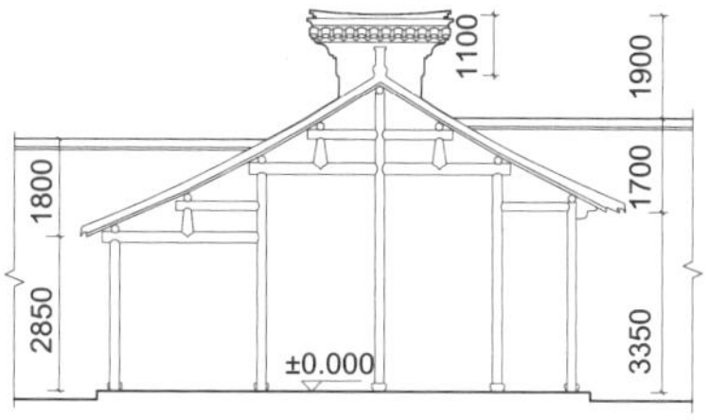 1100 1900 1800 1700 2850 3350 ±0.000		高出屋面 1.1m
长三角	单山屏风墙	扬州风箱巷杨氏小筑	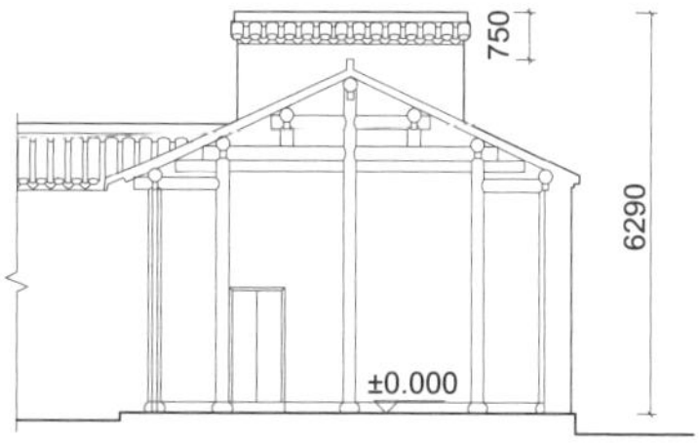 750 6290 ±0.000		高出屋面 0.75m
长三角	三山屏风墙	扬州地官第 14 号汪氏小苑	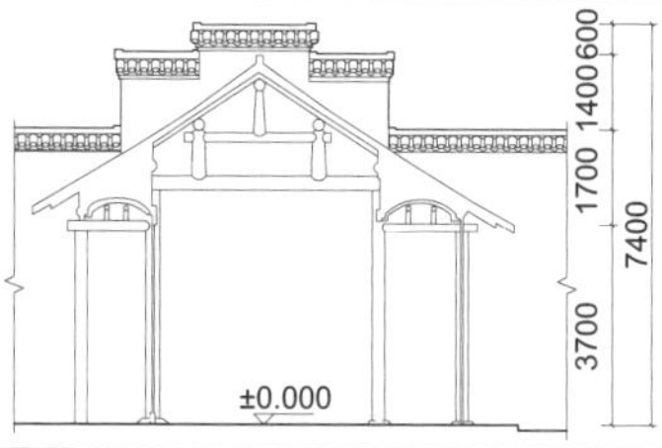 600 1400 1700 7400 3700 ±0.000		中心屏风高出屋面 0.6m，两侧屏风高出屋面 1.7m
长三角	三山屏风墙	无锡惠山古镇薛中丞祠	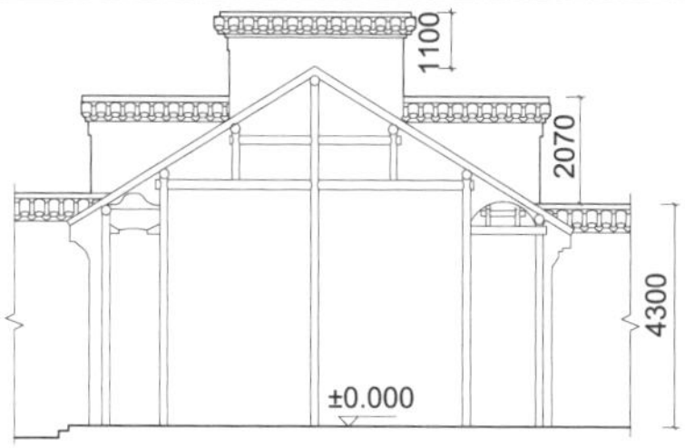 1100 2070 4300 ±0.000		中心屏风高出屋面 1.1m，两侧屏风高出屋面约 2m
长三角	五山屏风墙	南京甘熙故居	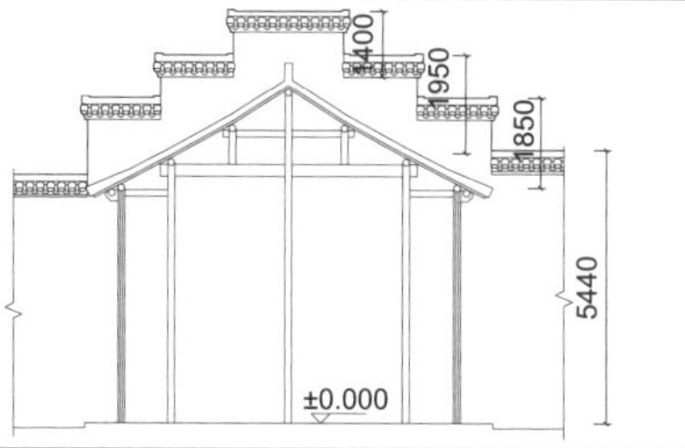 1400 1950 1850 5440 ±0.000		中心屏风高出屋面 1.4m，第二层屏风高出屋面 1.95m，第三层屏风高出屋面 1.85m

续表

所在区域	山墙名称	范例	范例山墙示意图	范例照片	高出屋面高度
长三角	云山式山墙	扬州地官第12号丁姓盐商住宅	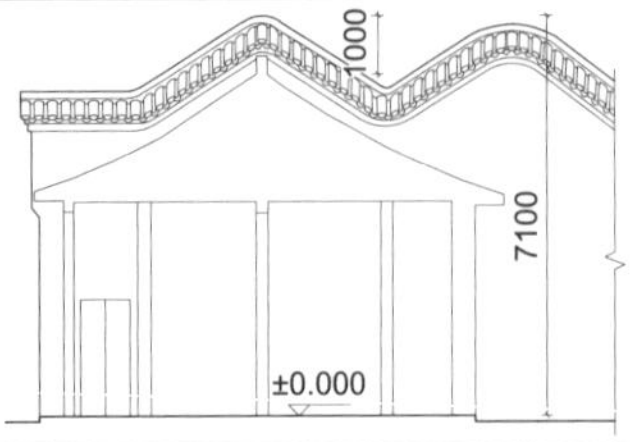 1000 7100 ±0.000		高出屋面1m
长三角	半观音兜	无锡惠山古镇薛中丞祠	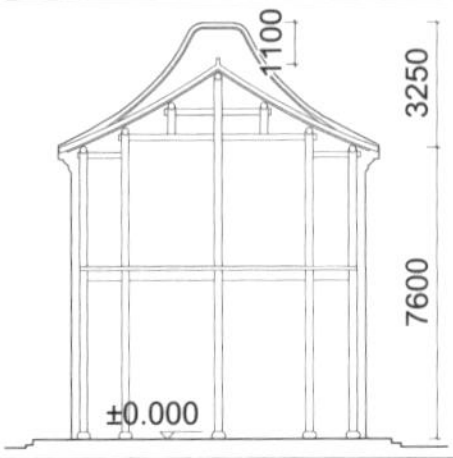 1100 3250 7600 ±0.000		高出屋面1.1m
珠三角	人字高出屋面墙	广州番禺沙湾古镇留耕堂	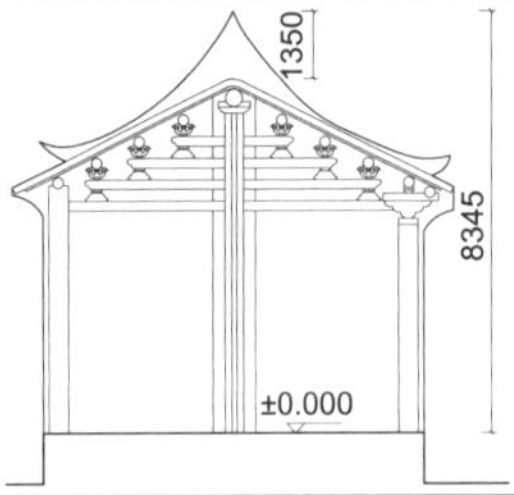 1350 8345 ±0.000		高出屋面1.35m
珠三角	人字高出屋面墙	广州霍氏宗祠	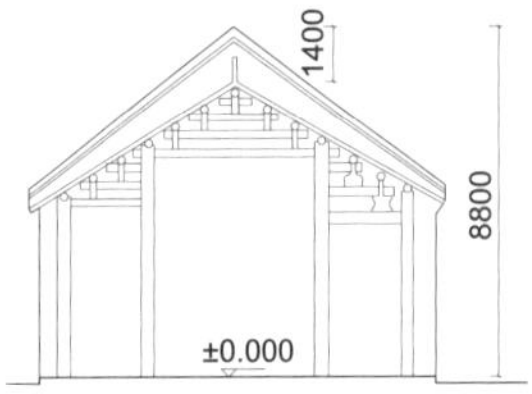 1400 8800 ±0.000		高出屋面1.4m
珠三角	镬耳山墙	广州番禺沙湾古镇三稔厅	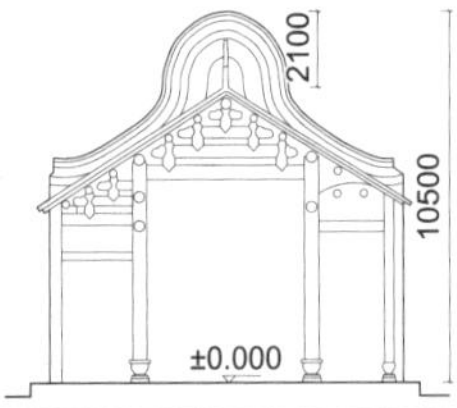 2100 10500 ±0.000		高出屋面2.1m

珠三角地区的封火山墙形式及装饰更为多样，主要有人字山墙、方耳山墙、镬耳山墙三种，其中镬耳山墙（图9-5）和人字山墙（图9-6）普遍用于住宅中。镬耳山墙尖部为半圆形，似大镬的耳朵，故名“镬耳墙”。随着镬耳山墙这一形式的发展，衍生出多种寓意，其中部分与防火有关。镬耳山墙又称鳌鱼墙，相传鳌鱼好吞火降雨，表达了人们祈求住宅防火避灾的心愿，镬耳山墙外形在五行中属金，金生水，水克火，同时山墙的博风部分被刷成黑色，黑色属水；镬耳山墙的形象有镇火之意。高出屋面较高的人字形山墙又分为“飞带式垂脊”和“直带式垂脊”。飞带式垂脊顶部突出尖锐的山尖，后尾以倒置的抛物线向两坡延伸，两端或延伸至中部变为直线，或在接近檐口处翘起。直带式垂脊以斜直线向两坡延伸，

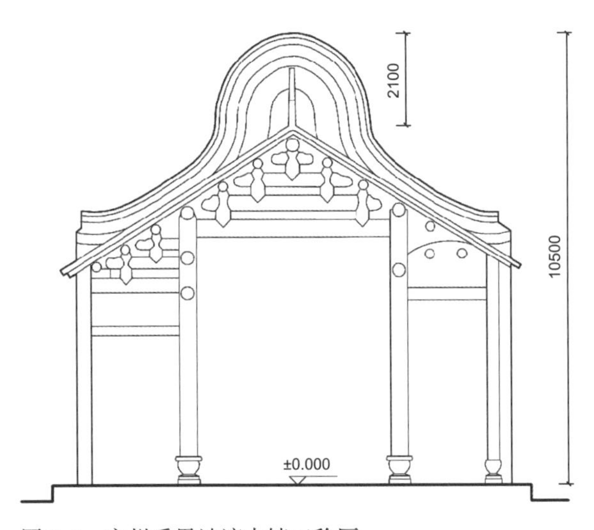

图 9-5　广州番禺沙湾古镇三稔厅镬耳山墙

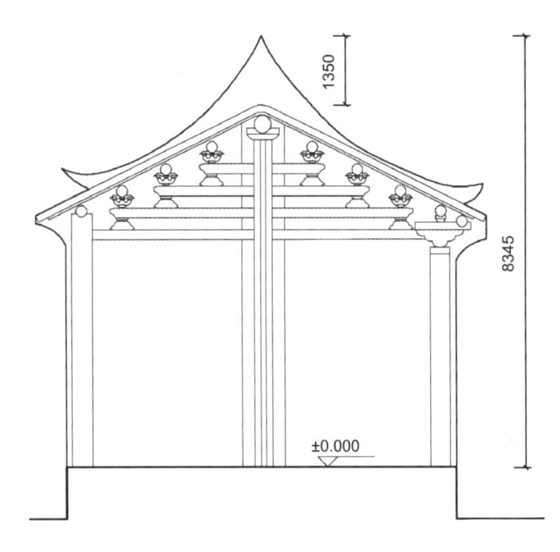

图 9-6　广州番禺沙湾古镇留耕堂人字山墙（飞带式垂脊）

越往下高出屋面高度越小，两端部有繁复的装饰。人字山墙一般高出正脊底部 1 ～ 1.5m，而更为普遍应用的镬耳山墙，两端高出檐口 30cm 以上，顶部高出正脊底部 2m 左右。

（3）山墙面防火构造

山墙和屋檐交汇处通常有木质梁头、椽头外露，因此，山墙檐口处也是防火隔断的重要节点。保护檐口有两种方式：一是延伸山墙两端，砌筑墀头来保护出挑的木质构件；二是通过做高塞口墙，直至高过建筑檐口，来保护檐口的木质构件。

墀头又称垛头，是山墙两端檐柱以外的部分，伴随着硬山墙的出现而产生，在环渤海、长三角及珠三角地区都有所应用。硬山墙墀头可分三个部分：下部勒脚（下碱）、中部墙身和上部墀头顶。其中墀头顶部分用来出挑，和椽子共同承托檐口的屋面和瓦顶，同时又起到隔火、防水等作用，保护木质构件不受破坏。墀头顶作为重要的装饰构件做法繁多。北方四合院住宅的墀头顶称为“盘头”（图 9-7），盘头分上、下两部分，下部做若干层砖挑

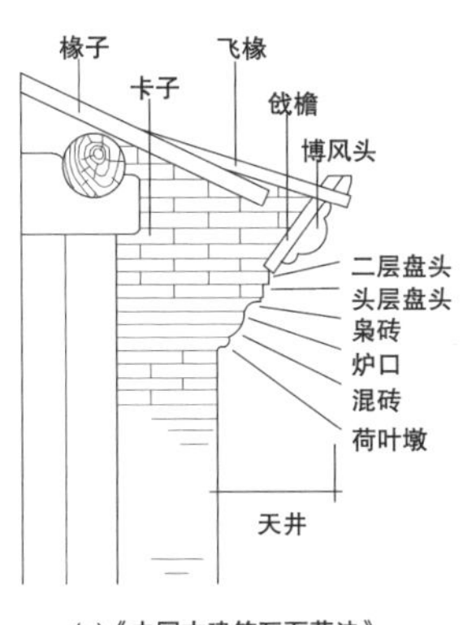

(a)《中国古建筑瓦石营法》中的盘头构造[5]

(b) 北京草厂四条某宅盘头

图 9-7　环渤海地区墀头构造图及照片

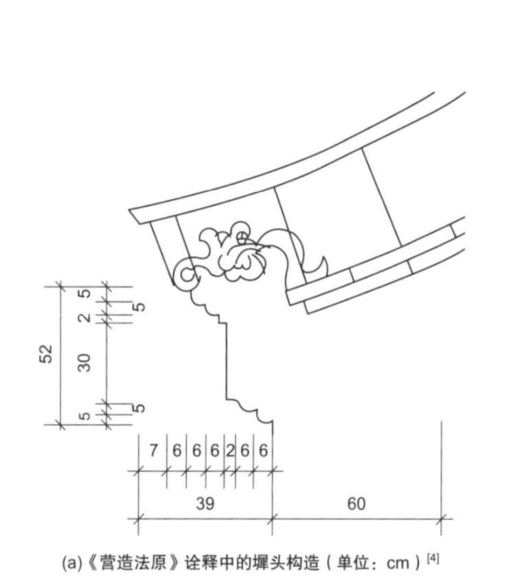

(a)《营造法原》诠释中的墀头构造（单位：cm）[4]

(b) 广州番禺沙湾古镇留耕堂墀头

(c) 宜兴丁蜀镇古南街某宅墀头

图 9-8　长三角、珠三角地区墀头构造图及照片

檐或石挑檐，砍成流畅的曲面，上部用一块斜向戗檐砖封檐，整个墀头顶出挑约 50cm。长三角地区住宅的墀头顶通常分段砌筑，出挑的部分做砖挑檐，不出挑的部分称为“抛枋”，是主要的装饰部位。珠三角地区墀头做法更为繁复。墀头顶大致可分上下两段，上段做砖挑檐，下段做雕饰花纹，没有固定的出挑深度，全凭实际需求而定（图 9-8）。

“塞口墙”这一名称用于南方的传统住宅中，在北方合院式住宅中则称为“院墙”或“卡子墙”。该类墙体位于院落两侧，顶部通常筑脊盖瓦，和前后山墙共同组成路与路之间的隔墙（图 9-9）。在长三角地区的某些住宅中，山墙端部不做墀头，而是将塞口墙升高，高过檐口，和山墙共同起到保护檐口木质构件的作用。例如杭州小河直街上的“酱园”，沿街处为一座院落，院落两侧的塞口墙高出建筑檐口约 1.5m（图 9-10）。而沿街院墙被降低，不影响建筑采光。“酱园”当中只升高塞口墙的做法，应是看重塞口墙保护檐口的作用。塞口墙由下往上可分为三段：下碱、墙身和墙顶，其中墙顶又可细分为砖挑檐和顶部的筑脊盖瓦。塞口墙高出檐口的高度没有定数，形式上由低到高可分为两种：①墙身与檐口平齐，墙顶高出檐口。这种做法塞口墙高出檐口较少，约 60 ～ 90cm。墙顶做法考究之处除了砌砖挑檐和筑脊盖瓦，砖挑檐下方还有一层抛枋，整个墙体突出的高度就为抛枋底部至筑脊顶部的高差。例如苏州卫道观前潘宅礼耕堂前院（图 9-11），砖挑檐下接抛枋、托浑，整体高出建筑檐口约 90cm。②墙身直接高出建筑檐口，整个塞口墙高出建筑檐口 1.3 ～ 2m。也有做得较高的，例如苏州潘世恩故居西路二、三两进之间的院墙，整个墙顶部分高过屋脊（图 9-12）。

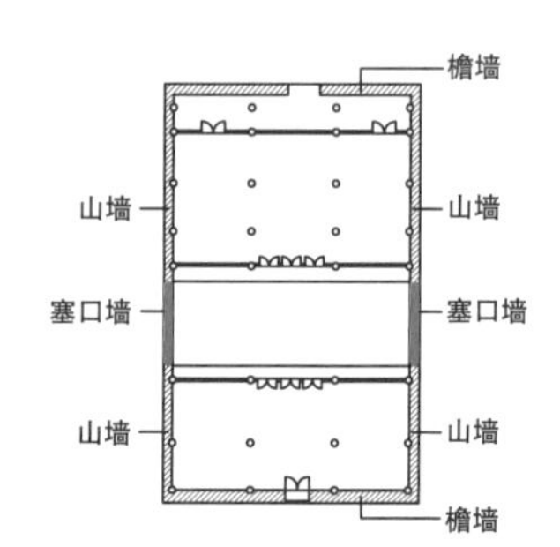

图 9-9　塞口墙位置示意图

图 9-10　小河直街酱园塞口墙

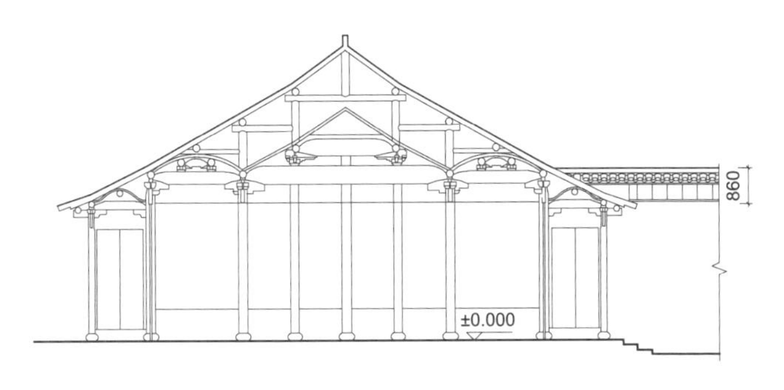

图 9-11　苏州卫道观前潘宅礼耕堂剖面图及照片
根据参考文献 [6] 改绘

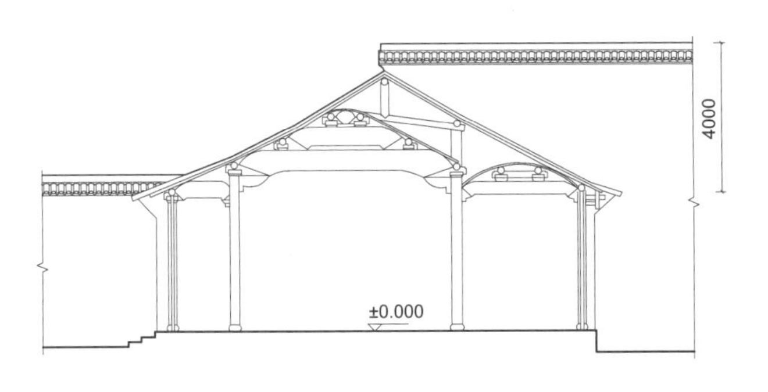

图 9-12　苏州潘世恩故居某厅堂剖面图及照片
根据参考文献 [6] 改绘

综上，塞口墙和山墙组合起来，起到了建筑路与路之间的防火作用。例如长三角地区的一些住宅，建筑不高，则将塞口墙升高以保护檐口。例如珠三角的许多住宅及长三角地区的一些多层住宅，建筑较高，某些住宅的院落还很小，跟着升高塞口墙可能于采光、通风不利，则顺应建筑檐口出挑做出墀头是更好的选择。塞口墙只需高至常人无法翻越、起到防盗作用即可。而环渤海地区的合院式住宅，院落主要由建筑体围合而成，墙体只占整个建筑群中很小的一部分。且北方太阳高度角低，院墙不适合太高。因此也只在山墙端部做出墀头，而不会去升高墙体。

2）檐墙与防火门

檐墙是用来分隔前后进建筑、院落的墙体（图 9-13）。檐墙上开的门窗越少，防火能力越强。除此之外，檐墙的防火能力还取决于檐口的处理方式。

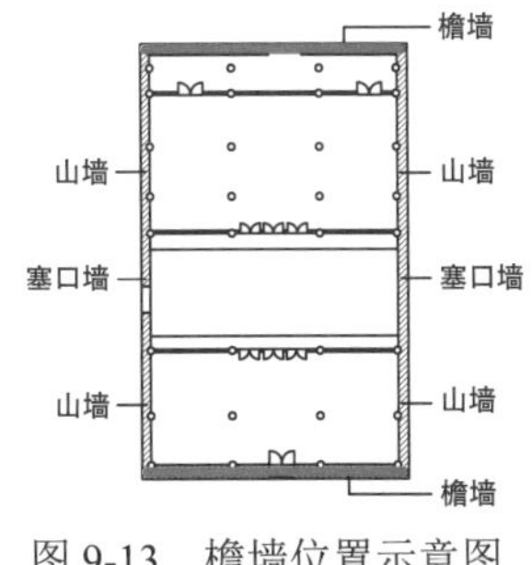

图 9-13　檐墙位置示意图

檐口做法分为露檐和封护檐两种，露檐屋面檐口露出木质构件，在长三角、珠三角地区用得较多。封护檐在环渤海地区使用率较高，将檐口的木质构件砌入墙内，在外砌出砖挑檐。砖挑檐有多种形式，又能形成檐口的装饰层（图 9-14）。封护檐在史料中又称封火檐、风火檐，在历史上就被用于建筑防火。关于修建封火檐的记载见于皇宫之内，清雍正年间，为加强皇宫的防火能力，雍正皇帝下令："围房后，俱有做饭值房。虽尔等素知小心，凡事不可不为之预防。

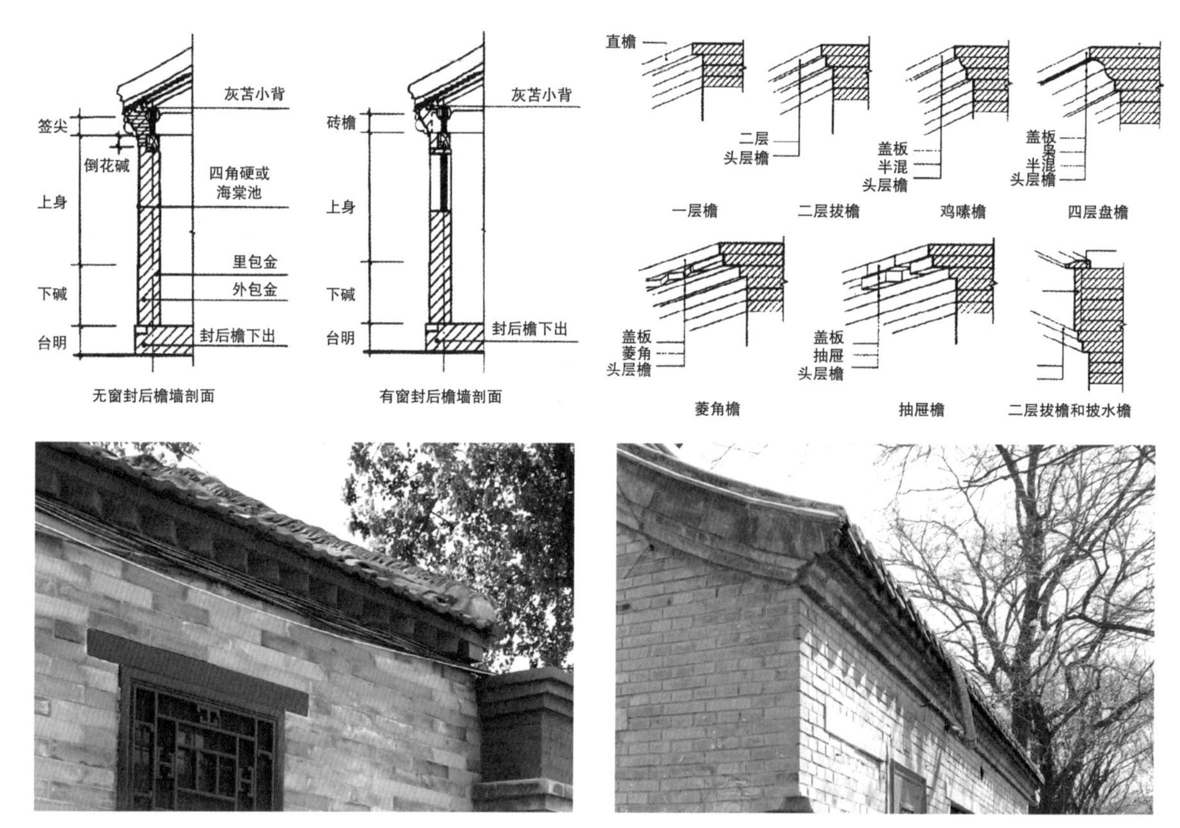

图 9-14　环渤海地区封护檐构造示意图及照片
（上图为《北京四合院》中的墙身及檐口构造图[7]，下图为北京东四街区内住宅封护檐实例）

可将围房后檐改为风火檐。”①民间住宅使用封火墙的记载则偶见于小说之中，《彭公案》中就描绘了某座宅院内的场景：“那东边一所院落皆是仓房，东房是封火檐。”②封护檐除了防火之外，还能防止檐口木构件老化、受风雨侵蚀，防止冷风自檐口渗漏，是保护传统木构住宅的重要构造。长三角、珠三角地区的某些住宅也会使用封护檐，形式和作用都与环渤海地区相似。

① （清）乾隆敕撰《国朝宫史》（清文渊阁四库全书本）卷三，第 17 页。

② （清）贪梦道人撰《彭公案》（清光绪十八年立本堂刊本）卷八 第三十四回，第 2 页。

除了砌筑封护檐之外，长三角地区还有直接做高檐墙的做法。例如南京甘熙故居 15 号门屋的后檐墙，檐墙和檐柱脱开约 70cm 的距离，高出后檐口约 1.2m，墙顶和塞口墙一样筑脊盖瓦。出挑的檐口直接接到檐墙上，二者之间形成一道天沟。檐墙直接高出檐口，对檐口木构件的保护效果比封护檐更好；檐墙和檐柱之间留出一些距离，也给梁柱留出一小段防火隔离带（图 9-15）。

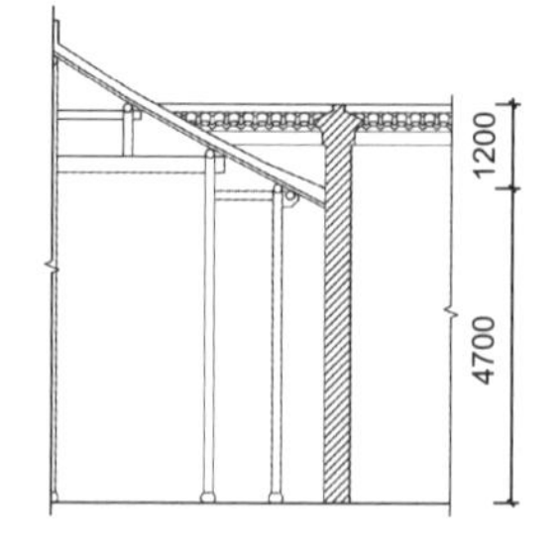

图 9-15　南京甘熙故居 15 号门屋后檐墙

门是传统住宅中不可或缺的重要部分，用以组织建筑内部流线。为了保证墙体的隔火功能，又要求墙体上少开，甚至不开门窗，这就需要对院墙上必须开设的墙门进行防火处理，增强其防火能力。

与防火相关的门包括：用作住宅出入口的大门、侧门、连通前后进院落的穿门以及路与路之间的腰门。大部分墙门都是木板门，门扇为实木拼接而成。提高木材阻燃能力的做法有二：一是加大木构造尺寸，一些住宅中的门扇做得十分厚重，需要用力才能推动，表面再漆上油漆，在当时相对于普通的木质门窗有更强的防火能力；二是使用防火能力较强的木材。但毕竟木结构外露，火势较大时依然是住宅中的防火漏洞。

环渤海地区的合院式住宅中院墙较少，墙门也用得很少，需要着重注意的只是入户大门和垂花门。环渤海地区等级较高的大门用门屋的样式（图 9-16），更简单的大门则用门楼（图 9-17）。但不论门屋或是门楼，结构上大多数都和两侧的倒座房完全隔开，分别有自身的屋架和山墙，即使大门失火，也不会波及两侧建筑。大门一般位于住宅的东南角，正对内院厢房的山墙，山墙上做出照壁的形式，既起到防风的作用，又在一定程度上防止外部火灾经大门、顺风势烧进室内。

长三角地区的住宅中，有些墙门用加工过的条石组成门框和门槛，木门扇被安装在内，即便木门起火，短时间内也烧不过四周的石门框，例如南京望鹤楼 1 号住宅入户大门（图 9-18）。此外，某些墙门门扇上包铁皮或钉方砖护面，也可以作为防火门。例如苏州卫道观前潘宅礼耕堂前院的门楼（图 9-19），在门扇上镶贴 35cm×35cm 的水磨砖，并用圆头铁钉固定。又如扬州湾子街芦刮刮巷 2 号住宅的一处穿门、扬州地官第 14 号汪氏小苑的正门和侧门等，露在外面的门楣、门框以及两扇门扇都用铁皮包裹，并用密密麻麻的铁钉固定（图 9-20、图 9-21）。不同的人家还会用铁钉组合成不同的图案或文字，使得这一实用做法衍生出了装饰意义。

图 9-16　北京四合院如意门

图 9-17　北京四合院简易门楼

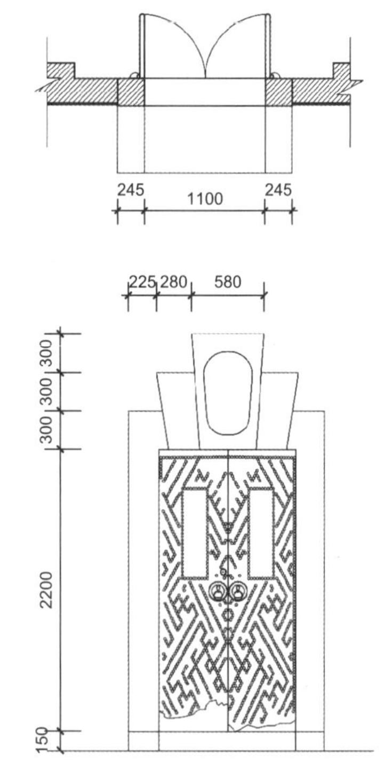

图 9-18　南京望鹤楼 1 号住宅入户大门平、立面图及照片

图 9-19　苏州卫道观前潘宅礼耕堂前院门

图 9-20　扬州芦刮刮巷 2 号住宅穿门

图 9-21　扬州地官第 14 号汪氏小苑侧门

9.2.2　防火单元

一个密集住区被分隔成若干防火单元，一个建筑防火单元由上述防火墙、防火门围合而成。一旦发生火灾，可在一段时间内将火势隔绝在一个防火单元内。发达地区的住宅建造体系有差异，且防火并不是住宅建造中唯一要考虑的内容，而是作为生活需求的一部分被综合考虑。因此，各地区密集住区防火单元的划分方式不同，应分别讨论。

1）“层级化”的环渤海地区密集住区防火单元

环渤海地区密集住区以“层级化”的方式划分防火单元。该地区密集住区最小防火单元为“防火单体”，即以四面全封闭或封闭程度较高的砖石墙体围合的建筑单体。下文中环渤海地区不同的防火单元划分方式都以防火单体为必要的基础。环渤海地区地处中国北部沿海，气候寒冷，冬季盛行北风和西北风，住宅内又常常烧火炕取暖，建造厚实的砖石墙体不仅是为了防火，更是为了保温、防风。不同地区墙体厚度 350 ～ 600mm 不等，而一座单体中尤以北墙最厚。山墙不开门窗，后檐墙不开窗或开小窗，前檐墙根据实际需求选择不同的开门、开窗形式，最终形成一个个具有一定防火能力的单体建筑，防火能力较强的单体建筑还用封火檐包裹檐口的木质构件（图 9-22）。

单体建筑围合成合院，整组住宅外围再建造围墙——或单独建造，或利用建筑山墙和后檐墙将宅内建筑全部围合在内，形成由内向外层级式的防火单元划分。内外各层级的组合方式在不同住宅内有所不同，以下按不同层级的组合方式依次讨论。

（1）院落群式防火单元

住宅的防火单元只由防火单体和住宅外围墙两个层级组成，单体围合成松散的院落，各院落不封闭，不构成一个层级的防火单元；外围墙和建筑外墙以“路”为单位，将多进院落围合成一组具有独立防火能力的院落群，来作为一个防火单元。一个密集住区由若干组院落群式防火单元组成。这一做法主要出现在环渤海地区北部、中部，大约以济南所在纬度为界限，是环渤海地区密集住区内最常见的做法，受以下因素影响：

图 9-22　烟台牟氏庄园内某住宅单体防火示例

①为完成保温、防火需求，建筑单体用厚实的砖石墙体围合；

②为纳入更多阳光，住宅内各建筑间距较长三角、珠三角地区更大；

③为了使正房的次间、稍间都能采光，厢房和正房之间也会留出一定的间距；

④从采暖的角度来看，若将各院落用院墙围合在内，则居民进出前后院落难免要多次穿越住宅内部，采暖建筑会有热量损失，从建筑外部穿行则更加合理。

综上，此类做法是综合当地居民的采光、采暖、防火等各项需求得出的比较合适的做法。如北京大多数的四合院、以“路”为单位，由封闭的建筑墙体和院墙围合，形成若干进较松散的院落（图 9-23）。虽然各单体建筑正面开较多木质门窗，木质门窗却也面对着相邻单体建筑的山墙，足以在一段时间内防止单体之间的火势蔓延。又例如济南将军庙街区鞭指巷 11 号，为清朝状元陈冕曾经府邸的一部分（图 9-24）。该组住宅内现存一路两进院落，坐西朝东，包括两座正房和四座厢房，六座单体全部相互独立，各以砖墙围合，只开必要的门窗。院落进深很大，前一进深约 16m，后一进深约 13.5m。正房和厢房之间也有 1 ～ 1.5m 的距离，足够两人通行。北侧围墙紧贴厢房，南侧围墙与厢房之间留出人行通道，整组住宅被一圈防火墙围合在内。

在这种方式的防火单元划分之下，一个密集住区由若干个以“路”为单位、被防火墙围合的院落群式防火单元组成。例如北京帽儿胡同 7、9、11、13 号文煜宅，由五路院落组成（图 9-25）。其中 11 号、

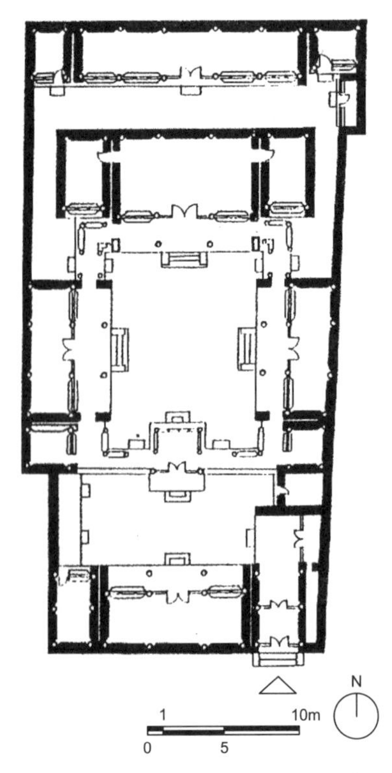

图 9-23　北京东四四条某宅平面 [7]

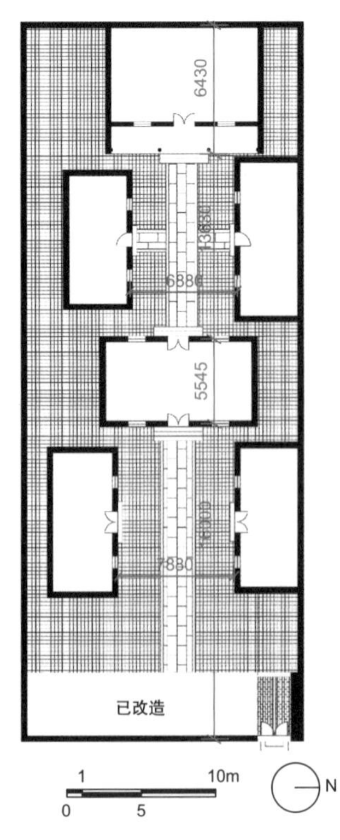

图 9-24　济南鞭指巷 11 号状元府

13 号两路为主要居住场所，各有五进院落。每路院落由砖砌院墙和建筑外墙围合而成，形成一个院落群式防火单元，一个防火单元内各进院落由防火单体松散地围合而成。文煜宅的居住部分由两个院落群式防火单元组成，9 号、11 号两组院落作为宅内园林，被围合在一个防火单元内，则全宅由四个防火单元组成。

（2）合院式防火单元

合院式防火单元在防火单体的基础上，单体围合成较紧凑的合院。建筑外墙和单体之间的院墙以“院”为单位，将单组合院围合成合院式防火单元。此类做法存在于以济南所在纬度为界限的山东南部及胶东半岛地区，多用于中小型住宅中，规模较大的住宅以及一个住区由若干个合院式防火单元串联、并联组成。

此类做法与院落群式相比，都有砖石墙体围合的防火单体，单体之间也都有一定间距，且不会以木质界面直接相对。因而有所不同：

①以济南为代表的环渤海南部地区地理上更接近长三角地区，布局上相对接近；

②这些地区太阳高度角较大，院落可以适当减小；

③一般平民拥有的宅基地较小，较集中的布局也便于普通居民管理。

济南作为院落群式和合院式的交汇处，也存在少量合院式防火单元划分。例如芙蓉街区金菊巷 7 号沿街的一处院落，由正房、厢房和倒座围合成四合院（图 9-26）。正房与厢房间相距约 1.1m，倒座与厢房间相距约 2.3m，单体之间都以砖墙联系（现状建筑格局已被破坏，正房、倒座与厢房的间隙被加建房屋封堵），只有正房与西厢房之间留出缺口，与住宅内部通道相连。整个院落被防火墙体围合在内，形成完整且独立的合院式防火单元。

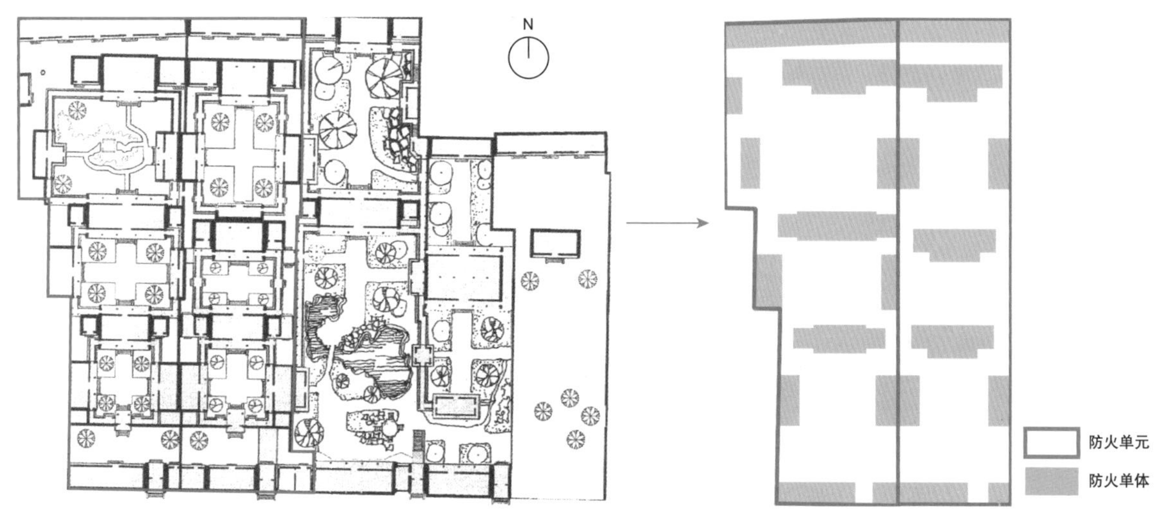

图 9-25　北京帽儿胡同文煜宅防火单元划分示意图
左图底图引自参考文献 [7]

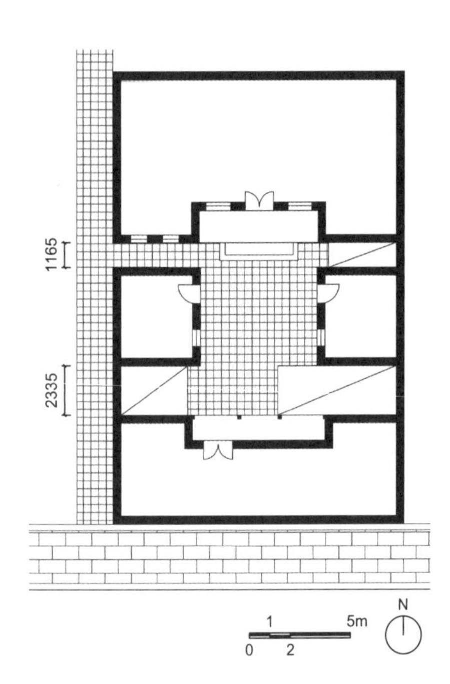

图 9-26　济南金菊巷 7 号某院落平面图及照片
照片中右侧墙体为该院落外墙，完全是封闭不开门窗的砖石墙体，起到防火墙的作用

在此类防火单元划分方式下，一个密集住区由若干个合院式防火单元以串联、并联的方式排列而成。这种划分方式在胶东半岛比较普遍，有若干规模较大的密集住区和大型住宅遗存，以烟台所城里街区为例。所城里街区原来是奇山所的所城，撤卫之后成为住宅区。街区内的大部分住宅自民国以来就没有太大改变，维持了传统密集住区的院落格局，经过不断发展、分割、改造而形成如今的密集居住形态。整个所城里街区被东西、南北大街分割成四片密集住区，以西南片住区内的住宅 A 及其所处住宅群为例（图 9-27）。住宅 A 为一组完整的挂牌保护单位，保存状况较好，共有一路三进合院，第一进为四合院，二、三两进为三合院，依靠单体建筑、院墙和前一进建筑的后檐墙围合成三个独立的防火单元。单体建筑四面都用砖石墙体砌筑，尤其山墙墙身全用石材垒砌，门窗大都经过改动，但都是小门小窗，对着院落开设。每座单体建筑都足以作为一个防火单体。一组合院的厢房常常用来单独设置厨房、储藏室等，充分利用了单体的隔火作用。住宅 A 所在的住宅群由住区内的四条巷道隔出，由 8 个具有独立防火能力的合院式防火单元排列而成，既满足防火需求，也满足交通需要。

（3）多层级防火单元

一些规模较大的大型宅院，在现存传统密集住区中比较少见，主要出现在聚族合居的豪门大宅之中。住宅由防火单体围合成合院式防火单元，若干防火单元又被一道外围墙围合，形成内外三个层级的防火方式。

外墙的出现不仅仅是为了防火，因聚族而居，家族内包含多个家庭，总有亲疏之分。大宅被围墙分隔成若干组院落，也是为了满足各家庭之间相对独立的需要。大宅安全意识较强，围墙高大，门户结实，外墙还是防盗墙。此外，外墙和建筑之间留出的甬道，也是住宅内部的便捷通道和安全疏散通道。

以烟台丁氏故宅为例，丁氏故宅始建于清代中期，距今已有二百多年的历史。故宅现存建筑占地面积约 $1hm^2$，分为东、西两组住宅群，被围墙和甬道隔开。以东部住宅群为例，有两路院落，共包含 7 个合院式防火单元（图 9-28）。每组合院内建筑单体相互独立，建筑单体开放程度由前向后逐渐降低，防火能力也逐渐提高，防火能力较高的后屋也被用作主人卧室。两路建筑之外还有一圈墙体，与内侧院落形成约 1.2 ～ 1.4m 的间距，成为继单体、合院之外的第三层级防火隔断，该两路住宅群也成为一个面积较大的多层次防火单元。

现存传统密集住区中，能完好保存若干个多层次防火单元的住宅少之又少，烟台牟氏庄园是其中较好的一例（图 9-29）。牟氏庄园始建于清雍正年间，随着家族不断扩大而屡经扩建，至民国时期达到今天的规模。全宅包括四组住宅群，各由大小不一的合院式防火单元组成，部分防火单元之间有 2 ～ 3m 的间距。合院内各建筑单体的封闭程度要高过丁氏故宅，几乎没有大片木质门窗，墙体厚度约

图 9-27　烟台所城里街区某住宅群防火单元划分示意图
底图根据参考文献 [8] 改绘

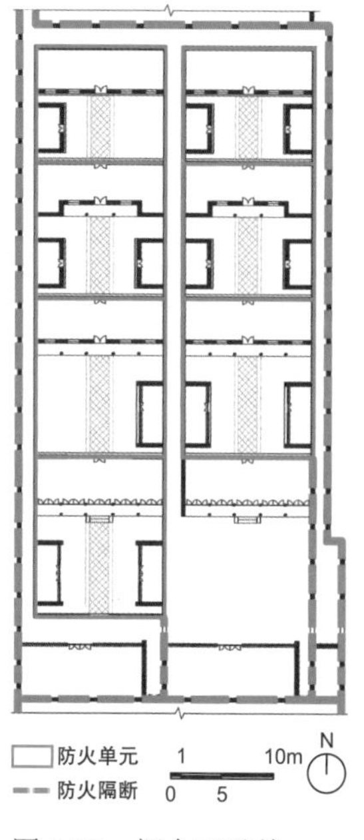

图 9-28　烟台丁氏故宅东部住宅平面图

500 ～ 600mm，单体防火能力较强。与丁氏故宅不同，牟氏庄园的四组住宅群分别被一圈由倒座、裙房、后罩房组成的辅助用房围合在内，辅助用房的后檐墙起到外围墙的作用，成为第三层级的防火隔断。因辅助用房使用需要，后檐墙难免需要开一些小窗，但住宅群外墙之间的间距超过 6m，一定程度上弥补了这一劣势。据当地人描述，牟氏庄园内原有柴院，单独划出区域设置，距离居住建筑超过 20m，至今没有柴院起火的记载。据推测，柴院可能在东侧裙房内，也并没有 20m 之远，但足以说明宅内的功能分区结合了防火单元划分，将容易失火的功能设置在相对安全之处。

2）“并列式”的长三角地区密集住区防火单元

长三角地区密集住区以“并列式”的方式组织防火单元。长三角地区住宅需要兼顾夏季通风纳凉和冬季防风保温，建筑单体多用大面积木质门窗，且结构相连，本身并不构成具有独立防火能力的单体，住宅内部、住宅之间的防火主要依靠墙体隔断来进行。长三角地区大部分住宅路与路之间由山墙和塞口墙形成封闭状，纵向多进院落之间则需要根据朝向和各屋的实际功能，决定在何处使用开敞的木质门窗、何处使用封闭的檐墙或院墙，最终由各防火墙围合成“防火桶”式防火单元，防火单元以串联、并联的方式组合成住宅、住区。例如扬州地官第 14 号汪氏小苑西侧两路住宅，就由八个“防火桶”式防火单元以并列的方式组合而成（图 9-30）。一个防火单元的大小与其包含的院落数量有关，其面阔方向宽度一般为该路建筑的面阔大小，进深方向根据实际需求，由一进或多进院落组成。

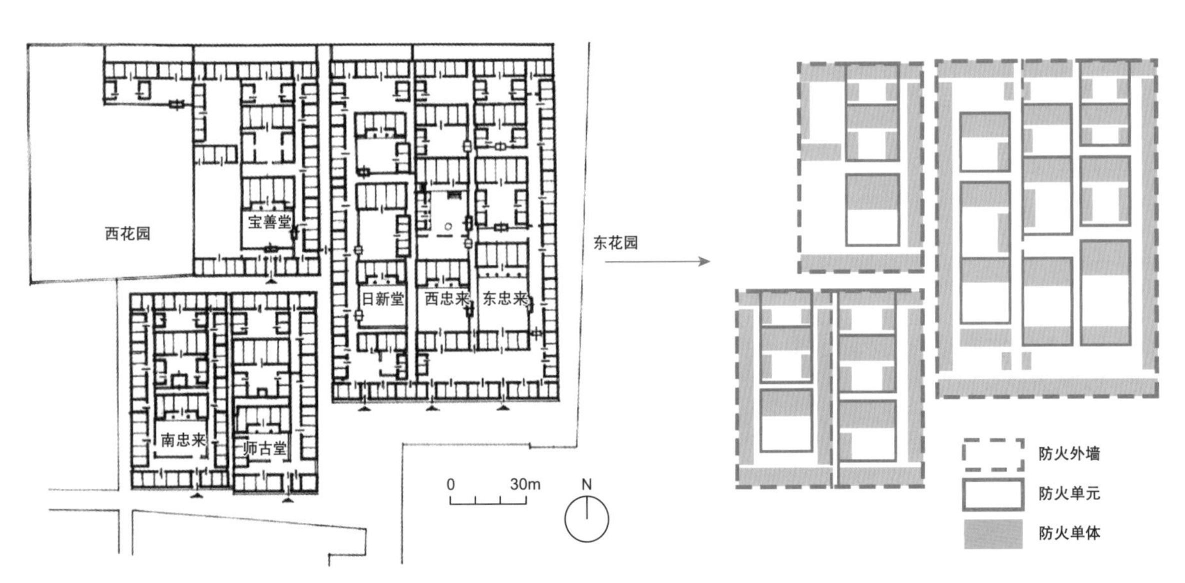

图 9-29　烟台牟氏庄园防火单元划分示意图[9]

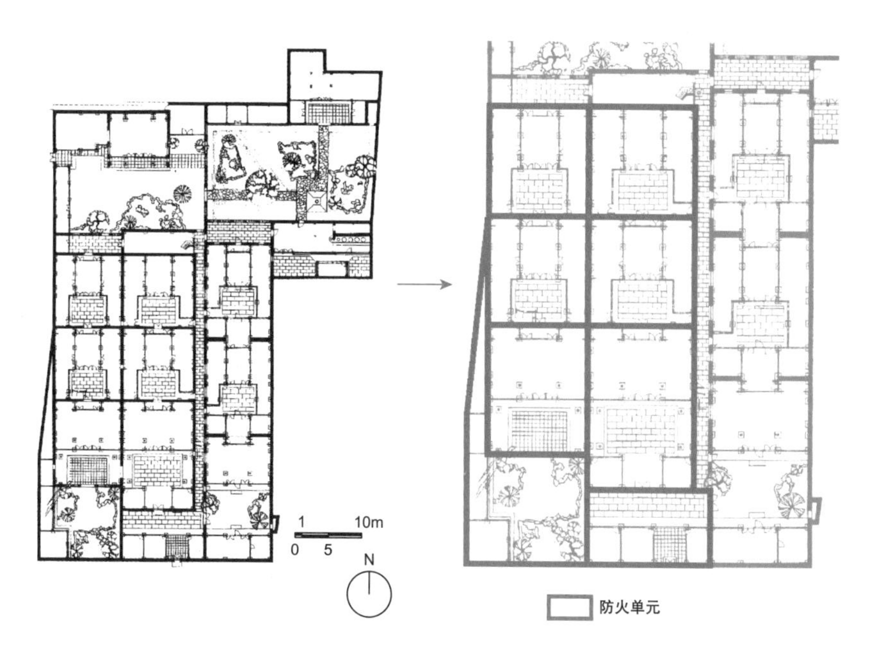

图 9-30　扬州地官第 14 号汪氏小苑防火单元划分示意图 [10]

（1）单院落式防火单元

单院落式防火单元为最基础、最普遍的防火单元。单院落防火单元最少由四面防火墙围合一座主体建筑和一处院落而成，在此基础上，在主体建筑对面和两侧增加倒座、厢房、连廊，形成“一合院”“对合院”“三合院”“四合院”等多种形式（图 9-31）。无论主体建筑、厢房或是连廊，其木构架都要确保被防火墙和瓦屋顶包裹在该防火单元内部。上述院落形式还存在一些变体，如在院落中间增加连廊、隔墙等，也都不超出该防火单元最外侧的防火墙。

（2）多院落式防火单元

重要厅堂需要南北通透，满足其采光、通风或公共性等要求，厅堂南北两侧都做大片木质门窗，向前后两院落敞开，则整个防火单元内包括了多个院落和多座厅堂（图 9-32）。多院落防火单元的

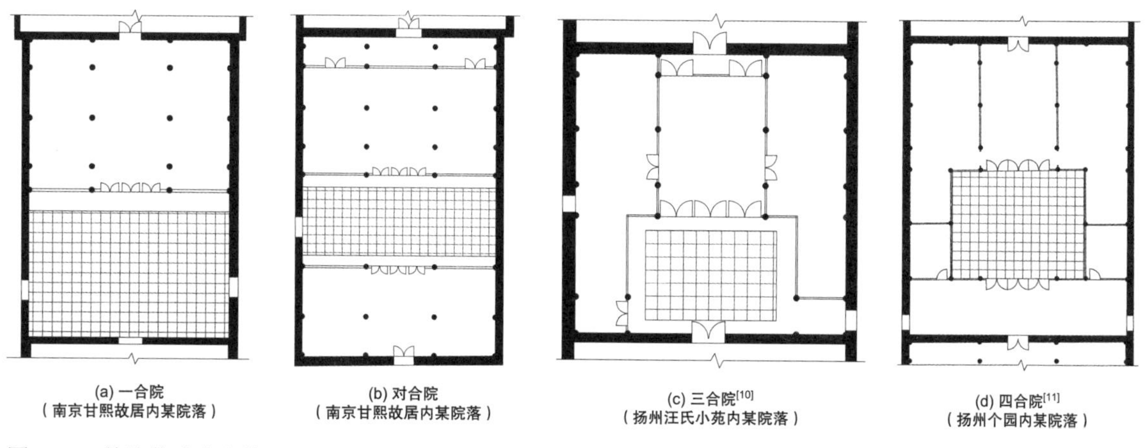

图 9-31　单院落式防火单元

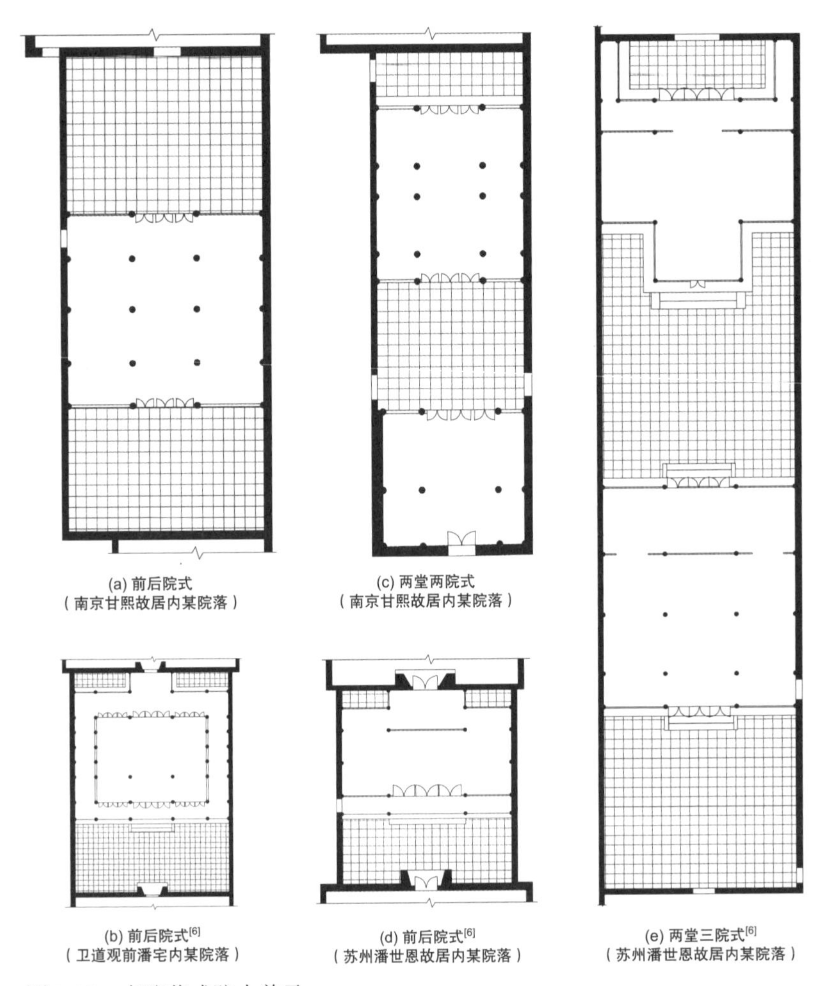

(a) 前后院式
（南京甘熙故居内某院落）

(c) 两堂两院式
（南京甘熙故居内某院落）

(b) 前后院式[6]
（卫道观前潘宅内某院落）

(d) 前后院式[6]
（苏州潘世恩故居内某院落）

(e) 两堂三院式[6]
（苏州潘世恩故居内某院落）

图 9-32　多院落式防火单元

最小规模为“前后院”式，即一座有开敞要求的厅堂居中，前后各连接一个院子，前后院被共同围合在四面防火墙内。例如南京甘熙故居 17 号某防火单元（图 9-32（a）），中为面阔三间、进深四架的厅堂，前后各有一开阔的院落，大小相若。

若综合考虑厅堂采光通风、防火安全和节约用地的需求，“前后院”式也有另一做法。例如苏州卫道观前潘宅正厅礼耕堂（图 9-32（b）），南面为较大的院落，由防火墙、防火门围合，光线充足，作为日常活动之所；北面的封檐墙与檐柱脱开，与主体建筑之间留出窄长的天井，既加强厅堂的通风、采光效果，又不致使一个防火分区面积太大。

在“前后院”式防火单元的基础上，沿进深方向增加建筑和院落，形成“多堂多院”式防火单元，“堂”“院”的数量受到当地居住习惯的影响，并无定式。大宅当中，多个开放厅堂需连续布置，有时设置在一个防火单元内。例如苏州潘世恩故居西路连续设置鸳鸯厅、纱帽厅两座公共厅堂，两者之间隔以进深较大的院落（图 9-32（e））。

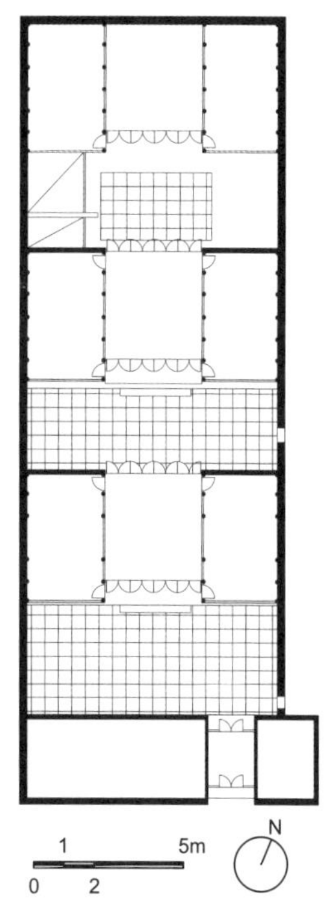

图9-33　南通冯旗杆巷23号平面图
根据参考文献 [12] 改绘

普通住宅中，居民的生活习惯对前后进建筑之间的防火分隔影响较大，可能无法分隔出多个防火单元。如南通寺街、西南营两片街区中的住宅，其院落组织形式在当地称为“一进多堂式”，即进门之后要连续穿过多个敞堂、穿堂才到达正堂。敞堂、穿堂明间用作公共厅堂，有南北通透的需求；次间、稍间用作私密空间，则一座单体南面用檐廊及整面木质门窗，北面只有明间用木质长窗，次间、稍间还是用封檐墙封闭。例如冯旗杆巷 23 号住宅（图 9-33），敞堂、穿堂、正屋连同各屋前院共三堂三院，围合在同一个防火单元内。一个防火单元内连续的堂、院数量过多，自然火灾隐患也会增加。连续堂院的数量一方面受到本地气候、生活习惯的影响，另一方面，大户人家对住宅防火能力的要求更高，建造水平也更高，更有能力控制宅内防火单元的规模大小，而普通居民则较难做到。

（3）门屋独立防火单元

住宅内部用火尚可控制，外部他人用火则难以控制。长三角地区住宅大门通常直接开在沿巷、沿街的建筑上，与两侧的建筑没有明确的防火隔断，有些大宅门屋沿街巷还建有前廊，木质梁柱都暴露出来。门屋单独作为一个防火单元，可以防止外部巷道内他人用火波及自家建筑。一旦沿街巷的建筑失火，可以将火势限定在门屋之内，减小对内部建筑的影响。一些经历过多次改造的传统住宅，内部许多界面都已改变，但门屋和内部建筑之间的防火墙却较少遭到改动。例如苏州马医科巷 38 号住宅（图 9-34），整组建筑的门窗、隔墙都已变化，只有门屋的后檐墙没有改动，墙上的门楼雕饰一同得以保存。较大的宅院还设有轿厅，位于门屋之后，是主人落轿之所。有时因二者同属于住宅的入口，被围合在同一个防火单元内，不进行分别保护，形成类似上述“多进多院”式防火单元。

（4）多层次防火单元

少数长三角地区密集住区中的大型住宅，占地较大，一个院落内有多个层级的防火单元，且庭院宽广，各屋的安全性更高。院落内每座单体都有更强的独立性，每个单体都接近于一个独立的防火单元，院落组织逻辑也更接近环渤海地区的合院式住宅。以常州前后北岸街区的汤润之故居为例，其中三个院落部分的东南角院落（“院落 3”）两侧没有厢房（图 9-35），“院落 2”只西侧有一随塞口墙而建的单坡廊屋。这两处院落都为普通的单院落防火单元。“院落 1”正房名为“九堂”，面阔九间，实际上是被两道隔墙隔成三个三间的房屋。两侧的厢房都有其独立的山墙和封檐墙，山墙为观音兜式封火山墙，和正房之间留有 1.5m

图9-34　苏州马医科巷38号住宅门屋后檐墙现状

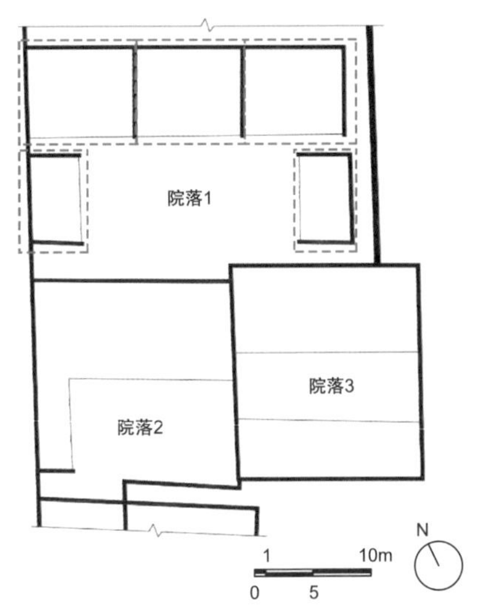

图 9-35　常州汤润之故居部分平面图

的距离，厢房的山墙就成了正房与厢房之间的防火墙。西侧厢房沿巷墙面不开门窗，东侧厢房外围还有一道院墙，院墙与东厢房、正房之间的通道可通向后一进院子，只是如今已被封堵。以上布局形式将“院落 1”细分成 5 个更小的防火单元，其中两厢都为独立防火单元。

一座住宅各屋、各院落功能不同，对开敞的要求也不同，往往选择多个不同类型的防火单元组成本组住宅。例如南京黑廊巷街区望鹤楼 4 号住宅，由两个单院落防火单元组成（图 9-36（a））。门屋和正厅作为公共空间，划归于同一个防火单元；楼屋作为居住用房，单独围合在一个防火单元内。大型宅院内的防火单元种类更多，例如扬州东关街个园（图 9-36（b）），西路、中路都为单院落防火单元，用作住宅区；东路为一个多院落防火单元和一个单院落防火单元的组合，用作服务区。其中厨房作为一个防火单元，位于全宅东北角。南京甘熙故居占地面积约 $2hm^2$，院落众多，人称“九十九间半”，本身已有相当于密集住区的规模，是防火单元组合的典例（图 9-36（c））。在作者调研的甘熙故居主体建筑——15 号、17 号和 19 号中，一共有 17 个仍维持原状的防火单元，其中有 8 个单院落防火单元、8 个多院落防火单元和 1 个门屋独立的防火单元。

防火单元意在“隔”，与住宅中一些位置“通”的需求产生矛盾。例如扬州地官第 14 号汪氏小苑东路住宅，因用作厨房和餐厅，两者之间需要较强的联系，用餐空间可以从餐厅一直延伸到厨房所在的院落。某些住宅在建造和变化中为了满足功能需求，使得防火单元实际上并不完整。例如无锡的祝大椿故居，虽然将门屋单独划分为防火单元，但后进建筑的两厢实际上和门屋通过防火墙上的洞口连

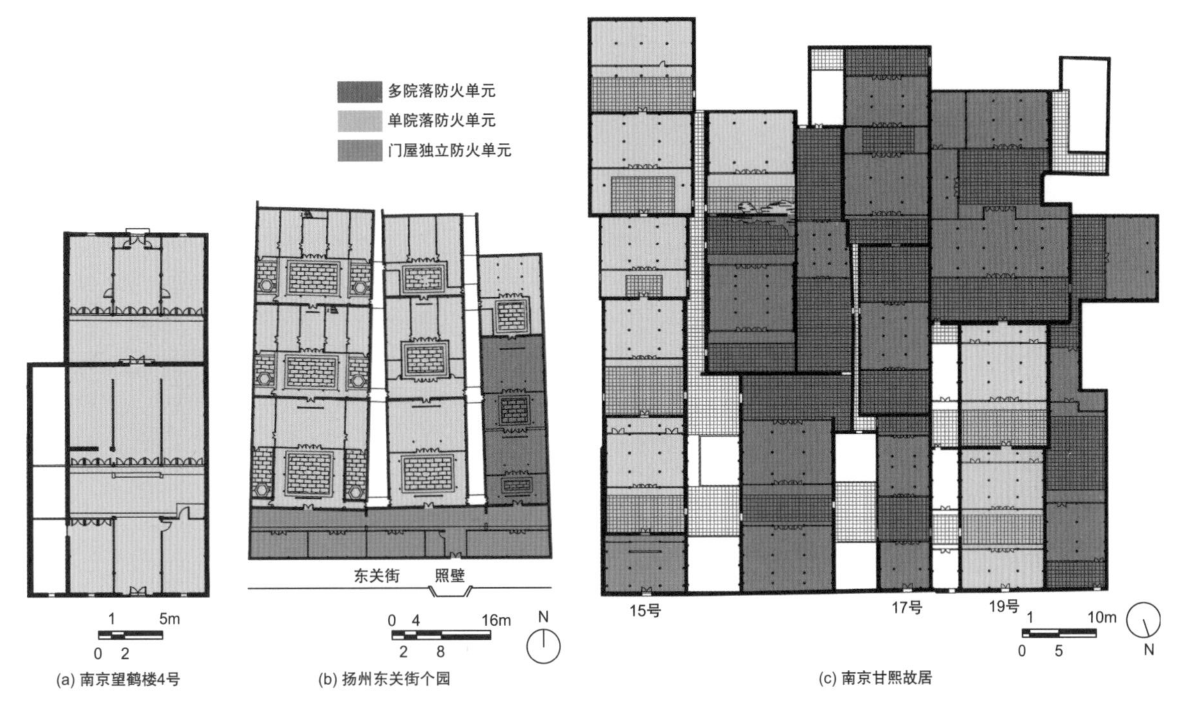

图 9-36　住宅内防火单元选用示意图

通，增加了使用便利的同时也减弱了防火单元的隔火能力。在过去大宅的产权更迭、拆分过程中，为了生活便利而进行的类似改造更加普遍。

3）以“户”为分隔基础的珠三角地区密集住区防火单元

珠三角地区形成传统密集住区的原因和长三角、环渤海地区略有不同。其一，清末以来，珠三角城市成为西方经济、文化的输入口岸，城市人口迅速增长，城市建设需要迅速做出反应。其二，珠三角地区居民的宗族意识较强，聚族而居，在城市和乡村都会形成密集住区。因此，除了发达城市之外，珠三角地区一些发展较好的密集村落也纳入了研究。

珠三角地区气候炎热，住宅需要有较好的通风能力。珠三角地区常年吹南北方向风，且有很大一部分时间无固定风向，住宅以南北通透为宜，且通风口尽量开得较大。一户之内趋向于从前到后都用通风性能较好的木质隔断，而不用砖石墙体，建筑前后进之间也少用防火墙进行隔断。综合考虑每户人家的生活需求与防火的关系，并进行取舍，珠三角地区密集住区中形成以“户”为基础进行分隔的防火单元。珠三角地区的传统住宅包括“竹筒屋”和“三间两廊”两种基本类型，其平面布局方式差别较大，以各自平面布局为基础形成不同形式的防火单元划分方式。

（1）竹筒屋组成密集住区

竹筒屋为单开间民居，通常为多层住宅，沿街道两侧布局，户门面向街道开设，一户住宅的各屋全在进深方向发展，总进深超过 10m。珠三角地区一度短时间内聚集大量人口，竹筒屋也由此产生（图 9-37）。竹筒屋面宽窄、进深大，沿街部分有时还被用作商铺，是密集住区快速形成下的产物。竹筒屋多坐北朝南，南北两面沿街，常多开门窗，设置凹阳台，以纳凉风。进深较小的竹筒屋内，前后进建筑贴在一起，没有天井，甚至前后打通成为一整间，进深较大的竹筒屋中部结合厨房、厕所的位置设置天井，以增强全宅的通风效果，天井四周的界面也绝不可能做成过于封闭的砖隔墙。相邻的竹筒屋因分属两户人家，横向之间用封闭的山墙分隔，相互之间有一定的防火能力。因开间较小，竹筒屋以山墙承檩，相邻两间之间没有木质梁柱，减小了火灾的危险。

以竹筒屋为主要建筑形式组成的密集住区中，难以形成四面闭合的防火单元，只是以相邻的山墙和前后街道将各座竹筒屋隔开，只有少数大户人家居住的“竹筒屋群”会单独围合成防火单元。这类住宅称“古老大屋”[13]，因其多出现于广州市区内西关地区，而又被称为“西关大屋”（图 9-38）。西关大屋可以被看作是“并列的竹筒屋”，面阔有两间、三间、五间等不同间数，两间并列的称“双边过”，三间并列的则为“三边过”，以此类推。各间之间用砖墙隔开，都为山墙承檩，没有木梁架，每间内部则与一般竹筒屋一样，前后连续设置厅与房。左右间与间之间用砖墙分隔，相对具有独立性。整座西关大屋两侧各有一条露天通道，称为“青云巷”，

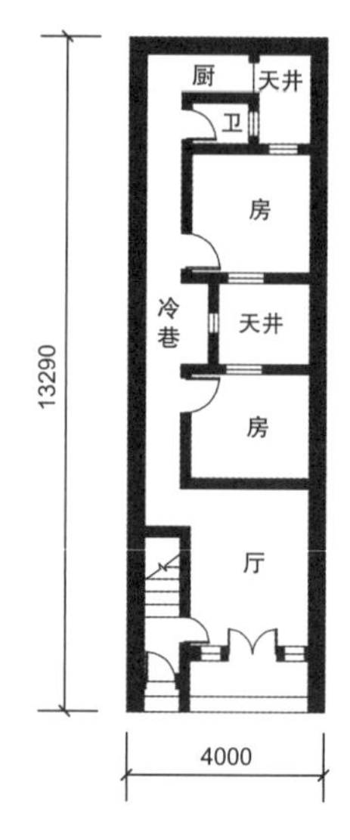

图 9-37 广州西关地区竹筒屋典型平面及照片[13]

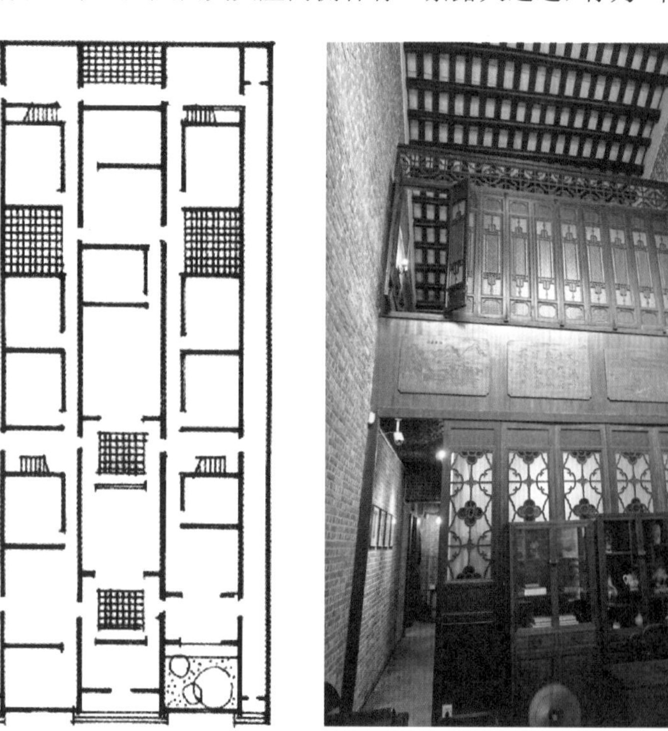

图 9-38 广州西关大屋典型平面及照片[14]

作为宅内的便捷通道和防火疏散通道，也将本宅与相邻的竹筒屋隔开，加上整组住宅的前后墙都用封闭的砖墙，一座西关大屋可以成为一个密集住区内的防火单元。宅内各间则根据之间的山墙是否封闭，来决定一座西关大屋是否被分为更小的防火单元。

综上，竹筒屋式密集住区是以“户”为基础、以进深向分隔为主来划分防火单元，防火单元的规模大小与该户所占据的竹筒屋间数有关，防火单元之间为相互并列关系。例如西关地区宝庆新南约周边住区，即为竹筒屋式密集住区（图 9-39）。其中某座“三边过”西关大屋，依靠砖墙和两条青云巷，将三间竹筒屋和一座后天井围合在一个防火单元内。该组住宅周边还存在几座西关大屋，都以各户为单位围合成防火单元，剩下的竹筒屋虽不能形成防火单元，但左右依靠山墙分隔，也有一定的防火能力。近代以来，西关大屋有“竹筒屋化”的现象，即西关大屋经历产权分割之后，原来各间之间的门窗、洞口被封堵，形成完全封闭的隔墙，沿街面则被打开，防火单元也随之被切割、变小甚至不存。

（2）三间两廊式住宅组成密集住区

三间两廊式住宅，即由三开间的主屋和两廊围合出院落的三合院住宅，多用于平民小家庭，一户只占有一个院落。此类住宅主屋与两廊都面向院落开门，主屋用来居住，两廊用作厨卫。外墙面上只有家宅的大门，开在正面或两侧，其余部分均不开门，除了保障安全之外，也有怕“漏财”的说法。若一座住宅只由一组三间两廊构成，则一座三间两廊式住宅就是一个防火单元（图 9-40（a））。较大的住宅由若干三间两廊式住宅纵向串联而成，一户住宅内部倾向南北打通（图 9-40（b）、（c））。

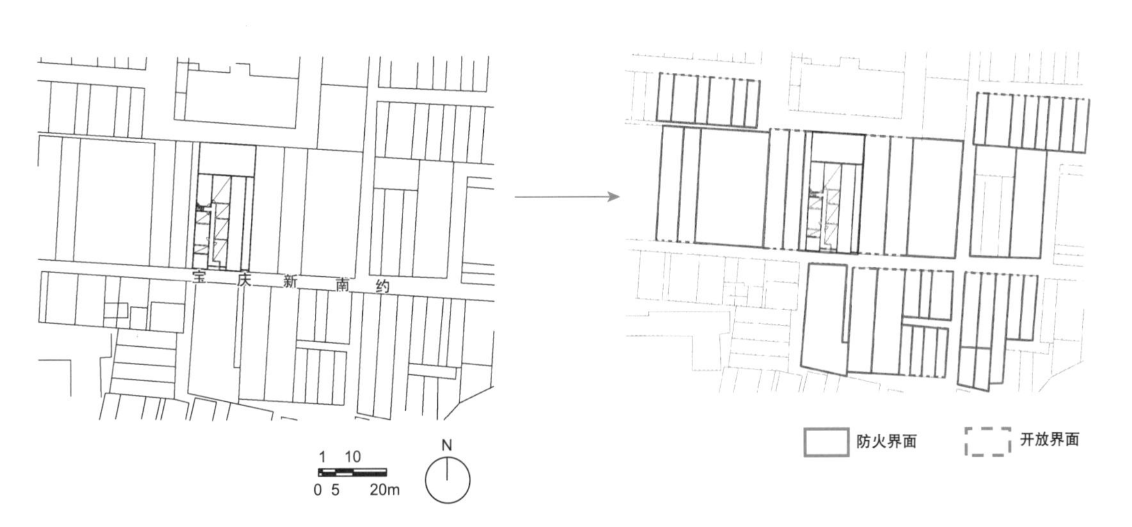

图 9-39　广州宝庆新南约周边住区防火单元划分示意图
底图引自参考文献 [15]

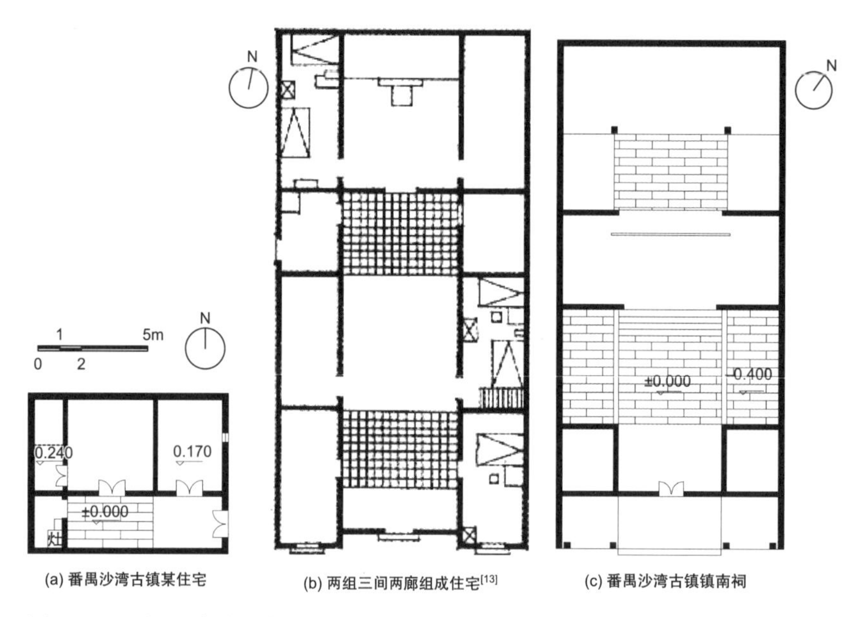

图 9-40　三间两廊式住宅平面图

三间两廊式密集住区布局形式以“梳式布局”为典型，一般是以横街作为一个街区的主干道路，纵向的巷道与横街垂直相通，深入到建筑群内部，三间两廊式住宅分布其中。这样的布局在村镇比较多见，在城市则存在于街区的局部。例如佛山东华里街区（图 9-41），是典型的城市梳式布局密集住区。主街东西走向，南北两侧三间两廊式住宅纵向排列，支巷南北走向，伸入住区中，住宅开侧门通往纵巷，沿街住宅则开正门通往主街。密集住区各宅之间由支巷和两侧山墙完全隔开，具有较强的防火能力。

总结上述三地密集住区的防火单元可知，环渤海、长三角、珠三角地区密集住区因不同的气候条件、生活习惯等因素的影响，其住宅防火单元呈现出不同的特点：

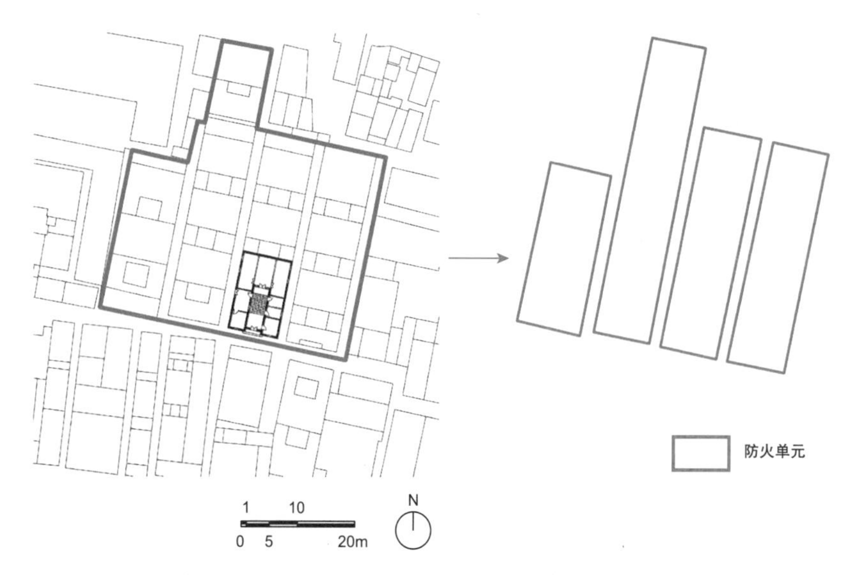

图 9-41　佛山东华里街区局部防火单元划分示意图
底图引自参考文献 [14]

①环渤海地区密集住区以具有独立防火能力的防火单体为基础，因不同的合院组织方式而形成层级化的防火单元。

②长三角地区住宅防火单元是兼顾舒适性和安全性，进行权衡之后的结果，由防火墙围合成，防火单元以“院落”为基础进行划分，防火单元之间组合设置。但从上述常州汤润之故居的例子可以看出，在用地条件允许的前提下，防火单元也倾向朝多层次发展。

③珠三角地区因通风降温的矛盾更为突出，防火和通风降温往往难以兼顾，密集住区防火单元以“户”为基础进行分隔，一户人家的规模影响防火单元的大小。

需要说明的是，上述防火单元的划分方式与地区的对应关系并不绝对，只代表各地区受当地环境影响所采用的主要方式。若将研究范围稍微扩大，就可发现例如浙江东阳地区的住宅，也采用类似环渤海地区的层级化防火单元划分。此外，一个传统密集住区以某种方式划分防火单元，并不代表该密集住区处于绝对的防火安全之下。防火单元只是在建造条件较好的前提下才能起到较大作用，一些居住条件较差的密集住区，或某些住宅在产权分割、各家改造加建的过程中失去了防火作用，那么上述防火单元划分方式不论是否仍然完好存在，都不再起作用。

4）传统密集住区防火单元与现代防火分区的比较

传统密集住区的防火单元，以“单座住宅”“院落”“一户人家”这类保护对象为基础进行划分，形成面积不一的防火单元，而现代防火分区的划分是以面积为基础进行的。防火单元的划分标准不同，则在传统密集住区的修缮过程中，不适宜也无法完全套用现行民用建筑防火规范。不同地区防火单元的划分方式不同，也不适宜用一套标准应对所有地区的传统密集住区防火。

以长三角地区为例，对现代防火分区和传统密集住区防火单元在面积上进行比较。根据《建筑设计防火规范》，耐火等级为四级的 2 层以下民用建筑，防火分区不得大于 600m^2。这一面积指的是建筑室内面积，一个现代防火分区周围由防火墙、防火门窗或防火卷帘围合而成。长三角地区住宅以院落式住宅为主，在大多数情况下，院落四周的建筑界面都有开敞的木质门窗，不具有防火能力。因此，一个院落式传统密集住区防火单元的面积，应当计算单元内建筑面积和院落面积的总和。以南京甘熙故居为例，其建筑都为一层或两层，以院落为基础划分防火单元。通过对每个防火单元的建筑、院落面积总和进行统计，并与现代防火分区面积对比（图 9-42），可以得出，甘熙故居内大部分防火单元面积都远小于现代消防规范中的防火分区面积。古人相比于现在更谨慎，这也体现了传统密集住区的建设过程中，防火技术与现代相比有差距，但防火意识不落后。

9.2.3　沿街建筑的防火做法

街道是城镇商业活动中心或交通要道，沿街建筑类型、功能通常比较复杂，大体上分为两类，即公共建筑和私人住宅。公共建筑分为商业建筑和公共活动建筑，因其公共性质的使用功能，沿街建筑需要对街道开放，同时也带有较大的火灾隐患。某些沿街建筑将沿街部分作为一个特殊的防火单元，与内部之间用防火墙隔开，以减轻火灾发生时对整组建筑造成的破坏。前述长三角地区住宅的防火单元时，曾提到门屋作为独立防火单元的做法，与本节所讲有些类似之处，都是为了将因外部街巷不可控因素而发生的火灾限制在沿街建筑之内，以免波及内部建筑。差别在于沿街建筑比街区内的沿巷建筑受到外部影响的可能性更大，防火的需求更强，将沿街建筑与内部建筑隔离开的做法也更加明显。

古代城镇商户多为个体经营或以家庭为单位经营，因此，自家沿街住宅采用前店后宅式布局，同时解决经营和居住的需求，前店后宅式住宅常需注重沿街店铺和内部住宅的分隔。因经营的需要，沿街大门多用排闼门，即木板门。开业时取下木板放到一边，整个店面完全对街道敞开（图 9-43）。沿街开窗也多用通透的木窗。日

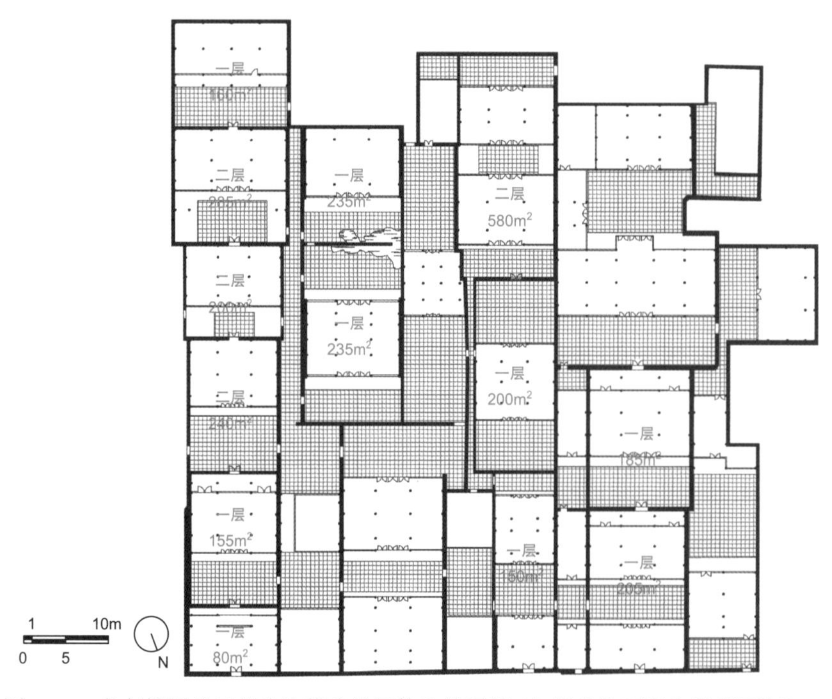

图 9-42　南京甘熙故居部分院落建筑层数及总面积（包括建筑面积和院落面积）统计图

常行人来来往往，商户经营难免多用火烛，沿街建筑木构架、木门窗又直接外露，一旦用火不慎，便会引发火灾。东关街 384 号店铺，是扬州东关街上典型的前店后宅式建筑（图 9-44），坐北朝南布置。第一进为店铺，面向东关街开门，面阔三间带阁楼，北侧为两路一进宅院。前后建筑之间隔一条东西向巷道，宽度 2 ～ 2.5m 不等。店铺的北檐墙和宅院南墙都用砖墙砌筑严实，仅开设门和小窗。沿街店铺失火，一时间不容易波及住宅部分。宜兴古南街 97 ～ 121 号曹婉芬故居，为陶器店旧址。沿街为面阔三间的两层楼房，现在分别作为陶器店和"得义楼茶馆"经营，内部是茶馆老板的生活场所。前后两座建筑之间围合出窄长的天井，宽 2m 左右。陶器店沿街面开一门二窗，茶馆则用排闼门，临天井一面则砌砖墙，只有一扇门和三个小窗（图 9-45）。

公共活动建筑同样有长期对外开放的需求，且从外观上表达出开放的态度，沿街面常常设置凹廊、使用较通透的木门窗装修，例如无锡惠山古镇的祠堂。祠堂具有祭祀先祖、宗族法庭、助学育才、宗族会议、庆祝活动、临时库房等多重功能，是传统住区内公私兼用的重要建筑。无锡惠山古镇上河塘的薛中丞祠，是较为常见的三进式祠堂，从前到后依次为门屋、享堂和寝殿（图 9-46（a））。门屋二层，面阔三间，沿街有凹廊。明间开木质大门，通常对外敞开（图 9-46（c）），

图 9-43　扬州东关街沿街建筑

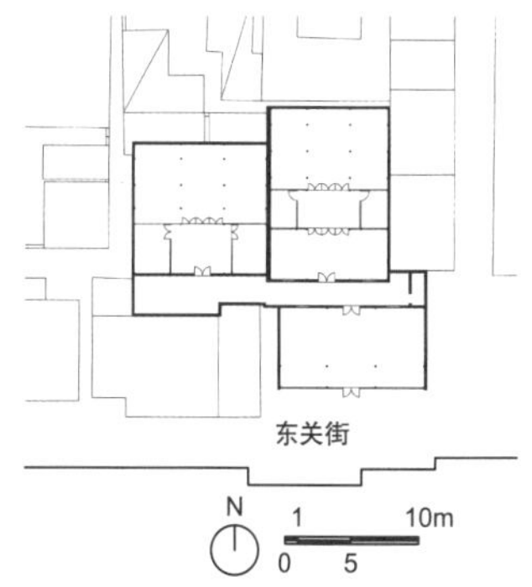

图 9-44　扬州东关街 384 号平面图 [16]

图 9-45　宜兴古南街曹婉芬故居门屋沿街面及临天井面

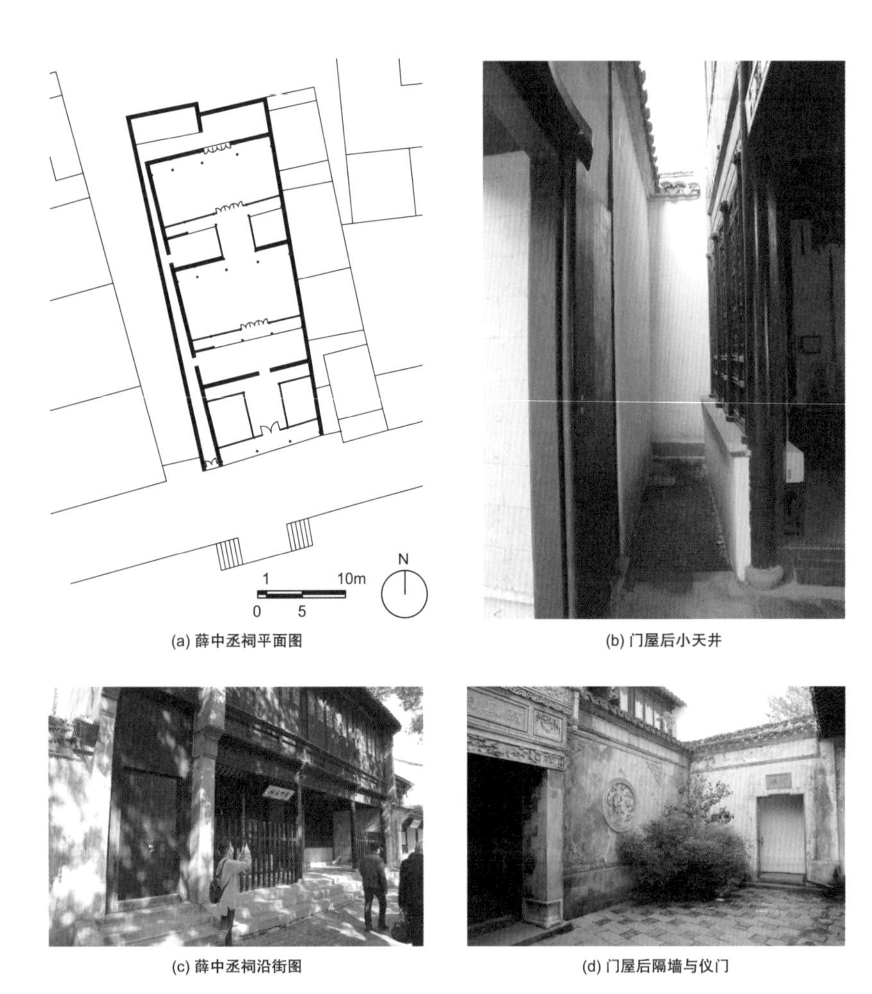

(a) 薛中丞祠平面图

(b) 门屋后小天井

(c) 薛中丞祠沿街图

(d) 门屋后隔墙与仪门

图 9-46　无锡惠山古镇上河塘薛中丞祠

两次间作为门房。门屋和第一进院落之间有一隔墙，和门屋之间隔出约 80cm 深的小天井（图 9-46（b））。隔墙上不开窗，只开一道仪门，做成砖雕门楼的形式（图 9-46（d））。门屋则利用小天井采光。整组建筑西侧有一道备弄，它和两个内院之间都有门洞连通。门屋和内部建筑相互隔开，一旦失火，短时间不会波及内部建筑，内部人员则可以通过备弄逃出。

少数人家经济实力较强，沿城市主要街道建造住宅，大门直接面向街道开设。既占据商业、交通有利地段，又显示了自家的地位。住宅沿街建造同样会注重将沿街的门屋与后进住宅分隔开，例如苏州山塘街许宅，又称“山塘雕花楼”，沿街为一座二层门屋。门屋与轿厅前院之间设一道砖墙，高至门屋的檐口，墙上只开一道仪门，做成门楼的形式。该面砖墙起到防火墙的作用，将门屋和内部住宅隔开（图 9-47）。扬州东关街个园，门屋与内部三路住宅之间有一窄长的入口院落，进深超过 3m，隔开门屋与内部住宅。三路住宅面对入口院落的南墙都为高 5 ～ 6m 的砖墙，作为门屋与内宅之间的防火墙，墙上只开设通往各路住宅的二道门。门屋与内宅之间的入口院落，也就成为保护内宅的隔火带（图 9-48）。

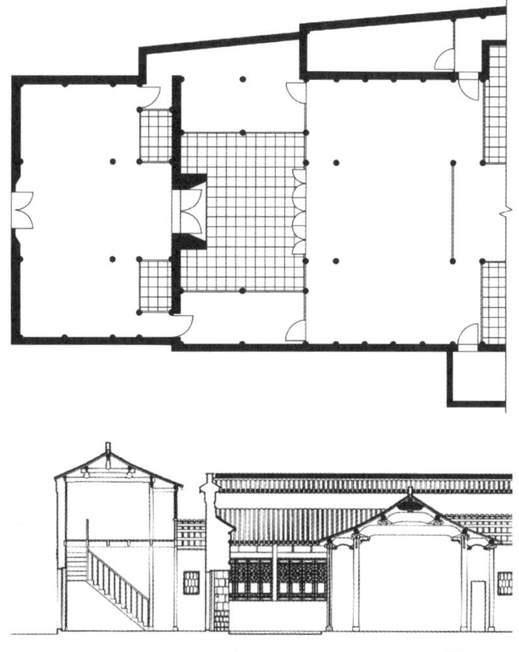

图 9-47　苏州山塘街许宅门屋平面及剖面 [17]

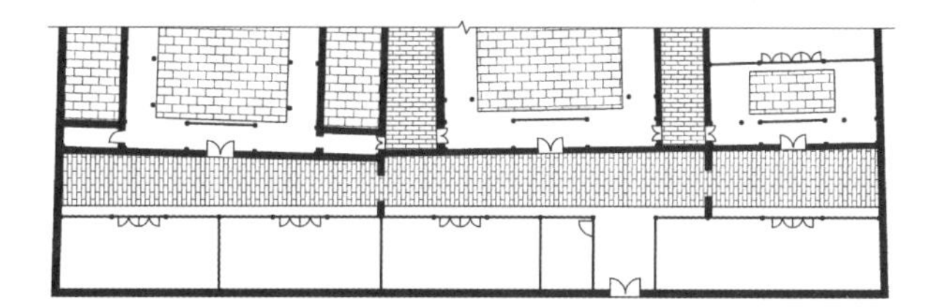

图 9-48　扬州东关街个园门屋平面图及入口院落照片 [10]

图9-49　苏州山塘街许宅沿街立面 [17]

图 9-50　扬州东关街个园沿街立面

图 9-51　杭州小河直街酱园沿街立面

住宅沿街建造，则尽可能将沿街面做得比较封闭，减小街道上发生的火灾波及住宅内部的可能性。上述山塘街许宅，门屋沿街开一道石库门，二层开两扇小窗，其余皆是砖墙，檐口也砌筑封护檐（图 9-49）。扬州东关街个园现存三路住宅，沿街砌筑清水砖墙，通面阔约 50m，仅开一扇大门，将木结构完全围闭在内。大门做成门楼形式，磨砖对缝砌筑，略微高出两侧屋顶（图 9-50）。除个园之外，扬州东关街上的逸圃、李长乐故居、地官第的汪氏小苑、马氏住宅，都将沿街面做得很封闭。此外，还有住宅沿街面向后退、围合出沿街院落的做法，以院落作为住宅沿街隔火带。例如杭州小河直街酱园，第一进建筑前部就有一个院子，两侧院墙高 5.3m，沿街院墙为减少对采光的影响，高度比两侧院墙低约 1/3（图 9-51）。这类做法比较少见，且沿街退出院落并不经济，除了隔火之外，院落必然还有其他的作用。酱园的沿街院落就被用来堆放酱缸，以便客人选购。

发达地区传统密集住区的防火建筑做法中，防火分隔是核心，以限制火灾的影响范围、分解火灾的防救压力为目的。通过建造具有隔火能力的砖石墙体，于密集住区内划分出规模不一的防火单元，将一次火灾于短时间内限制在一个防火单元内。通过分隔沿街建筑与内部建筑，将火灾限制在沿街建筑之内。在砖石防火墙的基础上，山墙高出屋面做成封火山墙、塞口墙升高、砌筑封护檐、设置防火门等一系列附属于墙体的构造做法，都是强化墙体隔火能力的措施。上述为比较普遍的措施，不排除还有其他措施而本书未曾涉及。由防火墙分隔出的住宅内外安全疏散通道、疏散场地，分布在密集住区各处，减小了火灾发生时密集住区的疏散压力。

一个街坊由街道围合而成，街道的位置有时是预先规划好的，但街坊内部的住宅、巷道并非经过规划得来。即使有些地块最初经过划分而出售给个人，随着产权的转化，住宅的规模、墙体的位置、巷道的位置都可能改变。因此，一个街坊式密集住区的防火措施受到产权的影响，防火单元的划分应当是以“户”为基础进行的，疏散通道的产生和消失也与产权变动有关。例如，一组多进院落式住宅被出售给两户人家，分别占据前后进院落，前后两家之间就会加建砖墙隔开，以满足相互之间的私密、安全等需求，原住宅的防火单元就会被重新划分。如果原住宅的后进院落临山、临水或位于密集住区深处，分给新的人家之后还需要重新考虑疏散问题，有的时候并没有得到解决，有的时候产生变通的做法，最终形成当地新的建筑特色。

在密集住区逐步营建的过程中，防火并不是被优先考虑的内容，优先考虑的是在各地的气候、地理条件之下，如何营造出舒适的居住环境。在满足居住要求的前提下，采用适合本地的防火设计，防火效果也存在优劣之分。因此，密集住区的防火问题以地域做法为前提，和各项生活问题放到一起综合解决。

9.3 发达地区传统密集住区布局方式与防火

9.3.1 火巷与备弄

1）火巷

史料中记载：“城市中民居稠密处空一路通行，曰火弄。”[①]“火弄”即“火巷”，从文献中可知，“火巷”是传统密集住区中隔开建筑、能供人通行的巷道，要求其有隔火能力，并保持畅通，

①（明）戴冠撰《濯缨亭笔记》（明嘉靖二十六年华察刻本）卷五，第14页。

便于疏散。“火巷”一词在古代文献、当今研究及居民日常使用中常指代不同位置的巷道，即上文中“空一路通行”究竟空在何处，现做一辨析。

“火巷”一词在古代文献中大多指“具有防火能力的户外巷道”，这一称呼通用于不同地区的文献记载中。例如《日下旧闻考》中记载了环渤海地区北京的街巷数量：“自南以至于北谓之经，自东至西谓之纬，大街二十四步阔，小街十二步阔，三百八十四火巷，二十九衖通。”①其中被称为火巷的道路最多。《（光绪）顺天府志》中考证“胡同”这一称呼的由来：“元经世大典谓之火衖，胡同即火衖之转。”②书中认为“胡同”是“火巷”音调变化后的称呼。史料中还记有“火道半边街”的街名，是指一条道路的一侧为某户户门，另一侧是前面住宅的后院墙，完全是实墙，以防道路一侧住宅失火波及另一侧的人家。如今也有类似的街名——“半壁街”流传下来。这些史料至少可以说明，在历史上，火巷的建设在北京地区是受到重视的。

长三角地区关于户外火巷的记载更多一些，史料中许多道路的名称中就有“火巷”的字样。当时人们就意识到，疏通火巷有利于密集住区防火，因此官府和居民都注重火巷的开辟。绍兴三年（1133 年），宋高宗在诏书中下令：“被火处每自方五十间、不被火处每自方一百间，各开火巷一道，约阔三丈。”③宋代的三丈约等于现在的 7.35 ～ 7.4m，是一个相当宽阔的间距，在现存传统密集住区中都很少见到。清代江西新建县知县杨周宪曾领导该地居民开辟火巷：“江西旧多火患，教民疏列火巷，遇灾多免延燎。”④居民占用火巷、使其失去防火能力的情况也是自古有之。《杭州治火议》中提到：“时每街必有火巷间截之，今多为民间侵佃，以致堙塞。火患之多，实由于此”[2]。

珠三角地区很少有关于“火巷”一词的记载，但根据一些现存的传统密集住区来看，其中一些巷道实际上起到了火巷的作用。

在某些城市的传统密集住区中，火巷又指建筑内部的消防安全通道。一般居民的住宅内部状况不会被记入史料中，但关于官署、公共建筑的记载则可以考证。例如《南雍志》中记载了明代南京国子监右外东号房的布局：“令诸生重盖九十九间，长二连每连三十一间，短四连共三十七间，每三间隔一火巷。”⑤南通西南营街区石桥头 13 号居民提到：“我们这里的住宅都有火巷，不一定要能通人，能隔开就行。”这说明在当地居民心中，火巷的隔火功能是排在第一位的。火巷实际既是防火隔断，又是住宅内部的疏散通道。

①（清）于敏中等纂修《日下旧闻考》（清文渊阁四库全书本）卷三十八，第 9 页。
②（清）万青黎，周家楣修，张之洞，缪荃孙纂《（光绪）顺天府志》（清光绪十二年刻十五年重印本）卷十三，第 2 页。
③（清）朱铭盘撰《宋会要辑稿》（稿本）瑞异二，第 11 页。
④（清）穆彰阿、潘锡恩等纂修《（嘉庆）大清一统志》（四部丛刊续编景旧钞本）卷三百九，第 19 页。
⑤（明）黄佐撰《南雍志》（明嘉靖二十三年刻万历增修本）卷八，第 31 页。

（1）住宅内部火巷

长三角地区扬州、南通、南京等地区直接用“火巷”一词来表示住宅内部设置在各建筑群组之间的消防通道。南京保存较好的住宅内部火巷较少，以甘熙故居为典型案例（图 9-52）。甘熙故居中现有两条火巷，东侧火巷北段宽 2m，南段宽 1.05m；西侧火巷宽约 1m，可供两人并排通行。火巷两侧为不高出屋面的人字形山墙和塞口墙，为混水砖墙，表面抹白灰。山墙上完全不开门窗，塞口墙上只开连通两侧院落的腰门。火巷两侧建筑的木构架被完全隔开，塞口墙上的门也相互错开，降低了火巷两侧蹿火的可能性。东火巷内宽度发生变化之处，露出一段厢房的山墙面，也被隔开。两条火巷都没有贯通整组住宅，东火巷连续长度约 40m，南端连通开阔的花园，北端连通一处建筑，建筑部分架空，使得火巷向北可以延伸到门厅；西火巷连续长度约 25m，两端都只连通到某处院落。

扬州和南通传统住宅内火巷保存状况相对较好，案例较多（图 9-53）。火巷具有一定长度的连续性，串联多个防火单元。两侧墙体上都只开腰门，不开窗，宽度约 1 ～ 2m。规模较大的住宅火巷也可能适当加宽，如个园两条火巷连续长度约 50m，分别宽 2.3m、2.5m。扬州传统住宅火巷两侧多用清水砖墙，以人字形硬山墙为主。条件较好的大户人家使用屏风墙、云山墙等形式的封火山墙。南通传统住宅火巷两侧以混水砖墙为主，基本都用人字硬山墙，火巷一般前后连续，贯通整组住宅。火巷的疏散方式可分为两类：①火巷后端通往后院或后屋，前端通往门屋与正房之间的入口院落，例如扬州东关街个园、地官第 14 号汪氏小苑等（图 9-54）。②在第一类的基础上，火巷某端部直接设置通往外部街巷的大门，

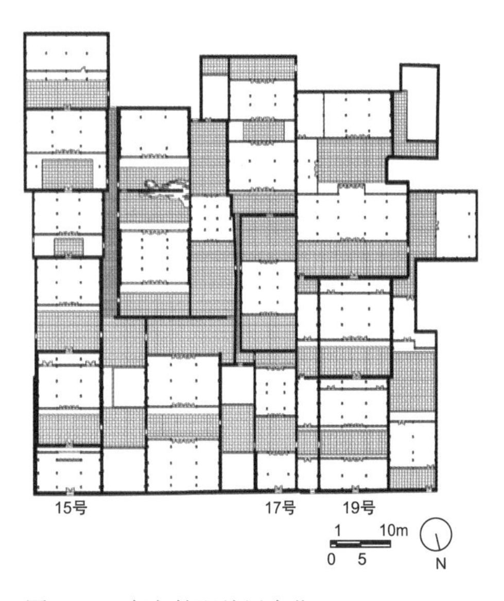

图 9-52　南京甘熙故居火巷

(a) 扬州个园火巷

(b) 扬州汪氏小苑火巷

(c) 南通三衙墩巷23号火巷

图 9-53　扬州、南通地区住宅内部火巷

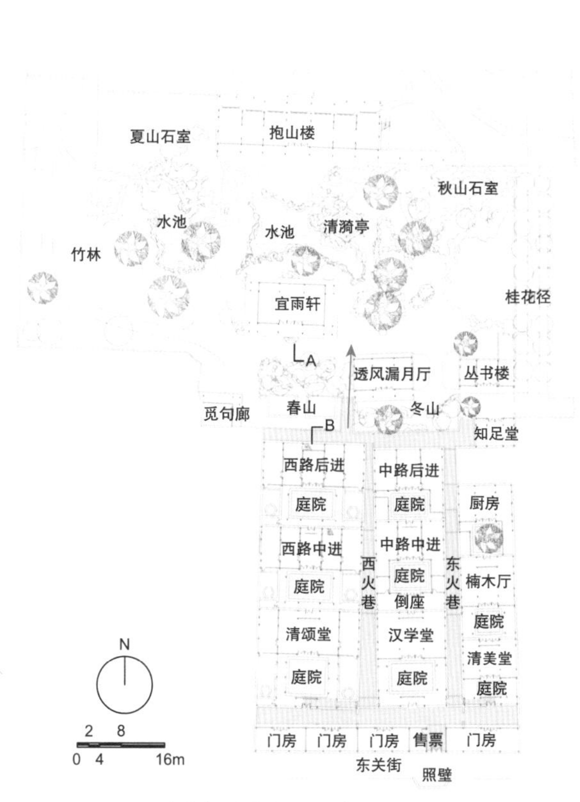

(a) 扬州个园火巷（底图引自参考文献[11]）

(b) 扬州汪氏小苑火巷（底图引自参考文献[11]）

图 9-54　火巷疏散方式类型①

居民入户都要先进入火巷，再经火巷两侧的腰门进入自家院落，例如扬州风箱巷杨氏小筑、南通冯旗杆巷 21 号、南通石桥头 24 号等（图 9-55）。许多火巷内还有水井，受火巷保护而成为有保障的消防水源。

环渤海地区有许多过去的地主庄园，举家聚族而居，整组住宅由若干建筑群组组成，占地面积较大，已相当于一个住区的规模。例如山东烟台牟氏庄园，占地面积约 1.5hm^2，住宅内部巷道称为“甬道”，实际上起到了火巷的作用（图 9-56）。牟氏庄园由三大组建筑组成，每组建筑都由若干路合院式住宅和围合它们的裙房、倒座、后罩房组成。“甬道”是合院之间、合院与裙房之间、组与组之间道路的统称。

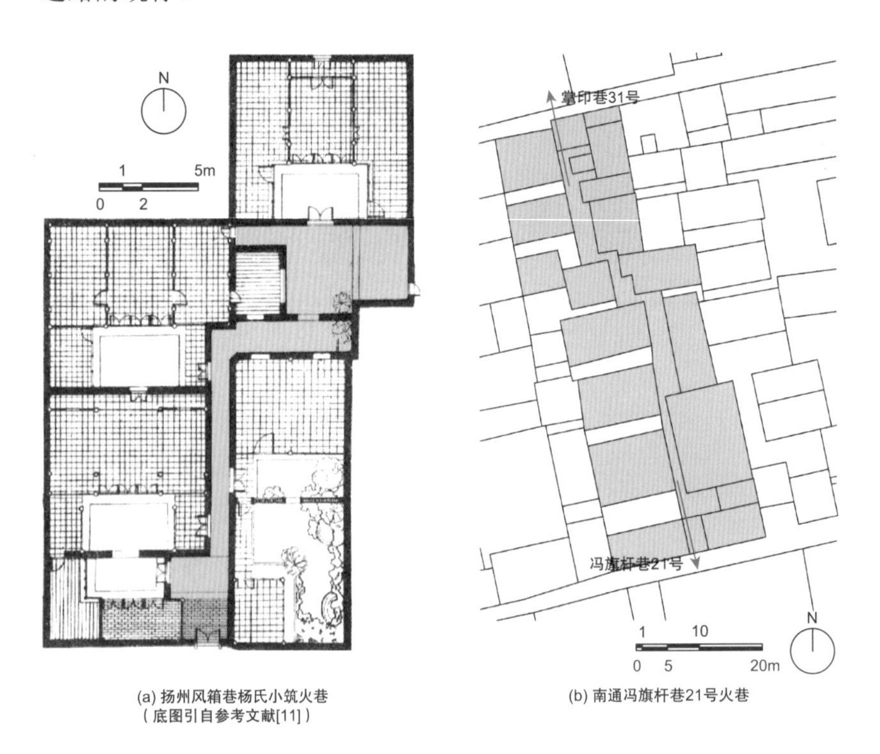

图 9-55　火巷疏散方式类型②

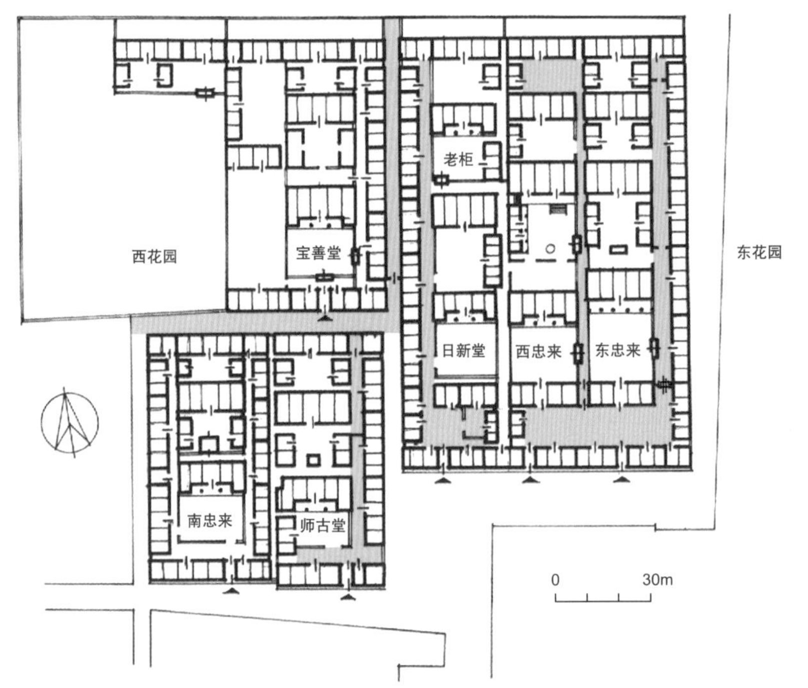

图 9-56　烟台牟氏庄园内部火巷
底图引自参考文献 [9]

东忠来与西忠来（家族内两个家庭分家居住的两组住宅群）之间的甬道由南向北逐渐变窄，南端宽 2.35m，北端宽 2m，连续长度约 50m。甬道两侧为砖石混用的山墙和院墙，墙体十分厚重，厚度达到 480 ～ 500mm，防火能力强于长三角地区住宅墙体。西侧院墙上有通往西忠来院内的门，东侧完全没有门窗，甬道将东西忠来的建筑完全隔开。甬道北端直通后院，南端穿过一扇门通往东西忠来合用的前院。

东忠来与东侧裙房之间的甬道宽约 4m，南端通向东西忠来共用的前院。甬道西侧是东忠来的主体建筑，山墙与院墙上完全不开门窗，东侧裙房则面向甬道开门窗。此条甬道可以保障东忠来的居住建筑不受到裙房用火的影响。

组与组之间的甬道两侧是各组裙房的背面，为便于裙房使用，必然要开一些窗。但此类甬道宽度较大，宝善堂与师古堂之间的甬道宽度超过 6m。牟氏庄园内的甬道既能隔绝火势，又能满足消防疏散的要求，在防火功能方面与长三角地区住宅内部火巷别无二致。

一般来说，住宅内部火巷是住宅内各群组之间的独立通道，有一定宽度，能容两人以上并排通行。火巷还要有一定的连续长度，串联一定数量的防火单元，并通往多个疏散场所，分解一片密集住区的防火负担。火巷两侧尽量做到不开窗、少开门，如需开门则相互错开，使得火巷成为相对两侧建筑较封闭的户外连续空间，和两侧墙体共同组成连续防火带，起到隔绝火势的作用。火巷和两侧院落有必要的门连接，并能顺畅地通向住宅外部街巷或住宅内部开阔地带，在火灾发生时起到疏散作用。

原来的住宅内部火巷在经历了多次产权分割、易主之后，难免需要增设门窗，大大降低了火巷的隔火能力，这些必要的门窗也是现代建筑师在改造中必须应对的问题。也有很多火巷经历加建、遭到堵塞，功能甚至面貌也不复存在。例如南京黑廊巷街区望鹤楼 1 号和 4 号，根据平面图推测，原来应该属于一户人家，二者之间夹有一条火巷。但如今火巷被一分为二，北段属于 1 号，南段属于 4 号，都加盖了房屋，已经完全没有了火巷的原貌和作用（图 9-57）。南通寺街街区石桥头 25 号居民也提到：“原来这里的火巷都能连通前后的街巷，现在我们 25 号这里已经不通了。”现场的情况也确如居民所言，从前的安全通道经过加建，已经变成住宅中疏散最差的部分。这些堵塞火巷的加建住宅大大危害了当地居民的生命财产安全，应当采取适当的措施予以解决。

（2）户外火巷

有防火能力的巷在过去也被称为“火巷”。史料中往往有“开火巷”“疏列火巷”这样的字眼，也提到火巷宽度，但并没有提到

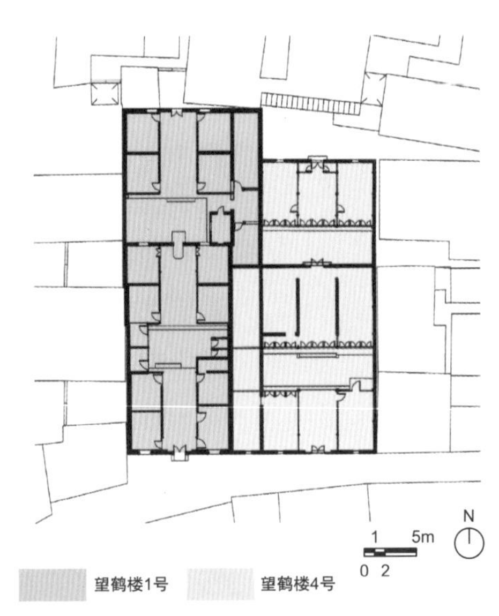

图 9-57　南京黑廊巷街区望鹤楼 1 号、4 号平面图及火巷现状

对火巷两侧建筑的要求，可见当时对于户外火巷建设，注重的是开辟足够数量的巷道，不让大片住宅连续建造，并提供安全的疏散空间，进一步要求巷道有一定宽度，类似于现在要求建筑之间留出足够的防火间距。至于巷道两侧建筑墙体的材料是不是不可燃材料，则要根据实际功能需求决定。

北京现存的胡同十分接近“户外火巷”的要求。北京内城东四、西四两片街区，历来是富贵人家的居住区，居住条件较好，防火方面也考虑得更周到。

东四、西四两片街区内的胡同以东西向为主，南北向的非常少。东西巷胡同间距约 70 ～ 80m，刚好相当于一座大型四进四合院的通进深，或一座三进四合院和一座二进四合院的进深之和。各户人家都足以直接朝胡同开门，不需要借助南北向胡同开侧门就能满足日常进出和消防疏散需求。胡同宽度以 5 ～ 6m 最为常见，最宽超过 7m，胡同两侧建筑檐口高度为 3m 左右，胡同高宽比多为 1 ∶ 2。宽阔的胡同为两侧的住宅留出了足够的防火间距。北京常年刮北风、西北风，原来的一个街坊内有数十条东西巷胡同连续排布，组合在一起有很好的防风效果。火灾若是遇到大风天气，胡同可以避免火势顺风快速蔓延。根据作者在大风天气的实地调研，尺度保持原状的胡同确有较好的防风能力，而胡同中现代新建的多层建筑，改变了原有胡同的空间形态，使街区的整体防风效果遭到破坏，这些新建筑周围的风速也较大（图 9-58）。

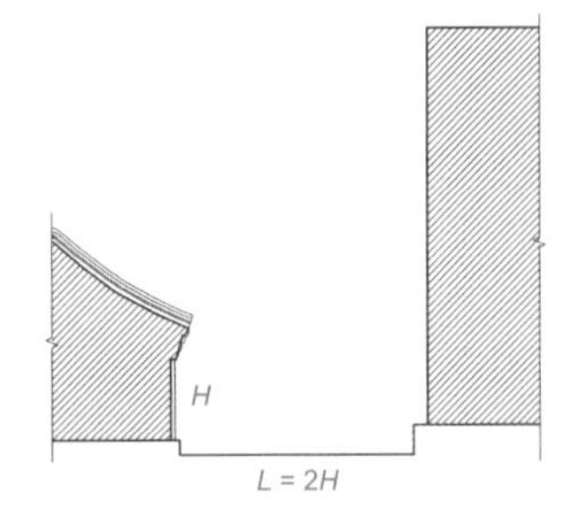

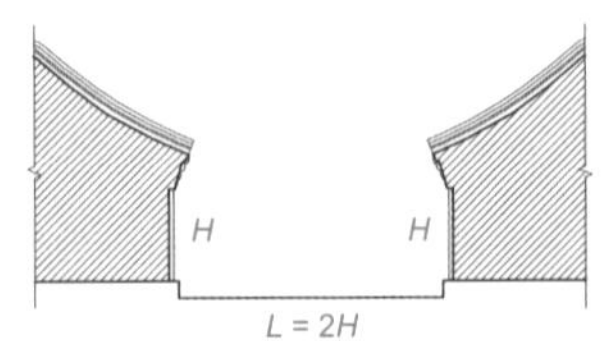

图 9-58　两种空间形态的胡同
上图中，胡同一侧新建多层建筑，风速明显增大；下图为胡同的原尺度，防风效果比较明显

史料中记载北京曾有“火道半边街”，指某段胡同一侧或两侧的砖墙面封闭程度较高，胡同便可作为两侧建筑的隔火带和安全疏散场所，在如今的东四、西四街区也还能见到。四合院大多是坐北朝南布置的，因此，大部分东西走向的胡同都是路北开门

多、路南开门少。胡同路南作为住宅后墙，没有门、少有窗，再加上建筑檐口都做成砖砌封火檐，木结构不外露，路南的墙体就具有较强的防火能力。例如东四三条的东端，路南为孚王府的后院墙（图 9-59），与孚王府最后一进建筑留出一段距离。后墙上完全不开窗，只有一扇后门，这道墙就成了胡同两侧住宅之间的防火墙，这段胡同也发挥了相当于“火道半边街”的作用。

北京的南、北城及城外都是平民居住区或商住混合区，不如东四、西四街区一般有较安全的火巷。清代《都门纪变百咏》记录了前门商业区火灾情况：“大栅栏前热闹场，无端一炬烬咸阳。”前门东侧鲜鱼口街区的草厂胡同是外城胡同中居住条件较好的，为南北向胡同，不具备防风能力，且宽度较窄，例如草厂四条，中部宽 3.5 ～ 4m 左右，两端宽 1.5m 左右，东西向连接的草厂横胡同，宽度只有 1.5m 左右（图 9-60）。草厂三条至九条之间，各条胡同间距约 30 ～ 35m，确实也适应了平民居住的小规模四合院的疏散需求。为保证四合院正房南北向布局，南北向胡同两侧既有山墙又有檐墙，许多胡同两侧的门窗都可错开布置，对着对面的山墙开设，以增强胡同的防火能力。前门外更多区域的居住条件都不如草厂胡同，胡同更狭窄，前门外钱市胡同的宽度更是只有 0.5m。这些区域自然比不上火巷林列的东四、西四街区，而成为北京城的火灾多发地带。

长三角、珠三角地区也有类似北京东西向胡同的做法，例如南通的西南营街区。街区内巷道以东西向为主、以南北向为辅。东西向巷道两侧的住宅外墙较封闭，沿巷开小窗，一些保存较好的老宅沿巷完全不开窗，并将户门开在火巷端部，连续较长一段的住宅外墙都是封闭程度较高的砖墙。这样的巷道也相当于北京的“火道半边街”，发挥了户外火巷的作用（图 9-61）。但西南营街区巷道狭窄，宽度约 2 ～ 3m，且两侧住宅多不用封火檐，木

图 9-59　北京东四三条孚王府后院墙

图 9-60　北京草厂横胡同

椽外露，减弱了巷道的隔火能力。且西南营街区面积较小，东西向巷道一共只有 5 条，没有形成如北京街坊中成片的东西向胡同群，很难起到防风作用。又如南京的某些大宅，采用类似上述北京孚王府的做法，于最后一进之后留出一段距离，建造封闭的后院墙，用作防火墙，与后院墙相邻的巷道就成为一段户外火巷。

此外，长三角、珠三角地区密集住区内，南北向的巷道比环渤海地区更多，巷道两侧以住宅山墙和院墙为主。一些大户人家，连续多进住宅的山墙面临巷，则尽量确保临巷的山墙面都不开门窗，只在院墙上开一些侧门，使这些巷子起到一定的隔火作用，用来保护自家住宅（图 9-62）。此外，有些人家在建屋之初，便将自家山墙与相邻户山墙之间留出窄缝，约 20cm，以增强户与户之间的隔火能力。这类窄缝在后来的修缮过程中，可能是不便于打理，便逐渐被填上了（图 9-63）。

2）备弄

备弄是长三角地区住宅中特有的交通空间。设立备弄的目的本来并不是防火，而是梳理住宅内部交通。大户人家住宅规模宏大，备弄作为辅助性交通空间，使得住宅内部流线更高效。备弄又称"避弄"，是为了让女眷与仆人在家中有宾客时行走，以"避"外人，高效的交通专用空间也客观上提供了畅通的消防疏散通道。备弄一般沿住宅进深方向延伸，位于住宅某侧，在多路并联式住宅中也可位于路与路之间，有的连接宅内数进院落、房屋，有的对外部街巷直接开门，连接整进建筑。备弄与院落之间的隔墙上开门，将院落串联起来。备弄上方有木屋架、瓦屋顶覆盖，其结构与主体建筑靠得很近或直接相连。其隔火能力不如火巷，发生火灾时主要起到疏散作用，也并非完全安全的疏散通道（图 9-64，图 9-65）。然而，随着大户的解体、住宅产权的分割，备弄的地位随着历史的发展也在变化着。现在仍保持居住功能的住区中，过去的大户住宅内现在通常住着几十家人，原来备弄通向街巷的便门现在成为这几十家的总入口，原来的备弄现在是内部出入的核心通道（图 9-66），其消防疏散地位被突出了，安全性也亟待提升。

图 9-61　南通西南营 54 号沿巷住宅

图 9-62　苏州铁瓶巷住宅

图 9-63　无锡清名桥街区某住宅间窄缝

图 9-64　苏州卫道观前潘宅备弄

图 9-65　苏州马医科巷 39 号备弄

图 9-66　苏州马医科巷 39 号备弄出入口

9.3.2　街道的疏散核心作用

传统密集住区中的街道作为住区之间的交通要道甚至交通轴线，宽度较住区内的巷更大，串联起两侧的住宅，发生火灾时是重要的疏散场所。街道作为商业等公共活动中心，两边的店铺需要向街道开放，较大的人流量也增加了火灾隐患。沿街建筑在享受交通、疏散便利的同时，也需要做好沿街面的防火措施。

在沿街密集住区中，街道宽度较大，位于各密集住区之间，起到火灾时疏散核心的作用。因此，街道两侧连接若干巷道，以供住区内部居民通向街道；沿街建筑也会充分利用本宅的沿街面，开设宅内便捷通道通向街道。

以扬州市东关街为例，东关街是扬州城里最具有代表性的一条历史老街，东至古运河边，东端原有古运河埠头，西至国庆路，全长 1122m。根据考古挖掘及文献考证，东关街在历代扬州城中都是重要的东西向轴线，是商业、手工业和文化活动中心，是周边居民的生活场所和交通要道。

东关街作为密集住区之间的重要街道，起到疏散核心的作用，街道两侧分布着通往两侧住区内的小巷，巷道保持一定密度，不会使建筑沿街面连续长度过大。东关街现存几段巷道密集的段落，相邻两条巷道之间的间距以 20 ～ 30m 为多，大约是 2 ～ 3 路建筑的面阔总长（图 9-67）。其中，某些巷道有路名，甚至有历史可寻，和住区内部其他巷道连接；有些巷道没有名称，只是建筑之间的窄道，更多住区内部住宅可以直接借用主街作为消防疏散场所。

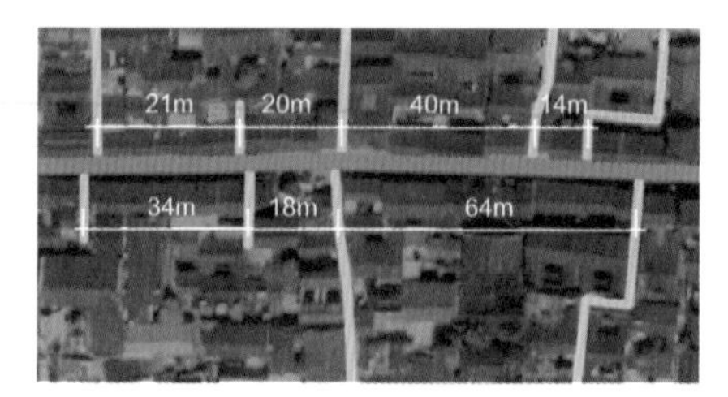

图 9-67　扬州东关街部分段落巷道间距示意图（底图出自奥维地图）

东关街上的某些住宅，为建筑中不沿街道的部分设置了沿街出入口，利用上文中建筑之间的窄道直通街道，或于沿街专门设置门屋，作为安全疏散出入口。例如东关街 97 号（图 9-68），现存门房与一进房屋。门房只有一间，沿街设置，面宽 2.8m 左右，进门向西穿过一个小门洞为主体建筑的前院。门房各面都为整面砖墙，与两侧的建筑完全隔开，是连通内部住宅与街道的安全通道，周围沿街建筑一旦失火，内部建筑中的居民不至于被堵在宅内。

类似的做法也出现在宜兴市丁蜀镇古南街上。古南街是沿山水走势、平行于河道的线性街道，沿街住宅以多进院落式建筑为主，面阔小而进深大，居民进出后进建筑都要穿过第一进沿街建筑。某些住宅第一进某侧或中间设有通道，被称为“夹道”。夹道常年不封闭，进入后进建筑可以不穿过第一进建筑。有些住宅经产权分割，前后两进分属不同人家，则夹道不设门，作为后进住宅的公共出入通道。以古南街 97 ～ 121 号曹婉芬故居为例（图 9-69（a））。曹婉芬故居前后两进建筑，中间围合出一条窄长的天井。第一进建筑有两层，面阔三间；第二进只一层。该组建筑是曹家的陶器店旧址，为古南街上典型的前店后宅式住宅。如今沿街建筑南侧一间为“得义楼茶馆”，北侧两间仍旧作为陶器店。第二进建筑为得义楼老板的生活

图 9-68　扬州东关街 97 号住宅平面图及门屋照片 [16]

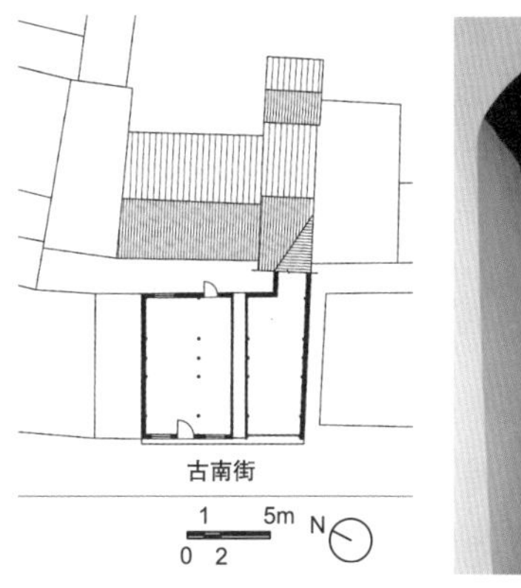

(a) 宜兴古南街曹婉芬故居平面图及夹道

(b) 宜兴古南街198号夹道

图 9-69　宜兴丁蜀镇古南街沿街住宅夹道

场所，也是古南街工作人员吃午饭、休息的地方。沿街建筑一层明间有一条夹道，连通街道与内部建筑，居民平时进出便不需要穿过陶器店或者茶馆，发生火灾时也可通过夹道及时逃出。除曹婉芬故居外，南街上的许多住宅，例如古南街 1 号、古南街 76 号、古南街 194 ～ 200 号等，都沿街设置了夹道。如今，一些民居的夹道被用来堆放杂物，其疏散作用也不复存在（图 9-69（b））。

街道的疏散作用在珠三角城市的传统密集住区中同样突出。珠三角的竹筒屋式密集住区中，竹筒屋主要利用街道作为消防场所，因为每座竹筒屋面阔只一间，一座竹筒屋内各屋全在进深方向发展，总进深超过 10m。部分竹筒屋内有一条内部通道，在当地称“冷巷”，位于住宅一侧，从最后一进房间一直通到门厅。多层竹筒屋的冷巷正上方是楼梯，通常从外部街道直接通向楼层，不需经过一楼的门厅（图 9-70）。“冷巷”之名可见其本身有通风降温的作用，而在面阔窄、进深大的竹筒屋内，冷巷是后进房间和楼上居民的便捷通道，也是火灾时的疏散通道，便于居民快速逃出住宅，利用大街疏散。

密集住区通过火巷、备弄和街道组成完整的消防疏散系统。火巷、备弄分布于密集住区各处的住宅内和住宅之间，分别承担不同区域的消防疏散，不经过主体建筑而直接与住区内各巷道、开阔地带连接，并连通外部街道，兼有辅助交通和消防疏散的功能。

图 9-70　竹筒屋冷巷上部楼梯

密集住区内部、沿街建筑内部，尽可能在沿街面开设通往街道的通道，防火并不是这一做法的唯一原因。街道本就为沿街建筑提供了交通、商业地段等各种优势，不直接临街的建筑利用沿街面开设内部通道，本就是街道的优势向密集住区深处辐射的体现，而消防疏散优势是其中重要的一项。例如本节所述扬州东关街 97 号住宅，将临街的通道做成独立、安全的门房，则是加强其消防疏散优势的做法。

9.4 水环境的利用与处理

9.4.1 临河密集住区消防取水

临河密集住区通常利用河渠作为消防用水的主要来源，所谓“救焚者必取水速而且多，方能灭火”[①]。在发达地区中，长三角水网密布地区密集住区取水最为便利。临河密集住区的居民通过河渠获得生活用水，解决交通运输需要，并建立起覆盖整个住区的生活用水和消防用水体系。临河密集住区既有街坊式密集住区，又有线性密集住区。

河道对临河密集住区消防的影响从古至今一直存在，以宜兴丁蜀镇古南街街区为例。过去，古南街的消防用水分别来源于临近的蠡河以及街道内的消防蓄水。蠡河的存在最早可追溯到宋代。自明末以来，随着烧窑产业的发展，古南街形成有一定规模的聚居地。蠡河也从那时起，为街上的居民提供运输便利、生活用水及消防用水。发展到当下，随着自来水的普及，人们不需要依靠家中储水解决生活用水，消防蓄水的意识也渐渐淡漠。但河水仍然是发生火灾时，居民初步自救的首选。据南街 51 号居民描述，离现在最近的火灾发生在十几年前。火灾发生时，消防车一时未能到位，附近的居民都各自拿着水桶、脸盆，依次到河边打水、接水、扑救，才没有让火势蔓延。

临河密集住区因建筑密度大，并非所有住宅都有直接临水的界面。人们通过设置“河埠头”，并开辟通河巷道，给住区内不同位置的居民提供取水便利，并通过完善水道疏通制度，保证火灾发生时消防用水充足。

1）河埠头

临水住区的居民常常在河边建造河埠头。河埠头是联系水与陆的纽带，河岸与河面有一定高差，河埠头通过条石砌筑的踏步把人引向水面。有时踏步要多砌几步到水面以下，以应对水位的升降。过去，人们通过河埠头汲水、洗涤，船只在河埠头边停靠。发生火灾时，河道也提供了直接取水的便利。河埠头与住宅、驳岸结合的形式比较丰富，根据河埠头和密集住区的位置关系，可分为私家河埠头和公用河埠头。

（1）私家河埠头

直接临水的住宅，一般面街背河而建，临水一面开设后门，设置私家河埠头通向水面。密集住区住宅大部分占地面积小，且面阔短、进深长。这类住宅通常结合自家住宅的尺度选择砌

①（清）葛士濬辑《清经世文续编》（清光绪石印本）卷三十九，第 14 页。

筑河埠头的位置，并合理地布置室内功能，以满足生活和消防需求（图 9-71）。

若建筑沿河面宽较小，则首选将厨房、柴火间等用火较多的辅助功能空间布置在临水的位置。例如绍兴下大路陈宅，位于现在的新河弄历史街区北部（图 9-72）。建筑坐北朝南布置，前门临街，后门临河。河埠头占满整个面宽方向，突出河岸，以便获得最大的临水使用空间，也便于火灾发生时取水灭火。因用地狭长，建筑面阔只有一间，面宽不足 4m，进深达到 12m，所以建成三层，以获得足够的使用面积。一层前后两分，沿街部分作为起居室，沿河部分用作厨房、餐厅，二、三层都用作卧室。楼梯设在建筑中部，隔开起居室和厨房、餐厅。厨房临近河埠头，既便于日常生活取水，炊事失火时也能及时取水扑救。从二、三层卧室经楼梯、起居室至街道内，又是一条不经过厨房的完整逃生路线。

若建筑沿河面宽较大，则可以沿河增设杂物间；住宅规模较大者还会沿河增设凹廊、内院或其他功能的房间。例如苏州剪金桥巷某宅（图 9-73），沿河面宽较大，则于住宅沿河处设置内院，河埠头凹入建筑内部，挨着内院砌筑。发生火灾时，内院是临时疏散空间和灭火的操作场所。又如苏州某一沿河民居（图 9-74），面阔三间，沿河正中设置河埠头。左右两间其中一间作为厨房，沿河开门经河埠头直接通到水面。另一间由于分户居住，原来功能已不可知，现作为另一户的厨房。虽然没有河埠头，该户居民依然沿河开门，用其他方式从河道取水。

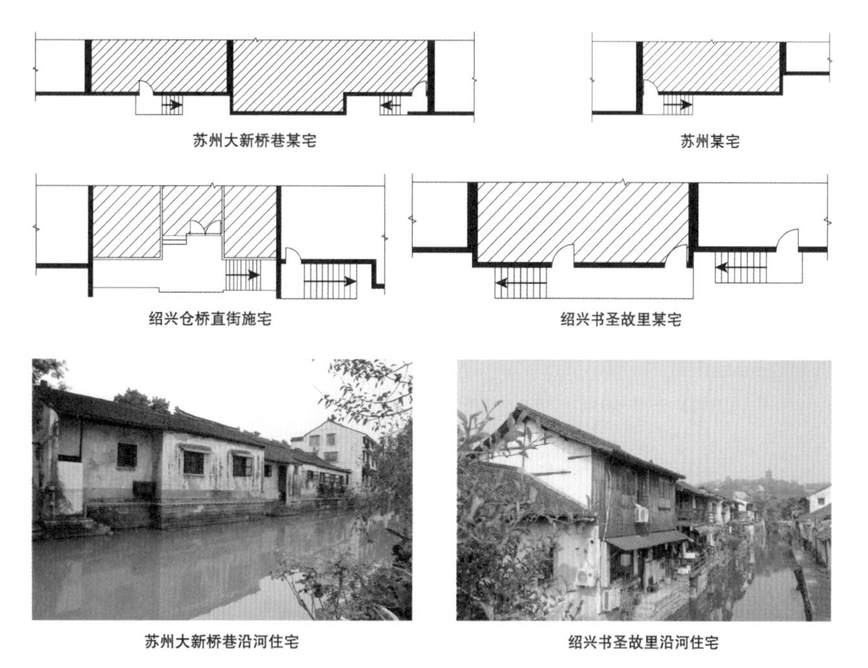

图 9-71　不同私家河埠头和住宅位置关系示意图及照片

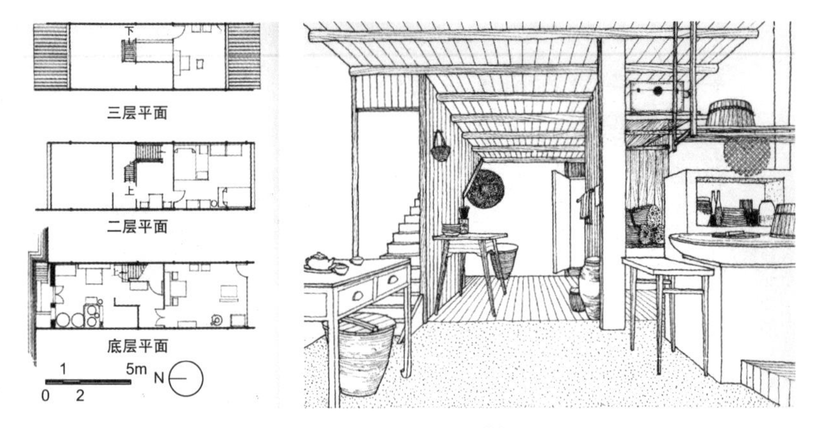

图 9-72　绍兴下大路陈宅平面图及沿河室内陈设[3]

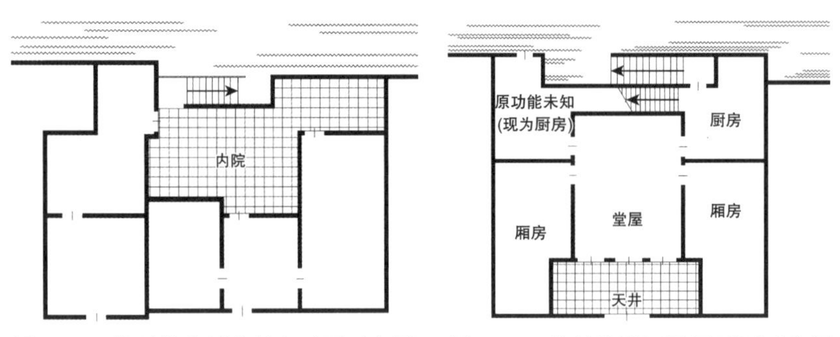

图 9-73　苏州剪金桥巷某宅平面示意图　图 9-74　苏州某沿河民居平面示意图

（2）公用河埠头

依据河埠头与道路、住宅的关系，各种形态的公用河埠头主要可分为两类。第一类位于沿河公共街道上，沿河住宅主入口面向沿河街道开设。第二类位于临河建筑之间。为了便于不临河的居民取水、利用水上交通，在临河建筑之间开出巷道，巷道连接内部街道和公用河埠头。

公用河埠头需要服务于较大范围内的居民，需要有足够的操作空间，以便于火灾发生时居民有序、高效地取水救火。例如宜兴丁蜀镇古南街某河埠头（图 9-75），凹入河岸内，两边都有台阶下到沿河平台，台阶宽 1.6m，可供两人并排上下，整个河埠头全长达到 13m。沿河街道一般比内部巷道更宽，于河埠头处更要放宽。苏州平江路街区大新桥巷沿河街道宽度为 2.2 ～ 2.5m；苏州阊门内下塘沿河街道宽度在 3m 以上（图 9-76）；宜兴丁蜀镇古南街经过河道拓宽，现状河边有 3.5 ～ 4m 宽的沿河道路。沿河现存三处河埠头，北部两处河埠头旁的街道拓宽至 5m；南端河埠头旁还留有过去的水井遗迹，该处街道宽度放大到 10m 以上（图 9-77）。

第二类临河建筑之间的河埠头因受到建筑间距的限制，沿岸宽度有限，但可以靠两种方式扩大操作空间。一是临河建筑不多的情况下，两边建筑各退开一些，直接拓宽通河道路。例如苏州山塘街

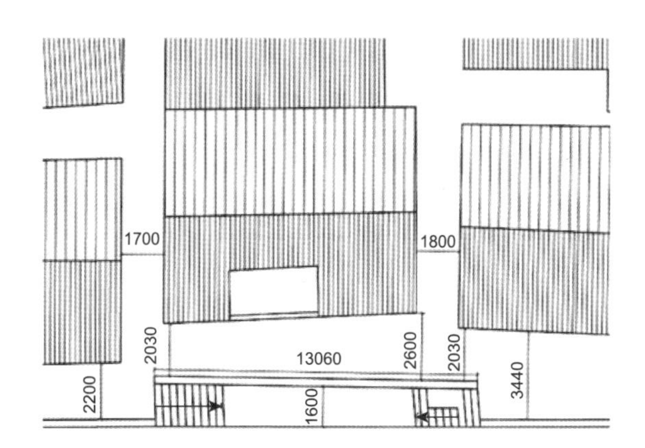

图 9-75　古南街某河埠头平面图及照片

图 9-76　苏州阊门内下塘沿河街道

图 9-77　古南街拓宽后的沿河街道

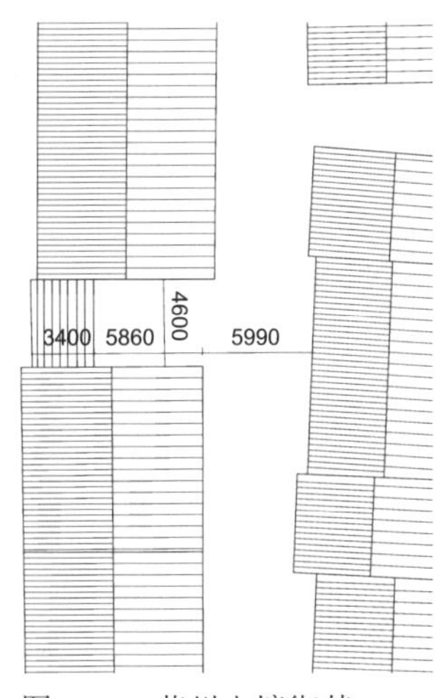

图 9-78　苏州山塘街某河埠头

上某处河埠头宽度达到 4.6m（图 9-78）。二是在通河道路的尽端砌出临河的平台，再于平台沿平行河道的方向砌出石阶，形成“L”形或“T”形的河埠头。

沿河岸连续设置河埠头，缩短了住区内各户取水所需行走的距离，发生火灾时可以迅速取水。以宜兴丁蜀镇古南街区为例（图 9-79），古南街街区沿岸现存的三处河埠头中，北端两处河埠头相距约 50m，南端河埠头距中间的河埠头超过 150m。以北端两处河埠头为例。图中标出了沿河及沿街各户通向河埠头所需行走的大致距离，可以从中看出，这两处河埠头之间的住宅不论沿河或沿内部街道分布，通向河埠头的单程距离大部分在 50m 以内。一旦某户发生火情可以迅速取水救火，在有序组织的情况下，周围的居民也能迅速赶来救援。

2）通河道路

临河密集住区内的住宅也并非全部沿河而建。临河密集住区由河、街、屋共同构成，以河为轴，街和屋平行于河道，形成“河—街—屋—街—屋”或“河—屋—街—屋”的序列（图 9-80）。其中某些住宅群达到一定规模，相当于一个街坊的大小。因此，不沿河居住的居民需要借助通河道路，去到河边的公用河埠头取水。

图 9-79　古南街北端两处河埠头周边住宅取水距离示意图

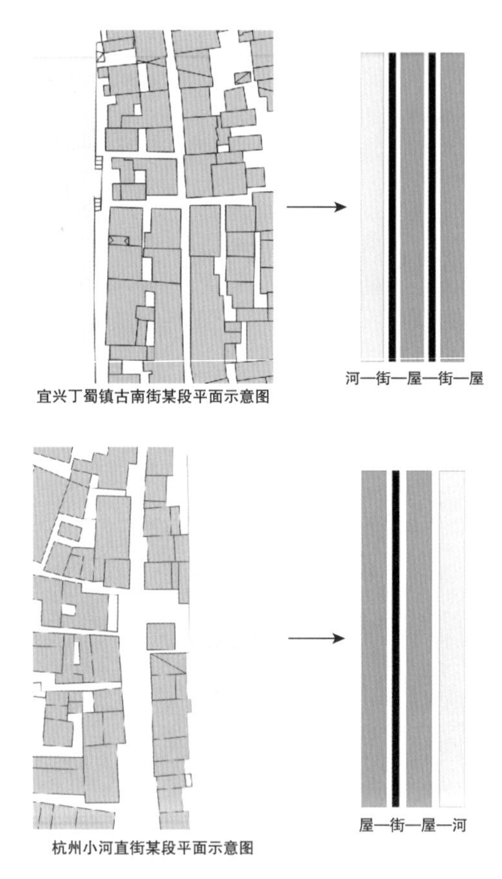

图 9-80　河、街、屋空间形态示意图

通河道路在某些地区被称为"水弄堂"。"水弄堂"现在的含义已经发生了变化，有时直接指代可用于通行的河道；有时作为一整片临河街区的代称。例如无锡清名桥历史街区中跨塘桥至清名桥一段900m河道及沿河街区，都被称为"水弄堂"。阮仪三先生曾在一次访问中提到"水弄堂"的本来含义："'水弄堂'这个提法原来是指水乡小镇的一种弄堂。水乡小镇往往一面临水而建，临河的建筑通过私家码头、公共码头到河里汲水、洗东西。为了方便不临街的住户，在临街的建筑中辟出一条弄堂，弄堂尽头都建有码头。不临街的住户可以通过水弄堂去洗东西、担水。现在把900m称之为'水弄堂'和原来的意思有点不同。但既然都这样提，也未尝不可。"[18]"水弄堂"的原本含义，证明了临河住区的居民很早就学会巧妙利用街巷布局，以便各家各户都能享受河道之便。

通河道路对临河密集住区的安全十分重要，水网密布的城市中的密集住区，更需要清理通河道路上的一切障碍，以确保火灾发生时取水便利。在这一点上，官府和普通居民都十分重视。以苏州为例。清《（同治）苏州府志》卷五中记载："乾隆八年癸亥夏四月，巡抚陈大受、知府觉罗雅尔哈善，建南濠水衖凡五，防火灾也……南濠向称阛阓[①]百货所萃，又地窄而重楼，一失火则濠在咫尺而水无。自起蔓延者动数百家。”[②]卷三十三中记载：“自阊门内外至皋桥而达吴趋坊，旧有水巷，每数十家则中断为隙道设有，不戒可以泄郁滞而挹河流，援救良易所系重矣。而居民利此尺土，日久侵为室庐……既为清出，俾复其旧。有不备者增之，永严侵占之禁焉。”[③]书中的水衖、水巷便是指通河道路，除了有日常取水的作用外，还是援救火灾之取水通道、清积水之泄水通道。官府要不断对它们进行管理，以免被居民侵占而遭到堵塞。以绅商为首的居民也积极参与清理通河道路的事务。根据光绪年间《吴县示禁清理张广泗桥附近摊柜以防火灾而通水埠碑》[19]中记载，东中市上下塘发生火灾，原可依靠张广泗桥四角的水埠取水，后皆被各商铺侵占，其中沈万兴鸡鸭店甚至占据通水埠之道路。之后发生火灾，便只能舍近求远，至皋桥及泰伯庙桥取水。附近绅商便牵头清理四面的水埠，并上书吴县知县，请求拆除沈万兴等店铺占据水埠及水道的柜台、摊棚，获得批准，并公示，“自示之后，该桥堍四旁不准摆出柜台，桥面桥堍亦不准摆摊搭棚，以防火灾而通水埠。”

现存临河密集住区的实例中，宜兴丁蜀镇古南街街区通河巷道密度比较合理。古南街街区东面临山、西面临河，有一条平行于南街的沿河道路。南街作为中轴线，将整个街区分成临河、临山两个部分，通河、通山巷道垂直于南街，分列于南街两侧。街区临河部分共有 7 条通河巷道，距离最近的两条之间相距 10m 左右，仅间隔一路住宅；距离最远的两条之间相隔约 50m。街区临山部分包括通山巷道和沿街住宅之内的夹道（见 9.2 节），便于临山住宅的居民去往主街与河边。其中有三条通山巷道与通河巷道直接相接，其余通山巷道、夹道与最近的通河巷道相距 10 ～ 20m。通河、通山巷道的组合，使得街区内大部分住宅通向沿河道路的距离在 50 ～ 80m 左右（图 9-81）。

传统密集住区用地紧张，沿河用地更是珍贵，一些临河住区中成片建筑贴河而建，没有留出沿河道路。居民则通过各种方式开辟通河道路，直接通向水埠头，既满足取水需求，又充分利用了沿河的土地。以杭州的小河直街为例。小河直街最早可追溯到宋代，由临安城外的草市发展而来。借助运河之利，小河直街在历代都是杭州城外的交通枢纽和商业繁华地段，是典型的传统商住混合式街道。沿河的河埠、码头不仅是居民获取生活用水的场所，更是人员和货物的中转站，贴河建屋可以获得更大的交通便利和商业利益。因此，居民们在沿河建筑之间开辟道路，直达河埠头。道路形式有三种：

①直接在两座建筑之间留出通道。较窄的巷道只有约 1.1m 宽（图 9-82（a））；较宽的作为沿河码头的前部广场，例如方增昌酱园对面的码头。

①阛阓，指街市、街道。
②（清）李铭皖纂，冯桂芬修《（同治）苏州府志》（清光绪九年刊本）卷五，第 11 页。
③（清）李铭皖纂，冯桂芬修《（同治）苏州府志》（清光绪九年刊本）卷三十三，第 3 页。

图 9-81　古南街街区通河巷道示意图及照片

②通河道路宽度较大，在两侧建筑之间搭建屋顶，前后没有围护结构，形成沿河灰空间（图 9-82（b））。带屋顶的通河道路除了便于取水，还可以起到遮风避雨、临时存放等作用。若火势延烧至此，可将此处屋顶用工具拆毁，断绝火焰延烧的路线。

③沿河建筑建成两层，底层架空，或开出一条通往河边的夹道，或架空整个底层，形成类似第二种的沿河灰空间（图 9-82（c））。该建筑剩余部分依然可以正常使用。

上述二、三两种形式，在留出通河道路的同时，还充分利用了沿河的土地。但如果通道两侧建筑失火，则容易顺着通道上部构筑物蔓延，这种情况下该通道就不再是安全的取水通道。临河密集住

(a) 类型①（小河直街13号南侧）

(b) 类型②（小河直街4号南侧）

(c) 类型③

图 9-82　三种类型通河道路实例照片

区中，通河道路的形式、数量，应当都是居民们根据各家需求权衡利弊之后达成共识所形成的结果。此外，临河密集住区还需要依靠挖凿水井、蓄水池、置备蓄水缸等措施，与河道一起形成更有保障的消防蓄水体系。

3）水道疏通

过去，人们通过疏通城市河道，确保河道过水畅通，对降低沿河住区火灾危险起到了极大的作用。宜兴丁蜀镇古南街 51 号居民描述一次火灾现场："消防车在河边，管子一头放在河里吸水，一头向里喷水。但是喷几秒钟就喷不动了。因为河里都是垃圾，把管子一头堵住了。"清代中后期开始出现消防车，早期的人力水龙需要大量人力从就近水源运水，若临近的河道干净、流动顺畅，则能大大提高运水效率；后来的洋水龙和消防车，也要从河里吸水灭火，河道畅通则不会堵塞水管。

疏通水道对居民生活各方面都有益处。而在防火方面，满足水流通畅、河道清洁两个条件，有益于火灾时迅速取得清洁的水。以南京为例。康熙《上元县志》卷九"建置志"中就曾提到"水道既通，火患永息"，因而对秦淮河道勤加疏浚。雍、乾两代疏于治理，河道渐塞，城中的官绅们便自行出资疏浚河道。城内河道因与城市生活直接相关，优先得到治理。道光年间，因水关年久失修、启闭不利，遂被堵塞，整条内河遂成死水。《金陵水利论》中记载："日倾污秽之物，荡涤无从，壅遏愈甚。次年壬辰春夏之交，满河之水变成绿色，腥臭四闻，时疫大作。"[20]这一做法违背了上述"河道清洁"的条件，杂物堆积的污秽之水，显然会给消防造成极大的障碍。同治至光绪十年之间，官方才又多次疏浚城内外淤塞的秦淮河道，保证河道畅通。民国年间，南京的水道依旧被当作重要的消防水源。如今的东水关还留存有当年的界碑，上书："设立水道，专备火患。大小船只，永禁系缆。驳岸崖墙，尤宜防范。"界碑告诫居民不要沿岸停泊船只，以免阻碍消防取水。

9.4.2　住区内消防蓄水

非临水密集住区内的居民很难通过城市水系直接获取生活用水和消防用水，因此，通过家家户户常备消防用水的方式来应对火灾，包括设置蓄水缸、挖蓄水池、掘水井和设置水体景观。消防水源的服务范围必须覆盖住区的每个角落，才能确保任意一处火灾都能得到及时扑灭，因此，对蓄水设施的位置、密度都有一定要求。消防蓄水体系可以追溯到春秋时期，《墨子·备城门》

中就曾记载守城所需的消防水源配置："百步一井，井十瓮，以木为系连，水器容四斗到六斗者百。"说明水井、水缸、水桶在当时是一套完整的消防蓄水系统，且在蓄水设施较原始的条件下，水井、水缸、水桶的数量、配比和分布密度等问题都很重要。早期的历史文献中，对密集住区消防蓄水的记载很少，有记载的多是出于军事目的而蓄水以防兵火。明代以后，关于城市住区日常消防蓄水的记载才逐渐增多，辅以本地居民访谈和实物遗存，可以对传统密集住区消防蓄水进行探讨。

1）水缸、水池

传统密集住区内的蓄水缸，本来是居民用来储备生活用水的设施。根据南通寺街街区火场头 002 号居民讲述，过去，当地居民一院之中常备 3 ～ 4 个水缸，时常保证水缸是满的，每个水缸可以装 8 ～ 10 担水。水来源于"天水"（即雨水）和井水。当时也不是每家都有水井，没有水井的人家只能去护城河打水，储满一次可以用几天。现在位于长三角地区苏州、南通等地的密集住区内，还能看到很多过去的蓄水缸，大部分已经弃置不用了。有的人家将水缸内重新注满水以养殖花卉，不失为一种很好的再利用（图 9-83）。密集住区街巷复杂，发生火灾时，消防队可能一时难以到位。居民自行于家中蓄水，可以将灭火任务分摊至各户，不仅能防患于未然，还能在火灾初期就采取措施，对密集住区的安全至关重要。

图 9-83　蓄水缸的再利用

在住区内各街巷中设置蓄水缸，则是为了在火灾发生时，消防队可以就近获得消防用水。清以前救火完全依靠人力，清以后出现水龙等灭火设备，和人力共同发挥作用。各种救火方式对用水量的要求不同，但都要求有数量足够、分布合理的蓄水点。

乾隆十七年（1752 年）订立的《治浙成规》中记载了杭州的"官水桶"制度，为密集住区消防蓄水制度较早的记载："杭城向设官水桶，储水以备不虞，但日炙雨淋最易朽坏。今应确查水桶现在有无存储，实有若干，交各总保收管，满储以水，毋听损坏……各居民仍循蓄水旧制各于门旁储水。"[①]这一记载并未说明水桶的大小和具体数量，但说明此时杭州确有为防火而订立的消防蓄水制度。只是水桶为木质，日晒雨淋后易朽坏，管理成本较高，难以持久。

从皇宫到民间，许多地区都曾实行"太平缸"制度。"太平缸"即为蓄水缸，民间的太平缸大多用陶土烧制，和木质水桶相比，不易损坏。以南京为例，清末同治、光绪年间，江苏布政使梅启照在任时（1869 ～ 1877 年），南京城的太平缸制度有所推动。据记载，梅启照令各水龙局于辖区添置太平水缸 10 只，每只可以储

①（清）陈璚等修，（清）王棻等纂《（民国）杭州府志》（民国十一年本）卷七十三，第 21 页。

水 20 担。发生火灾时，水桶 10 担跟随一架水龙。这一政令确定了太平缸数量以水龙局辖区为单位设置，最小蓄水量也确定下来。此时南京水龙局由官府管理、民间运营，水龙局和保甲组织共同负责维护水缸。如若官府管理不当，则民间士绅会出面维护、清理，消防蓄水量只能增加、不能减少。如光绪十五年（1889 年），士绅徐闻韶出资，雇工匠将旧水缸破损的缸盖等修好，同时购置太平水缸 20 只。保甲局每地段的负责人在维护城市治安中也要保证“太平缸一律挑水注满，以为有备无患”。各救火组织也应当清楚辖区内的蓄水点分布，确保发生火灾时救火行动的高效开展。

环渤海地区实行太平缸制度相对困难，因冬季寒冷，缸中蓄水冻结成冰，火灾时难以取用，且容易使水缸炸裂。紫禁城内的太平缸都是铜缸或铁缸，顶部加盖。在严寒季节，水缸架在特制的石圈上，于石圈内烧炭火，昼夜不熄，保持水不被冻结（图 9-84）。这种做法成本极高，在民间已看不到实物遗存。但这一做法大大提高了住宅的安全性，可以推测，过去环渤海地区富有的人家也可能采用。长三角地区也有在水缸里放入毛竹筒的做法，冬天水缸里的水结冰时，利用毛竹筒的弹性抵消冰的压力，使水缸免于炸裂。

图 9-84　故宫里的太平缸

扬州城内曾实行“水仓”制度，最早可考证至清代中后期。清代杂记《浪迹丛谈》中记载：“扬州城内街巷多设水仓……相传乾隆五十九年四月，新城多子街一带不戒于火，每延烧彻昼夜。有余观德者，人颇豪侠，视而悯之。因创设水仓，其地在人烟稠密距河稍远之区。买屋基一所，前设门楹，中为大院，置水缸百十只，满贮以水。复置水桶百十只，兼设水龙一二具，扬州俗语谓之水炮。设有左近报火者，汲桶可以立集，炮夫可以即行。”[①]扬州的水仓制度可谓是太平缸制度之集大成者，将水缸、水桶、灭火设备集于一处，并建造屋宇予以保护。水缸数量庞大，蓄水量多；水桶数量也足够水龙使用，整个水仓相当于一个自给自足的“消防站”。发生火灾时，消防设备和消防用水可以同步出发，对火灾现场附近水源的依赖程度大大降低，在当时是相当高效的救火程序。

除了在街巷、住宅内放置水缸，有些城市密集住区内还挖掘固定的水池，专门用来应对火灾等突发事件。据《（咸淳）临安志》中记载，南宋临安城内曾设置“防虞水池”，全城共计 22 处，并记载了各防虞水池所处的位置。扬州地区的水仓也有以蓄水池形式存在的，如 2008 年皮市街整治时，曾挖出清代的蓄水池，可蓄水数十吨，皮市街水仓巷也因此得名。蓄水池和水缸共同确保了密集住区内消防用水常年充足，但因灵活性较差，随着

① （清）梁章钜撰《浪迹丛谈》（清道光二十七年刻本）卷二，第 9 页。

消防技术的进步而作用不断减小，在历年整修中便逐渐消失了。蓄水缸、蓄水池因其同时适用于消防器械及人力救火，在很长一段时间内起到了重要作用。随着新式消防器械的普及和消防栓的引入，蓄水缸的作用也在减弱。但除了上海、天津等中心城市外，在许多中小城市密集住区中，蓄水缸的消防作用还是延续了很长时间。

2）水井

开凿水井与置办水缸相似，也是在满足生活需求的基础上，被当作重要的消防水源。和水缸一样，水井既有家用私井，也有街巷内的公井。在水资源丰富的城市，水井可以遍布全城。根据新中国成立之初的调查，苏州城内有水井 20 000 余口，相当于平均每 700m^2 就有一处水井。各地方官府都会以防火为目的，时常关注水井疏通的问题。如《治浙成规》中提出：“各处井座如有淤塞，地方官亦须通查，劝谕绅士倡捐，淘浚深盈，以滋济益。”①

值得注意的是，许多地区都会在密集住区内某处开凿连续排列的多口水井，主要目的就是防火。苏州浒关地区曾发现数十口井密集设置于一处，该位置离河道较远，这些水井是作为消防水源而设。民国年间，苏州警察厅曾发布保护水井的布告：“接驾桥西首朝北门面一间，疏凿双眼公井一口，题名‘涌金泉’，实因该处屡遭火患，甚至焚毙人口，取水维艰。”[21] 许多城市还有双眼井的遗迹存在，例如南京秦淮区建康路附近还存有一处双眼井，井台宽阔，有足够的取水操作空间。杭州满觉陇路附近还留有一处四眼井（图 9-85）。多口井密布于一处使得该处消防水量更充足，日常生活中也可供多人同时取水，是一举多得的做法。

图 9-85　杭州满觉陇路四眼井

3）景观用水

多进院落式住宅中，某些院落作为主人休憩的场所，会在院中制造水景，或全部做成水院。这种水院不似园林一般具有自然意趣，却也在有限的空间里营造出宜人的环境。除此之外，水院客观上也成为该住宅内一处重要的消防水源。环渤海地区住宅内基本不用水院，只有大户人家才会在开敞的院落内开挖水池，制造水景。例如北京南锣鼓巷街区帽儿胡同 7、9、11、13 号，为晚清大学士文煜的宅邸（图 9-86）。其中 9 号院内有一园子，内有宽阔的水体景观。长三角地区住宅水院更为精巧，有时水体占满整个院子，例如苏州建新巷董氏义庄的后院（图 9-87），及无锡惠山古镇绣嶂街 13 号陆宣公祠后院（图 9-88）。陆宣公祠后院水面上还有石桥跨越，作为连通前后建筑的通道，发生火情时取水也很便捷。

①（清）陈璚等修，（清）王棻等纂《（民国）杭州府志》（民国十一年本）卷七十三，第 21 页。

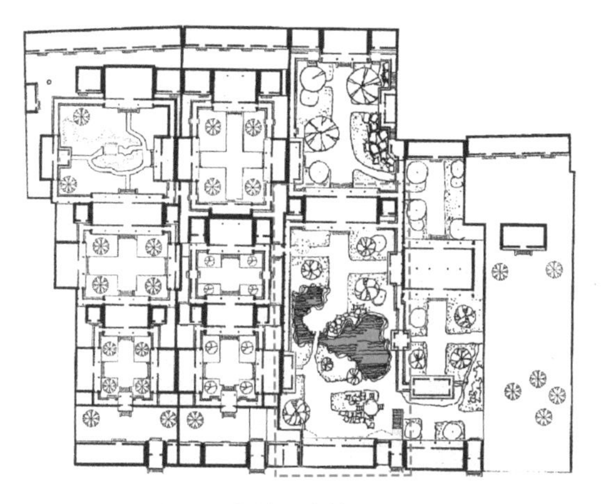

图 9-86　北京文煜宅景观水池
底图引自参考文献 [7]

图 9-87　苏州建新巷
董氏义庄水院

图 9-88　无锡绣嶂街
陆宣公祠水院

传统密集住区消防十分依赖消防水源，临河密集住区临近河道，具有先天的水源优势。住区居民便充分利用这一优势，通过设置“河埠头”、开辟通河巷道，尽可能让更多人家都能享受河道的便利。少数河道为自然形成，多数密集住区内的河道本就是人工开凿，为住区的若干居民提供生活用水的便利。水道形成之后，再反作用于周边的密集住区，影响变化中的密集住区的空间形态、街巷位置等，体现了传统住区营造中改造环境与适应环境、利用环境相结合的绿色思想。至于离河道较远的密集住区，则通过设置蓄水缸、挖掘水井等方式满足消防用水的需要。

消防用水毕竟不是日常生活用水，很难保证所有居民都重视；发生火灾时，对消防用水供应量和供应速度的要求又远高于生活用水。因此，水道疏通、确保消防水源易得必须依靠公共管理和居民意识相结合，必须要有制度进行维持。住区内部蓄水设施也需要居民和政府共同维护。

9.5　消防组织与消防技术

9.5.1　消防组织

1）官办消防组织

中国早期的官办消防组织在消防活动中起主导作用。消防队最初由军队兼任，宋代开始产生了专业的城市消防队，由官府组织。其中，南宋临安的消防队是古代城市密集区官办消防组织的典范。南宋临安城人口稠密，根据赵冈《南宋临安人口》一文的研究：“南宋大临安的高峰人口是 250 万，城内占地 65 平方公里，有 100 万居民，城外郊区 180 平方公里，有 150 万居民。”[22] 可推算，临安城区内人口密度约 1.5 万人 /km^2，城郊人口密度约 0.8 万人 /km^2。当时，临安城的建筑以单层或双层木构建筑为主，容纳如此多人口所导致的建筑密集程度可想而知。

临安的官办消防组织分为两种，一种名为“军巡铺”，另一种名为“潜火军兵”。

“军巡铺”的主要职能是巡查，管理包括防火在内的各项社会治安问题。军巡铺北宋时就已经出现。《东京梦华录》卷三中“防火”一节记载了北宋开封的军巡铺：“每坊巷三百步许有军巡铺屋一所，铺兵五人，夜间巡警及领公事。”①到了南宋，军巡铺制度依然延续。《梦粱录》卷十中“防隅巡警”一节记载：“官府、坊巷近二百余步置一军巡铺，以兵卒三五人为一铺，遇夜巡警地方盗贼烟火。”从开封的三百步（200m 左右）至临安的二百余步（150m 左右），军巡铺的分布密度的确对应了城市密集区的防火需求。但每铺人数有限，主要还是起到巡视火警、遇警报告的作用。此外，南宋临安沿袭北宋开封，实行厢坊制。《（乾道）临安志》卷二中记载：“在城八厢（吏部注：大小使臣分治烟火贼盗公事），宫城、左一、左二、左三、右一、右二、右三、右四。”②每厢的责任人称“厢主”，发生火灾时接到报告，便行使调度的职权，“各领军汲水扑灭”。厢坊制和军巡铺将临安城分成若干消防责任区，分区负责防火巡查、消防调度的任务。

“潜火军兵”出现在南宋中期，是官府建立的专业消防队。潜火军兵的建制单位称为“隅”或“队”，每队有专用的驻扎房屋和望火楼，密集分布于城内外各处[23]。北宋开封城内就有类似的专业消防队。《东京梦华录》中记载：“又于高处砖砌望火楼，楼上有人卓望。下有官屋数间，屯驻军兵百余人。及有救火家事，谓如大小桶、洒子、麻搭、斧锯、梯子、火杈、大索、铁猫儿之类。”该消防队拥有充足的人数、专用的器材，并有望火楼用以观察、报警。但文献中并未记载该类消防队的数量与分布情况。直至南宋中期，才有对“潜火军兵”更完整的记载。《（淳祐）临安志》卷六中记载：“辇下繁盛，火政当严……增置潜火军兵，总为十二隅七队，皆就禁军数内抽拨，处置得宜。”③“十二隅七队”位于府城内，加上“城南北厢四隅”和“城外四隅”，共 20 隅、7 队。书中还记载了各隅、队的人数。“队”驻扎在府城的重要地区，每队 180 ～ 350 人不等。其余城内各隅，每隅驻扎 120 人。城南北厢和城外四隅，每隅驻扎 300 人或 500 人。成书于南宋末年的《梦粱录》中记载：“官府以潜火为重，于诸坊界置立防隅官屋，屯驻军兵，及于森立望楼，朝夕轮差兵卒卓望。”④南宋末年临安城内的潜火军兵较南宋初年增加到 23 隅，并记载有望火楼 10 座。

①（宋）孟元老撰《东京梦华录》（清文渊阁四库全书本）卷三，第 8 页。

②（宋）周淙撰《（乾道）临安志》（清文渊阁四库全书本）卷二，第 8 页。

③（宋）施谔撰《（淳祐）临安志》（清嘉庆宛委别藏本）卷六，第 19 页。

④（宋）吴自牧撰《梦粱录》（清学津讨原本）卷十，第 9 页。

临安城各隅潜火军兵驻扎地称“防隅官屋”[23]，部分防隅官屋配备有望火楼，位于城市高处。楼上有驻兵称“探主”，负责观察火警和发布信号。望火楼在北宋时期就已成熟，《营造法式》中规定了望火楼的标准规格：“望火楼功限：望火楼一坐四柱，各高三十尺，基高十尺，上方五尺，下方一丈一尺。”①据此推算，望火楼的站立面高度约 12 ～ 13m，高过大多数一至两层高的建筑屋脊，便于探主快速发现火情。不同区域着火对应的信号也不同。《梦粱录》中描述道：“如有烟煙处，以其帜指其方向为号，夜则易以灯。若朝天门内，以旗者三；朝天门外，以旗者二；城外以旗者一，则夜间以灯如旗分三等也。”②南宋末年临安城内有 10 座可考证的望火楼，以旗帜、灯笼作为信号设备，能够清晰地传递信号。直至清末民初，新式消防手段引入中国，望火楼可以建造得更高，信号设备也由旗帜、灯笼变为警灯、警钟，望火楼的密度才有可能降低。

南宋时期临安城的官办消防组织已然相当完备，通过厢坊制、军巡铺和潜火军兵三套体系互相配合，将城市密集区划分成若干部分，分区进行管理、巡视。发生火灾时责任明确，就近施救。各区域配备充足的人员，分管巡逻、传信、施救，井然有序，可以做到“不劳百姓”。

然而，政府主导下完善高效的官办消防组织，需要以稳定的社会环境为前提。创作于北宋末年的《清明上河图》中有一座望火楼（图 9-89），望火楼上却无人值守，望火楼下本应屯兵的防隅官屋居然成了饭馆，侧面反映了北宋末年国家衰弱导致的公共治安松懈，原本完善的消防组织也难以发挥作用。明末至清代，杭州也实行救火兵制度，然而队伍数量、人数远不及南宋临安时期。

①（宋）李诫《营造法式》（清文渊阁四库全书本）卷十九，第 10 页。
②（宋）吴自牧撰《梦粱录》（清学津讨原本）卷十，第 9 页。

图 9-89　《清明上河图》中的望火楼

更典型的时段为清中后期至民国初年，社会动荡，官方消防力量不再强大。

第一，城市发展、扩张，人口密集程度加大。但某些城市官方消防队伍和人员数量反而减少，无法应对城市居民密集区的火灾。《（康熙）仁和县志》中记载，杭州的救火兵是从守城士兵中抽调而来，只有40名。道光年间，广州的救火兵只有两队，共80人，还要分管救火和维持秩序。民国之后，各大城市出现了消防警察。据记载，苏州于1913年建立警察厅消防队时，全队共有20余人。据1934年6月26日《苏州明报》记载，当时消防组有官佐2人、长警28人、夫役3人，共计33人。同样在1934年，苏州城内民办消防组织分为51个段，分管不同片区，共775人，较官办消防组织力量强大许多[21]。同样的现象出现在各大中心城市。1928年，天津市公安局消防总队总编制170人，分驻九区。而根据1937年的调查结果，全市有民间水会87处，成员2000余人[24]。

第二，消防器材不足，且队伍管理不当。《（同治）续纂江宁府志》中记载："同治四年，署总督李公鸿章饬上海洋砲局制洋龙一架，发交江宁府安放……是年七月，知府涂公宗瀛以洋式水龙较民间土造者精巧，省垣地方辽阔、人烟稠密，恐不足以敷防范，请檄饬上海道添置三架，同治六年奉到。"[25]有限的器材决定了当时的官办消防组织无法在消防活动中起到决定性作用。光绪十八年（1892年），南京驻雨花台湘军营中失火，幸得"城内诸水龙风驰电掣而来，吸水喷救，仅焚去草屋三四所"。事后查明"营官方以捕蝗他出"①，即并未起到什么作用。

社会不安定时期，官方消防力量不足，居民们便自发组织民间消防组织，承担起城市的救火任务。

2）民间消防组织

如果说官方和民间的消防组织，是密集城市发生火灾时的安全保障，那么邻里互助模式则是传统密集住区防火的根基，是火灾监督和救助的最小单元。传统密集住区房屋前后相接，一些大宅后来被分成几户人家分住，有时一组院落中的各房屋产权也不相同，则必然会有一些人家住在建筑群深处，发生火灾时便难以救援。邻里之间互相监督，从根本上大大减少了火灾发生的可能，也是居民最重视的。宋代学者袁采就提出："居宅不可无邻家，虑有火烛，无人救应。"②作者与现存传统密集住区居民的访谈中，听到最多的就是"防患于未然"的防火思想，而邻里关系又是这一思想的重要部分。各地区的居民都曾提到，大部分火灾都是在刚发生的时候，通过四邻的帮助得以遏止。在传统密集住区，家家户户生活中的交集很多，为邻里互助提供了较好的基础，这一基础在现代居住区中往往很难具备。

①《申报》，光绪十八年五月二十三日。

②（宋）袁采《袁氏世范》（清文渊阁四库全书本），第3页。

民间消防组织大多数由商户、士绅捐资组织而成，或以若干户为单位，专门辟出房屋建立，或依附于各庙宇、善堂之中。各朝各代，人口密度较大的城市中都产生过民间消防组织。如明代福建延平府的“潜火义社”。据《八闽通志》记载：“潜火义社，宋时民社也。盖不出于官，故以义名。先是延平有隅长官，选有物力家充之，专任防虞之责。上下具文缓急不足倚仗，于是有倡义之人创立义社。”①书中还记载了延平府城中共有四处潜火义社。可见当时的民间消防组织分布于城市各处，分担官方消防队的消防任务，但队伍数量和人数都不足。根据作者的访谈得知，这种民间消防组织直到中华人民共和国成立后的一段时间仍然存在。

自清中后期开始，官方消防力量不能确保城市安全，民间消防组织不断涌现，遍布各大城市。从清中后期至民国这段时间内，民间消防组织作为主要消防力量，应对各城市密集住区的消防问题。这一时期的民间消防组织数量众多，一些大城市中常年存在数十支民办消防队伍，且这些队伍拥有更充足的消防设备。康熙初年，天津首现“同善救火会”，自康熙至咸丰年间，先后成立的水会有 48 个。同光时期，随着城市的进一步扩展，又相继建立了水会 20 余个。光绪年间《申报》报道中提到，天津的水会已达 80 多家。据天津市警察局调查，直至 1937 年 7 月，全市仍有水会 87 处，成员 2000 余人。南京的民间消防组织被称为“水龙局”，最早出现在乾隆年间，总局位于天青街白衣庵，全城“分设水龙八十六所”。太平天国战乱之后，城中士绅于同治九年（1870 年）恢复水龙局，城内外分设 35 所水龙局，并有各水龙局的驻扎地点记录在册[25]。清末，苏州大量出现“龙社”，至光绪二十九年（1903 年），苏州城区有龙社 30 余个，民国二年（1913 年）时则达到 67 个。1927 年，苏州救火联合会对吴县全城“龙社”进行编排，改称救火会。救火会共有 51 处，分布于城内各处，又以商业较发达的阊门内外较为密集（图 9-90）[21]。此外，如北京、扬州、广州等人口密集的大型城市，也具有类似规模的民间消防组织。现在一些传统密集住区内，还有过去民间消防队的旧址存在（图 9-91）。城内越是布局密集的居住区、商住混合区，民间消防组织也越多。如清末北京出现的“水会”，至民国遍布全城，尤其以城南大栅栏地区最多，设备最精良。

同时期的官方消防组织状况于上文中已经叙述，其投入人数、队伍数量和器材完备程度较民间消防组织皆远远不及。如编印于 1947 年的《吴县警察》中所述：“其他消防器材因限于经费，添修不易，大部均不堪应用。所幸本邑有民间消防，器材设备尚称完善，计有大小救火车三十余辆，与本队合作无间，遇有火警发生，颇能收及时扑灭之功。”[21]

①（明）陈道监修，黄仲昭编纂《（弘治）八闽通志》（明弘治刻本）卷六十一，第 18 页。

图 9-90　1927 年苏州救火会分布图
本图根据参考文献 [21] 中的统计绘制

(a) 无锡清名桥街区救火会旧址

(b) 无锡惠山古镇救火会旧址(1)

(c) 无锡惠山古镇救火会旧址(2)

图 9-91　现存传统密集住区救火会旧址

官、民两种力量经常处于相互合作的状态。官方消防队有时难以投入足够的人力；而民间消防队时常缺少统一的组织和调度，且民间组织的救火队员常来自各行各业，业务能力各有高低。双方的特点相结合，最终形成居民出人力、政府负责调度的合作模式，这种模式在不同时期表现出不同形式，各种形式俱有优劣。

①明、清乃至民国都曾实行保甲制，又称“火甲制”，顾炎武于《天下郡国利病书》中提到：“太祖所行火甲，良法也。每日总甲一名、火夫五名，沿门轮派。富者雇人，贫者自役。有锣有鼓，有梆有铃，有灯笼火把。人执一器，人支一更。一更三点禁人行，五更三点放人行。”[①]火甲制是将若干户编为一甲，一甲之中各家人要轮流担任火夫的职责，于夜间巡逻，防火防盗。每甲有更铺，内有救火工具。火甲制是在官方强制之下，居民轮流负责值守的城市安保制度，是一种“全民皆兵”的消防观念。若火灾不能被及时遏止，还要问罪于当日值守的人家。

火甲制将消防任务分配到各组家庭之中，缩小了每一责任单位需要负责的区域，在传统密集住区中确实起到维护安全的作用，但因出于强制，一旦组织不当，则弊端丛生，减弱了火甲制原有的效力，总结有二：第一，火甲劳役繁重，且收入很少。密集城市人口较多，有时导致任务摊派混乱，影响了居民正常作息和生产。第二，不愿服役的人家可以纳钱以代，有的城市为减轻居民的负担，也实行过各家出钱雇役的做法，因此产生了许多贪污问题。例如万历年间，杭州官府将收得的银钱作他用，而对百姓实施“银照出，班照值”的政策，以致激起民变。

②清中后期至民国，民间消防组织是城市中的主要消防力量，官方消防队此时便承担指挥、维持秩序的工作，并以各种方式助力民间消防组织的高效运行。民间救火队数量众多，互相之间有时并不能合作无间，且火灾中还有人趁火打劫，政府便起到调停、维持秩序的作用。火灾过程中，有时会出现“抢火”的现象，即救火人员或附近流氓趁机向受灾人家勒索或抢劫钱财。此时，政府驻军或官办消防队便起到维持火场秩序、防止不法分子趁机抢火的作用。宋代临安府明修火政，令“严禁攫金之人”。乾隆年间，杭州府曾于火灾发生时，派官员把守火场各交通要道，严抓抢火匪徒。此外，《申报》还刊登过光绪年间天津救火会之间“让会”的行规，即“后会既来，前会退避三舍”，互相之间只求不发生冲突，不求合作。天津官府便“传谕各会首划分地段……各会一闻钟声，即于划定地段出机救护，不得迟疑”[②]。这一做法协调了各救火会之间的关系，将各自为政的救火会统一起来。这一时期，尽管也采取了一系列措施进行管理，但官府受自身能力的限制，许多时候只能扮演从旁配合的角色。

总之，充分利用民间力量，以官民合作的形式解决传统密集住区的消防问题，大大节约了消防的人力成本，同时使得消防组织可以更全面地覆盖整个街区，是一种十分高效的做法。如南宋临安那

①（清）顾炎武《天下郡国利病书》（稿本）第八册，第 42 页。
②《申报》，光绪十八年三月初六日。

样投入如此多的政府力量解决消防问题，在当今反而没有十分的必要。如今，一些仍保留居住功能的传统密集住区采用政府主导、官民合作的方式解决消防问题。根据一位扬州老城区内的消防队员描述："扬州的消防队分为大队、中队和消防站。发生火灾时，辖区内的消防站队员会率先赶到，第一时间判断火势是否能被遏止。如若不能，立刻反映给中队、大队，10 分钟内他们必然赶到。一些社区有微型消防站，消防人员是社区的工作人员、安保等，受我们培训。他们本身有消防负责人，会配备灭火器、战斗斧等。政府还以聘用的方式设置专人，负责检查、巡逻。"层级化的管理可以有效而经济地应对不同规模的火灾，而民间消防人员受政府消防队管理、接受培训，保持一定的业务能力，并由政府置办消防器材，平时他们也有各自的工作，不用随时待命。

9.5.2 消防技术

明代早期及以前，传统密集住区消防全依靠人力进行。早期消防装备主要分两类，第一类是盛水工具，包括水桶、水囊、麻搭、唧筒等；第二类是破拆工具，包括火钩、火杈、斧锯等，两类都是单人操作的工具。密集住区火灾蔓延得快，对灭火效率有要求，其中，唧筒是能够提高灭火效率的灭火器具。唧筒出现于宋代，根据柱塞式泵浦的原理，利用大气压力吸水灭火，是消防水龙乃至消防车的原型。直至清代中期，水龙已经广泛使用，人们还是会制造可供单人操作的唧筒。《（道光）济南府志》中记载，乾隆年间"省城东南居民稠密，好善者醵金，制积筒以救火灾，曰水砲"[①]。即便如此，灭火行动还是非常依赖人力，南宋临安城投入数千人作为常备消防兵，除了因官府重视消防，还是因为当时的密集城市中，只有大量投入人力才能确保灭火行动的高效进行。

在与各地居民访谈的过程中，多户居民都提到名为"水龙"的传统消防设施。水龙始现于明末（图 9-92），是利用气压原理的手动消防泵。与唧筒相比，能连续且大量喷水，能救密集住区的深处之火，但也需要多人操作，需要高效地安排人员。水龙以一只椭圆形或方形的大木桶为基础，内部有原始的手压抽水机，依靠多人站在两头上下压杆，水就通过皮管喷出。一组消防人员合力操纵一架水龙，发生火灾时由数人抬着水龙前往火灾现场，后来的水龙经过改进，底部装上轮子，成为水龙车，可以更快推到火灾现场（图 9-93）。一组消防人员中，总指挥称"司龙"或"督龙"，强壮者立于高处，辨明火焰方向，控制水枪喷射，称"司苗"或"龙头"。早期的水龙需要专人执水桶倒入大木桶中，一架水龙往往有数十人挑水跟随，之后有吸水管

①（清）王赠芳，王镇主修，成瓘，冷烜纂《（道光）济南府志》（清道光二十年刻本）卷五十三，第 30 页。

图 9-92　明末《远西奇器图说》中的水龙图样

(a) 扬州消防陈列馆水龙遗迹

(b) 广州顺德职方第水龙遗迹

(c) 广州番禺沙湾古镇水龙遗迹

图 9-93　各地现存水龙

可以汲取河水、井水，但仍依赖水源。多人共同操作水龙比各自泼水灭火的功效更高，还能从高处喷水，有利于扑救密集住区深处的火灾。操纵水龙需要一组消防人员相互配合，统一压杆、注水、喷射等动作的号令、节奏等，非仓促组队可以完成，因而需要平时操练，火灾时才可迅速投入救灾工作。现在一些乡镇还有“试龙”活动，由不同组消防人员比试操纵消防车的技巧，也是看重队员熟练程度之意。

传统密集住区内另一重要措施为“撤屋制度”，又称“断火路”“表火道”，从古代一直延续到民国初年。传统密集住区建筑的前后左右常常互相连接，或只间隔很窄的巷道，发生火灾时有成片烧毁的危险。一旦火势难以扑灭，救火人员就用火钩、火杈、斧锯等工具，拆除火焰延烧路径上的房屋，扩大住区内的防火带。火焰闷在屋内，对周围的建筑会产生侧向压力，拆除上部屋顶，使火焰向上走，可减小对周边建筑的破坏。光绪年间出版的《消防警察全编》中就提出："火未起时，先防于易起之地；火已燃时，又设防于未燃之邻。"

然而拆毁房屋必然使某些居民承受财产损失，因而需要在政府的领导下，制定居民公认的法规或公约，以确保发生火灾时该措施能顺利实施。且火灾现场混乱，有抢火之人混入或救火人员不能严守本职，真正需要拆除的房屋反而没有被拆除。明末的《杭州治火议》中便提出："惟撤屋为第一良法。量其火之大小以定所撤之远近，远逾若干丈，近逾若干丈，须在官者预立程度，以一切行之。法在必撤，毋许阻挡，阻挡者以违法论。至事毕，则一里内保全之家，又量其远近而合钱多寡以偿其所撤屋，无偏戾焉。"[2] 文中提出了预设拆屋数量、维持现场秩序和制定补偿标准三大要点。至清末，即便新式洋水龙已经投入使用，火灾现场仍是会有无法控制的情况发生。为此，浙江巡警道专门制定拆屋章程："凡巡警长官及消防队官、队长可临时斟酌火势，指定应拆房屋立时拆断，以防延烧……火灾扑灭之后消防队官及消防队长须将被拆房屋之门牌号数、房主姓名、分别楼房或平房、被拆椽数详记备报。"①各地的法规、公约内容不尽相同，但都是为了规定拆屋标准和补偿标准。密集住区火势蔓延较快，救火人员、居民各守规定，免生枝节，能减少很多损失。

显然，密集住区住宅成片分布、街巷狭窄，必须设立合理高效的消防组织。

消防组织的高效运行需要参与人数作为保障。这里的人数不仅仅是消防队员的人数，而是指真正发生火灾时，可参与到救火行动中的人数。事实上，常备过多的专业消防员并不经济，就算如南宋临安城一般投入数千人作为防火兵，这些防火兵也是从城市军队中抽调，战时还要恢复军人的身份。从明代至如今的大部分时候，消防组织都是以官民共存或官民合作的形式存在。官方消防组织起到管理、统筹的作用，大量居民则是参与人数的保障。若政府力量强大、管理到位，则足以培训部分居民以掌握消防技能，在火灾发生时有足够的消防人员，在平时则不占用社会资源。如清代中后期一般，政府无暇顾及消防事业，则民间组织还需同时承担起管理责任，然而人心各异，常谋己利，民间组织自行管理投入的时间、金钱、人力等成本往往高于官方统一管理成本。

密集住区面积大、空间复杂，采用分区管理的方式，可以减小每一区的消防难度。南宋临安设置数十队防火军兵，分布于城市各处，起到了分区管理、分区救援的作用。清代中后期的民间消防组织数

①浙江巡警道拟定省城消防拆断火路及拆屋摊点章程[N].《申报》，1910年6月20日（26）。

量多，分布于城市各处，对密集住区进行分区管理，化整为零地解决消防问题，也是当时的民间消防组织相比于官方消防组织的一大优势。

9.6　典型密集住区防火体系分析——以南通西南营街区为例

9.6.1　南通西南营街区概况

南通城于后周显德六年（959 年）已建城，明万历初年再筑新城，至清中叶始形成现在的街巷格局。老城被濠河分为南北两城，原北城区被东西大街、南大街和城北的州治衙署分成四片街区。西南营街区位于北城区的西南片区，总面积约 10hm^2（图 9-94），为街坊式密集住区。街巷延续了清末以来的格局，以西南营、南关帝庙巷、冯旗杆巷、掌印巷、惠民坊五条东西向延伸的街巷作为主巷，连通街区东西两侧大街，宽度约 2.5 ～ 3m；南北向延伸的街巷作为支巷，串联各条主巷，宽度约 1.5 ～ 2m。

西南营街区内现存许多保存较好的明、清及民国时期的传统住宅，都为一至两层木结构为主的建筑，保留了古代的建筑做法，并且仍然维持居住功能（图 9-95）。街区内的传统住宅是以单体建筑围合出的院落为单元、以组合院组合成的建筑群组，一般在水平方向扩展规模。因此，街区内建筑密度较大，火患矛盾突出。该地区居民在营建和生活过程中不断改善建筑和住区的防火能力，并采取了一系列有效的消防措施。这些建筑、街区做法和消防措施相互配合，形成适应于本街区的防火体系，具有较大的研究价值。

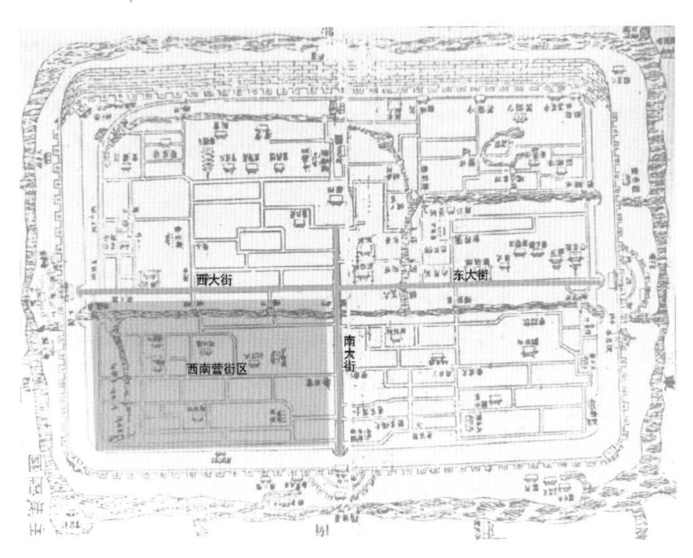

图 9-94　光绪年间西南营街区位置图
底图引自参考文献 [26]

图 9-95　街区现状及部分历史建筑分布图
底图出自奥维地图

9.6.2 防火分隔

西南营街区内住宅的院落组织形式在当地被称为“一进多堂式”，即一路住宅由多进院落组成，进门之后要连续穿过敞堂、穿堂才到达正堂。敞堂、穿堂明间用作公共厅堂，有南北通透的需求，则住宅内各单体的南北两面都需要使用通透的木质长窗，单体建筑本身不具有防火能力。一路住宅前后贯通，建筑防火措施只能在路与路之间进行。因此，西南营街区主要依靠设置各类防火分隔，将各路住宅相互隔开。

1）山墙防火

墙体隔断是西南营街区内住宅防火的主要手段。山墙是住宅中的主要防火墙，可阻止外界火势烧入室内。每户人家在自己的用地上新建建筑时，都会分别建造属于自家的山墙。山墙临巷的住宅如南关帝庙巷33号（图9-96（a））、仁巷002号（图9-96（b））、惠民坊西巷8号（图9-96（c））等，都是过去的大宅，沿巷面保存状况较好，山墙面完全不开门窗，只在山墙之间的院墙上开门以便出入。作者在访谈中听居民谈及记忆中的火灾，大都只影响到单座建筑，就被及时扑灭了，山墙起到了充分隔绝火势的作用。西南营建筑的山墙形式有两类，第一类为普通的硬山墙（图9-96（d）），不高出屋面，其数量占大多数。第二类为一种不具名的封火山墙，形态与观音兜有些相似，为整体高出屋面、顶端突出两边平直、中间凸起的圆拱形（图9-96（e））。该类山墙出现于晚清时期，在南通、镇江等地区较为常见，山墙整体略微高出屋面，增强了其隔火能力。

2）住宅内部火巷

许多西南营街区的传统住宅中设有住宅内部火巷，例如冯旗杆巷21号（图9-97）、三衙墩巷23号（图9-98）、掌印巷39、40号等（图9-99）。火巷一般从正门一直延伸到后院和后门，将左右两侧的住宅完全隔开。火巷两侧为建筑山墙和塞口墙，山墙上不开门窗，塞口墙上仅开一门，整条火巷起到了隔火带的作用。火巷沟通了前后巷道，其端部直接设置入户大门，不论宅内哪座房屋失火，火巷都是直接通往外部巷道的安全通道。火巷两侧院落都朝火巷开门，大大缩短了各院居民向街道疏散的距离。有的火巷内设有水井，在火巷的隔绝下成为较安全的消防水源。

3）沿巷隔火措施

西南营街区内的巷道以东西向为主、南北向为辅。上述保存较好的大宅，沿巷墙面开窗很少，山墙面更是不开窗，只开侧门，使得与大宅相邻的一些巷道起到隔火带的作用，也使巷道成为更安全

(a) 西南营南关帝庙巷33号

(b) 西南营仁巷002号

(c) 惠民坊西巷8号

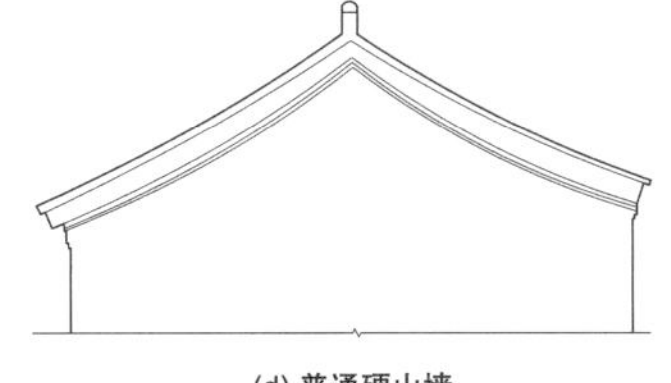

(d) 普通硬山墙

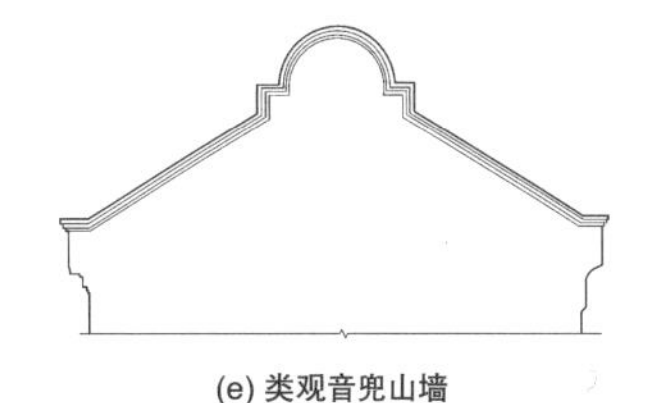

(e) 类观音兜山墙

图 9-96　南通西南营街区山墙示意图及照片

图 9-97　冯旗杆巷 21 号火巷

图 9-98　三衙墩巷 23 号火巷

图 9-99　掌印巷 39、40 号火巷

的疏散通道。东西向巷道的两侧是住宅的入户大门，有火巷的民居将大门设置在火巷的端部，例如冯旗杆巷 21 号（图 9-100）、西南营 36 号（图 9-101）、掌印巷 39 号（图 9-102）等，大门的木质构架和两侧建筑用砖墙隔开。因此，住宅本体的沿街面上可以不开大门，以减小沿街建筑木质构件外露的面积。后来因产权变化导致的居住需要，建筑的沿街面才开设更多的门窗。

门是沿街建筑防火的重要节点。宅院大门作为防火、防盗的第一道屏障，为厚重的木板门，比普通木门防火能力更好，但毕竟木结构外露，还是存在消防隐患。南通地方有一种名为“钥匙门”的入口形式（图 9-103），专为沿街面不朝南的住宅设计，在宅基地前留出一条东西向的通道与南北向巷道相连，大门对着该东西向通道开设，以便大门可以朝南开。这种做法将户门藏到住区内部，沿巷不用直接开门，减小了巷道两侧木结构外露的面积。

图 9-100　冯旗杆巷 21 号

图 9-101　西南营 36 号

图 9-102　掌印巷 39 号

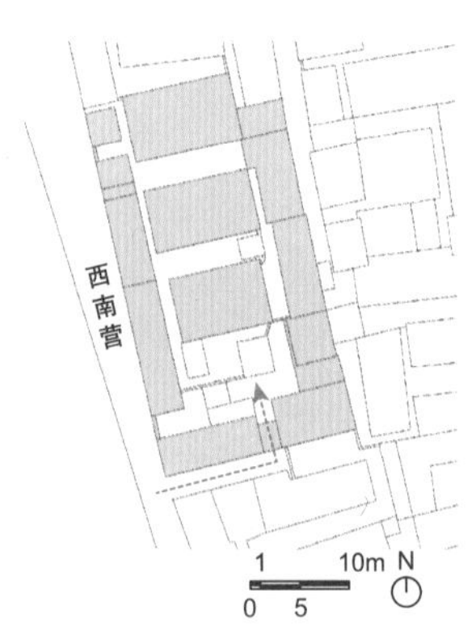

图 9-103　西南营 107 号“钥匙门”

4）以功能分区为基础的宅内防火分区划分

厨房等辅助用房是传统住宅中用火频率较高的地方。西南营街区居民多将厨房等辅助功能区与其他主要建筑分区布置。根据一户人家规模大小不同，分区方法也有所不同。

小规模住宅的使用方式容易被延续下来。小规模住宅由一至两组院落组成，厨房、卫生间等辅助用房通常设置在和大门相连的倒座之中，沿街设置。例如石桥头 13 号（图 9-104）、侯家巷 006 号等。厨房设于沿街建筑中，一旦起火，便于四周居民及消防队进行扑救，屋内人员也能及时逃出。一些因大宅产权分割而形成的小宅中，难以保证厨房沿街设置，则将部分用火活动移到巷子里进行，这也是一种行之有效的变通之法。

传统大型住宅经过产权的分割、变化，已经难以判断当时的功能布置。笔者通过对建筑规模和功能现状的观察，对当时的功能分区进行推测。大型住宅通常由多进院落、多路建筑组成，例如西南营 54 号（图 9-105）、西南营 95 号（图 9-106）、惠民坊西巷 10 号等。该类住宅通常将厨房、卫生间以及仆人用房等集中布置，有时集中在一路建筑中。辅助用房面积较小，与主要建筑之间以防火墙、火巷或天井隔开，发生火灾时，不易殃及主要建筑。

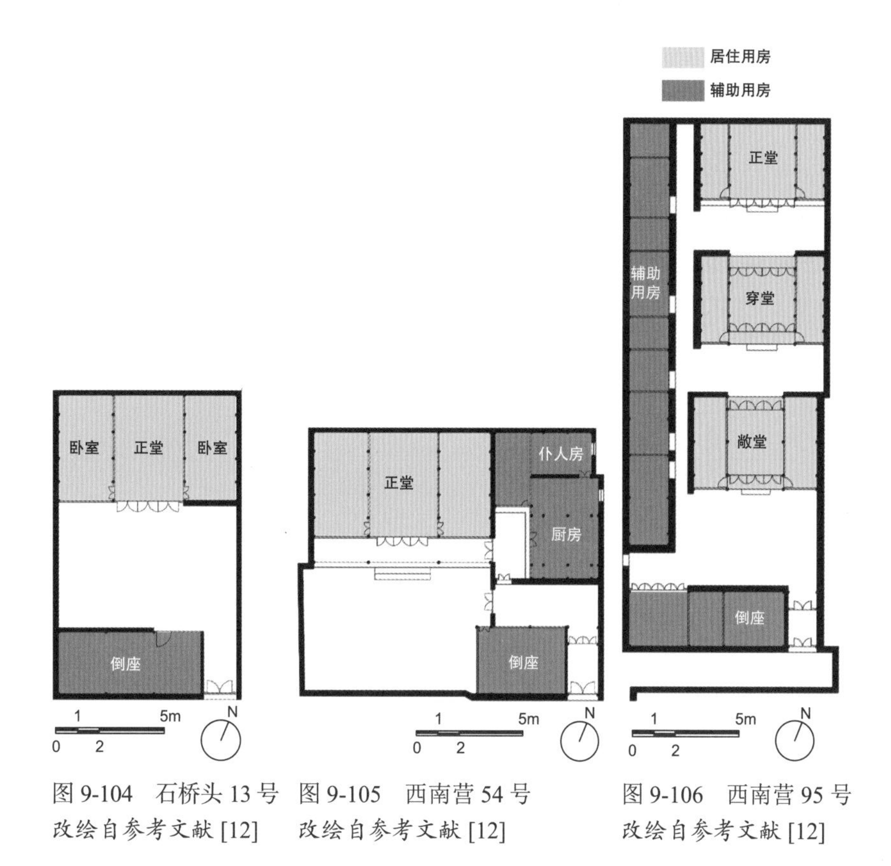

图 9-104　石桥头 13 号
改绘自参考文献 [12]

图 9-105　西南营 54 号
改绘自参考文献 [12]

图 9-106　西南营 95 号
改绘自参考文献 [12]

9.6.3　消防水源

在传统密集住区中，消防水源的服务范围必须覆盖住区的每个角落，才能确保任意一处火灾都得以及时扑灭。西南营街区主要依靠水井和水缸组成的消防蓄水系统来确保传统密集住区的安全，城市河道则起到间接的辅助作用。

1）水井和水缸

西南营街区过去的消防水源主要来源于水井和水缸。街区内的老居民提到，过去南通每家甚至每个院落会置办 3 个左右的水缸，常年保持装满，既作为生活用水，又是消防用水。现在西南营街区内的街巷中和一些住宅的院子里都有过去使用的水缸，少部分仍处于使用状态。前文论述了各地区的消防蓄水制度，例如杭州的“官水桶”制度、南京的“太平缸”制度及扬州的“水仓”制度等，相信在西南营街区，过去也有类似的制度去管理街区内的蓄水缸。不过从对居民的采访和现存水缸分布情况来看，各家各户自行蓄水还是占据主体地位。

水井和水缸作为消防蓄水的两个要素，通常共同存在。在过去水井密布于南通城内，《（光绪）通州直隶州志》中记载有名的井 14 口、泉池 17 处 [26]，还有许多家用水井未被记载。《南通县志》中记载：“民国十七年，南通城区内有井泉 60 眼。”[27] 如今，一些街巷交接处和原大户人家的院子里还有水井，水质较好，一直处于使用状态（图 9-107 ～图 9-109），在现存的发达地区传

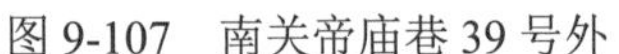

图 9-107　南关帝庙巷 39 号外　　图 9-108　惠民坊东西巷交汇处　　图 9-109　仁巷 004 号院内

统密集住区中比较少见，遇到火灾可第一时间取水施救。有些水井专门设置在火巷内，借助火巷的隔火能力而成为有保障的消防水源。

2）城市河道

过去的小户人家家中没有水井，城市河道便是重要的生活水源和消防水源。居民从河道打水注满家中的蓄水缸，储满一次可以用几天。根据《（光绪）通州直隶州志》之通州城隍图记载，惠民坊以北和西南营以西都有城市主要河道穿过，并与濠河相连，为当时的沿河住宅提供了一定的用水便利[26]。

9.6.4　消防组织与消防技术

1）官办消防组织

南通地区有关消防组织的记载最早可以追溯到民国时期，正处于社会动荡、官方消防队力量较弱的时段。《南通县志》中记载，民国十七年（1928 年），国民党南通县公安局设立消防队，民国二十三年（1934 年）有消防警察 20 名，民国三十三年（1944 年）增加到 39 名。官方消防队人数相对有限，更多承担指挥、维持秩序的工作，并以各种方式助力民间消防组织的高效运行。

随着消防的专业化、政府消防组织的完善化，如今的官方消防组织有足够的能力领导消防事业，但“官民合作”这一高效的做法依然被延续下来。根据寺街居委会工作人员的描述，寺街北部现设有临时消防执勤点，消防队员都住在这里，负责寺街、西南营两片街区的消防工作。由消防执勤点分配巡逻人员在街区各处巡逻。政府以发起者的身份组织义务联防队，负责置办器材并提供更新。但管理器材、救火工作都由义务联防队自行组织。

2）民间消防力量

从清后期开始，民间消防力量在消防活动中常常处于主力地位。西南营街区的民间消防力量以强有力的邻里关系为基础展开，通过组织义务消防队承担消防的主要任务。

根据仁巷 004 号居民的回忆，依靠邻里之间的互相帮助，西南营街区几乎没有发生过较大的火灾。“我们邻居之间都相互认识了很多年，巷子里进来一个人都知道是谁家的亲戚。平时门都不用关，互相很信任。

谁出门了，邻居都会帮忙看着点，不会出事。”邻里互助模式的普遍存在，是传统密集住区防火的基础。邻里互助是火灾监督和救助的最小单元，从根本上大大减少了火灾发生的可能性，也是居民最重视的。

南通民间消防组织之记载始于清末。《（光绪）通州直隶州志》中记有“水局”：“州绅商捐置激筒、水筲、钩杆、灯笼等件，以备火患。有警鸣金为号，局人麕集救灾，兼以防盗。一在东关灵官庙，名募义水会；一在北关三官庙，名坎善水会；一在法华庵，名新城水会。”至民国二十三年（1934 年），南通城区和各集镇有水龙局、救火会等 28 处。至 1965 年底，全县以街道、工厂为主体，建立群众性义务消防组织。1992 年底，有义务消防队 1067 个，义务消防员近 2 万名[27]。过去，在南通老城惠民坊、关帝庙、钟楼等处附近都有义务消防队队址。根据老居民的描述，当时的义务消防队由一些乡绅出钱组织，购买水龙车等消防器材。消防员都是街区内的居民，接受一定的消防训练，遇到火灾则各消防队一起出动。现在的西南营街区还存在义务联防队，以“邻里”为单位设置（图 9-110），由街区内的居民组成。他们定时巡查，遇到火情时第一时间出动，平时负责管理消防器材。政府拨款为他们置办器材，并提供专业的消防指导。从地方志记载和街区现状可看出，民间消防组织从其产生至今一直得以延续。民间消防组织的存在使得平时不需常备较多的专职消防人员，发生火灾时又能有足够的人员投入到救火活动中。

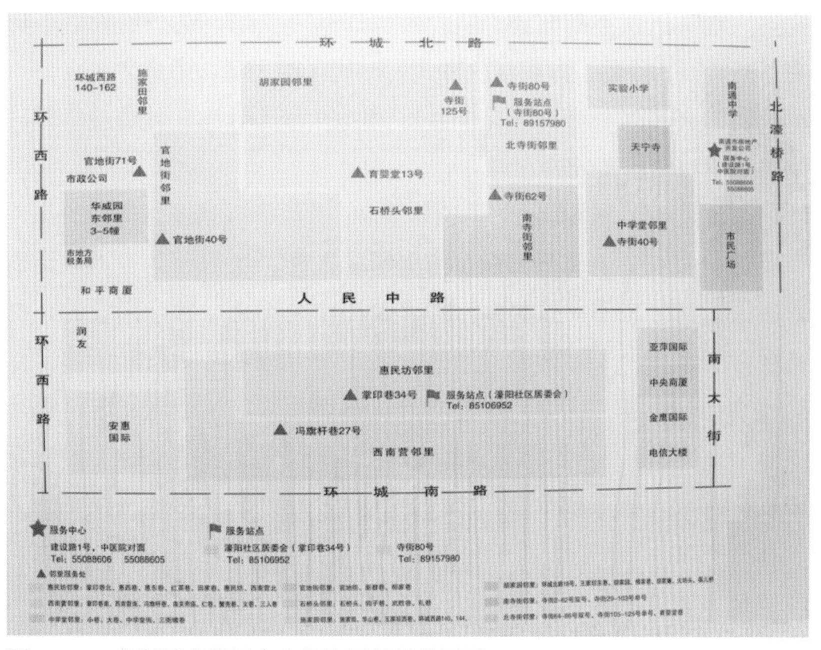

图 9-110　寺街西南营历史文化街区邻里分区图

9.7　小结

将发达地区传统密集住区防火作为一个体系来进行研究，可以认知中国古代优秀的消防智慧：即从规划与建筑、材料与构造、管理与实施等多方面，全面组织以解决密集住区防火与住区营建、管理之间的关系。不同类型的传统密集住区有不同的街巷形态，并因不同的形态和环境而需面对不同的防火问题、拥有不同的防火手段与措施。传统密集住区大致分为街坊式、沿街与沿河三类，其中，街坊式密集住区是最普遍的街区形态，沿街、沿河两类密集住区则各有其特殊的消防问题和防火优势。通过分类的方法讨论传统密集住区防火体系，具有针对性。

发达地区传统密集住区聚集了较多人口，建筑密度较大，常常成片住宅相连，消防间距较小。且住区内空间结构复杂，消防难度较大。因此，上述多方面的防火措施中，防火分隔是重要做法，分区防火是中心思想。防火分隔、防火分区以层级化的方式进行设计，一片密集住区依靠防火墙、火巷分隔成若干防火单元，将火灾限制在一定的区域内；分布合理的巷道可将不同区域居民疏散至密集住区中各处户外开敞空间；易遭火灾的区域与其他居住空间隔开，并设置在相互独立的区域内，例如住宅沿街部分与内部隔开、厨房等辅助功能区与居住空间隔开等。

设置消防组织分区，缩小每一组消防人员的负责范围，也是分区防火思想的体现，目的是更高效地进行消防活动。事实上，消防组织的发展本就是向更高效的消防措施进行探索的过程。随时代的变化，消防组织不断完善，但同时也暴露出缺陷，这一过程随着历史不断轮回。目前，以积极的方式发动居民的力量，通过官民合作，将消防的任务切分到最小化，并将消防的力量用在火灾最初阶段，依然是更科学且高效的方式。

在论述各项防火做法与措施的同时，关注各项措施之间的关系，以及这些做法与措施除了满足防火需求之外，还与哪些基本生活需求相关。在传统密集住区中，防火做法往往不是一种专门设计，而是同时解决多个生活问题的措施。古人对土地都有独特的情感，且拥有土地的多少、土地的位置与利益密切相关，建造房屋时，都会“寸土必争”，尽可能把更多土地周围都砌上墙，纳入自家范围内。所以，古人一般不会专门为防火而放弃一部分私有土地，而是会合理利用土地，在各项需求之间寻找平衡点。例如住区连续面积较大，需要空出巷道，那么巷道最好作为自家的辅助通道和消防通道，宅内各屋也由这些通道组织起来；例如沿河住区中设公共街巷，巷道垂直于河道、街道，便于周围的人家通向河道，获得生活用水，并通过码头得利。传统密集住区的防火措施同时伴随着对基本生活问题的回应，常会有值得借鉴的高效做法。

通过总结发达地区传统密集住区在各方面的防火措施，来探讨防火措施之间的关系、防火与生活的关系，希望这种高效解决传统住区生活问题的做法、措施，能为现存传统密集住区的保护提供一定的借鉴。

参考文献

[1]（明）沈兰彧 . 火灾私诫 [M]// 古今图书集成·历象篇·庶征典（影印本）. 北京：中华书局，1985.
[2]（清）毛奇龄 . 杭州治火议 [M]// 丛书集成续编：第 58 册 . 台北：新文丰出版公司，1988.
[3] 中国建筑技术发展中心建筑历史研究所 . 浙江民居 [M]. 北京：中国建筑工业出版社，1984.
[4] 姚承祖，张至刚 . 营造法原 [M]. 2 版 . 北京：中国建筑工业出版社，1986.
[5] 刘大可 . 中国古建筑瓦石营法 [M]. 北京：中国建筑工业出版社，1993.
[6] 苏州市房产管理局 . 苏州古民居 [M]. 上海：同济大学出版社，2004.
[7] 陆翔，王其明 . 北京四合院 [M]. 2 版 . 北京：中国建筑工业出版社，2017.
[8] 李桓 . 关于烟台市所城里的保护性规划的基础研究 [J]. 建筑学报，2016（S1）：71-76.
[9] 孙大章 . 中国民居研究 [M]. 北京：中国建筑工业出版社，2004.
[10] 陈从周 . 扬州园林 [M]. 上海：同济大学出版社，2007.
[11] 刘磊 . 扬州传统私家园林的生态解析 [D]. 南京：南京工业大学，2012.
[12] 孙菁 . 南通传统式样建筑造型及其装饰研究 [D]. 无锡：江南大学，2012.
[13] 陆琦 . 广东民居 [M]. 北京：中国建筑工业出版社，2008.
[14] 曾志辉 . 广府传统民居通风方法及其现代建筑应用 [D]. 广州：华南理工大学，2010.
[15] 黄巧云 . 广州西关大屋民居研究 [D]. 广州：华南理工大学，2016.
[16] 扬州大学建筑科学与工程学院，扬州市规划局 . 扬州城区历史建筑 [M]. 北京：中国建筑工业出版社，2015.
[17] 宫长义，祝虹 . 山塘雕花楼：山塘历史街区——许宅 [M]. 苏州：古吴轩出版社，2013.
[18] 拯救绝版运河——水弄堂——访同济大学国家历史文化名城研究中心主任阮仪三教授 [J]. 建筑与文化，2004（10）：56-61.
[19] 王国平，唐力行 . 明清以来苏州社会史碑刻集 [M]. 苏州：苏州大学出版社，1998：662-663.
[20]（清）金濬 . 金陵水利论 [M]// 马宁 . 中国水利志丛刊：第 37 册 . 扬州：广陵书社，2006：12-13.
[21] 彭志军 . 官民之间：苏州民办消防事业研究（1913 ～ 1954 年）[D]. 上海：上海师范大学，2012.
[22] 赵冈 . 南宋临安人口 [J]. 中国历史地理论丛，1994（2）：117-126.
[23] 李采芹，等 . 中国消防通史 [M]. 北京：群众出版社，2002.
[24] 天津市地方志编修委员会 . 天津通志·公安志 [M]. 天津：天津人民出版社，2001：169.
[25]（清）蒋启勋，赵佑宸，汪世铎，等 .（同治）续纂江宁府志 [M]// 中国地方志集成·江苏府县志辑：第 2 册 [M]. 南京：江苏古籍出版社，1991.
[26]（清）季念诒，沈锽等 .（光绪）通州直隶州志 [M]. 台北：成文出版社，1970.
[27] 通州市地方志编纂委员会 . 南通县志 [M]. 南京：江苏人民出版社，1996：802.

第 10 章　凉爽的活动空间——珠江三角洲传统祠庙的空间设计与做法

广府地区是指明清时期广州府所辖地区，地处北回归线以南，属热带、亚热带气候，全年高温，适于农耕，所在的珠江三角洲冲积平原土壤肥沃，水网密布，从宋代开始进入大量北方移民，到明清时期形成了高密度的人居环境。在广府地区密集、朴素的居住建筑形成的聚落肌理中，高敞、豪华、多样的祠庙类公共建筑往往显得特别突出，它们不仅是聚落的标志建筑，也是传统社区公共生活的中心，许多祠庙至今仍承担着社区活动中心的功能。相较于封闭狭窄的私人生活空间，丰富的公共空间如何在满足规制的基础上，营造出舒适的公共生活环境？本章以广府地区非常普遍的祠庙建筑为研究对象，探讨其如何在满足礼仪和制度要求的基础上，解决对调节微气候至关重要的通风、隔热问题，以营造一个凉爽的祭祀与公共生活的空间。这对已有丰富研究成果的珠江三角洲居住环境研究既是补充，也是突破。

10.1　广府地区祠庙类建筑形制及公共活动需求

粤人特别重视祭祀，清代竹枝词里写道："粤人好鬼信非常，拜庙求神日日忙。"[1] 在广府地区的日常生活中，传统祠庙是非常重要的公共空间。

广府民系是由古越人和多次移民而来的中原人融合而成的，宗教信仰如同其人员构成一般复杂，不仅有佛、道、儒三教的影响，参拜的对象也包括了自然神、宗族神等诸神。供奉不同祭祀对象的祠庙，从建筑的形制特点看大致可以分为两类。一类是广府地区特别盛行的地方信仰建筑，祭祀对象有祖先，也有人格化的各种地方神灵。这类地方祠庙的格局，是从广府民居的基础上发展而来，往往采用前堂后寝的形式。另一类是广府地区的孔庙、佛寺等庙宇建筑，往往遵守着固定的国家制度，这些庙宇中的主体建筑往往采用大式建筑的形式，建筑布局上更遵守相应的宗教或礼仪规制。

广府地区在祠庙建筑中进行的公共活动非常频繁，以祠堂为例，根据广府地区家谱的记载，除了每年两或三次的祖先大祭之外，每月朔望、祖先诞辰及年节都有祭祀活动，人生中冠、婚、丧、祭四种礼仪，都有仪式要在祠堂中举行。此外，宗族相关的公共活动，如宗族会议、宗族会膳等，以及年节活动如龙舟赛会准备等，都以祠堂为活动场所。其他信仰的祠庙中，活动也同样丰富且繁盛。

对于广府地区来说，一年中有一半时间气候都潮湿炎热。在应对湿热环境方面，已有研究主要集中在广府传统民居上，在防晒、隔热和通风散热方面，广府民居积累了丰富的经验。①相对于私人生活空间，广府地区公共生活空间的应对经验也同样值得关注。为了适应繁盛的公共活动，传统祠庙通过什么样的方式营造出凉爽的祭祀空间，是本章要探讨的问题。

应对气候方面问题与私人生活空间处理问题的重点不同，公共建筑要处理的重点是大量人群的活动空间。在广府地区炎热的气候下，人群聚集需要宽敞的空间，同时，对通风和遮阳都提出了更高的要求。在中国传统的祠庙类空间中，大量人群活动主要集中在正殿（堂）和其前的庭院。本章将分别探讨广府地区与民间信仰相关的祠庙和受到官方规制影响的庙宇的适应性策略，对于前者，关注其总体格局在通风方面的考虑，并重点讨论祠庙正堂和前庭在通风和隔热方面的措施；对于后者，关注其在统一规制下，正殿在设计层面的局部调整。

10.2　从整体到局部：广府民间信仰祠庙的适应性策略

广府地区民间信仰祠庙主要包括祠堂和其他地方信仰的祠庙。这类祠庙的格局、外观和祭祀活动都有着共同的特点。这类祠庙来源于广府地区的居住建筑，从格局到单体到细节都体现出对气候的适应性调整，以下以祠堂为代表分析这一类祠庙。

10.2.1　通畅对位布局形成风的通道

岭南地区夏季的主导风向为东南和西南风，但风速较小，广府的建筑往往需要利用微气候的营造，让建筑群的不同部位产生温差，从而产生压力差，使空气从温度较低的区域向温度较高的区域流动[2]。在祠堂建筑群的外部，门前往往有宽大的水池，借助水面对微气候

①相关研究成果如：汤国华．岭南湿热气候与传统建筑 [M]. 北京：中国建筑工业出版社，2005；曾志辉．广府传统民居通风方法及其现代建筑应用 [D]. 广州：华南理工大学，2010；佘欣婷．广府地区传统民居自然通风技术研究 [D]. 广州：华南理工大学，2012；肖毅强，林瀚坤．广州竹筒屋的气候适应性空间尺度模型研究 [J]. 南方建筑，2013（2）：82-86；等等。

的调节形成温度差；建筑群内部，不同的庭院、天井之间因为日照的不同，也会产生温度差。为了让不同温度的空间之间能够产生直接的空气流动，风的通道因而成为影响格局设计的要点。

为了将风引入祠堂内部，穿过主要的活动空间，广府地区祠堂在布局中最显著的特征就是建筑之间的对位关系。一路、三路到五路，不同规模的祠堂建筑群布局都遵循着对位原则。

番禺沙湾何氏宗祠又称留耕堂，是规模较大的一路祠堂，在中路享堂前檐两稍间的墙上，对应后部廊和门的位置，开了透风的窗洞①[3]。这种刻意追求门窗洞口与廊对齐的做法，是广府祠堂的显著特征（图 10-1）。

在设置了“青云巷”（冷巷）的多轴线祠堂中，格局上的对位关系更加明确。三路三进是广府地区非常普遍的祠堂形制[5]，其中，青云巷是中路与边路之间的一条纵向直巷，位置与江南多轴线住宅中的避弄类似，但形式与功能却不相同。广府祠堂的青云巷，是前后皆有出口的笔直巷道，由露天的巷、廊和建筑的前廊贯通形成，是风的主要通道。巷窄且两侧界面很高，有效阻挡了太阳的直接辐射，因而也被称为冷巷。三路建筑之间，还存在着横向的对位关系，中轴线的门、享堂和寝堂中的前后廊形成的

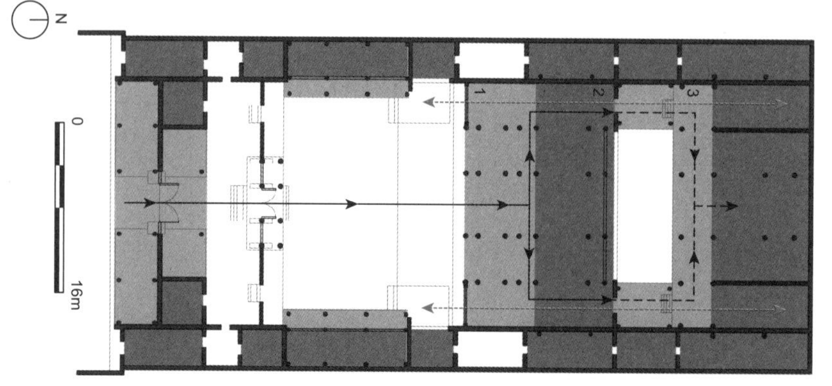

图 10-1　番禺沙湾何氏宗祠的对位关系（灰色从深到浅依次表示室内、廊、院）
平面底图根据参考文献 [4] 重绘

①檐口设墙的做法，按照杨扬的研究，出现在清代中后期之前的祠堂中。墙一般设置在两边间，包在木柱之外，作用是防止雨水侵袭木柱。在檐柱更换为石柱之后，阻碍通风的墙体就逐渐取消了。见参考文献 [3]。

空间节奏，同样控制着边路的空间安排，穿过青云巷的洞口，让中轴和边路的通廊连接到一起。例如番禺南村邬氏宗祠，为了获得宽大的前庭，将两廊退至享堂的三间面阔之外，与青云巷正对，且宽度相同，在东西方向上，正厅的前后廊分别对应着边路衬祠的天井位置。①（图 10-2）

对位关系的设计考虑，在清末建造的广州陈家祠中发展到极致。五路三进的格局，通过青云巷、廊和天井，形成一个通风的网络（图 10-3）。原本封闭的院落，因为这些通廊的存在，建筑外围的风可以进入，建筑内部的庭院和小天井之间的气压差能形成微循环，空气才能流动起来，形成凉爽的空间。2018 年 7 月 1 日实时的调研测量结果显示，陈家祠冷巷中的温度比建筑室内的温度低 1℃左右，风速的差值达到 3m/s 以上，而处在建筑檐廊和冷巷的交叉口位置时，这一现象会更为明显。

对比广府祠堂与其他地域祠堂的格局，广府祠堂所寻求的这种对位关系，不是结构的需求，广府祠堂的两廊和正屋结构上并不相接，而是互相脱离的；也不只是出于平面交通的功能需求，很多情况下，功能上并不需要这样直接的交通连接，而且有时候仅仅是窗洞的对位，人并不能通过。所以可以认为，广府祠堂讲究对位关系的布局方式，主要是出于通风的考虑。

①目前，南村邬氏宗祠开口位置在拜厅两边，与青云巷另外一侧的天井并非对位。邬氏宗祠中堂前拜厅，推测为后加，理由有二：一是拜厅后檐柱即中堂前檐柱为石柱，似为原来之檐口；二是拜厅的两山没有使用广府地区常用的硬山搁檩，而是在墙边加了柱，与中堂结构似乎不是一次建成。原来的开口应该还是在中堂的前廊，正对边路天井的位置。

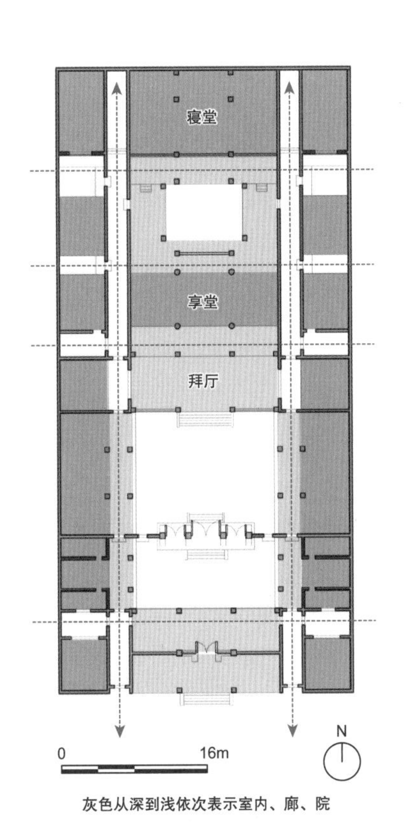

图 10-2　番禺南村邬氏宗祠的对位关系
底图根据参考文献 [6] 重绘

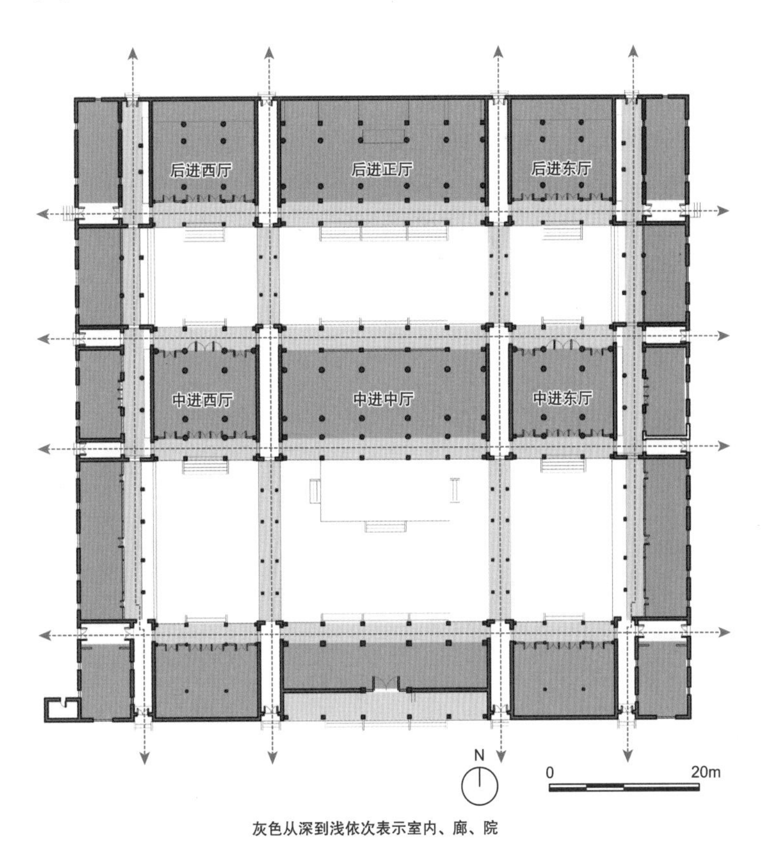

图 10-3　广州陈家祠的对位关系
底图根据参考文献 [7] 重绘

10.2.2 前庭的通风与隔热处理

前庭作为祭祀活动的主要空间，其组合方式也在不断地变化调整，最终形成较为固定的组合。一方面为了扩大前庭的使用空间；另一方面通过对位布局，改善前庭与侧廊的通风条件。

广府地区祠堂最初可能借用了当地常见的三间两廊的合院式民居——三间两廊的平面中，侧廊占据了三间的两边间，庭院宽度大约与建筑的心间相等（图 10-4）。

祠堂为了追求宽阔，以容纳祭祀的族人开展活动，有些祠堂前庭内的侧廊被取消。而从仪式的角度说，侧廊有存在的必要，且可以遮蔽日晒和雨水。所以，讲究的做法是将侧廊后退，保证前庭的宽度。侧廊后退的做法大致有两种：一种是侧廊后退的同时，将享堂向两边延伸，加出两间，这两间往往被称为衬间，衬间与享堂的祭祀空间之间有隔墙分开，衬间与侧廊规整对齐，并通过门、窗和天井保证侧廊的通风；另外一种做法为侧廊后退到享堂山墙以外，与青云巷对齐，有时侧廊成为厢房的前廊，同样是出于通风的考虑（图 10-5）。

祠堂的前庭是礼仪活动的主要空间，一般以硬地为主，在太阳的直射下温度较高。为了防止日晒和雨水，享堂前有时会设拜亭，祭祀时，族人在拜亭下站立。广府地区常见的拜亭有两种形式：一种在享堂前加卷棚顶，面阔与享堂相当，相当于享堂空间向前的延伸，例如番禺沙湾何氏宗祠留耕堂（图 10-6）；一种更具地方特点，在享堂前另建一个方形歇山顶的亭，亭的檐口高出享堂前檐的屋顶，与享堂屋面并不相交，相当于在内院上方撑起一把四面通风的伞，在遮蔽日晒和雨水的同时尽量不阻挡通风，例如佛山兆祥黄公祠（图 10-7）。

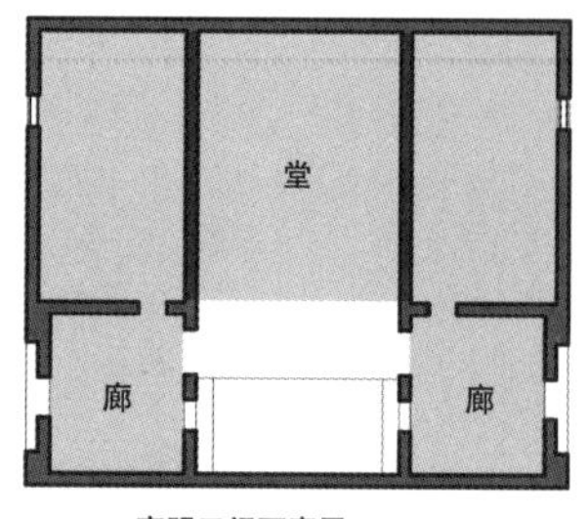

高明三间两廊屋
底图根据参考文献[8]重绘

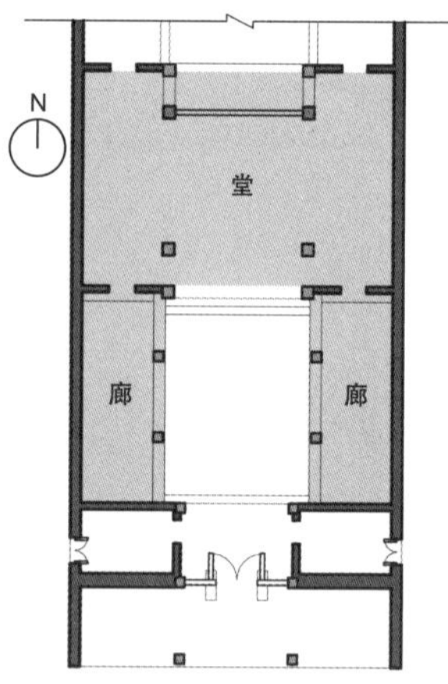

建于明末的南海曹边村曹氏大宗祠
底图根据参考文献[9]重绘

图 10-4　三间两廊：广府民居和祠堂

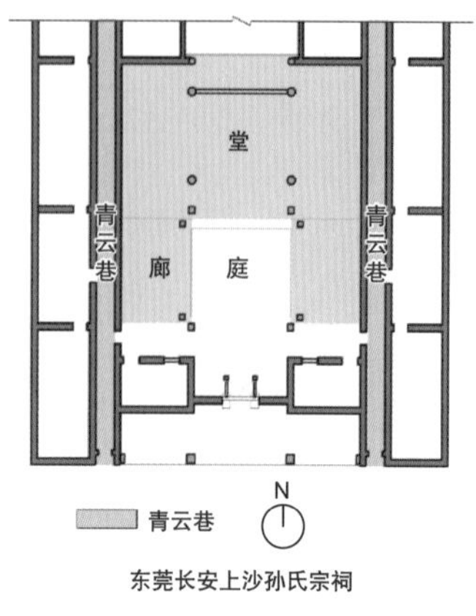

东莞长安上沙孙氏宗祠

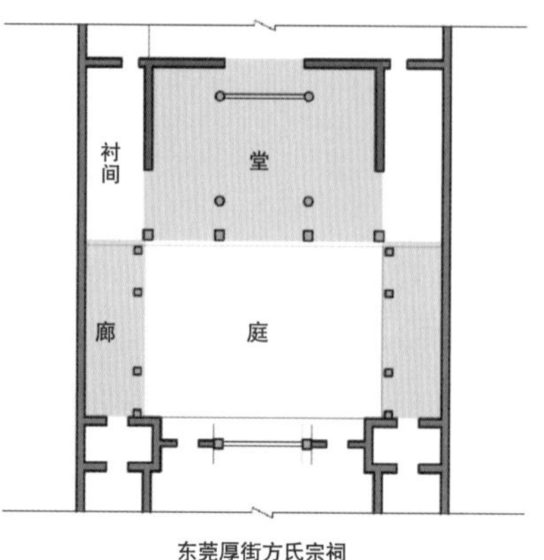

东莞厚街方氏宗祠

番禺沙湾何氏宗祠的前庭

图 10-5　前庭的不同设置方式
底图分别根据参考文献 [4] 重绘

图 10-6　番禺沙湾何氏宗祠留耕堂拜厅（是霏拍摄）

图 10-7　佛山兆祥黄公祠拜亭

10.2.3　享堂的通风与隔热处理

在整座祠堂建筑群中，享堂是最大且最通敞的空间。与同为中轴线上的寝堂相比，享堂为礼仪空间，前后通畅，一般不设围护结构。寝堂虽然与享堂尺度相近，但是内设神橱，后檐一般用墙体封闭。即便寝堂后还有其他建筑，寝堂的后墙也不开门，而由青云巷通向后部。[5]

享堂的设计也充分考虑了通风。广府地区的祠堂中，享堂一般为三间，也有五间。在空间配置上前后有廊，不设木门窗，心间靠后的部位设屏门。祭祀时，祖先的神主从寝堂请入享堂，就安放在屏门之前。神主前设置供桌，放置祭祀时献给祖先的供品。屏门一般从字义上解释有屏风的作用，在其他地区常做成实心的木板门，而广府祠堂的屏门则一般做成透空的雕刻或者隔扇门，起到礼仪作用的同时保证通风效果（图 10-8）。

图 10-8　广州陈家祠屏门和番禺沙湾何氏宗祠屏门

另外，与江南的厅堂相比较，广府祠堂享堂非常明显的特征是前檐心间尺度大、檐柱高度大、出檐小。江南厅堂的心间面阔一般在 3 ～ 4m 左右，很少有达到 5m 者，而广府地区中小型祠堂心间面阔平均为 5m 以上，檐柱高与心间面阔接近[10]。尽管广府地区多雨，然而祠堂建筑的出檐尺寸却相当小，尤其在清代石檐柱完全代替木檐柱之后，檐口几乎不向外出挑。这些做法，尽管可能还有其他因素的考虑①，但毫无疑问，它们共同的目标之一是让享堂形成尽可能大的开口，让前庭与享堂室内之间尽可能多地产生空气流动。

享堂的其他构造也考虑了隔热的效果。享堂一般为硬山搁檩结构，两侧山墙为空斗山墙，厚度为 400mm 左右，除了承重外还起到隔热作用。山墙顶部高出屋面，明末清初流行起高高耸立的镬耳山墙，可以遮挡冷巷内的日晒，也能在屋面形成阴影，降低室内温度。

以上所分析的广府地区祠堂的适应性设计，并非单单用于祠堂，它们在思路上受到广府地区传统的影响。祠堂的做法总结了广府地区聚落与民居的技术，比如青云巷布局中的格局对位关系，是受到了广府聚落梳式布局的影响，在此基础上进行了改造。这些适应性设计，除了运用于祠堂之外，也非常普遍地运用于广府地区民间信仰的祠庙上，如平面对位、遮阳处理等技术在广州仁威庙、胥江祖庙、悦城龙母庙、鳌山古庙群等多种祠庙中都有运用。

10.3　规制下的局部调整：广府大式庙宇类祭祀建筑的适应性设计

适用于地方信仰祠庙的技术，并不适用于有固定规制的佛寺、孔庙等庙宇。这类庙宇建筑群的格局来自国家制度或者宗教规范，不能随意更改；建筑单体也有相应的等级规制要求，例如常采用歇山顶大式建筑的形式，与广府地区的传统民居差异较大。对于这类庙宇，适应性设计主要体现在改变建筑局部和细节上，以利于通风和遮阳。

下面以佛教建筑代表案例广州光孝寺以及孔庙建筑典型代表番禺学宫为例，分别分析其气候适应性策略。

如广东光孝寺，是广州城中唯一受敕封的寺院，在岭南以及全国的佛教建筑中地位显赫。佛教自东汉年间传入中国后，经过长期的发展与演变，至明清时期，佛寺建筑的布局基本已成为定式，

①如出檐小可以防止台风将屋面掀翻等。

一般在中轴线上由南向北依次分布着山门、天王殿、大雄宝殿、法堂、藏经楼等。光孝寺在总体布局上也遵从了上述形式，中轴线上由南向北依次分布山门、天王殿、大雄宝殿、藏经阁，因而与广府地区以外的佛教建筑总体布局相比，无较为明显的地域差异，只在东西两院的单体建筑之间设置了廊庑，从而达到遮阳以及防雨的目的。

但在单体建筑与细部构造上，光孝寺具有较多的岭南传统特色。光孝寺大雄宝殿是一座重檐歇山顶建筑，在门窗配置上，东、西、北三面墙上均开有大面积的通透直棂窗，只在局部使用蚝壳作为部分窗扇的采光材料。与北方佛寺建筑中常设栱眼壁的情况不同，光孝寺中建筑的斗栱间不设栱眼壁而完全透空。这些都是有利于通风的构造做法。（图 10-9、图 10-10）

此种气候适应性策略的建筑类型又如孔庙建筑。番禺学宫在清代以前是番禺县的县学和祭祀孔子的文庙，现存格局形成于清乾隆十二年（1747 年），道光十五年（1835 年）重修。其中路建筑尚存棂星门、泮池、泮桥、大成门、大成殿、崇圣殿、东西廊庑以及右路明伦堂、光霁堂。番禺学宫的总体平面布局因要遵循严格的规制，因而与其他地区的学宫总体布局方式相似，而对于气候的适应性策略，则也是体现在建筑细部与构造方面，例如大面积的透空风窗、不设栱眼壁等，与光孝寺建筑单体及细部构造的气候适应性策略具有一定的相似性。

尽管不同类型的大型庙宇具有不同的建筑布局形式，但其在遵循自身建筑类型总体布局的礼制与规定的同时，在建筑单体及细部的做法却是共通的。上述的宗教建筑、孔庙建筑等均是受到官方制度制约的建筑类型，气候适应性策略多体现在构造细部方

图 10-9　广州光孝寺正殿三面的通透直棂窗（肖晔拍摄）

图 10-10　广州光孝寺正殿栱眼壁位置不设遮挡

面，并且具有一定的相似性。此外，广府地区的大型庙宇建筑，例如广州六榕寺、肇庆高要学宫、德庆学宫的气候适应性做法也属于此种类型。

10.4　小结

本章分析了广府地区各类祠庙建筑在总体布局、建筑单体和细部构造等不同层面上，通过适应性的通风隔热设计，创造出凉爽的祭祀空间。对于代表地方信仰的祠庙来说，建造技术来自广府地区居住建筑的经验，进行了适应于祠庙功能的调整，并贯彻于活动空间的各个层面；对于庙宇建筑来说，是在规制下应对气候的局部适应性调整。

当然，各种不同的绿色措施也并非孤立地应对单个问题，而是形成了一个有效的传统建筑绿色系统。一方面，某一种措施可以应对多方面的问题，从而达到低技高效的目的。例如祠庙建筑中的空斗砖墙，内部空腔可有效隔热，较厚的墙体使得结构稳固，下方作一定高度石基以防水防潮，而墙体的上方，高耸的山墙有效地引导风流，在利于通风的同时，高出屋面的部分还可以遮挡部分太阳辐射，亦能有效防火。另一方面，不同层面的措施共同作用，才能综合解决问题，从而达到一定的气候适应性目标。以通风系统而言，通过梳式布局使得夏季风或环境温度差形成局地风，再通过庭院或檐廊等建筑空间的设计进一步引导风通过建筑界面的洞口进入室内，最终作用于建筑内的使用者。

综上所述，广府地区祠庙建筑的通风隔热设计体现出一种适应性，在适应于当地炎热气候的同时，也适应于祠庙建筑的公共活动功能，同时适应于等级的规制和地方的传统。这是广府地区在传统公共建筑上的绿色经验，也为今天的公共空间的绿色设计提供了来自传统的宝贵经验。

参考文献

[1] 司徒尚纪 . 广东文化地理（修订本）[M]. 广州：广东人民出版社，2013.
[2] 汤国华 . 岭南湿热气候与传统建筑 [M]. 北京：中国建筑工业出版社，2005.
[3] 杨扬 . 广府祠堂建筑形制演变研究 [D]. 广州：华南理工大学，2013.
[4] 赖瑛 . 珠江三角洲广府民系祠堂建筑研究 [D]. 广州：华南理工大学，2010.
[5] 冯江 . 祖先之翼——明清广州府的开垦、聚族而居与宗族祠堂的衍变 [M]. 北京：中国建筑工业出版社，2010.
[6] 王铬，沈康 . 从晚清宗祠建筑看岭南建筑的地域性特征——以番禺邬氏大宗祠为例 [J]. 美术学报，2010（2）：52-56.
[7] 广东民间工艺博物馆，华南理工大学 . 广州陈氏书院实录 [M]. 北京：中国建筑工业出版社，2011.
[8] 陆琦 . 广东民居 [M]. 北京：中国建筑工业出版社，2008.
[9] 郭顺利 . 广东南海曹边村曹氏大宗祠实测勘察与研究 [C]// 西安建筑科技大学，中国民族建筑研究会民居建筑专业委员会 . 第十五届中国民居学术会议论文集 . 2007：455-458.
[10] 肖旻，杨扬 . 广府祠堂建筑尺度模型研究 [J]. 华中建筑，2012，30（6）：147-151.

第 11 章　三个层级的保暖系统设计——以北京东四为例

北京传统住区经过历史发展，在应对气候影响，尤其是冬季保暖方面经验独到，其中以清代留存为典型。对此，学界虽曾有多项研究和成果①，但主要针对各项具体措施的做法进行分析陈述。本章立足于实际调研，并从多层级与交叉的角度开展研究，一方面寻找传统住区获得较好保暖效果的层级系统是如何建立的，另一方面探索以保暖为主旨的前提下，如何兼顾随之带来的防火问题和夏季通风遮阳问题。因为北京冬季寒冷干燥，夏季高温多雨，春季干旱多风，秋季虽晴爽但时间短，是典型的北温带半湿润大陆性季风气候。时至今日，在我国热工分区中，对其要求为“应满足冬季保温要求，部分地区兼顾夏季防热”②[1]。这种延续的需求，反映的是在特定气候环境下，建筑的应对在本质上，尤其是住区作为人之生存环境的要求上，古今基本是一致的，且从传统到现代是可以学习和借鉴的。本章以北京东四头条至十条传统住区为例，分析多层级与交叉的保暖设计系统，旨在认知系统的高效性和有效性是如何通过具体的设计进行操作和建立的，从而可以为当代的住区规划与设计提供借鉴。

11.1　北京东四头条至十条住区的历史与案例范本的选择

北京东四头条至十条住区位于北京市东城区，南至朝阳门大街，北至东四十条，东至朝阳门北小街，西至东四北大街，整体为矩形，东西宽约 750m，南北长约 1km。住区内分布有 9 条东西向胡同，除了头条和二条较短不贯通，以及五条有转折外，其余各条胡同都贯穿整个住区的东西走向且较为平直，长度约 710 ～ 720m，宽度以 6 ～ 8m 为主。相邻胡同间距多在 70 ～ 80m，但七条、六条和五条之间间距较大，约 140 ～ 215m 不等。两条相邻的东西向胡同间分布有一条或两条南北向胡同，宽度从 1.5m 到 5m 都有，多数在 3 ～ 4m。将东四头条至十条住区的现代地图与清代《乾隆京城全图》（图 11-1）进行比

①相关研究成果如：桐嘎拉嘎．北京四合院民居生态性研究初探 [D]. 北京：北京林业大学，2009；阳金辰．北京历史街区更新中建筑气候适应性设计策略研究 [D]. 北京：北京建筑大学，2017；林波荣，王鹏，赵彬，等．传统四合院民居风环境的数值模拟研究 [J]. 建筑学报，2002（5）：47-48。

②根据参考文献 [1]，北京属于寒冷 B 区（2B），“应满足保温设计要求，宜满足隔热设计要求，兼顾自然通风、遮阳设计”。

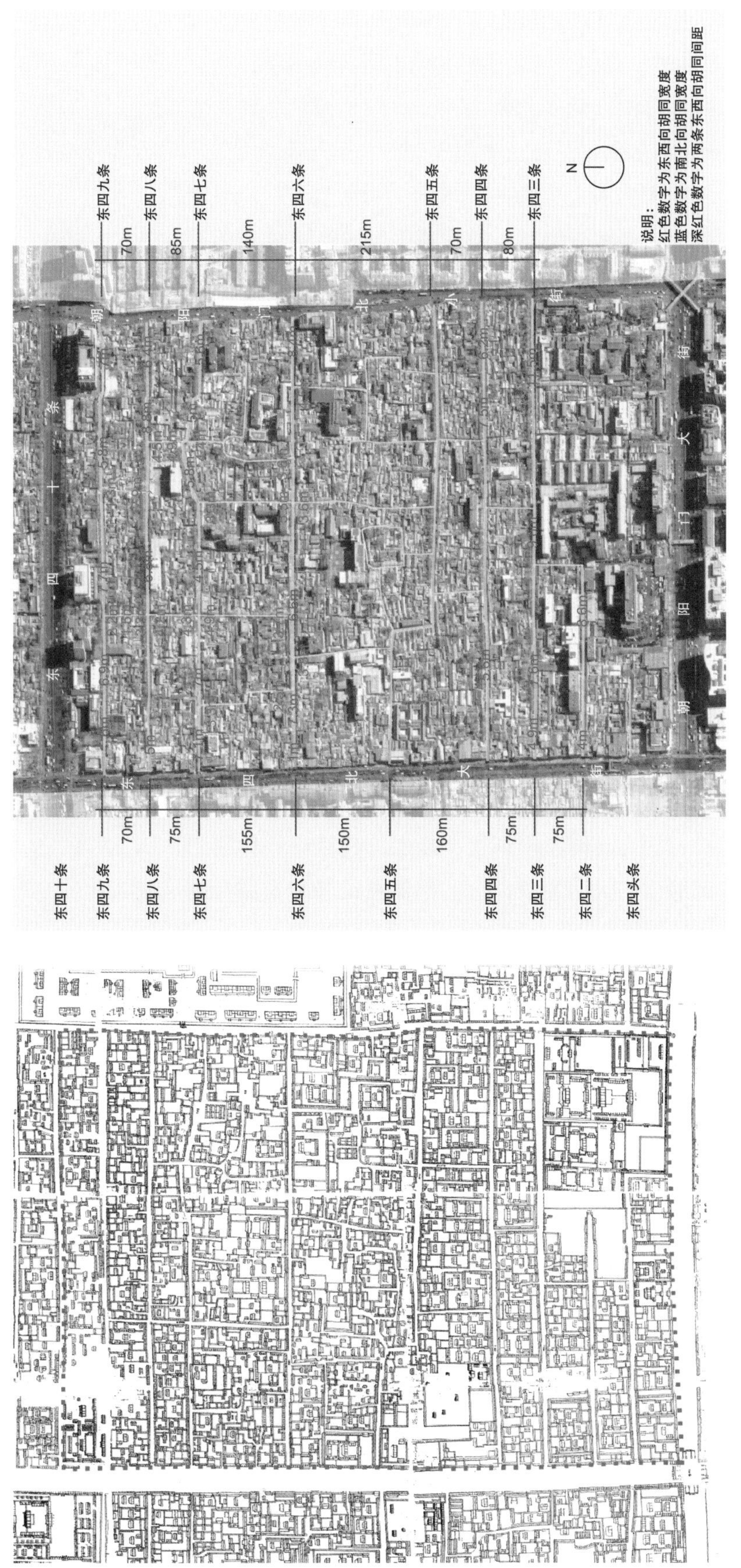

图 11-1　北京东四头条至十条住区地图（左图为《乾隆京城全图》局部；右图为当代地图，底图出自奥维地图）

较可见，住区肌理、胡同走向基本没有太大变化，整体保存较好。其中东四三条至八条被评为首批国家历史文化街区。

东四头条至十条传统住区这种以东西向胡同为主平行排列的格局，可追溯到元大都的城市规划。《日下旧闻考》引元代《析津志》中记载元大都“街制，自南以至于北谓之经，自东至西谓之纬，大街二十四步阔，小街十二步阔，三百八十四火巷，二十九衖通[2]”。清代有文献称“元经世大典谓之火衖，胡同即火衖之转[3]”。表明元代的火巷就是胡同。根据考古勘察，元大都“城内街道分布的基本形式是：在南北向的主干大道的东西两侧，等距离地平列着许多东西向的胡同”[4]，大街宽约 25m，胡同宽约 6 ～ 7m[4]，“两个胡同之间的距离约为 70m”[5]。东四头条至十条传统住区现存的胡同尺度和间距都与此较吻合，很可能住区格局在元代就已形成。

东四头条至十条住区在元代属“寅宾坊”和“穆清坊”，明代属“思城坊”和“南居贤坊”，清代属正白旗。东四地区从元到明清一直都是繁华的商业区之一。根据清《宸垣识略》[6]以及《京师坊巷志稿》[7]中的考证和记载，清代在东四头条至十条住区中分布许多达官贵人的住宅。例如协办大学士吏部尚书一等嘉勇公福第在二条胡同，麟公第在五条胡同，一等信勇公第、一等诚勇公班第以及元公第在六条胡同，御前大臣一等超勇公海第和灿公第在七条胡同，二等昭信伯第和谟贝子府在九条胡同。

东四头条至十条住区是北京传统住区的典型代表，住区内现今仍留存大量的传统四合院住宅，根据 2007 ～ 2013 年的普查[8]，有近 70 座传统四合院，其中 30 座建于清代中晚期，包括崇礼住宅、车郡王车林巴布府邸等一些大型宅院。它们都保留或延续了原有的格局和建造做法，为本书提供了珍贵的案例范本。

11.2 多层级的保暖系统

北京传统住宅从院落格局到建筑单体，从细部构造到室内设施，都具有应对冬季寒冷气候的保暖措施。各层级的各种措施之间相互配合、关联作用，建立了一个多层级的高效保暖系统。

11.2.1 住宅单元的分析

一座四合院院落是北京传统住宅的基本单元。选取东四头条至十条传统住区中 26 座格局保存较好的清中晚期四合院，作为案例范本进行分析（图 11-2），它们在朝向布局、院落形状尺度等方面都表现出一些共同的做法和特征，对寒冷气候的应对主要体现在纳阳和防风两方面。

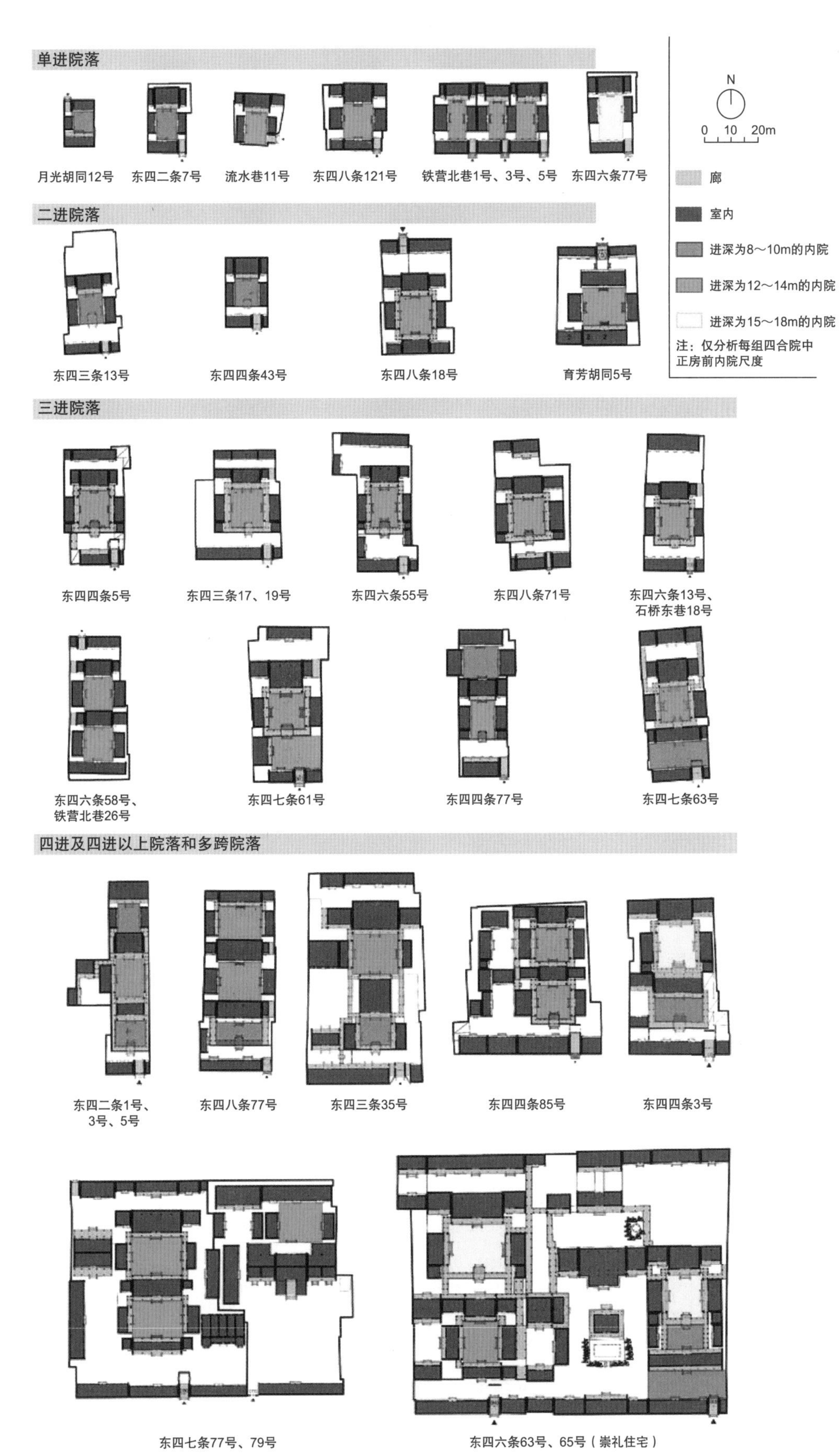

图 11-2　东四头条至十条传统住区中 26 座清中晚期四合院平面分析

底图引自参考文献 [8]

1）院落南北向布局及主要合院以大进深争取阳光

在寒冷地区，纳阳一直是古人在冬季获取热量的重要方式。争取充足的日照是影响北京四合院布局的主要因素之一。

北京传统四合院多采用南北纵向布置，这使得院落轴线上的主要建筑可以获得朝南朝向。从《乾隆京城全图》以及东四头条至十条传统住区中现存的传统四合院都能看出这样的特征，并且不论院落入口的朝向为何，正房正厅一般都朝南布置。追求向南的朝向是北京传统四合院的显著特征。

传统四合院住宅中主要合院由用于居住的正房（北房）、东西厢房、耳房围合，是家庭主要的室外活动空间，往往具有开阔的进深。对 26 组传统四合院中主要合院的尺寸统计显示（图 11-2），它们的进深尺寸比较接近：大多数主要合院的进深为 12 ～ 14m，以 13m 左右最多；较小一些的，进深约 8 ～ 10m，多为单进或二进的小四合院，或三进以上四合院中垂花门与正房之间的合院；多进多路的大型四合院中，主要合院进深约 15 ～ 18m。

主要合院的这种尺度，充分满足了在冬季获取日照的需求。根据调研实测，传统四合院住宅中，最高大的正房高多为 6 ～ 7m，总进深 8m 左右，檐口高度 3m 左右，按照冬至日正午的太阳高度角[①]计算，正房在合院中的阴影长度约 8.5m，其他建筑的阴影长度更短。8m 的合院进深，完全能够满足阳光照射到北侧的正房，而 13m 左右的合院进深，能够使阳光照射到正房和合院中的时间更长、更充足。

如上是针对主要合院展开分析的，对于其他合院，如倒座房和二门形成的合院则南北短、东西长，因为户外活动时间有限，对阳光的要求不高；院落最后一进是以后罩房为主形成的合院，主要为女仆居住和活动用，也是小进深合院。可见，不同功能以及不同主人使用的合院主次分明，大进深主要体现在家庭成员经常使用的建筑围合的主要合院中。

2）住宅单元外墙封闭利于防风

北京冬、春两季盛行北风和西北风，防风成为影响传统四合院布置的另外一个重要因素。

为了有效防风，每户都有封闭的外墙围合，形成对外封闭的特点。图 11-2 中 26 座传统四合院都边界明确，外围由院墙、厢房、倒座房、后罩房共同组成了一圈抗风结构体，院墙高度以下风速显著小于院墙高度以上 [9]。兼做住宅单元外墙的厢房、倒座房和后罩房的后檐墙多为厚实的砖墙，不开窗，或仅开通风用小高窗，檐部多采用封檐做法——檐下的檩条、梁头等木构件都砌入墙内、

①根据北京地区的纬度，冬至日正午时太阳高度角为 27°，夏至日时为 73°。

图11-3　檐口封檐做法（崇礼住宅倒座房后檐墙）

采用砖叠涩出挑的方式出檐（图 11-3），这种做法有效地消除了檐口木构件之间的缝隙，起到很好的防风效果①。

封闭的住宅单元只通过大门（大宅还开有后门）连通内外，大门的设置也充分考虑了防风。26 座传统四合院样本中有 21 座住宅大门设在东南角，背对西北风风向，并利用厢房山墙或单独设置影壁，转折进入（图 11-4（a））。影壁成为阻断风道的第一道关卡。但也有少数受周边道路限制，大门不开在东南角的（图 11-4（b）），例如东四六条 58 号和东四八条 18 号大门向北开启，通过影壁和廊道等人工措施，形成了 3 次转折进入主要合院；月光胡同 12 号则位于南北向胡同的东侧，先垂直于胡同在宅院北侧开一条东西向的口袋形通道，再向南转进入住宅大门，这样在进入大门前就已经形成了两次转折。可见，对于不能在东南角开门的四合院，特别是大门朝北或朝西的，更是通过设计形成多道转折组织入口，防止北风和西北风直接灌入宅内。

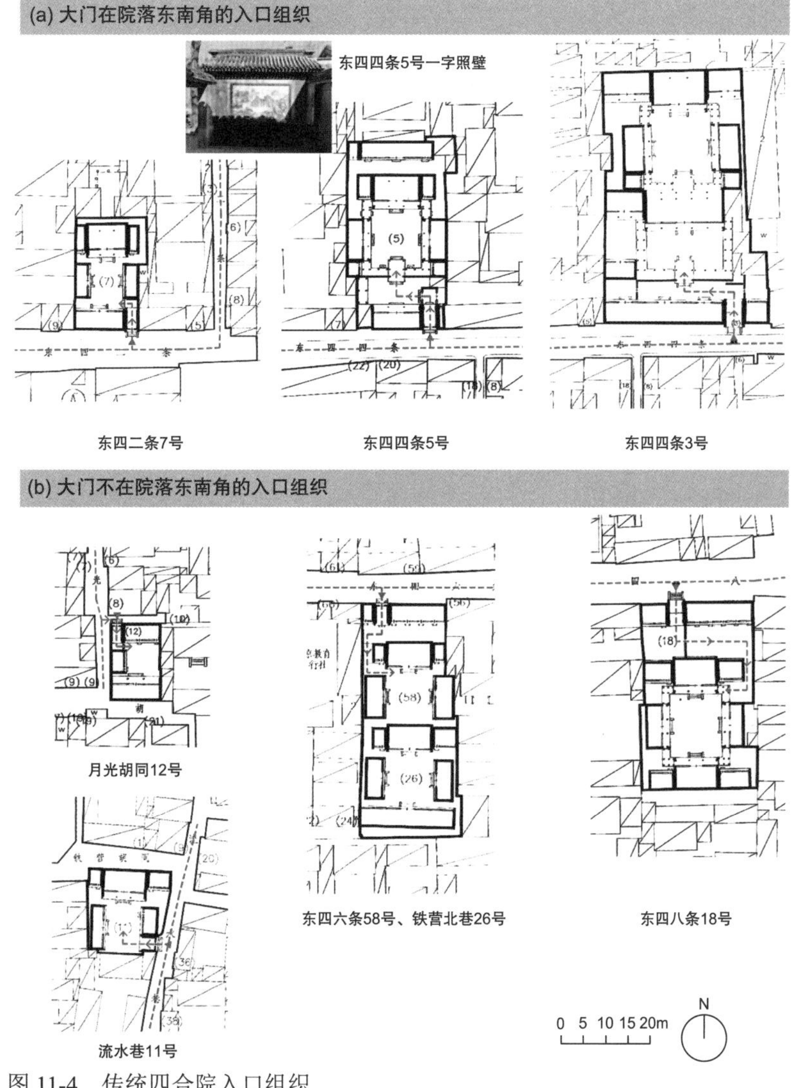

图 11-4　传统四合院入口组织
底图引自参考文献 [8]

①除了封檐做法，还有一种檐部做法是露檐，即檐口露出檩条、梁头等木构件。封檐做法在防风和防火效果上都优于露檐做法。

此外，通过观察东四头条至十条传统住区的历史地图和实地走访还可看出，住区中住宅单元进行组合时，左右相邻两户的东西外墙往往紧贴在一起，形成高密度群体布局。这种做法大大减小了每户住宅单元外墙的对外面积，从而减小单元的受风面，提高抗风能力。

11.2.2 建筑单体、细部构造及采暖设施的分析

传统四合院住宅通过整体布局，创造了稳定的微气候环境，而单体建筑的保暖措施主要体现在采用高效节能的方式保障热源的有效性，以提供具有良好热舒适性的室内生活环境。由于东四头条至十条住区中现存的传统四合院一直都在使用中，建筑的门窗等设施多经过改造，这部分的分析将结合文献记载、老照片以及北京其他住区的传统住宅案例综合说明。

1）厚墙与构造独特的门窗体现对纳阳与保温的双重考虑

由于传统四合院的主要合院内少风且日照充沛，周围的正房、厢房面向合院多整面开设门窗，其他三面用厚墙围护。外围护界面的不同体现了对保暖效果的整体考虑，面向院子的大面积门窗充分为室内争取日照，其他三面厚墙围护则加强建筑的保温能力。

图 11-5　两座相邻建筑不共用墙体（东四四条 77 号）

实墙一般为砖砌，墙体厚重，保温性能好。根据实测，墙厚多为 400mm，有的甚至达到 500 ～ 600mm。紧靠的两座建筑一般不会共用墙体，而是将两面墙紧贴在一起（图 11-5），每个建筑单体都保持各自完整的围护，更加强了保温效果。

相对于墙体，门窗气密性较差，是保温的薄弱部位，北京传统住宅上的门窗具有一些特殊的构造做法，以提高保温性能。明间的格门多为四扇或六扇，仅中间两扇可开启，开启的门扇外侧常常加设帘架和风门（图 11-6），既限定了门的开启尺寸，冬季又可挂上厚厚的棉门帘，减少因格门开启及门扇之间的缝隙导致的冷空气侵入。

窗主要采用支摘窗（图 11-6），其独特的构造方式巧妙地兼顾了采光和保温。支摘窗分为上下两段，又分内外两层，外层的上窗能够向上推开，用窗钩支起，下窗能够摘下，故名支摘窗。外层窗多糊纸，内层窗冬季可糊纸，夏季可做纱屉。双层窗的设置更利于保温，清中叶以后逐渐改装玻璃，效果更好[11]。下层窗的窗扇木格一般较简洁，更利于透光。此外，支摘窗较好的保温性能还体现在窗缝的处理上。与左右平开的隔扇窗相比，支摘窗单扇窗扇的面积明显较大。其独

北京四合院老照片
海达・莫理循拍摄

E. K. 史密斯在燕京大学内住宅的庭院[10]
海达・莫理循拍摄

东四四条81号二进院西厢房[8]

图 11-6　传统四合院的门窗

特的开启方式，使大窗扇成为可能①。例如江南地区传统住宅 3.5m 左右的开间，一般设 6 扇窗扇，每扇宽约 600mm，而北京四合院建筑一个 3.5m 左右的开间仅设左右 2 组支摘窗（图 11-7），窗扇宽度约 1500 ～ 1000mm。窗扇变大，窗缝数量明显减少，再配合冬季用纸糊窗缝，支摘窗具有了更好的气密性。

2）建筑室内空间尺度不大，利于保持房间温度

对于房间大小高矮带来的温度感受，古人早就有记载。例如“室大则多阴”[12]“登贵人之堂，令人不寒而栗，虽势使之然，亦寥廓有以致之”[13]“丈室宜隆冬寒夜”[14]，都表达了高敞宽广的室内空间常带来寒意，而尺度小的房间更易保温。北京传统四合院住宅中就有对建筑室内空间尺度进行控制的措施，主要体现在建筑进深尺寸较小以及室内加设顶棚。

正房是四合院住宅中尺度最大的建筑，相比江南地区传统住宅中最大的正厅，其显著的特征是进深尺寸较小。根据在东四头条至十条传统住区内的实测，正房的屋身进深②多为 5 ～ 7m。进深尺度小利于会聚室内热量，同时从日照分析（图 11-12）可以看出，冬季阳光能够照进整个房间或大半个房间，室内阳光充沛，积蓄更多热量。

另外是对室内高度的控制。传统四合院中的建筑多采用坡屋顶，

图 11-7　北京东南园胡同 49 号四合院第一进正房立面图（局部）
底图由北京建筑大学王兵老师团队测绘绘制

①一般平开隔扇窗，窗扇不宜太大，若窗扇太大易变形且不便开关。窗扇宽度多在 600 ～ 700mm。

②屋身进深尺寸指建筑的室内进深，带前廊建筑不包括前廊进深。

室内空间较高，通常会加设顶棚形成隔层。顶棚一般位于室内大梁下皮[15]。一方面顶棚与坡屋顶之间形成空气间层，具有隔热功能；另一方面降低了室内高度，减小空间体积，使得冬季屋内热气不易散失。

3）火炕成为室内重要热源

在我国北方寒冷地区，包括北京地区，冬季住宅内的采暖措施除了充分利用日照外，还常设火炕。《清稗类钞》记载："北方居民，室中皆有大炕。"[16] 火炕在居室中散热，是最重要的室内热源。由于烧炕主要用煤，不是清洁能源，现代城市中已经禁用，目前北京的传统四合院住宅中也难见到火炕。但炕的工作原理有很多高效节能的特点，仍值得借鉴。

《燕京杂记》记载：燕齐之室"如室南向，则于南北墙俱作牖，牖去地仅二尺余，卧室土炕即作于牖下，牖与炕相去无咫尺"[17]。炕一般布置在用于睡卧的房间中，砌筑在南侧支摘窗下，长度一般占满整个开间，宽度可满足人的睡卧，高度略低于窗下槛墙，在室内占较大面积。大宅中也有南北两面设炕。炕内由砖或土坯砌出迂回的烟道，靠热烟加热。炕面厚度适中，太厚散热困难，太薄则蓄热较少。

火炕的热源一般为炉灶，普通人家常把炕与做饭的灶相连，利用做饭产生的余热加热炕①，也有在炕下砌火炉加热，火炉又可用于烧热水。炕的排烟设施主要是烟囱，常结合建筑山面或北面的厚墙砌在墙内，或附墙砌筑。讲究的人家在室外檐下或廊下设置火坑，仆人在室外添火烧炕，排烟口也设置在台基侧面，避免烟火进入室内，清洁又安全，故宫内用于生活居住的宫殿就常采用这种方式（图 11-8）。

冬季人们的生活起居睡卧都在炕上进行，配合这样的生活习惯，产生了炕桌、炕箱等特殊的家具（图 11-9）。炕设置在南窗下，光照足并对人经常活动的区域进行局部加热，虽然整个房间的温度不一定很高，但人的感受是温暖舒适的，体现了综合高效地提高人的热舒适性。

北京故宫还有利用火炕的原理设置的暖阁。在房间的地面下设置火道，加热整个地面，在殿外廊下设灶口，"为一个三米多深坑洞，灶口上覆盖着木盖。"[18]（图 11-8）康熙年间在北京生活了 13 年的

图 11-8 北京故宫寿康宫中东配殿廊下炕坑和台基上排烟口

图 11-9 北京 1943 年的老照片中的生活场景

①根据参考文献 [16] 记载，炕"前通坎道，爇炭取暖。若贫家，则于旁端为灶，既炊食，即烘炕，老幼男妇，聚处其上"。

意大利传教士马国贤曾对比分析了中西方的采暖方式："北京冬天使用的炉子，不像我在德国、荷兰和英国见的炉子。欧洲的炉子立在房间里，像小灶一样。这儿的炉子在室内不占地方，热量通过火道传导到室内，这些火道完全铺设在地板的下面。按照欧洲取暖的方法，当我们双足还冷时，头已很热了。在北京双脚却总是舒适而暖和。适度的热量均匀地充满在房间的每个角落。"[19] 这种热源在脚下加热地面的方法和现代的地暖类似，具有更高的效率和热舒适性。有的宫殿还配合使用火墙取暖，即墙壁砌成空心的夹墙，墙内设火道，通过加热墙体温暖整个室内空间。

11.3　交叉的设计系统

住区与人的日常生活密切相关，为创造一个宜人的生活环境，需要应对多种问题。北京传统住宅虽然在气候适应性上以保暖为主旨，但还表现出在保暖的前提下对于随之带来的多种问题的兼顾。这种交叉综合处理问题的特点主要体现在两个方面：一是在传统住区规划设计层面设有兼有多种功能的胡同，二是建筑层面采用兼顾冬季保暖与夏季防热的措施。

11.3.1　兼有多种功能的胡同

东四头条至十条传统住区胡同，既是交通和防火隔道，也是住宅界地的合适划分。70m 左右的胡同间距通常可以布置一座四进或五进的大型四合院，或是一座三进四合院和一座二进四合院的组合。各户沿胡同并列排布，每户可直接朝胡同开门。此外，胡同还兼顾组织住区排水的功能，从清代《京师城内河道沟渠图》（图 11-10）可以看出，沿胡同设沟渠通向大街沟渠，再汇到城壕、城中河道等主要泄水渠道中。

东四头条至十条传统住区建筑排布紧密，形成以单层建筑为主的高密度格局，具有很好的防风沙效果。2018 年 4 月 14 日进行调研时，根据体感记录了住区部分胡同的风力大小，示意如图 11-11 所示。当日正值大风天，天气预报北风 4 ～ 5 级。在住区两侧南北向干道上，感到较强风力，行走略困难。在住区内东西向胡同中，风速明显变小，无不适感，风力应在 3 级以下。但当胡同中出现新建的多层建筑时，局部风速明显变大，应是由于多层建筑的出现改变了原有胡同两侧以单层建筑为主形成的微气候环境，使防风效果遭到破坏。

胡同间住宅高密度的排布也带来了很大的火灾隐患，在采暖季

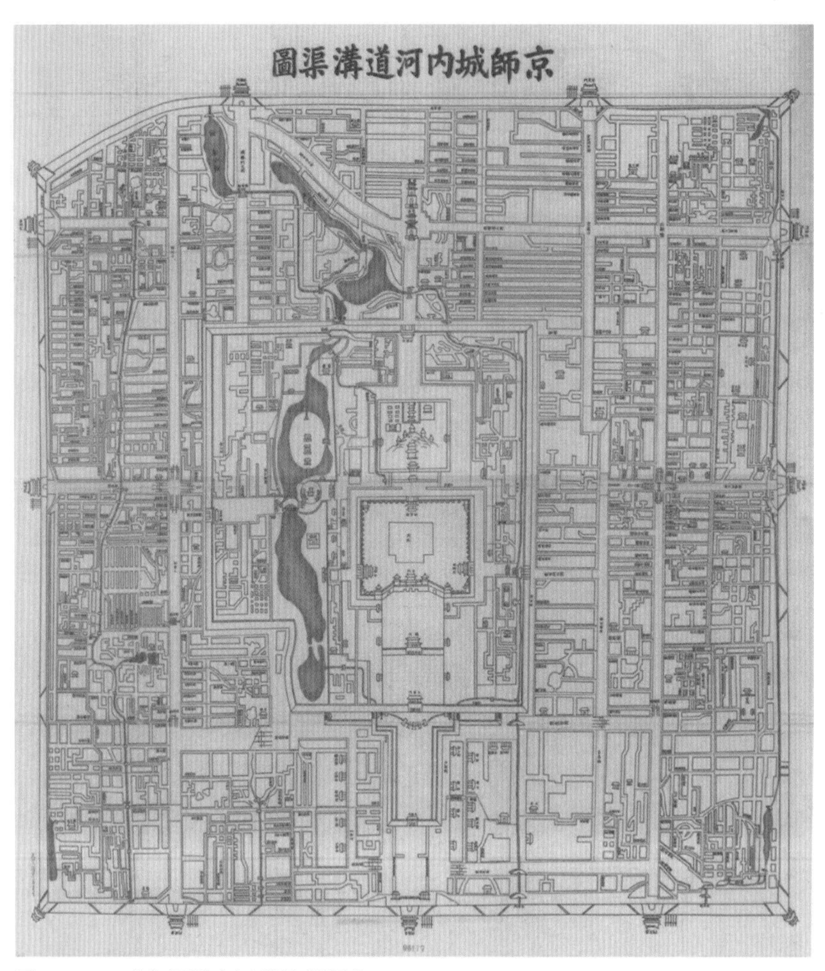

图 11-10 《京师城内河道沟渠图》

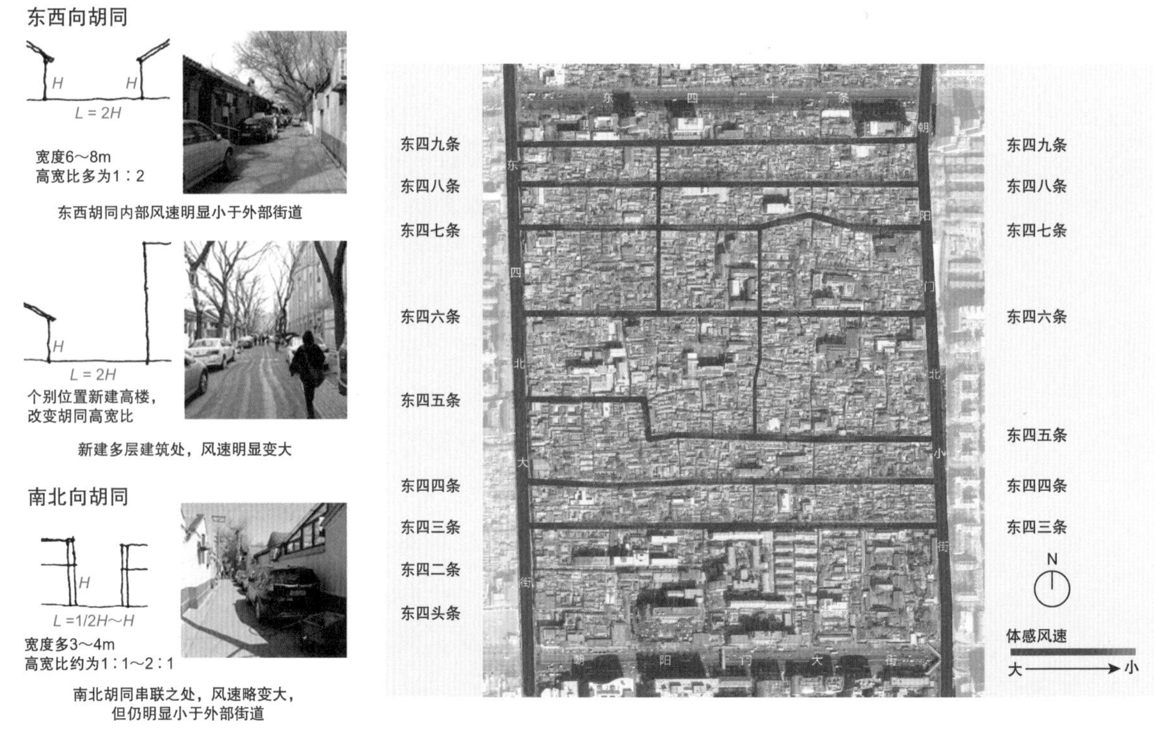

图 11-11 大风天东四头条至十条住区胡同中体感风力示意图
（照片为俞昊拍摄，地图出自奥维地图）

更添风险，而住区中胡同的设置恰恰能够起到分隔防火的功能。胡同在元代被称为火巷，表明设置胡同确实具有防火的考虑。从东四头条至十条传统住区来看，6～8m 宽的胡同，与两侧建筑檐口形成 1 ∶ 2 的高宽比，宽阔的胡同可作为防火通道，避免火势大面积蔓延，同时方便火灾时人员疏散。东西向胡同之间分布的南北向胡同，又把两条东西向胡同间的区域划分成 2 ～ 3 个分区。南北向胡同虽然没有东西向胡同宽阔，但两侧多是完全封闭的住宅单元砖砌外墙，防火能力强。另外，胡同内的防风效果对防止大风天火势顺风蔓延也非常有利。

可见胡同的设置兼顾住宅地界划分、交通与排水、防风与防火问题，体现出交叉综合解决问题的高效性。

11.3.2　不只保暖：对多种气候条件兼顾的设计

北京传统四合院中的一些设计和措施，还体现出在满足保暖的同时对夏季通风遮阳问题的兼顾。晚清学者夏仁虎先生曾总结：“京师屋制之美备甲于四方，以研究数百年，因地因时，皆有格局也。户必南向，廊必深，院必广，正屋必有后窗，故深严而轩朗。”[20] 其中设廊、设北窗的做法都兼顾了多种气候条件。

在北京传统四合院内，主要合院的正房和厢房间常加设游廊连通，称为“抄手游廊”。这样的做法极大地方便了雨雪天主人的活动，不会湿鞋袜，并且还为夏季提供了一个遮阳纳凉的室外场所。根据实测，建筑前廊进深通常在 1.2 ～ 1.5m，冬天也不会过多遮挡阳光照入室内。廊下空间还形成了一个空气过渡层，可防止室外夏季热气和冬季寒气直接进入室内。

传统四合院中正房仅南面开窗、其他三面封闭的做法，虽然利于冬季的保暖，但也因空气的不流通带来了夏季的闷热，由此，正房的北墙上多开设小窗。夏季时，南面的支摘窗全面敞开，再开启北窗，建筑南北空气流通，室内形成穿堂风。这种灵活的窗的设置兼顾了冬季保暖和夏季通风。

此外，传统四合院建筑的出檐尺寸设计还十分巧妙地兼顾了冬季纳阳和夏季遮阳。北京老工匠们有口诀：“木匠看三，瓦匠看二。”意思是木工控制屋檐出挑是柱高的 3/10，瓦工控制台明突出宽度是柱高的 2/10[21]。根据几处实测①，建筑出檐确实具有这种规律。檐部出挑稍大于台基的突出宽度，防止雨水打湿台基。从日照分析看（图 11-12），出檐为柱高的 3/10 正好能够满足夏季遮阳而冬季不挡阳光的需求。

①实测东四四条 77 号四合院第二进正房出檐约 885mm，柱高约 2830mm，二者之比为 3.1 ∶ 10；第三进正房出檐约 830mm，柱高约 2780mm，二者之比为 3.0 ∶ 10，北京故宫寻沿书屋出檐 1130mm，柱高 3520mm，二者之比为 3.2 ∶ 10。

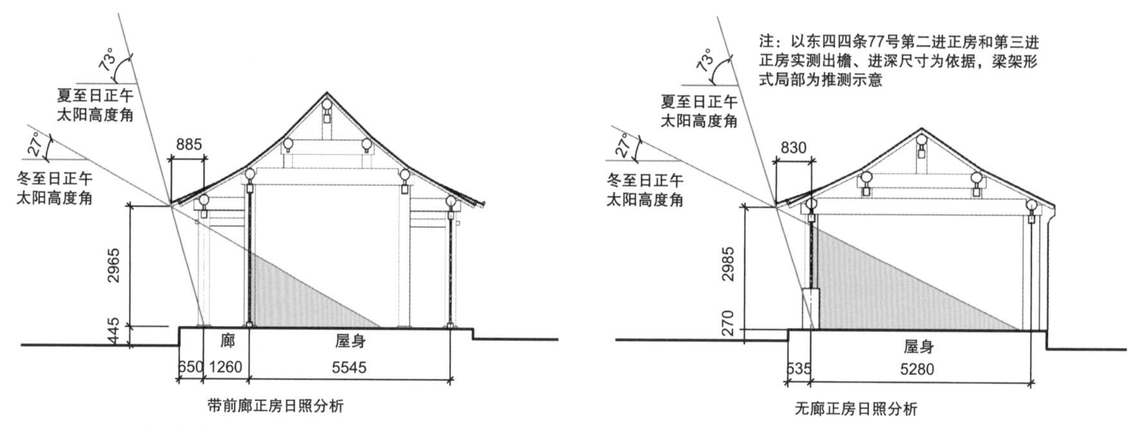

图 11-12　四合院建筑单体冬至日和夏至日正午的日照分析

11.4　小结

本章以北京东四头条至十条传统住区为例，分析了传统四合院住宅多层级与交叉的保暖设计系统。

一方面，多层级的保暖系统是通过不同层面措施的共同作用建立起来的。从院落布局、组织，到建筑单体尺度、材料选择，再到细部构造以及室内设施等不同层面，采取多种措施层层应对，由大到小化解问题。在院落层面整体应对外部寒冷的气候，防风纳阳，创造出稳定的内部小气候环境；在建筑单体和构造设施层面，力求减少室内热量散失，提供并保障热源，建立具有良好热舒适性的室内环境。从整体到单体到细部，各层级的各种措施之间相互配合、关联作用，最终建立了一个多层级的高效保暖系统。

另一方面，在以保暖为主旨的前提下，交叉综合地应对与兼顾随之带来的多种问题。北京传统住区中以胡同东西平行排列为特征的高密度格局，具有明显的防风沙优点，还兼顾消防和交通及排水组织。传统四合院住宅设计中廊与窗的灵活设置以及建筑出檐尺寸的控制，又都体现了对冬季保暖与夏季通风遮阳两种看似矛盾的要求的巧妙兼顾。

总之，北京传统住区的保暖设计系统具有多层级与交叉的特征，其高效性和有效性体现了古人综合解决问题的能力和创意。

参考文献

[1] 中国建筑科学研究院．民用建筑热工设计规范：GB50176—2016[S]. 北京：中国建筑工业出版社，2016.

[2] 于敏中．日下旧闻考（清文渊阁四库全书本）：卷三十八 [M]// 中国基本古籍库．北京：北京爱如生数字化技术研究中心，2017.

[3] 张之洞．（光绪）顺天府志（清光绪十二年刻十五年重印本）：卷十三．京师志十三 [M]// 中国基本古籍库．北京：北京爱如生数字化技术研究中心，2017.

[4] 中国科学院考古研究所元大都考古队，北京市文物管理处元大都考古队．元大都的勘查和发掘 [J]. 考古，1972（1）：19-28+72-74.
[5] 中国科学院考古研究所元大都考古队，北京市文物管理处元大都考古队．北京后英房元代居住遗址 [J]. 考古，1972（6）：2-11+69-73+76.
[6] 吴长元．宸垣识略（清乾隆池北草堂刻本）：卷六 [M]// 中国基本古籍库．北京：北京爱如生数字化技术研究中心，2017.
[7] 朱一新．京师坊巷志稿卷上 [M]//（明）张爵．京师五城坊巷胡同集，（清）朱一新．京师坊巷志稿．北京：北京古籍出版社，1982：21-278.
[8]《城市记忆——北京四合院普查成果与保护》编委会，北京市古代建筑研究所．城市记忆——北京四合院普查成果与保护（第 3 卷）[M]. 北京：北京美术摄影出版社，2015.
[9] 林波荣，王鹏，赵彬，等．传统四合院民居风环境的数值模拟研究 [J]. 建筑学报，2002（5）：47-48.
[10] 卞修跃．西方的中国影像（1793—1949）海达·莫理循卷（全三册）[M]. 合肥：黄山书社，2016.
[11] 贾珺．北京四合院 [M]. 北京：清华大学出版社，2009：63.
[12] 吕不韦，高诱．吕氏春秋（四部丛刊景明刊本）[M]// 中国基本古籍库．北京：北京爱如生数字化技术研究中心，2017.
[13] 李渔．闲情偶寄（康熙本）[M]// 中国基本古籍库．北京：北京爱如生数字化技术研究中心，2017.
[14] 文震亨．长物志（清粤雅堂丛书本）[M]// 中国基本古籍库．北京：北京爱如生数字化技术研究中心，2017.
[15] 马炳坚．北京四合院建筑 [M]. 天津：天津大学出版社，1999.
[16] 徐珂．清稗类钞（第五册）[M]. 北京：中华书局，1984：2195-2196.
[17] 阙名．燕京杂记 [M]//（明）史玄．旧京遗事，（清）夏仁虎．旧京琐记，（清）阙名．燕京杂记．北京：北京古籍出版社，1986：109-138.
[18] 刘凤云，周允基．清代满族房屋建筑的取暖及其文化 [J]. 中央民族大学学报，1999（6）：68-74.
[19] 刘晓明．清宫十三年——马国贤神甫回忆录 [J]. 紫禁城，1989（1）：16-17.
[20] 夏仁虎．旧京琐记 [M]//（明）史玄．旧京遗事，（清）夏仁虎．旧京琐记，（清）阙名．燕京杂记．北京：北京古籍出版社，1986：27-108.
[21] 陆翔，王其明．北京四合院 [M]. 2 版．北京：中国建筑工业出版社，2017：161.

结　　语

《善用能量：中国东部地区传统建筑的绿色设计研究》在理论和应用两方面，做了些文献耙梳、分析总结、探索发现等方面的工作，归根结底，还是要回答科技部“十三五”课题“经济发达地区传统建筑文化中的绿色设计理念、方法及其传承研究”的设问，即围绕着绿色设计在节材、节地、节能、节工之贯穿传统与当下的理念和方法中，有什么值得我们追寻和思考的，有什么值得我们参考和借鉴的。略作整理如下：

第一，“时间性”。从我们的研究中发现，时间是可以赋予建筑材料能量的，这种特殊的性质相对于我们当下的快速和便捷，便是将无形的时光、自然的赠予、岁月的留痕都用起来。譬如在采集木材料时，以秋天草木凋零时为好，既无碍春生的木材成长和防止蠹虫，又衔接冬季木材可压缩且坚韧；再如对于旧材料的充用，不仅是废物利用的问题，还节省备料时间，又留下历史信息和温度等。如此，“时间性”便是绿色理念和方法之一，有时候计算起来从取材到下料到加工，比较现在完成过程，总时长要多，但是从建成的建筑的延续性来说，前期“时间性”的善用，却是保证建筑持久和耐久的重要要素。

第二，“主体性”。在中国东部发达地区的建筑中，无论是公共建筑还是私家住宅和园林，都是比较重视感受的，人的“主体性”价值发挥比较突出。如祠庙、园林、读书处、安寝处等，通过不同选址和布局，借助自然的陶冶，调动人的心理感受，甚至是人的行为介入等，来满足不同功能和品质需求；又比如通过加强管理，包括制度建设、程序规则，甚至是匠师工作中的操作行规等，保障建筑与人共处和谐、建设安全以及用工节约等。这样充分发挥“主体性”在过程和参与中的作用的理念和方法，也是值得重视的。或许，古今气候环境、施工条件等不一样，但是将人作为主体进行运作，切实考虑人的身体敏感度、知觉反应度、行动效率度，在过程中对“主体性”加以善用，是绿色理念和方法之二。

第三，“生活性”。建筑是衣食住行之一种，概而言之，建筑和人的生产、生活、生命以及生态环境息息相关，尤其在快速发展的中国东部，人多地少，资源分配有限，如何有效利用自然条件进行建筑建造和城乡建设，既有优良的传统，也需必要的警醒。一方面，要考虑针对建筑问题如通风采光，有比较精准的设计和建造，如南向窗和北向窗不同、南向墙和北向墙不同，便能节约能源又合理好用；另一方面，在条件优越如经费充足情况下也还要综合考虑可持续发展以及生态平衡，如建设不多占用土地和不影响发展生产等。相反，现在有些设计和建造过分强调工业化和模数化，建设速度很快，使用起来或许并不适宜。而“生活性”就是充分考虑建筑完成后的可用性和长久性，是从结果预设“生活性”的善用，是绿色理念和方法之三。

第四，“综合性”。建筑本身是综合性的产物，牵涉方方面面，而在中国东部地区，建筑设计的综合性创造和效果尤其突出。诸如建筑构造比较发达和先进，能用不同材料或同质材料进行组合，经过长时间探索，积累有丰富的经验，使得节材、节能、节工成为可能，而且具有显著的审美和艺术魅力；另外，像综合考虑巷道的拔风与消防和交通，综合规划设计自然山地与城墙的结合及其系统的排水，综合因地制宜解决居住建筑和园林及城市的给排水与景观塑造等，不仅有效节地，而且创造了优美的环境。“综合性”的善用，是绿色理念和方法之四，也是当今可以直接参照的规划设计路径。

如上反映在我们研究中的、尚且可以概括为传统发达地区绿色设计理念和方法的特性，其实质已形成一种建筑文化、一种设计追求、一种基本法则。如果在绪言中，我们判断“善用能量”没错的话，那么在结语中，我们坚信传承之、发扬之，将成为一种必然。

后　记

本书是国家重点研发计划课题“经济发达地区传统建筑文化中的绿色设计理念、方法及其传承研究”（2017YFC0702501）（课题负责人：陈薇）的部分研究成果。该课题属于东南大学牵头国家重点研发计划项目“经济发达地区传承中华建筑文脉的绿色建筑体系”（2017YFC0702500）的基础理论研究及其项目的支撑平台，其中的分类（聚落、群体、单体）和分区（长江三角洲、珠江三角洲、环渤海地区）以及传统绿色设计与现代绿色建筑关注的“四节”（节材、节地、节能、节工）之衔接的核心思想和研究焦点提出，既是本课题的工作重点和理论框架，也是项目研究的主体结构基础。研究于 2017 年 7 月在陈薇教授的带领下系统展开。2017 年下半年，课题组进行了文献资料收集整理，并确定研究的关键问题和调研选点；2018 年开展全面实地调研，分 4 次对长三角、珠三角和环渤海地区的 135 个案例进行科学调研，同时还开展了古籍文献的梳理与理论研究；2019 ～ 2020 年对长三角、珠三角和环渤海地区传统聚落、群体、单体的绿色设计全面展开研究；2020 年又补充整理了发达地区传统建筑构造做法并绘图总结，同时汇总整理了 3 年来的研究成果。关于传统住宅街区的绿色设计方法和更为系统的研究成果，有待后续。

全书研究构思和框架、指导和统稿——陈薇

参加本书撰写人员：

绪言——陈薇

第 1 章——孟阳，指导教师：陈薇

第 2 章——夏思飔，指导教师：陈薇

第 3 章——邵星宇，指导教师：陈薇

第 4 章——陈兴，指导教师：陈薇

第 5 章——陈薇

第 6 章——贾亭立、白颖、是霏

第 7 章——朱颖文，指导教师：陈薇、白颖

第 8 章——肖晔，指导教师：陈薇、是霏

第 9 章——俞昊，指导教师：陈薇、贾亭立

第 10 章——白颖、朱颖文

第 11 章——贾亭立

结语——陈薇

参加文献收集、案例选点、调研人员：白颖、贾亭立、是霏，研究生朱颖文、肖晔、俞昊、孟阳、邵星宇、袁帅、丁园白

参加第 6 章绘图人员：曹一鸣、蒋嘉元、张靖、周俊

成果的出版工作得到科学出版社的大力支持。

特此感谢所有参加者和贡献者。